全国普通高等学校土木工程专业"卓越工程师教育培养计划"精品教材

建筑结构（上）

主　　　编：郝贠洪　郝庆莉

副　主　编：吴安利

参　　　编：白建文　徐　蓉

主　　　审：曹玉生

编写委员会：（按姓氏音序排列）

白建文	包建业	曹玉生	刁　钰	高爱军
高　娃	郭佳民	郭莹莹	韩　青	郝庆莉
郝贠洪	贺培源	何晓雁	侯永利	李　永
梁恒生	刘炳娟	刘子杰	路　平	时金娜
王卓男	吴安利	徐　蓉	杨晓明	张　磊
张淑艳	张振国			

江苏科学技术出版社

图书在版编目(CIP)数据

建筑结构．上/郝贠洪主编．—南京:江苏科学
技术出版社,2013.4
全国普通高等学校土木工程专业"卓越工程师教育培
养计划"精品教材
ISBN 978-7-5537-0887-4

Ⅰ.①建… Ⅱ.①郝… Ⅲ.①建筑结构—高等学校—
教材 Ⅳ.①TU3

中国版本图书馆 CIP 数据核字(2013)第 031761 号

全国普通高等学校土木工程专业"卓越工程师教育培养计划"精品教材

建筑结构(上)

主　　　编	郝贠洪　郝庆莉
责 任 编 辑	刘屹立
特 约 编 辑	许闻闻
责 任 校 对	郝慧华
责 任 监 制	刘　钧

出 版 发 行	凤凰出版传媒股份有限公司
	江苏科学技术出版社
出版社地址	南京市湖南路 1 号 A 楼,邮编:210009
出版社网址	http://www.pspress.cn
经　　　销	凤凰出版传媒股份有限公司
印　　　刷	天津泰宇印务有限公司

开　　　本	787 mm×1 092 mm　1/16
印　　　张	22.25
字　　　数	528 000
版　　　次	2013 年 4 月第 1 版
印　　　次	2013 年 4 月第 1 次印刷

标 准 书 号	ISBN 978-7-5537-0887-4
定　　　价	45.00 元

图书如有印装质量问题,可随时向我社出版科调换。

内 容 提 要

本书共分为 12 章，内容包括：绪论，钢筋和混凝土材料的力学性能，建筑结构荷载与设计方法，受弯构件正截面承载力，受弯构件斜截面承载力，受扭构件截面承载力，受压构件的截面承载力计算，受拉构件的截面承载力计算，混凝土构件的裂缝、变形和耐久性，预应力混凝土构件，钢筋混凝土楼盖设计，钢结构。

本书主要作为应用型土木工程专业"卓越工程师教育培养计划"本科或土木类其他相关专业的教学用书，也可用为管理人员的参考用书。

前　言

　　本书是根据教育部颁发的《关于进一步加强高等学校本科教学工作的若干意见》等有关文件的精神，以及土木工程专业本科生教学大纲要求编写的，分上、下两册，上册主要讲述钢筋混凝土结构及钢结构基本理论和基本构件以及钢筋混凝土楼盖设计；下册主要讲述抗震基本知识、砌体结构、高层建筑结构。为使学生和读者了解最新国家标准及内容，本书依据《混凝土结构设计规范》（GB 50010—2010）编写此教材。

　　为了全面推进素质教育，着力提升学生分析问题、解决问题的实际能力，本书无论是从编排体例、章节逻辑结构、理论阐释、例题解析，还是新技术、新工艺及新标准的应用方面，力求简明扼要、通俗易懂、实用有效。理论与实践、知识与能力、概念与例题的有机结合，是本书的重要特点。

　　《建筑结构》上册共有11章，主要讲述绪论、材性、设计方法、弯、剪、扭、压、拉、裂缝及变形验算、预应力混凝土构件、钢筋混凝土楼盖设计、钢结构基本原理。

　　本教材由内蒙古工业大学郝贠洪（第3、4、5、8章）、郝庆莉（第1、2、6、7章）任主编以及吴安利（第9、10、11章）任副主编，内蒙古工业大学白建文（第11章）、内蒙古建筑职业技术学校徐蓉（第11章）任参编，曹玉生担任主审。

　　由于编者水平有限，编写时间仓促，书中缺点和错误在所难免，敬请读者批评指正，以便今后修订完善。

编　者
2013 年 3 月

目　　录

0 绪 论

内容提要

掌握：混凝土结构的一般概念及特点；钢筋与混凝土共同工作原理 。
熟悉：混凝土结构的优缺点。
了解：本课程的主要内容、要求和学习方法。

0.1 建筑结构的一般概念及各类结构的特点

建筑结构是指建筑物中由承重构件（梁、柱、桁架、墙、楼盖和基础）所组成的结构体系，用以承受作用在建筑物上的各种荷载，应具有足够的强度、刚度、稳定性和耐久性，满足使用要求。根据所用材料的不同，常见的建筑结构有钢筋混凝土结构、砌体结构、钢结构和木结构等。

0.1.1 钢筋混凝土结构

钢筋混凝土结构是由钢筋和混凝土这两种物理力学性能完全不同的材料组成共同受力的结构。这种结构能很好地发挥钢筋和混凝土这两种材料不同的力学性能，形成受力性能良好的结构构件。

钢筋和混凝土这两种物理力学性能不同的材料之所以能有效地结合在一起共同工作，主要原因是：①混凝土硬化后钢筋与混凝土之间产生了良好的黏结力，使二者可靠地结合在一起，从而保证在荷载作用下，钢筋与相邻的混凝土能够共同变形、共同工作；②钢筋与混凝土这两种材料的温度线胀系数较接近（钢筋为 1.2×10^{-5}，混凝土为 $1.0 \times 10^{-5} \sim 1.5 \times 10^{-5}$），当温度变化时，二者之间不会因产生较大的相对变形而破坏它们之间的黏结；③包裹在钢筋外面的混凝土保护层只要有足够的厚度，就能够有效地防止钢筋锈蚀，保证结构的耐久性。

钢筋混凝土结构在土木工程中被广泛应用，这种结构除了能够很好地利用钢筋和混凝土这两种材料各自的性能外，还具有下列优点。

（1）取材容易。在钢筋混凝土结构中，砂、石材料所占比例较大，一般情况下可以就地取材，而且还可以利用工业废料（如粉煤灰、工业废渣等），起到保护环境的作用。

（2）耐久、耐火性好。钢筋受到混凝土的保护，不易锈蚀，因而钢筋混凝土结构具有很好的耐久性，不像钢结构或木结构那样要进行保养维护。遭遇火灾时，不会像木结构那样轻易被燃烧，也不会像钢结构那样很容易软化而失去承载力。

（3）整体性好、刚度大。现浇式或装配整体式钢筋混凝土结构的整体性好、刚度大，这对抗震、防爆等都十分有利。

(4)可模性好。钢筋混凝土可以根据需要浇筑成各种形状和尺寸的结构,其可模性远比其他结构优越。

钢筋混凝土结构具有以下缺点。

(1)自重大。钢筋混凝土构件的截面尺寸相对较大,结构的自重往往也很大,因此不利于修建大跨度结构和高层建筑,对结构的抗震也很不利。

(2)抗裂性能差。混凝土的抗拉强度非常低,因此普通钢筋混凝土结构经常带裂缝工作,对于要求抗裂或严格要求限制裂缝宽度的结构,就需要采取专门的结构或工程构造措施。

(3)施工工期长、工艺复杂,且受环境、气候影响较大,隔热、隔声性能相对较差,并且不易修补与加固。

这些缺点使得钢筋混凝土结构的应用范围受到一些限制,但随着科学技术的发展,上述缺点正在逐步克服和改善之中。如采用轻质高强混凝土,可大大降低结构的自重;采用预应力混凝土,可减少混凝土开裂;采用粘钢或植筋技术等,可解决加固的问题;采用装配式结构工厂化生产的方式,可克服工期长、受环境气候影响大等问题。

钢筋混凝土结构可按不同的分类方法进行分类。

(1)按受力状态和构造外形分为杆件系统和非杆件系统。杆件系统是指受弯、拉、压、扭等作用的基本杆件(如梁、板、柱等);非杆件系统是指大体积结构及空间薄壁结构等。

(2)按制作方式可分为整体(现浇)式、装配式、整体装配式三种。整体(现浇)式结构刚度大、整体性好,但施工工期长、模板工程多;装配式结构可实现工厂化生产,施工速度快,但整体性相对较差,且构件接头复杂;整体装配式兼有整体式和装配式这两种结构的优点。

(3)按有无预应力分为普通钢筋混凝土结构和预应力混凝土结构。预应力混凝土结构是指在结构受荷载作用之前,人为地制造一种压应力状态,使之能够部分或全部抵消由于荷载作用所产生的拉应力,提高结构的抗裂性能。

0.1.2　砌体结构

砌体结构是指用块材(砖、石或砌块)和砂浆砌筑而成的结构。按所用块材的不同,砌体分为砖砌体、石砌体和砌块砌体三类,砌体结构历史悠久,目前应用仍较为广泛,且仍在不断发展和完善中。砌体结构具有下列优点。

(1)材料来源广泛,便于就地取材,石材、黏土、砂等为天然材料,分布极为广泛,而且价格低廉,可节约钢材。

(2)具有良好的耐火性和保温隔热性能。

(3)使用年限长,有很好的耐久性,施工简单,无需模板及其他特殊设备,施工受季节影响小。

砌体结构也具有以下缺点。

(1)砌体的抗弯、抗拉、抗剪强度都相对较低,所以砌体的抗震和抗裂性能都较差。

(2)砌体结构的截面尺寸相对较大、耗用材料多,自重也大。

(3)目前砌体结构的施工仍为手工砌筑,劳动强度大,生产效率相对较低,而且质量不易保证。

(4)烧制黏土砖需占用大量的农田,烧制过程中还要耗费大量的能源,我国人口众多,相对耕地面积较少,这一矛盾尤为突出。

为克服上述缺点,相关行业和部门正在大力研究和开发各种新技术、新材料,如发展各种轻质、高强的砌块和砌筑砂浆,以减轻砌体重量,提高强度;利用工业废料,如粉煤灰、矿渣等制作砌块,减少和克服与农业争地的矛盾,同时也兼顾了环保;采用配筋砌体、设置钢筋混凝土构造柱以及施加预应力等措施,来克服砌体结构抗震性能差等问题。

0.1.3 钢结构

钢结构是以钢板和型钢等钢材通过焊接、铆接或螺栓连接等方法构筑成的工程结构。钢结构与钢筋混凝土结构和砌体结构相比,具有下列优点。

(1)自重轻。虽然钢材的重度较大,由于其强度高,制作构件所需的钢材用量相对就少。因此运输、吊装施工方便,同时因减轻了竖向荷载,进而降低了基础部分的造价。

(2)强度大、韧性和塑性好,工作可靠。钢材的自身强度高,质量稳定,材质均匀,接近各向同性,理论计算的结果与实际材料的工作状况比较一致,而且其韧性和塑性较好,有很好的抗震、抗冲击能力,所以钢结构工作可靠,常用来制作大跨度、重承载的结构及超高层建筑结构。

(3)制作、施工简便,工业化程度高。钢结构的制作比较方便,既可以制作后整体吊装,也可以作成散件运输到现场进行拼装。由于钢结构具有易于连接和拼装的特性,使得在加固、维修、部件更换、拆迁改造等方面变得方便。

(4)钢结构密闭性能好,尤其适于制作要求密闭的板壳结构、容器管道、闸门等。

钢结构也具有以下缺点。

(1)耐腐蚀性差,在有腐蚀性介质环境中的使用受到限制,对已建成的结构,还需要定期做维护、涂装、镀锌等防锈、防腐处理,后期费用较多。

(2)耐火性能较差,温度在 200 ℃ 以下时,其强度和弹性模量变化不大;200 ℃ 以上时,其弹性模量变化较大,强度降低、变形增大;到 600 ℃ 时,钢材即进入塑性状态而丧失承载力。所以,接近高温的钢结构需要采取隔热防护措施,另外钢结构在低温条件下,还可能发生脆性断裂。

建筑结构中,除了上述几种常用结构外,还有木结构、悬索结构和索膜结构等新型结构。由于木材的资源问题,在工程中已尽量不采用木结构,其他正在涌现和发展的新型结构不在本书中讲述,请参阅有关资料。

0.2 钢筋混凝土结构在工程中的应用

我国是世界上使用混凝土结构最多的国家,每年混凝土的用量已超过 5 亿 m³。

在房屋建筑工程中,住宅、商场、办公楼、厂房等多层建筑,广泛地采用混凝土框架或墙体为砌体、屋(楼)盖为混凝土的结构形式;高层建筑大都采用钢筋混凝土结构。在国内成功建造的上海金茂大厦(高 460 m)、广州中信广场(高 391 m)、香港中环广场(高 374 m)、国外如美国的威克·德赖夫大楼(高 296 m)、德国的密思垛姆大厦(高 256 m)等著名的高层建筑,也都采用了混凝土结构或钢-混凝土组合结构。除高层建筑之外,在大跨度建筑方面,由于广泛采用预应力技术和拱、壳、V 形折板等形式,已使建筑物的跨度达百米以上。

　　在交通工程中,大部分的中、小型桥梁都采用钢筋混凝土建造,尤其是拱形结构的应用,使得大跨度桥梁得以实现。如我国的重庆万县长江大桥,采用劲性骨架混凝土箱形截面,净跨达 420 m;克罗地亚的克尔克 1 号桥为跨度 390 m 的敞肩拱桥。一些大跨度桥梁常采用钢筋混凝土与悬索或斜拉结构相结合的形式,悬索桥中如我国的润扬长江大桥,日本的明石海峡大桥;斜拉桥如我国的杨浦大桥,日本的多多罗桥等,都是极具代表性的中外名桥。

　　在水利工程中,钢筋混凝土结构也扮演着极为重要的角色。世界上最大的水利工程——长江三峡水利枢纽中高达 185 m 的拦江大坝,即为混凝土重力坝,坝体混凝土用量达 1527 万 m^3;此外,在仓储构筑物、管道、烟囱及电视塔等特殊构筑物中也普遍采用了钢筋混凝土和预应力混凝土,如上海电视塔和国家大剧院等。

0.3　　本课程的主要内容、任务和学习方法

　　本课程属于学科基础课,主要介绍的是建筑结构中的三大结构——钢筋混凝土结构、砌体结构和钢结构的基本知识,内容包括:钢筋混凝土的材料、结构计算原则、钢筋混凝土基本构件(受弯、受剪、受扭、受压和受拉构件)承载力的计算、钢筋混凝土构件的变形和裂缝宽度验算、预应力混凝土结构的基本知识、钢筋混凝土现浇楼盖设计、钢结构的材料和连接、钢柱和钢梁等,本课程的教学目的是使学生通过课程学习,能熟知与之相关的基本概念,掌握建筑结构的基本知识和理论,学会结构设计计算的方法,了解现行规范对结构构件计算及构造的有关规定,熟悉结构计算的基本方法步骤,掌握建筑结构的基本构件及楼盖等的设计计算,能对结构构件进行截面设计、承载力复核,包括材料选择、结构方案、构件选型、配筋计算和构造等,进而能运用所获得的基本理论知识解决一般工程中的结构问题。本课程还设有课程设计(钢筋混凝土现浇楼盖设计),以巩固和深化课程教学的内容,培养动手能力和解决工程实际问题的能力。

　　本课程的特点是内容多、符号多、公式多、构造规定也多,在学习中要注意理解概念,忌死记硬背、生搬硬套,要突出重点难点的学习,特别要做好复习总结工作。在课程中还运用了许多力学、建筑材料等课程中的相关知识和内容,需要注意的是,本门课程研究的对象不再是各向同性的弹性材料,而且许多计算公式是在大量的试验与理论分析相结合的基础上建立起来的,运用时还须考虑公式的适用条件和范围。另一方面,由于结构的设计计算受到方案、材料、截面尺寸以及施工等诸多因素的影响,其结果不是唯一的。这也是与力学、数学等课程的不同之处。此外,本课程的知识还需要课后做练习来帮助巩固和加深理解,教材的每章最后提供了一定数量的习题,可供选用。习题应在复习了教学内容、理解例题并掌握解题思路的基础上再动手做,切忌边看例题边做,照猫画虎,在本课程的学习过程中,还应注意结合相关规范的学习,工程规范是约束工程技术行为的法律依据,规范的制订也不是一成不变的,无论是计算方法,还是构造要求等,都不可能尽善尽美。随着科学技术的发展和研究的深入,新的结构形式、新材料及新的生产工艺和新技术的出现,规范也必然需要不断进行修订、补充,因此就应该与时俱进,培养跟踪规范的意识和习惯。

1 钢筋和混凝土材料的力学性能

内容提要

掌握:钢筋的强度和变形,级别、建筑用钢筋种类和标记符号,混凝土的各种强度;混凝土变形曲线与收缩徐变;钢筋的锚固与搭接。

熟悉:混凝土结构对钢筋性能的要求。

了解:钢筋与混凝土间的黏结。

1.1 钢筋

1.1.1 建筑用钢筋种类

1. 钢筋的主要成分

钢筋的主要化学成分为铁,除此以外,还含有少量的其他化学元素,如碳、磷、硫等。随着钢筋含碳量的增加,钢筋的强度有所提高,但塑性和可焊性相应下降。含碳量不大于 0.25% 时,称为低碳钢;含碳量在 0.25%~0.6% 之间时,称为中碳钢;含碳量在 0.6%~1.4% 之间时,称为高碳钢。磷、硫是钢筋里的有害元素,磷、硫含量多的钢筋,其塑性差,容易脆断,可焊性差。在普通碳素钢中适量地加入少量合金元素如锰、硅、钒、钛等,可制成低合金钢。合金元素的加入,可提高钢筋的强度,并使钢筋保持一定的塑性。

2. 钢筋的品种

我国用于混凝土结构的钢筋主要是热轧钢筋、中高强钢丝和钢绞线以及冷加工钢筋。

《混凝土结构设计规范》(GB 50010—2010)规定:用于钢筋混凝土结构中的钢筋和预应力混凝土结构中的非预应力钢筋,可采用热轧钢筋;用于预应力混凝土结构中的预应力钢筋,可采用钢绞线、预应力钢丝和预应力螺纹钢筋。

1)热轧钢筋

热轧钢筋是由低碳钢、普通低合金钢在高温下轧制而成的。根据强度的高低,热轧钢筋又分为 HPB300、HRB335、HRBF335、HRB400、HRBF400、RRB400、HRB500、HRBF500 八个强度等级。HPB300 级钢筋表面光滑,故又称光面钢筋,其余为普通低合金钢,钢筋表面有肋纹,故又称带肋钢筋,其中,RRB400 级钢筋为余热处理钢筋,是将屈服强度相当于 HRB335 级的钢筋轧制后穿水冷却,然后利用芯部的余热自行回火处理而成的钢筋;HRBF 系列为采用控温轧制工艺生产的细晶料带肋钢筋。

2)中、高强钢丝和钢绞线

中、高强钢丝直径为 5~9 mm,捻制成钢绞线后也不超过 21.6 mm。钢丝外形有光面、月牙肋及螺旋肋几种,钢绞线为绳状,由 2 股、3 股或 7 股钢丝捻制而成,均可盘成卷状。

　　3)冷加工钢筋

　　冷加工钢筋是指在常温下采用某种工艺对热轧钢筋进行加工后得到的钢筋。常用的加工工艺有冷拉、冷拔、冷轧和冷轧扭四种。其目的都是为了提高钢筋的强度,以节约钢材,但经冷加工后的钢筋在强度提高的同时,延伸率显著降低,除冷拉钢筋仍具有明显的屈服点外,其余冷加工钢筋均无明显屈服点和屈服台阶。在非预应力结构构件中是否采用冷加工钢筋,应进行性价等比较。

　　各类钢筋的外形如图1-1所示,常用热轧钢筋、预应力钢筋的种类、符号和直径范围见附录1。

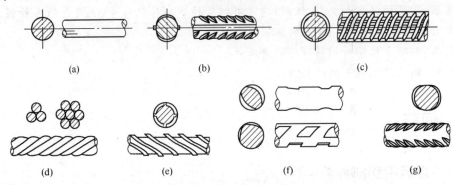

图 1-1　各种类钢筋

(a)光面钢筋;(b)、(c)带肋钢筋;(d)钢绞线;(e)、(f)消除应力钢丝;(g)热处理钢筋

1.1.2　钢筋的强度和变形性能

1. 钢筋的应力-应变曲线

　　通过钢筋的拉伸试验,可以得到钢筋的应力-应变曲线;钢筋的应力-应变关系能反映钢筋强度与变形。根据钢筋的应力-应变曲线的不同特征,把钢筋分为有明显屈服点钢筋和无明显屈服点钢筋。

　　1)有明显屈服点钢筋的应力-应变曲线

　　有明显屈服点钢筋的应力-应变曲线如图1-2所示。图中,oa为斜直线,表明应力与应变之比为常数,a点的应力称为比例极限;过了a点以后,应力和应变虽不再成比例关系,但仍然处在弹性阶段,即应变在卸荷后能完全消失,b点为弹性极限;过了b点后,钢筋开始出现塑性变形;到达c点,钢筋开始屈服,即应力不增加,但应变继续发展,出现近似水平段ce,c点对应的应力称

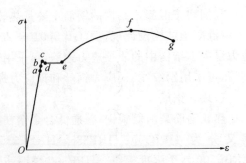

图 1-2　有明显屈服点钢筋的应力-应变曲线

为屈服强度上限,d点对应的应力称为屈服强度下限,ce段称为屈服台阶;e点以后,随着应力的增加,应变又继续增加,但应变的增量明显大于应力的增量,到达f点时,应力达到最大值,称f点对应的应力为极限抗拉强度,ef段称为强化阶段;过f点以后,在试件的最薄弱截面出现颈缩现象,应变迅速增大,应力随之降低,直至g点试件被拉断。

对于有明显屈服点的钢筋,取屈服强度下限作为钢筋强度的设计依据。因为钢筋屈服后,塑性变形很大,且塑性变形在卸荷后无法恢复,导致钢筋混凝土构件产生很大的变形和过宽的裂缝;另外,屈服强度上限通常与加载速度、试件断面形状、表面光洁度等因素有关,数值变化较大,不宜作为强度的设计依据。有明显屈服点的钢筋又称为软钢。

2)没有明显屈服点钢筋的应力-应变曲线

没有明显屈服点钢筋的应力-应变曲线如图 1-3 所示。图中,a 点为比例极限,其应力约为极限抗拉强度的 65%,过 a 点后,应力应变不再成比例关系,有一定的塑性变形,直至试件被拉断,应力-应变曲线上没有明显的屈服台阶。

对于无明显屈服点的钢筋,取残余应变为 0.2% 时的应力作为钢筋强度的设计依据,即图 1-3 中的 $\sigma_{0.2}$,相应地称之为条件屈服强度。对于预应力钢丝、钢绞线和热处理钢筋,取 $\sigma_{0.2} = 0.85\sigma_b$($\sigma_b$ 为钢筋的极限抗拉强度)。

无明显屈服点的钢筋强度较高,但变形性能较差。没有明显屈服点的钢筋又称为硬钢。

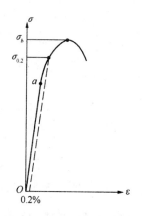

图 1-3　无明显屈服点钢筋的应力-应变曲线

2. 钢筋的变形性能

钢筋的变形分弹性变形和塑性变形,相应的应变为弹性应变和残余应变。弹性应变是指卸荷后能完全恢复的应变,残余应变是指卸荷后不能恢复的应变。钢筋从受力开始至弹性极限阶段,只有弹性应变,过了弹性极限之后,钢筋的应变就包含了弹性应变和残余应变两部分,残余应变大,表明钢筋在拉断前有明显的预兆,有较好的塑性性能。

反映钢筋塑性性能的指标是断后伸长率和冷弯性能。

1)伸长率

钢筋的伸长率按下式计算:

$$\delta = \frac{l - l_0}{l_0} \tag{1-1}$$

式中:δ——钢筋的伸长率;

l_0——试件拉伸前的量测标距长度;

l——试件拉断时的量测标距长度。

钢筋断后伸长率越大,塑性性能越好。

试验时,量测标距可采用 $5d$(d 为试件直径)、$10d$ 或 100 mm,相应的伸长率分别用 δ_5、δ_{10} 和 δ_{100} 表示,量测标距越大,所对应的伸长率越小。因为按式(1-1)计算的伸长率,只反映钢筋残余应变的大小,如图 1-4 所示,而残余应变主要集中在颈缩区段内,颈缩区段的长度又与量测标距的大小无关,因此,量测标距越大,所得的平均残余应变就越小。

显然,按式(1-1)确定的伸长率只是反映了钢筋残余应变的大小,不能全面、正确地反映钢筋的变形能力。为此,近年开始采用最大拉力作用下的总伸长率(简称均匀伸长率)来反映钢筋的变形能力。

2)冷弯性能

伸长率不能反映钢筋脆化的倾向。为了使钢筋在使用时不会脆断,加工时不致断裂,还要求钢筋具有一定的冷弯性能。钢筋的冷弯性能通过冷弯试验进行检验。如图1-5所示,将钢筋围绕某个规定直径 $D(D$ 规定为 $1d,2d,3d$ 等)的辊轴弯曲一定的角度 α (α 为90°或180°)。弯曲后钢筋表面不出现裂纹、起皮或断裂现象,即符合冷弯性能要求:冷弯试验是检验钢筋韧性和材质均匀性的有效手段。

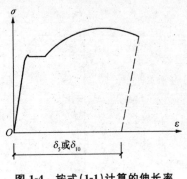
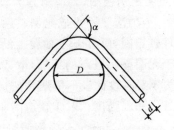

图1-4　按式(1-1)计算的伸长率　　　　　图1-5　钢筋的冷弯试验

1.1.3　钢筋混凝土结构对钢筋性能的要求及钢筋的选用原则

1. 钢筋混凝土结构对钢筋性能的要求

(1)钢筋的强度。钢筋强度是指钢筋的屈服强度及极限强度;钢筋的屈服强度是设计计算时的主要依据(无明显流幅的钢筋,取它的条件屈服点)。采用高强度钢筋可以节约钢材,取得较好的经济效果。

(2)钢筋的塑性。是要求钢筋在断裂前能有适当的变形,使得钢筋混凝土构件能表现出良好的延性性能,而构件的延性性能主要取决于钢筋的塑性性能和配筋率,只要配筋率恰当,钢筋的塑性好,则钢筋混凝土构件的延性性能就好,破坏前有明显的预兆。另一方面,钢筋的塑性性能好,钢筋的加工成型也较容易。

(3)钢筋的可焊性。焊接是钢筋接长和钢筋之间连接的一种最常用的方法之一,因此,要求钢筋具备良好的焊接性能,在焊接后不产生裂纹及过大的变形,保证焊接接头性能良好。我国生产的热轧钢筋可焊,而高强钢丝、钢绞线不可焊。

(4)钢筋与混凝土的黏结力。钢筋与混凝土有良好的黏结性能,才能保证钢筋和混凝土能够共同工作。

2. 钢筋的选用原则

针对以上要求,我国《混凝土结构设计规范》给出了以下钢筋选用原则。

(1)钢筋混凝土结构中的钢筋和预应力混凝土结构中的非预应力钢筋宜优先采用HRB400、HRB500、HRBF400、HRBF500钢筋,以节省钢筋用量,改善我国建筑结构的质量。除此以外,也可采用HPB300、HRB335、HRBF335、RRB400级钢筋。

(2)预应力钢筋宜采用预应力钢绞线、钢丝和预应力螺纹钢筋。

1.1.4　配筋形式

在钢筋混凝土构件中,钢筋为单根配筋,钢筋与钢筋之间要保持一定的距离,以保证钢筋与混凝土的黏结锚固效果和混凝土的密实性。但是,在一些截面尺寸较小而配筋率较大的结构构件中,采用单根配筋的配筋方式时,不但会使配筋区域扩大,截面的有效高度减小,承载能力降低,而且会给施工造成困难。为此,《混凝土结构设计规范》经试验研究并借鉴国内、外成熟做法,首次允许在建筑工程中采用并筋(钢筋束)的配筋形式。该规范还规定:"采用并筋的配筋形式时,直径 28 mm 及以下的钢筋并筋数量不宜超过 3 根;直径 32 mm 的钢筋并筋数量宜为 2 根;直径 36 mm 及以上的钢筋不宜采用并筋。"

并筋可视为一根等效钢筋,等直径 d、面积为 A 的两根钢筋并筋(简称二并筋)的等效直径为 $1.41d$,等效面积为 $2A$;三根钢筋并筋(简称三并筋)的等效直径为 $1.73d$,等效面积为 $3A$。

一般二并筋可在纵或横向并列,而三并筋宜作品字形布置(如图 1-6 所示)。

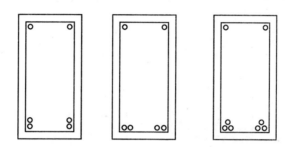

图 1-6　纵向受拉钢筋并筋示意图

1.2　混凝土

1.2.1　混凝土的强度

混凝土是由水泥、石子、砂、水及必要的添加剂(或掺和料)按一定的配比组成的人造石材。根据混凝土受力性质的不同,其强度分为受压强度和受拉强度;根据混凝土的受力状态不同,其强度又分为单向应力作用下强度和复合应力作用下强度。

在实际工程中,混凝土一般处于复合应力状态,但目前对混凝土在复合应力状态下强度的研究,尚未能简便地应用于理论计算,因此,在大部分实用设计中,还普遍采用混凝土在单向应力状态下的强度和变形,即研究复合应力作用下混凝土强度必须以单向应力作用下的强度为基础。

1)立方体抗压强度标准值 $f_{cu,k}$

以边长为 150 mm 的立方体在 20 ℃±3 ℃的温度和相对湿度在 90％以上的潮湿空气中养护 28 d 或设计规定龄期,依照标准试验方法测得的具有 95％保证率的抗压强度(以MPa为单位)即为混凝土的立方体抗压强度,用符号 $f_{cu,k}$ 表示。需要说明的是,由于近年来混凝土中大量应用掺和料(粉煤灰等),使得混凝土强度增长可能滞后,标养强度的试验龄期可根据工程实际情况作适当调整(如 60 d、90 d、180 d)。

在混凝土结构中,混凝土主要用作受压构件,因此,混凝土的立方体抗压强度是混凝土力学性能中最主要、最基本的指标。

根据混凝土立方体抗压强度 $f_{cu,k}$ 的大小,《混凝土结构设计规范》将混凝土划分为 14

个强度等级,即 C15、C20、C25、C30、C35、C40、C45、C50、C55、C60、C65、C70、C75、C80,其中 C 代表混凝土,数字代表混凝土立方体抗压强度标准值,单位为 MPa,如 C30 表示混凝土立方体抗压强度标准值 $f_{cu,k}$ 为 30 MPa。C50 以上的混凝土为高强混凝土。混凝土立方体抗压强度的大小,不仅与混凝土的材料有关,还与试件的尺寸及形状、试验方法和加载速度有关。

标准试验条件下,混凝土试件受压破坏后,试件呈两个对顶的角锥状,如图 1-7(a)所示。这是由于混凝土与承压钢板的弹性模量及横向变形系数不同,两者的横向变形相差较大,承压板的变形明显小于混凝土,因此,在混凝土表面产生了约束混凝土横向变形的摩擦力,形成"箍套作用",使试件上下端的混凝土处在三向受压应力状态,导致如图 1-7(a)所示的破坏形态。如果在试件的承压面上涂上润滑剂,"箍套作用"明显降低,试件破坏形状应如图 1-7(b)所示。很明显,"箍套作用"会使混凝土试件的强度有所提高。标准试验方法不涂润滑剂。

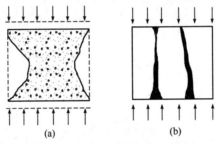

图 1-7　混凝土立方体试块的破坏情况

(a)不涂润滑剂;(b)涂润滑剂

我国取边长为 150 mm 的混凝土立方体为标准试块,其材料消耗和重量都较适中,便于搬运和试验。过去曾采用边长为 200 mm 和 100 mm 的立方体试块,前者的材料消耗和重量偏低而后者则偏高,这就是"尺寸效应"。因为试块的尺寸小,"箍套作用"明显;试块体积大,"箍套作用"影响减小,且试块内部含瑕疵的可能性较大。根据试验结果,采用边长为200 mm 和 100 mm 的立方体试块,则立方体抗压强度应分别乘以 1.05 和 0.95 加以校正。

加载速度的大小,对混凝土立方体抗压强度也有影响。加载速度过快,材料来不及反应,不能充分变形,内部微裂缝也难以开展,会得出较高的强度数值;反之,加载速度过慢,则得出较低的强度数值。标准试件的加载速度为:C30 以下的混凝土控制在 0.3～0.5 MPa/s;混凝土强度等级高于 C30 时,加载速度为 0.5～0.8 MPa/s。

2)轴心抗压强度标准值 f_{ck}

实际工程中,一般的混凝土受压构件高度 h 比截面边长 b 大得多,往往是棱柱体而非立方体,如柱、墙等,端部的摩擦力容易失去影响。因此,立方体抗压强度并不能真实地反映实际构件中混凝土的受压强度。由棱柱体的受压试验得知,随着 h/b 的增大,"箍套作用"对混凝土强度的影响降低,当 $h/b \geqslant 3$ 后,"箍套作用"基本消失,同时也避免试件的长细比太大出现附加偏心而影响轴心受压测试的结果,《混凝土结构设计规范》采用尺寸为150 mm×150 mm×300 mm 的棱柱体为试件作受压试验(试件养护条件、试验方法等与立方体受压试验完全相同),测得的抗压强度作为混凝土的轴心抗压强度,又称为棱柱体抗压强度,用符号 f_{ck} 表示。

对于同一强度等级的混凝土,轴心抗压强度必然小于立方体抗压强度,由试验结果统计并考虑实际构件制作与养护条件不同于试验条件以及考虑以往工程经验等因素后,得到混凝土轴心抗压强度标准值 f_{ck} 与立方体抗压强度标准值 $f_{cu,k}$ 之间的关系如下:

$$f_{ck} = 0.88\alpha_{c1}\alpha_{c2}f_{cu,k} \tag{1-2}$$

式中:α_{c1}——棱柱体强度与立方体强度的比值,当混凝土的强度等级不大于 C50 时,$\alpha_{c1}=$ 0.76;当混凝土强度等级为 C80 时,$\alpha_{c1}=0.82$;当混凝土强度等级为中间值时,在 0.76 和 0.82 之间插入;

$\quad\alpha_{c2}$——混凝土的脆性系数,当混凝土强度等级不大于 C40 时,$\alpha_{c2}=1.0$;当混凝土强度等级为 C80 时,$\alpha_{c2}=0.87$;当混凝土强度等级为中间值时,在 1.0 和 0.87 之间插入;

0.88——考虑结构中的混凝土强度与试块混凝土强度之间的差异等因素的修正系数。

3)轴心抗拉强度标准值 f_{tk}

混凝土虽然以受压为主,但混凝土构件的开裂、裂缝宽度、变形以及受剪、受扭、受冲切等承载力均与抗拉强度有关,故混凝土轴心抗拉强度也是基本力学指标。混凝土的抗拉强度很低,一般只有抗压强度的 1/17~1/8(普通混凝土)和 1/24~1/20(高强混凝土)。

混凝土的抗拉强度测定目前还没有统一的标准试验方法,常用的有轴心受拉试验和劈裂试验两种。

轴心受拉试验如图 1-8 所示,试件尺寸为 100 mm×100 mm×500 mm 的柱体,两端对中各埋入一根 ϕ16 的钢筋,钢筋埋入长度为 150 mm。试验机夹头夹住两端外伸的钢筋施加拉力,破坏时试件在没有钢筋的中部截面被拉断。破坏截面上的平均拉应力为轴心抗拉强度,用符号 f_{tk} 表示。

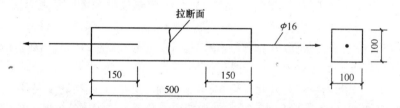

图 1-8 混凝土轴心受拉试验

轴心受拉试验对中比较困难,稍有偏差就可能引起偏心受拉破坏,影响试验结果,因此,常采用劈裂试验来测定混凝土轴心抗拉强度,劈裂试验如图 1-9 所示,在立方体或圆柱体上的垫条施加线荷载,这样试件中间垂直截面除加力点附近很小的范围外,都有均匀分布的水平拉应力。当拉应力达到混凝土的抗拉强度时,试件被劈裂成两半。劈裂强度按下式计算:

$$f_t = \frac{2F}{\pi ld} \tag{1-3}$$

式中:F——破坏荷载;

$\quad l$——圆柱体长度或立方体边长;

$\quad d$——圆柱体直径或立方体边长。

对于同一混凝土,轴心受拉试验和劈裂试验测得的抗拉强度并不相同,轴拉强度略高于劈裂强度。我国《混凝土结构设计规范》近似认为两者相同,并取混凝土轴心抗拉强度

标准值 f_{tk} 与立方体抗压强度标准值 $f_{cu,k}$ 之间的关系为

$$f_{tk} = 0.88 \times 0.395 f_{cu,k}^{0.55} (1 - 1.645\delta)^{0.45} \alpha_{c2} \tag{1-4}$$

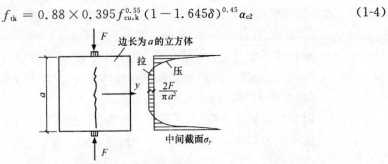

图 1-9　混凝土劈裂试验

1.2.2　混凝土在复合应力作用下的强度

实际结构中，混凝土很少处于单向受拉或受压状态，大都是处于双向或三向的复合应力状态，因此，了解混凝土在复合应力状态下的破坏和强度特性，具有很重要的意义。但是，由于混凝土材料的特点，目前尚未对复合应力作用下混凝土建立起完善的强度理论，相关研究还多是以试验结果为依据的近似方法。

1）混凝土的双向受力强度

混凝土双轴应力试验一般采用正方形板试件，试验结果如图 1-10 所示，图中 σ_1、σ_2 分别为沿板平面内的两对边作用的法向应力（沿板厚方向的法向应力为零），f_c' 为混凝土圆柱体单轴抗压强度。由图可见，第一象限为双向受拉情况，无论应力比值 σ_1/σ_2 如何，σ_1 和 σ_2 的相互影响不大，双向受拉强度接近于单向受拉强度；第二象限和第四象限为拉-压应力情况，同时拉、压时，相互助长试件在另一方向的受拉变形，加速了内部微裂缝的发展，因此，混凝土的抗压强度随另一向的拉应力的增加而降低；另一方面，混凝土的抗拉强度随另一向的压应力的增加而降低。第三象限为双向受压情况，由于一个方向的压应力会对另一方向压应力引起的侧向变形起到一定的约束作用，限制了混凝土内部的微裂缝发展，因此，混凝土的抗压强度有所提高，最大受压强度发生在两向压应力比为 0.5 左右，约为 $1.25f_c'$。

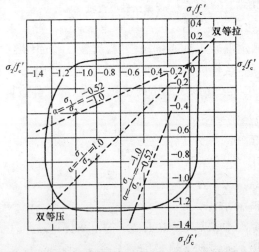

图 1-10　混凝土在双轴应力状态下的强度（用主应力表示）

2)混凝土的三向受压强度

混凝土三向受压试验一般采用圆柱体在等侧压条件下进行。图 1-11 为圆柱体三向受压试验结果。图中可见,侧向压应力 σ_1 的存在,使混凝土的抗压强度有较大的提高,这是由于侧向压应力 σ_1 限制了横向膨胀变形,混凝土内部的微裂缝的发展受到约束的缘故。侧向压力越大,破坏时混凝土的抗压强度越大。根据对试验结果的分析,等侧压条件下三向受压混凝土纵向抗压强度可用下式表示:

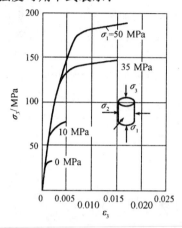

图 1-11 圆柱体三向受压试验结果

$$f_{c1} = f'_c + \beta \sigma_1 \tag{1-5}$$

式中：f_{c1}——在等侧应力条件下混凝土三向受压时的圆柱体轴心抗压强度;

f'_c——混凝土圆柱体单轴抗压强度;

σ_1——侧向压应力;

β——系数,对普通混凝土,一般取 4.0。

利用三向受压可以使混凝土强度得以提高的这一特性,在工程中可将受压构件做成"约束混凝土",如螺旋箍筋柱、钢管混凝土柱等。

1.2.3 混凝土的变形性能

混凝土的变形可分为两类,一类是在荷载作用下的受力变形,另一类变形与荷载无关,称为非受力变形。

1. 混凝土的受力变形

混凝土受力变形包括单调短期加载、多次重复加载以及荷载长期作用下的变形。

1)混凝土在单调短期加载下的变形性能

(1)混凝土轴心受压时的应力-应变曲线。由棱柱体的受压试验得到混凝土轴心受压时的应力-应变曲线,如图 1-12 所示。曲线由上升段和下降段两部分构成,称为应力-应变全曲线。上升段的特征:应力较小时,混凝土的变形主要是骨料和水泥石的弹性变形,应力-应变关系接近于直线,a 点相当于混凝土的弹性极限,相应的应力约为 $0.3f_c$;过 a 点后,混凝土内部的微裂缝有所发展,应力-应变曲线开始偏离直线,塑性变形开始出现,随着荷载的增加,应变的增长速度快于应力的增长速度,在到达 b 点之前,混凝土内部微裂缝虽然不断的扩展,但还处于稳定状态,b 点称为临界应力点,相应的应力约为 $0.8f_c$;过

了 b 点后,混凝土内部微裂缝进入非稳定发展阶段,应力-应变曲线斜率急剧减小,塑性变形显著增大,当应力到达 c 点时,混凝土达到最大承载力,即 c 点对应的应力为轴心抗压强度 f_c,此时的应变称为峰值应变 ε_0,一般 $\varepsilon_0=0.0015\sim0.0025$,对普通混凝土取 $\varepsilon_0=0.002$。如果试验是在普通压力机上进行,加载到 c 点后,混凝土破碎,试件破坏,应力-应变曲线没有下降段。只有在试验机本身具有足够的刚度,或采取一定措施吸收由于试验机刚度不足而回弹所释放的能量时,才能测到曲线的下降段。下降段有如下特征:过 c 点以后,开始应力下降较快,当应变约增加到 $0.004\sim0.006$ 时,应力下降减缓,最后趋于稳定。下降段的承载力,主要由滑移面上的摩擦咬合力和被裂缝分割成的混凝土小柱的残余强度所提供,到达 d 点后,主裂缝已经很宽,结构内聚力已几乎耗尽,对于无侧向约束的混凝土已失去结构的意义。d 点对应的应变称为极限压应变 ε_{cu},一般 $\varepsilon_{cu}=0.002\sim0.006$,对普通混凝土取 $\varepsilon_{cu}=0.0033$。图 1-13 需要注意的是,最大应力对应的应变不是最大,最大应变对应的应力也不是最大,而且应力达到最大并不意味着立即破坏。

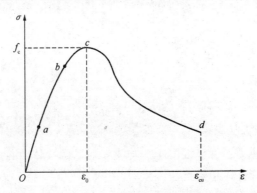

图 1-12　混凝土轴心受压时的应力-应变曲线

　　不同强度等级的混凝土的应力-应变全曲线如图 1-13 所示。由图可见,随着混凝土强度等级的提高,线性段的范围增大,峰值应变有所提高,下降段变陡,残余应力相对较低,变形性能较差。

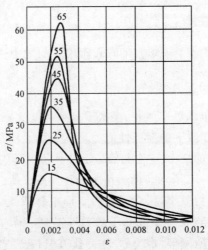

图 1-13　不同强度等级的混凝土受压的应力-应变全曲线

　　(2)混凝土轴心受拉时的应力-应变曲线。混凝土轴心受拉时的应力-应变全曲线形状与受压的曲线相类似,如图 1-14 所示。当拉应力 $\sigma \leqslant 0.5 f_t$ 时,应力-应变曲线接近于直线;当 σ 约为 $0.8 f_t$ 时,应力-应变曲线开始明显偏离直线。同样,曲线的下降段也是在一定条件下才能测到。试件断裂时的极限拉应力变的很小,通常在 $0.000\,05 \sim 0.000\,27$ 范围内变动,计算时一般取 $\varepsilon_t = 0.000\,15$。

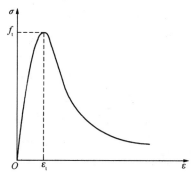

图 1-14　混凝土轴心受拉的应力-应变曲线

2)混凝土在重复加载下的变形性能

混凝土在重复加载下,其变形性能有较大的变化。图 1-15(a)为混凝土受压棱柱体试件在一次加荷、卸荷过程中的应力-应变曲线,OA 为加荷曲线,AB 为卸荷曲线,ε'_e 是卸荷时瞬间恢复的应变,停留一段时间后,应变还能恢复一部分,称为弹性后效 ε''_e,在试件中绝大部分应变是不可恢复的,称为残余应变 ε'_{cr}。其加荷、卸荷应力-应变曲线 OAB' 形成了一个环状。将混凝土试件加荷到一定数值后,再予卸荷,并多次循环这一过程,便可得到混凝土在重复荷载作用下的应力-应变关系曲线,如图 1-15(b)所示;当所加的应力较小时即予卸荷(如图 1-15(b)中的 σ_1、σ_2),最初的几次加荷、卸荷的应力-应变曲线与图 1-15(a)类似,但每次加荷、卸荷所产生的残余应变有所减小,随着加荷、卸荷次数的增加,加、卸荷产生的残余应变越来越小,最终加荷、卸荷曲线成为一条直线,且与曲线在原点处的切线大体平行,若继续重复加荷、卸荷,应力-应变曲线保持为直线——呈弹性工作状态。即使重复加荷、卸荷数百万次试件也不会破坏;当卸荷时的应力较大时(如图 1-15(b)中的 σ_3),在重复加荷过程中应力-应变曲线逐渐变成直线,若继续加、卸荷,其应力-应变曲线将会发生反向弯曲,斜率不断降低,每次加荷、卸荷的残余应变不断增大,最终试件因严重开裂或变形过大而破坏。这种因荷载多次重复作用而引起的破坏称为疲劳破坏,将混凝土试件承受 200 万次重复荷载时发生破坏的压应力值称为混凝土的疲劳强度,用符号 f_c^f 表示。

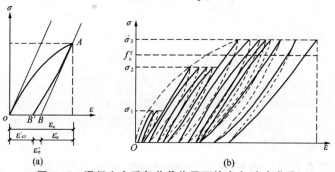

图 1-15　混凝土在重复荷载作用下的应力-应变曲线
(a)一次加荷、卸荷的应力-应变曲线;(b)多次重复加荷、卸荷的应力-应变曲线

　　混凝土的疲劳破坏原因是混凝土内部的微裂缝、孔隙、弱骨料等缺陷,在重复加荷、卸荷的过程中,导致应力集中,使微裂缝加速发展、贯通,砂浆与骨料间的黏结遭到破坏,最终导致试件在混凝土还没有达到其抗压强度之前就发生疲劳破坏。

　　3)混凝土的变形模量

　　与理想弹性材料不同,混凝土的应力-应变关系是一条曲线,在不同的应力阶段,应力与应变之比是变化的,因此不能称它为弹性模量,而称其为变形模量,混凝土的变形模量有以下三种表示方法。

　　(1)原点切线模量。原点切线模量定义为混凝土应力-应变曲线在原点的斜率,又称弹性模量,如图 1-16(a)所示。由于混凝土在一次加载下的原点切线模量不易准确测定,如前所述,当卸荷的应力较低时,在多次重复加、卸荷后,混凝土的应力-应变曲线变成直线,且直线的斜率大致与原点切线相同,因此,我国相关规范取 $\sigma = 0.4 f_c$ 重复加荷、卸荷5~10次得到的直线斜率作为混凝土的弹性模量。根据试验统计分析,混凝土弹性模量与立方体抗压强度之间的关系为

$$E_c = \frac{10^5}{2.2 + \dfrac{34.7}{f_{cu,k}}} \tag{1-6}$$

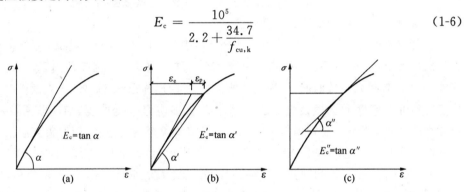

图 1-16　混凝土的弹性模量
(a)原点切线模量;(b)割线模量;(c)切线模量

　　混凝土应力较小时,即应力小于比例极限之前,应力与应变的关系可表示为

$$\sigma = E_c \varepsilon \tag{1-7}$$

　　(2)割线模量。割线模量定义为混凝土应力-应变曲线上任一点处割线的斜率,即 $E'_c = \sigma/\varepsilon = \tan \alpha'$,如图 1-16(b)所示。割线模量随混凝土应力增大而减小,是一种平均意义上的模量,设弹性应变 ε_e 与总应变 ε 之比为 ν,即 $\nu = \varepsilon_e/\varepsilon$,称 ν 为弹性系数,则

$$E'_c = \frac{\sigma}{\varepsilon} = \frac{E_c \varepsilon_e}{\varepsilon} = \nu E_c \tag{1-8}$$

　　弹性系数 ν 随应力增大而减小,其值在 1~0.5 之间变化。

　　混凝土处在弹塑性阶段时,应力与应变的关系可表示为

$$\sigma = \nu E_c \varepsilon \tag{1-9}$$

　　(3)切线模量。切线模量定义为混凝土应力-应变曲线上任一点处切线的斜率,即 $E''_c = d\sigma/d\varepsilon = \tan \alpha''$,如图 1-16(c)所示,切线模量随混凝土应力增大而减小。切线模量主要用于混凝土的非线性分析中。

　　4)混凝土在荷载长期作用下的变形性能-徐变

　　混凝土在长期不变的应力作用下,变形随时间增长的现象称为徐变。图 1-17 为一个

100 mm×100 mm×400 mm 的棱柱体试件加荷到 $\sigma = 0.5f_c$ 后保持荷载不变时的应变与时间关系曲线。图中 ε_e 是在加荷瞬间所产生的变形，称为瞬时应变，ε_{cr} 为在荷载保持不变的情况下，随时间的增长而不断增加的应变，即混凝土的徐变。由图可见，徐变的发展规律是开始增长较快，半年内可完成总徐变量的 $70\% \sim 80\%$，以后逐渐减慢，一年后约完成 90%，经过 $2 \sim 3$ 年后，徐变基本趋于稳定，最终徐变量约为瞬时应变的 $2 \sim 4$ 倍。两年后卸载，卸荷时瞬时恢复的应变为 ε'_e，其值略小于加载的瞬时应变 ε_e，经过 20 d 左右又可恢复部分变形，即弹性后效 ε''_e，其值约为总徐变量的 1/12，剩余的大部分应变是不能恢复的，称为残余应变 ε'_{cr}。

混凝土的徐变对钢筋混凝土结构的影响，在大多数情况下是不利的，徐变会使构件的挠度大大增加；在预应力混凝土中，徐变会造成预应力的大量损失。

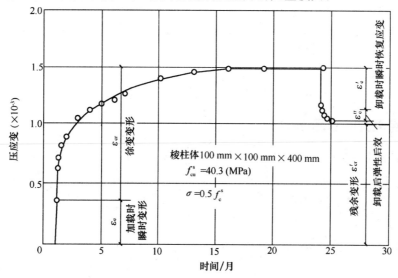

图 1-17 混凝土的徐变

影响混凝土徐变大小的因素很多，一般可归纳为内在因素、环境因素和应力条件。内在因素包括混凝土的组成和配比。骨料越坚硬、体积比越大，徐变就越小；水泥用量多，水灰比大，徐变也越大。环境因素包括混凝土养护和使用条件。养护环境湿度越大，温度越高，水泥水化作用越充分，徐变就越小；混凝土构件使用时所处的环境温度越高，相对湿度越小，徐变就越大。此外，徐变还与应力条件有关，应力条件是指持续作用的压应力大小和加荷时混凝土的龄期。加荷时混凝土的龄期越短，徐变就越大；持续作用的压应力越大，混凝土的徐变也越大。

2. 混凝土的非受力变形

混凝土的非受力变形包括收缩、膨胀和温度变形。

1) 混凝土的收缩与膨胀

混凝土在空气中结硬时产生体积减小的现象称为收缩，混凝土在水中或处于饱和湿度情况下结硬时体积增大的现象称为膨胀。一般情况下混凝土的收缩值比膨胀值要大很多，对结构的不利影响主要是收缩，故一般只讨论混凝土的收缩变形。

如图 1-18 所示为混凝土收缩随时间变化的曲线。由图中可见，混凝土的收缩变形随时间而增长，早期收缩变形发展较快，一个月可完成全部收缩的 50%，以后收缩变形逐渐

减慢,全部收缩完成大约需时两年左右。一般情况下,普通混凝土的最终收缩应变约为
$(2\sim5)\times10^{-4}$,而混凝土的极限拉应变约为$(0.5\sim2.7)\times10^{-4}$,如果混凝土的收缩受到约
束,很容易导致开裂。在预应力混凝土构件中,收缩会引起预应力损失。

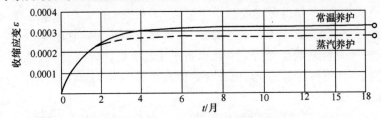

图 1-18　混凝土收缩应变与时间的关系曲线

2)混凝土的温度变形

众所周知,物体会热胀冷缩。混凝土也不例外,混凝土的温度线膨胀系数一般为
$(1.2\sim1.5)\times10^{-5}/℃$,根据温度变化情况,可算得温度应变的大小。

同样,当温度变形受到外界约束不能自由发生时,也将在结构内产生温度应力,温度
应力过大,将会使构件开裂甚至损坏,因此,设计中应考虑温度应力的影响。

1.2.4　混凝土的选用原则

钢筋混凝土结构的混凝土强度等级不应低于 C20;当采用强度等级 400 MPa 及以上
钢筋时,混凝土强度等级不宜低于 C25;承受重复荷载钢筋混凝土的构件,混凝土强度等
级不得低于 C30。预应力混凝土结构的混凝土强度等级不宜低于 C40 且不应低于 C30。

1.3　钢筋与混凝土之间的黏结

1.3.1　黏结的概念

钢筋与混凝土这两种力学性能完全不同的材料之所以能够结合在一起共同工作,除
了两者具有相近的温度线胀系数及混凝土对钢筋具有保护作用以外,更主要的是由于混
凝土硬化后,在钢筋与混凝土之间的接触面上产生了良好的黏结力。黏结是钢筋与混凝
土之间一种复杂的相互作用,这种作用的实质是钢筋与混凝土的接触面上因钢筋和混凝
土相对变形(滑移)而产生的沿钢筋纵向的剪应力,即所谓的黏结应力,有时也简称黏结
力。黏结强度是指黏结破坏(钢筋被拔出或混凝土被劈裂)时的最大黏结应力。

钢筋混凝土构件中的黏结应力,按其作用性质可分为两类,即锚固黏结应力和裂缝附
近的局部黏结应力。如图 1-19(a)所示,钢筋伸入支座时,必须有足够的锚固长度,通过这
段长度上黏结应力的积累,将钢筋锚固在混凝土中,使钢筋在强度充分发挥之前不会被拔
出,这种黏结应力即为锚固黏结应力;如图 1-19(b)所示为局部黏结应力,受拉构件开裂
后,开裂截面的钢筋应力通过裂缝两侧的黏结应力部分地向混凝土传递,局部黏结应力的
大小反映了裂缝两侧混凝土参与受力的程度。

钢筋与混凝土之间的黏结力一般由以下几部分构成:混凝土中水泥凝胶体与钢筋表
面的胶结力(混凝土与钢筋之间接触面的化学吸附作用力);钢筋与混凝土之间的摩擦力

（混凝土收缩握裹钢筋产生的力）；钢筋表面凹凸不平与混凝土的机械咬合力。其中胶结力较小，光面钢筋以摩擦力为主，变形钢筋则以机械咬合力为主。

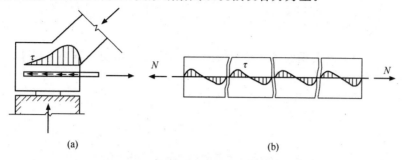

图 1-19　锚固黏结应力和局部黏结应力

(a)屋架支座(锚固黏结应力)；(b)轴心受拉构件(局部黏结应力)

1.3.2　影响黏结强度的主要因素

影响钢筋与混凝土黏结强度的主要因素有混凝土强度、钢筋表面和外形特征、保护层厚度和钢筋间净距、横向配筋、受力情况及锚固长度。

1. 混凝土强度

提高混凝土的强度，可以提高混凝土与钢筋的胶结力和机械咬合力。对于带肋钢筋，提高混凝土强度，可以增强横肋间混凝土咬合齿的强度，从而提高黏结强度。试验表明，黏结强度与混凝土的抗拉强度基本成正比。

2. 钢筋的表面和外形特征

变形钢筋比光面钢筋的黏结强度要大得多，凹凸不平的钢筋表面与混凝土之间产生的机械咬合力将大大增加黏结强度。光面钢筋的这一作用则较小，所以设计时要在受拉光面钢筋的端部做成弯钩，以增加锚固作用。

3. 保护层厚度和钢筋间净距

钢筋与混凝土的黏结力是需要在钢筋周围有一定厚度的混凝土才能实现和保证的。尤其是变形钢筋，如果钢筋周围的混凝土层厚度不足，就会产生劈裂裂缝、破坏黏结，导致钢筋被拔出，所以在构造上必须保证一定的混凝土保护层厚度和钢筋间距。

4. 横向配筋

在混凝土构件中设置横向钢筋（如梁中的箍筋）可以限制径向裂缝的发展，延缓或阻止劈裂破坏，从而提高黏结强度；黏结强度的提高幅度与横向钢筋配置的数量有关。

5. 受力情况

在钢筋锚固范围内存在侧压力，如支座处的反力、梁柱节点处柱上的轴压力等，可增大钢筋与混凝土的摩擦力和咬合力，从而提高黏结强度；剪力会使构件产生斜裂缝，会使锚固钢筋受到销栓作用而降低黏结强度；受压钢筋由于直径增大，会增加对混凝土的挤压，从而使摩擦作用增大，黏结强度提高；受反复荷载作用的钢筋，肋前后的混凝土均会被挤压，导致咬合作用减小，黏结强度降低。

6. 锚固长度

拔出试验结果表明，锚固长度较短时，黏结应力在锚固长度范围内的分布比较均匀，平均黏结强度较高；随着锚固长度的增大，黏结应力分布越来越不均匀，平均黏结强度较小,但总黏结力还是随锚固长度的增加而增大。当锚固长度增加到一定值时,黏结强度不再增加。

1.3.3 钢筋的锚固

1. 当计算中充分利用钢筋的抗拉强度时,受拉钢筋的锚固应符合下列要求

1)基本锚固长度

普通钢筋:

$$l_{ab} = \alpha \frac{f_y}{f_t} d \tag{1-10}$$

预应力筋:

$$l_{ab} = \alpha \frac{f_{py}}{f_t} d \tag{1-11}$$

式中:　　l_{ab}——受拉钢筋的基本锚固长度;

f_y、f_{py}——普通钢筋、预应力筋的抗拉强度设计值;

f_t——混凝土轴心抗拉强度设计值,当混凝土强度等级高于 C60 时,按 C60 取值;

d——锚固钢筋的直径;

α——锚固钢筋的外形系数,按表 1-1 取用。

表 1-1　锚固钢筋的外形系数 α

钢筋类型	光圆钢筋	带肋钢筋	螺旋肋钢丝	三股钢绞线	七股钢绞线
α	0.16	0.14	0.13	0.16	0.17

注:光圆钢筋末端应做 180°弯钩,弯后平直段长度不应小于 $3d$,但作受压钢筋时可不做弯钩。

2)设计锚固长度

为了反映锚固条件的影响,实际结构工程中的设计锚固长度为基本锚固长度乘以锚固长度修正系数。

受拉钢筋的锚固长度应根据锚固条件按下列公式计算,且不应小于 200 mm:

$$l_a = \zeta_a l_{ab} \tag{1-12}$$

式中:l_a——受拉钢筋的锚固长度;

ζ_a——锚固长度修正系数,对普通钢筋,当多于一项时,可按连乘计算,但不应小于 0.6;对预应力筋,可取 1.0。

纵向受拉普通钢筋的锚固长度修正系数 ζ_a 应按下列规定取用。

(1)带肋钢筋的公称直径大于 25 mm 时取 1.10。

(2)环氧树脂涂层带肋钢筋取 1.25。

(3)施工过程中易受扰动的钢筋取 1.10。

(4)当纵向受力钢筋的实际配筋面积大于其设计计算面积时,取设计计算面积与实际配筋面积的比值,但对有抗震设防要求及直接承受动力荷载的结构构件,不应考虑此项修正。

(5)锚固钢筋的保护层厚度为 $3d$ 时,可取 0.80;保护层厚度为 $5d$ 时,可取 0.70;中间按内插取值,此处 d 为锚固钢筋的直径。

2. 混凝土结构中的纵向受压钢筋,当计算中充分利用其抗压强度时,锚固长度应符合的要求

对于混凝土结构中的纵向受压钢筋,当计算中充分利用其抗压强度时,锚固长度不应小于相应受拉锚固长度的 70%。

受压钢筋不应采用末端弯钩和一侧贴焊锚筋的锚固措施。受压钢筋锚固长度范围内的横向构造钢筋应符合《混凝土结构设计规范》第 8.3.1 条的有关规定。

1.3.4 钢筋的连接

(1)钢筋连接可采用绑扎搭接、机械连接或焊接。机械连接接头及焊接接头的类型及质量应符合国家现行有关标准的规定。

混凝土结构中受力钢筋的连接接头宜设置在受力较小处。在同一根受力钢筋上宜少设接头。在结构的重要构件和关键传力部位,纵向受力钢筋不宜设置连接接头。

(2)轴心受拉及小偏心受拉杆件的纵向受力钢筋不得采用绑扎搭接;其他构件中的钢筋采用绑扎搭接时,受拉钢筋直径不宜大于 25 mm,受压钢筋直径不宜大于 28 mm。

(3)同一构件中相邻纵向受力钢筋的绑扎搭接接头宜互相错开。钢筋绑扎搭接接头连接区段的长度为 1.3 倍搭接长度,凡搭接接头中点位于该连接区段长度内的搭接接头均属于同一连接区段,如图 1-20 所示。同一连接区段内纵向受力钢筋搭接接头面积百分率为,该区段内有搭接接头的纵向受力钢筋与全部纵向受力钢筋截面面积的比值。当直径不同的钢筋搭接时,按直径较小的钢筋计算。

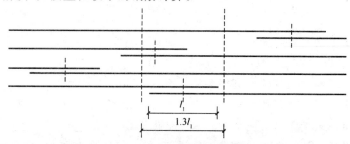

图 1-20 同一连接区段内纵向钢筋绑扎搭接接头

位于同一连接区段内的受拉钢筋搭接接头面积百分率:对梁类、板类及墙类构件,不宜大于 25%;对柱类构件,不宜大于 50%。当工程中确有必要增大受拉钢筋搭接接头面积百分率时,对梁类构件,不宜大于 50%;对板、墙、柱及预制构件的拼接处,可根据实际情况放宽。

并筋采用绑扎搭接连接时,应按每根单筋错开搭接的方式连接。接头面积百分率应按同一连接区段内所有的单根钢筋计算。并筋中钢筋的搭接长度应按单筋分别计算。

(4)纵向受拉钢筋绑扎搭接接头的搭接长度,应根据位于同一连接区段内的钢筋搭接接头面积百分率按下列公式计算,且不应小于 300 mm:

$$l_1 = \zeta_1 l_a \tag{1-13}$$

式中:l_1——纵向受拉钢筋的搭接长度;

ζ_1——纵向受拉钢筋搭接长度修正系数,按表 1-2 取用。当纵向搭接钢筋接头面积百分率为表的中间值时,修正系数可按内插取值。

表 1-2　纵向受拉钢筋搭接长度修正系数

纵向搭接钢筋接头面积百分率/(%)	≤25	50	100
ζ_l	1.2	1.4	1.6

(5)当构件中的纵向受压钢筋采用搭接连接时,其受压搭接长度不应小于纵向受拉钢筋搭接长度的 70%,且不应小于 200 mm。

(6)纵向受力钢筋的机械连接接头宜相互错开。钢筋机械连接区段的长度为 $35d$;d 为连接钢筋的较小直径。凡接头中点位于该连接区段长度内的机械连接接头均属于同一连接区段。

位于同一连接区段内的纵向受拉钢筋接头面积百分率不宜大于 50%;但对板、墙、柱及预制构件的拼接,可根据实际情况放宽。纵向受压钢筋的接头百分率可不受限制。

(7)细晶粒热轧带肋钢筋以及直径大于 28 mm 的带肋钢筋,其焊接应经试验确定;余热处理钢筋不宜焊接。

纵向受力钢筋的焊接接头应相互错开。钢筋焊接接头连接区段的长度为 $35d$ 且不小于 500 mm,d 为连接钢筋的较小直径,凡接头中点位于该连接区段长度内的焊接接头均属于同一连接区段。

纵向受拉钢筋的接头面积百分率不宜大于 50%,但对预制构件的拼接,可根据实际情况放宽。纵向受压钢筋的接头百分率可不受限制。

习题与思考

1-1　混凝土结构用的钢筋有哪些品种? 分别说明各种钢筋的适用范围。

1-2　软钢和硬钢的应力-应变曲线各有什么特征?

1-3　混凝土结构对钢筋性能有哪些要求?

1-4　混凝土有哪几个强度指标? 各用什么符号表示? 相互关系如何?

1-5　试分析混凝土在双向受力时的强度变化规律。

1-6　简述混凝土棱柱体在单调短期加载下的应力-应变曲线特征,并说明为什么混凝土的长期抗压强度小于短期抗压强度?

1-7　什么是混凝土的弹性模量? 如何确定?

1-8　简述混凝土在三向受压时的强度和变形特点。实际工程中,如何才能使混凝土处在三向受压的状态?

1-9　什么是混凝土的徐变? 徐变有什么规律? 产生徐变的原因是什么? 影响徐变的因素又是什么? 徐变对结构有何不利影响?

1-10　什么是黏结应力? 什么是黏结强度? 钢筋与混凝土之间的黏结力由哪几部分组成? 黏结应力分为哪几类?

1-11　影响黏结强度的主要因素有哪些? 应采取哪些措施来提高黏结强度?

2　建筑结构的荷载与设计方法

内容提要

掌握:结构的功能要求;结构的作用、作用效应和结构抗力;两类极限状态。

熟悉:设计基准期和设计使用年限;材料强度与荷载的取值。

了解:结构构件的可靠指标。

2.1　结构的功能要求

1. 混凝土结构的组成

一座混凝土结构建筑物大体上可分为楼板、梁、柱、墙以及基础等几部分,这些不同的部分统称为构件。由不同受力构件组成的能承受各种作用的骨架称为结构。

2. 建筑结构的功能

在工程结构中,结构设计的目的,是在现有技术基础上,用最少的人力和物力消耗,使结构建成后能完成全部"功能要求"。结构的功能要求,概括为以下三个方面。

1)安全性

结构在正常设计、正常施工和正常使用条件下,应该能承受可能出现的各种作用(如荷载、外加变形、约束变形等),以及在偶然作用(如地震、强风等)或偶然事件(如火灾、爆炸)发生时或发生后,结构应能保持必要的整体稳定性,不发生倒塌。

2)适用性

建筑结构在正常使用时,应能满足预定的使用要求,有良好的工作性能,如不发生影响正常使用的变形或振动,不产生引起使用者不安的裂缝等。

3)耐久性

建筑结构在正常使用、正常维护的情况下,材料性能虽然随时间变化,但结构应能满足预定的功能要求,应有足够的耐久性。如不发生由于保护层太薄或裂缝宽度太大而导致钢筋的锈蚀,混凝土不发生严重风化、老化,不得因环境的腐蚀而影响结构的使用年限等。

3. 结构的安全等级

建筑物的用途是多种多样的,其重要程度也各不相同。设计时应考虑到这种差别。例如,设计一个大型影剧院和设计一个普通仓库就应有所区别,因为前者一旦发生破坏所引起的生命财产损失要比后者大得多。因此,建筑结构应根据破坏时可能产生的后果的严重性(如危及人的生命、造成的经济损失、产生的社会影响等),区分不同的安全等级。我国《工程结构可靠性设计统一标准》(GB 50153—2008)(以下简称《统一标准》)根据建筑结构的破坏后果,即危及人的生命、造成经济损失、产生社会影响等的严重程度,将建筑结构分为三个安全等级,见表 2-1。

表 2-1 建筑结构的安全等级

安全等级	破坏后果	建筑物类型
一级	很严重	重要的工业与民用建筑
二级	严重	大量的一般工业与民用建筑
三级	不严重	次要的建筑物

不同安全等级的建筑结构,在结构设计时引入结构重要性系数 γ_0 来考虑,见表 2-2。

表 2-2 建筑结构重要性系数

安全等级	结构重要性系数
一级	1.1
二级	1.0
三级	0.9
地震设计状况	1.0

2.2 设计基准期和设计使用年限

2.2.1 设计基准期

设计基准期是指在结构设计中所采用的荷载统计参数和与时间有关的材料性能取值时所选用的时间参数。我国所采用的设计基准期为 50 年,建筑结构设计所考虑的荷载统计参数一般都是按 50 年确定的,如果设计时需要采用其他设计基准期,则必须另行确定在该基准期内最大荷载的概率分布及相应的统计参数。

2.2.2 设计使用年限

设计使用年限是设计规定的一个使用时期。在这一规定时期内,房屋建筑在正常设计、正常施工、正常使用和维护的条件下,不需要进行大修就能按其预定要求使用并能完成预定功能。结构的设计使用年限应按表 2-3 确定。

表 2-3 设计使用年限分类

类别	设计使用年限(年)	示例
1	5	临时性结构
2	25	易于替换的结构构件
3	50	普通房屋和构筑物
4	100	纪念性建筑和特别重要的建筑结构

设计基准期不等同于建筑结构的设计使用年限,但对于普通房屋和构筑物;设计使用

年限和设计基准期一般均为 50 年。

2.3 建筑结构的设计方法

2.3.1 结构设计方法的演变过程

我国工程结构设计的基本方法自 1949 年以来先后经历了五个阶段,第一阶段是 1966 年颁布实施的《钢筋混凝土结构设计规范》,是参照前苏联的规范编制而成的,采用的是三系数法,这种方法安全度较低;第二阶段是 1974 年颁布实施的《钢筋混凝土结构设计规范》,将 1966 年版规范中的三个系数改用一个系数表达,这种方法简称为单一安全系数法;第三阶段是 1989 年颁布实施的《钢筋混凝土结构设计规范》,是以概率理论为基础的极限状态设计方法,采用分项系数的设计表达式进行设计,结构构件的安全度总体上有较大幅度的提高;第四阶段是 2002 年颁布实施的《混凝土结构设计规范》,采用以概率理论为基础的极限状态设计方法,以可靠指标度量结构构件的可靠度,采用多个分项系数表达的设计方法,内容更加完善,安全度进一步提高,并且正式成为国家标准;第五阶段是 2010 年颁布实施的《混凝土结构设计规范》,仍然采用以概率理论为基础的极限状态设计方法,以可靠指标度量结构构件的可靠度,采用分项系数的设计表达式进行设计。但是,《混凝土结构设计规范》适当提高了结构的安全水平与抗御灾害的能力;强调了结构的耐久性;提高了材料的利用效率;并加强了与相关标准的协调。该规范反映了近年来混凝土结构的科研成果、技术发展以及工程经验。

混凝土结构在不断发展的过程中,人们对混凝土结构的认识也在不断深化。因此,任何《混凝土结构设计规范》只是在一定时期内和一定阶段上对混凝土的科研成果、技术发展以及工程经验的总结。该规范的内容只是混凝土结构设计的成熟做法、一般原则以及基本要求,并不能解决混凝土结构设计中的所有问题,更不能代替设计者的创造性思维。这也是《混凝土结构设计规范》经常需要修订的原因。

下面主要介绍概率极限状态设计法。

2.3.2 结构的极限状态

进行结构设计,应首先明确结构丧失其完成预定功能能力的标志是什么,并以此标志作为结构设计的一个准则。为此,先阐明结构极限状态的概念。

1. 极限状态的概念

结构从开始承受荷载直至破坏要经历不同的阶段,处于不同的状态。结构所处的阶段或状态,从不同的角度出发,可以有不同的划分方法。若从安全可靠的角度出发,可以区分为有效状态和失效状态两类。所谓有效,是指结构能有效、安全、可靠地工作,能完成预定的各项功能;反之,结构失去完成预定功能的能力,不能有效地工作,处于失效状态。这里所谓的失效,不仅包括因强度不足而丧失承受荷载的能力,或是结构发生倾覆滑移、丧失稳定等情况,而且包括了结构的变形过大、裂缝过宽而不适合继续使用,这些情况均属于失效状态。

有效状态和失效状态的分界,称为极限状态。极限状态实质上就是一种界限,是从有效状态转变为失效状态的分界。极限状态是结构开始失效的标志,结构设计就是以这一状态为准则进行的,其目的是使结构在工作时不致超过这一状态。

2. 极限状态的分类

根据结构功能要求的不同,将结构极限状态分为以下两类。

1)承载能力极限状态

结构或构件达到最大承载能力或者产生了不适于继续承载的过大变形的极限状态,称为承载能力极限状态。

《混凝土结构设计规范》规定,混凝土结构的承载能力极限状态计算应包括以下内容。

(1)对结构构件进行承载力计算。

(2)直接承受反复荷载的构件应进行疲劳验算。

(3)有抗震设防要求时,应进行抗震承载力计算。

(4)必要时还应进行结构整体稳定、倾覆、漂浮和滑移验算。

(5)对于可能遭受偶然作用,且因倒塌可能引起严重后果的重要混凝土结构,宜进行防连续倒塌设计。

2)正常使用极限状态

结构或构件达到正常使用或耐久性能的某项规定限值时,称为正常使用极限状态。

《混凝土结构设计规范》规定,混凝土结构的正常使用极限状态验算应包括以下内容。

(1)对需要控制变形的构件,应进行变形验算。

(2)对使用上限制出现裂缝的构件,应进行混凝土拉应力验算。

(3)对允许出现裂缝的构件,应进行裂缝宽度验算。

(4)对有舒适度要求的楼盖结构,应进行竖向自振频率验算。

2.4 结构的作用、作用效应和结构抗力

2.4.1 结构的作用、作用效应 S

1. 结构上的作用与类型

建筑结构在施工期间和使用期间要承受各种作用。结构上的作用是使结构或构件产生内力(应力)、变形(位移、应变)和裂缝的各种原因的总称。

作用就其形式而言,可分为两类。

(1)以力的形式作用于结构上时,称为直接作用,也称结构的荷载,包括结构上的集中荷载或分布荷载。

(2)以变形形式作用于结构上时,称为间接作用,习惯上称为结构的外加变形或约束变形(如基础沉降、温度变化、混凝土收缩、焊接、地震等)。

2. 作用的分类

《建筑结构荷载规范》(GB 50009—2012)(以下简称《荷载规范》)将结构上的作用按下列原则分类。

1)按作用时间分类

(1)永久作用。也称恒荷载,在设计基准期内其值不随时间变化,或其变化与平均值

相比可以忽略不计的作用。例如,结构自重、土压力、预加应力等。

(2)可变作用。在设计基准期内其值随时间变化,且其变化与平均值相比不可忽略的作用。例如,楼面活荷载、风荷载、雪荷载、吊车荷载以及温度变化等。

(3)偶然作用。在设计基准期内不一定出现,而一旦出现其值很大且持续时间很短的荷载。例如,地震、爆炸、撞击等。

2)按作用的空间位置分类

(1)固定作用。在结构空间位置上具有固定的分布。例如,楼面上的固定设备荷载、结构构件自重等。

(2)可动作用。在结构空间位置上的一定范围内可以任意分布。例如,楼面上的人员荷载、吊车荷载等。

3)按结构的反应分类

(1)静态作用。不使结构或结构构件产生加速度,或产生的加速度很小可以忽略不计。例如,结构自重、楼面上的人员荷载等。

(2)动态作用。使结构或结构构件产生不可忽略的加速度。例如,地震、设备扰动以及吊车荷载等。

3. 荷载的代表值

工程结构设计时,由于各种荷载都具有一定的变化,因此,应根据各种极限状态的设计要求取用不同的荷载数值作为荷载的代表值;荷载代表值包括标准值、组合值、频遇值和准永久值。永久荷载采用标准值作为代表值;可变荷载采用标准值、组合值、频遇值和准永久值作为代表值。

1)荷载标准值

荷载标准值是荷载的基本代表值,为设计基准期内最大荷载概率分布的某一分位值。因为荷载的大小具有不定性,所以确定荷载的大小是一件非常复杂的工作。例如,对于结构自重等永久荷载,虽可事先根据结构的设计尺寸和材料单位重量得出其自重,但由于施工时的尺寸偏差,材料容重的变异性等原因,以致实际自重并不完全与计算结果相吻合;至于活荷载的大小,其中的不确定因素更多。对于这种具有不定性的问题,应作为随机变量采用数理统计的方法加以处理。一般来说,把根据大量荷载统计资料,运用数理统计的方法确定的具有一定保证率(如 95%)的统计值作为荷载标准值。用这样的方法确定的荷载标准值是具有一定概率的、可能出现的最大荷载值。但是,有些荷载并不具备充分的统计资料,只能结合工程经验,经分析判断确定。我国《荷载规范》对各类荷载标准值的取法,规定如下。

(1)永久荷载标准值。对于结构或非承重构件的自重,由于其离散性不大,所以,采用其平均值作为荷载标准值,即可按结构构件的设计尺寸和材料或结构构件单位体积(或面积)的自重平均值确定。永久荷载标准值记为 G_k 或 g_k。

(2)可变荷载的标准值。《荷载规范》中,给出了各种可变荷载标准值的取值,在设计时可直接查用。为便于学习和应用,摘录民用建筑楼面均布活荷载和屋面均布活荷载标准值,见表 2-4 和表 2-5,可变荷载标准值记为 Q_k 或 q_k。

表 2-4　民用建筑楼面均布活荷载标准值及其组合值和准永久值系数

项次	类　别			标准值/kPa	组合值系数	准永久值系数
1	旅馆、医院病房、托儿所、幼儿园			2.0	0.7	0.4
2	教室、实验室、阅览室、会议室、医院门诊室、办公楼、住宅、宿舍			2.0	0.7	0.5
3	食堂、餐厅、一般资料档案室			2.5	0.7	0.5
4	礼堂、剧场、影院、有固定座位的看台			3.0	0.7	0.3
	公共洗衣房			3.0	0.7	0.5
5	商店、展览厅、车站、港口、机场大厅及旅客等候车室			3.5	0.7	0.5
	无固定座位的看台			3.5	0.7	0.3
6	健身房、演出舞台			4.0	0.7	0.5
	运动场、舞厅			4.0	0.7	0.3
7	书库、档案库、储藏室			5.0	0.9	0.8
8	通风机房、电梯机房			7.0	0.9	0.8
9	汽车通道及停车库	单向板楼盖(板宽不小于2 m)	客车	4.0	0.7	0.6
			消防车	35.0	0.7	0.0
		双向板楼盖和无梁楼盖(柱网尺寸不小于6 m×6 m)	客车	2.5	0.7	0.6
			消防车	20.0	0.7	0.0
10	普通厨房			2.0	0.7	0.5
	专业餐厅			4.0	0.7	0.7
11	浴室、厕所、盥洗室	第1项中的民用建筑		2.0	0.7	0.4
		其他民用建筑		2.5	0.7	0.5
12	走道、门厅、楼梯	住宅、托儿所、幼儿园		2.0	0.7	0.4
		宿舍、旅馆、医院、办公楼(一般)		2.0	0.7	0.4
		教室、餐厅、医院门诊部、办公楼(商用)		2.5	0.7	0.3
		消防疏散楼梯、其他民用建筑		3.5	0.7	0.3
13	阳台			2.5	0.7	0.5

注：①本表所给各项活荷载适用于一般使用条件,当使用荷载较大或情况特殊时,应按实际情况采用。

②第 7 项书库活荷载,当书架高度大于 2 m 时,书库活荷载应按每米书架高度不小于 2.5 kPa 确定。

③第 12 项楼梯活荷载,对预制楼梯踏步板,应按 1.5 kN 集中荷载验算。

④第 13 项阳台荷载,当人群有可能密集时,宜按 3.5 kPa 采用。

表 2-5 工业与民用建筑房屋屋面水平投影面上的均布活荷载

项 次	类 别	标准值/kPa	组合值系数 ψ_c	准永久值系数 ψ_q
1	不上人的屋面	0.5	0.7	0
2	上人的屋面	2.0	0.7	0.4
3	屋顶花园	3.0	0.7	0.5

注：①不上人的屋面，当施工或维修荷载较大时，应按实际情况采用；对不同结构应按有关设计规范的规定，将标准值作 0.2 kPa 的增减。

②上人的屋面，当兼作其他用途时，应按相应楼面活荷载采用。

③对于因屋面排水不畅、堵塞等引起的积水荷载，应采取构造措施加以防止；必要时，应按积水的可能深度确定屋面活荷载。

④屋顶花园活荷载不包括花圃土石等材料自重。

实际上，作用于楼面上的活荷载，并非以表 2-4 中所给的标准值同时满布在所有楼面上，因此，在确定楼面梁、墙、柱及基础的荷载标准值时，应将楼面活荷载标准值乘以规定的折减系数。

(1)设计楼面梁时，表 2-6 中的折减系数如下。

①第 1 项当楼面梁从属面积超过 25 m² 时，取 0.9。

②第 2～8 项当楼面梁从属面积超过 50 m² 时，取 0.9。

③第 9 项对单向板楼盖的次梁和槽形板的纵肋应取 0.8；对单向板楼盖的主梁应取 0.6；对双向板楼盖的梁应取 0.8。

④第 10～13 项应采用与所属房屋类别相同的折减系数。

(2)设计墙、柱和基础时的折减系数如下。

①第 1 项应按表 2-4 规定采用。

②第 2～8 项应采用与其楼面梁相同的折减系数。

③第 9 项对单向板楼盖应取 0.5；对双向板楼盖和无梁楼盖应取 0.8。

④第 10～13 项应采用与所属房屋类别相同的折减系数。

楼面梁的从属面积应按梁两侧各延伸二分之一梁间距的范围内的实际面积确定。

表 2-6 活荷载按楼层的折减系数

墙、柱、基础计算截面以上的层数	1	2～3	4～5	6～8	9～20	>20
计算截面以上各楼层活荷载总和的折减系数	1.00 (0.90)	0.85	0.70	0.65	0.60	0.55

注：当楼面梁的从属面积超过 25 m² 时，应采用括号内的系数。

2)荷载组合值

结构上除作用有永久荷载外，有时还会作用几个可变荷载，如楼面活荷载、风荷载、雪荷载等。当结构承受两种或两种以上可变荷载时，由概率分析可知，施加在结构上的各种活载不可能同时达到各自的最大值，因此，需作适当调整。调整的方法为：除其中最大荷载仍取其标准值外，其他伴随的可变荷载均采用小于 1.0 的组合值系数乘以相应的标准值来表达其荷载代表值，即通过可变荷载的组合值系数 ψ_c 进行折减。这种经调整后的伴随可变荷载,称为可变荷载的组合值。可变荷载组合值可用 $\psi_c Q_k$ 或 $\psi_c q_k$ 表示,组合系数 ψ_c 可由《荷载规范》查取,表 2-4 和表 2-5 列出了部分可变荷载的组合系数。

承载能力极限状态按基本组合设计、正常使用极限状态按标准组合设计时采用可变荷载代表值。

3)可变荷载频遇值

荷载频遇值是对可变荷载而言的,是正常使用极限状态按频遇组合设计时采用的一种可变荷载代表值。其值在设计基准期内,超越的总时间为规定的较小比率或超越频率为规定频率的荷载值,是一种在统计基础上确定的荷载代表值。可变荷载频遇值可表达为 $\psi_f Q_k$ 或 $\psi_f q_k$,其中,频遇值系数 ψ_f 可由《荷载规范》查取,表 2-4 和表 2-5 也列出了部分可变荷载的频遇值系数。

4)可变荷载准永久值

荷载准永久值也是对可变荷载而言的,是正常使用极限状态按准永久组合和频遇组合设计采用的可变荷载代表值。它是一种在统计基础上确定的荷载代表值,对结构的影响类似于永久荷载的性能,其值在设计基准期内被超越的总时间为设计基准期的一半。可变荷载准永久值可表达为 $\psi_q Q_k$ 或 $\psi_q q_k$,其中,准永久值系数 ψ_q 可由《荷载规范》查取,表 2-4 和表 2-5 列出了部分可变荷载的准永久值系数。

4. 作用效应 S

作用效应 S 是上述作用引起的结构或构件的内力(如轴力、弯矩、剪力、扭矩等)和变形(如挠度、转角、裂缝等)。当作用为集中荷载或分布荷载时,其效应可称为荷载效应。

由于结构上的作用是不确定的随机变量,所以作用效应 S 也是一个随机变量,要用数理统计的方法来研究。以下主要讨论荷载效应,荷载(用 Q 表示)与荷载效应 S 之间,一般近似按线性关系考虑,即

$$S = CQ \tag{2-1}$$

式中:C——荷载效应系数。如承受均布荷载 q 作用、计算跨度为 L_0 的简支梁,跨中弯矩 $M = qL_0^2/8$, M 相当于荷载效应 S , q 相当于荷载 Q , $L_0^2/8$ 则相当于荷载效应系数 C。

5. 荷载分项系数及荷载设计值

1)荷载分项系数

荷载分项系数是考虑荷载超过标准值的可能性以及对不同变异性的荷载可能造成结构计算时可靠度不一致的调整系数。其选取原则是按极限状态设计表达式进行结构设计时,为了使所设计的结构构件在不同情况下具有规定的可靠度,采用的各种设计系数(见式 2-12)。

2)荷载设计值

荷载以标准值为基本变量,荷载分项系数与荷载标准值的乘积称为荷载设计值;而荷载设计值与荷载效应系数的乘积则称为荷载效应设计值,即内力设计值。

2.4.2　结构抗力 R

1. 结构抗力的概念及结构的工作状态

结构抗力 R 是指结构或构件承受内力和变形的能力,如构件的强度、刚度、抗裂度

等。影响结构抗力的主要因素是材料性能(如材料强度、变形模量等物理力学性能)、几何参数以及计算模式的精确性等。由于材料性能、几何参数以及计算模式的不确定性,所以由这些因素综合而成的结构抗力是一个随机变量,要用数理统计的方法来研究。

结构和结构构件完成预定功能的工作状态,可以由该结构构件所承受的荷载效应 S 和结构抗力 R 两者的关系来描述。令

$$Z = R - S = g(R, S) \qquad (2\text{-}2)$$

Z 称为结构的功能函数,它可以用来表示结构的三种工作状态。

当 $Z > 0$ 时,结构能够完成预定的功能,表示结构处于可靠状态。

当 $Z < 0$ 时,结构不能完成预定的功能,表示结构处于失效状态。

当 $Z = 0$ 时,即 $R = S$,表示结构处于极限状态,$Z = 0$ 称为极限状态方程。

2. 材料强度代表值

钢筋和混凝土的强度,是影响结构抗力的主要因素。由于材料性能的变异性,这两种材料的强度都属于随机变量,强度概率分布一般可用正态分布描述。

1)材料强度标准值

材料强度的标准值是一种特征值,可取其概率分布的 0.05 分位数(具有不小于95%的保证率)确定,其表达式为

$$f_k = \mu_f - 1.645\sigma_f \qquad (2\text{-}3)$$

式中:f_k——材料强度的标准值;

μ_f——材料强度的平均值;

σ_f——材料强度的标准差。

2)材料强度设计值

材料强度设计值定义为强度标准值除以相应的材料分项系数,即

$$f_c = \frac{f_{ck}}{\gamma_c} \qquad (2\text{-}4)$$

$$f_s = \frac{f_{sk}}{\gamma_s} \qquad (2\text{-}5)$$

式中:f_{ck}、f_{sk}——混凝土、钢筋的强度标准值,见附录1;

f_c、f_s——混凝土、钢筋的强度设计值,见附录1;

γ_c、γ_s——混凝土、钢筋的材料分项系数。

材料分项系数是考虑材料或构件的强度有低于标准值的可能性而引入的一个系数。具体取值见《荷载规范》。

2.5 概率极限状态设计方法

2.5.1 结构的可靠性

结构在规定的时间(设计使用年限)内,在规定的条件(正常设计、正常施工、正常使用和正常维护)下,完成预定功能(安全性、适用性和耐久性)的能力称为结构的可靠性。

所谓安全可靠,其概念是属于概率范畴的。结构安全可靠与否,用结构完成其预定功

能的可能性(概率)的大小来衡量,而不是用一个绝对的、不变的标准来衡量。当结构完成其预定功能的概率达到一定程度,或不能完成其预定功能的概率小到某一大家可以接受的程度,就认为该结构是安全可靠的,其可靠性满足要求。

　　显然,加大结构设计的余量,如提高设计荷载,加大截面尺寸及配筋,或提高对材料性能的要求等,总是能够增加或改善结构的安全性、适用性和耐久性的,但这将使结构的造价升高,不符合经济的要求。结构的可靠性和经济性是对立的两个方面,科学的设计方法就是要在结构的可靠与经济之间选择一种最佳的平衡,把二者统一起来,达到以比较经济合理的方法,保证结构设计所要求的可靠性。当建筑结构的使用年限达到或超过设计使用年限后,并不意味着结构立即报废,不能再使用了,而是指它的可靠性可能降低。即设计使用年限与结构的寿命虽有一定的联系,但不等同。

2.5.2　结构可靠度与失效概率

　　为了定量地描述结构的可靠性,需引入可靠度的概念,结构在规定的时间内,在规定的条件下,完成预定功能的概率,称为结构的可靠度。可靠度是对结构可靠性的一种定量描述,即概率度量。

　　概率极限状态设计法又称基于概率的极限状态设计法,是按结构达到不同极限状态的要求进行设计,而在其计算中应用了概率的方法。在此用一简单的例子对此方法加以说明。若一构件的荷载效应为 S,抗力为 R,S 和 R 均为随机变量。假设 S 和 R 均服从正态分布,其平均值分别为 μ_S、μ_R,标准差分别为 σ_S、σ_R,概率密度曲线如图 2-1 所示。

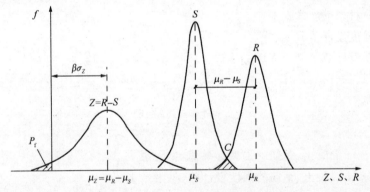

图 2-1　Z、S、R 的概率密度分布曲线

　　显然,要满足结构可靠,μ_R 应大于 μ_S。从图 2-1 中可见,在大多数情况下抗力 R 大于荷载效应 S。但由于曲线的离散性,在两条概率密度分布曲线相重叠的范围内,仍有可能出现 R 小于 S 的情况。重叠范围的大小,反映了 R 小于 S(即结构失效)的概率的高低。μ_R 比 μ_S 大得越多,或 σ_R、σ_S 越小(即曲线高而窄),均可使重叠范围减少,结构的失效概率也就越低。由此可见,失效概率的大小不仅与平均值之差 $\mu_Z(\mu_Z = \mu_R - \mu_S)$ 的大小有关,而且与标准差 σ_R、σ_S 的大小有关,加大平均值之差,或减小标准差均可使失效概率降低。这一点与我们的常识是一致的。因为加大结构抗力的富余度,或减小抗力与作用的离散程度,必将提高结构构件的可靠程度。

　　由于 $Z = R - S$,所以 Z 也为正态分布的随机变量,其概率密度分布曲线如图 2-1所示。从图中可见,$Z(R - S) < 0$ 部分(阴影)面积即为失效概率 P_f,即

$$P_\mathrm{f} = P(Z < 0) = \int_{-\infty}^{0} f(Z)\mathrm{d}Z \qquad (2\text{-}6)$$

用失效概率 P_f 来度量结构的可靠性具有明确的物理意义,能够较好地反映问题实质,因而已为工程界所公认。但是失效概率 P_f 的计算由于要用到积分,比较麻烦,因此,《统一标准》通常采用另一种比较简便的方法,即用可靠指标 β 来度量结构的可靠性。

2.5.3 结构构件的可靠指标 β

由图 2-1 可见,阴影部分的面积与 μ_Z、σ_Z 的大小有关;增大 μ_Z,曲线右移,阴影面积将减少;减小 σ_Z,曲线变高变窄,阴影面积也将减少。现将图 2-1 中抗力 Z 的概率密度分布曲线对称轴至纵轴的距离表示成 σ_Z 的倍数,即

$$\mu_Z = \beta\sigma_Z \qquad (2\text{-}7)$$

则

$$\beta = \frac{\mu_Z}{\sigma_Z} = \frac{\mu_R - \mu_S}{\sqrt{\sigma_R^2 + \sigma_S^2}} \qquad (2\text{-}8)$$

显然,β 大,则失效概率小,即结构越可靠。所以 β 和失效概率一样可作为衡量结构可靠度的一个指标,称为可靠指标。对于标准正态分布,β 与失效概率 P_f 之间存在一一对应关系,现将 β 与构件失效概率的对应关系列于表 2-7。

表 2-7 可靠指标 β 值与构件失效概率的对应关系

β	P_f	β	P_f
1.0	1.59×10^{-1}	3.2	6.4×10^{-4}
1.5	6.68×10^{-2}	3.5	2.33×10^{-4}
2.0	2.28×10^{-2}	3.7	1.1×10^{-4}
2.5	6.21×10^{-3}	4.0	3.17×10^{-5}
2.7	3.5×10^{-3}	4.5	1.3×10^{-5}
3.0	1.35×10^{-3}	—	—

2.5.4 结构目标可靠指标

由上述可知,在正常条件下,失效概率 P_f 尽管很小,但总是存在,绝对可靠(即 $P_\mathrm{f} = 0$)是不可能的。为了使结构设计安全可靠且经济合理,应对不同情况下结构构件的可靠指标 β 值作出规定,使结构在按承载能力极限状态设计时,其完成预定功能的概率不低于某一允许的水平,即使结构的失效概率降低到人们可以接受的程度,做到既安全可靠又经济合理。由结构构件的实际破坏情况可知,破坏状态分为延性破坏和脆性破坏。结构构件发生延性破坏前有明显预兆,可及时采取补救措施,所以结构构件的可靠指标可定得稍低些,反之,结构发生脆性破坏时,破坏常是突然发生的,比较危险,结构构件的可靠指标就应定得高些。于是《统一标准》根据结构的安全等级和破坏类型,规定:

$$\beta \geqslant [\beta] \qquad (2\text{-}9)$$

式中:$[\beta]$——目标可靠指标,见表 2-8。

表 2-8　不同安全等级的目标可靠指标[β]

破坏类型	安全等级		
	一级	二级	三级
延性破坏	3.7	3.2	2.7
脆性破坏	4.2	3.7	3.2

2.5.5　设计方法和设计状况

　　建筑结构目前普遍采用的设计方法是概率论的极限状态设计法,我国标准将极限状态分为承载能力极限状态和正常使用极限状态两种。

　　在结构设计时应考虑到所有可能的极限状态,以保证结构具有足够的安全性、适用性和耐久性,并按不同的极限状态用相应的可靠度水平进行设计。结构设计的一般程序是先按承载力极限状态设计结构构件,再按正常使用极限状态进行验算。

　　由于结构物在建造和使用过程中所承受的作用和所处的环境不同,设计时所采用的结构体系、可靠度水平、设计方法等也应有区别。因此 ,建筑结构设计时,应根据结构在施工和使用中的环境条件和影响,区分下列三种设计状况。

　　(1)持久状况:在结构使用过程中一定出现、其持续期很长的状况。持续期一般与设计使用年限为同一数量级。

　　(2)短暂状况:在结构施工和使用过程中出现概率较大,与设计使用年限相比持续期很短的状况。如结构施工和维修时承受堆料和施工荷载的状况。

　　(3)偶然状况:在结构使用过程中出现概率很小,持续期很短的状况,如结构遭遇火灾、爆炸、撞击、罕遇地震等作用的状况。

2.6　按承载能力极限状态计算

2.6.1　设计表达式

　　概率极限状态设计法与过去采用过的其他各种方法相比更为科学合理,但是这样对于一般的结构构件进行设计工作量很大,计算过于烦琐,因此,对于一般的工程结构,直接采用可靠指标进行设计并无必要。考虑到实用上的简便和广大工程设计人员的习惯,我国《统一标准》没有直接根据可靠指标来进行结构设计,而是仍然采用工程设计人员熟悉的以基本变量为标准值和分项系数表达的结构构件实用设计表达式。

　　需要说明的是,采用实用设计表达式,虽然形式上与我国以往采用过的多系数设计表达式相似,但实质上是不同的。主要体现在,以往设计表达式中采用的各种安全系数主要是根据经验确定的,而现在的设计表达式中采用的各种分项系数,则是根据基本变量的统计特性,以结构可靠度的概率分析为基础而确定的,这样间接地反映了 β 值的大小。

　　《混凝土结构设计规范》规定,混凝土结构的承载能力极限状态计算应包括以下内容。

(1)结构构件应进行承载力计算。

(2)直接承受反复荷载的构件应进行疲劳验算。

(3)有抗震设防要求时,应进行抗震承载力计算。

(4)必要时还应进行结构整体稳定、倾覆、漂浮和滑移验算。

(5)对于可能遭受偶然作用,且倒塌可能引起严重后果的重要混凝土结构,宜进行防连续倒塌设计。

在极限状态设计方法中,结构构件的承载力计算,应采用下列极限状态设计表达式:

$$\gamma_0 S \leqslant R \tag{2-10}$$

$$R = R(f_c, f_s, a_k \cdots)/\gamma_{Rd} \tag{2-11}$$

式中:　　　γ_0——结构重要性系数,见表 2-2;

　　　　　　S——荷载效应组合设计值,即内力组合设计值,分别表示设计轴力 N、设计弯矩 M、设计剪力 V、设计扭矩 T 等;对持久设计状况和短暂设计状况应按作用的基本组合计算;对地震设计状况应按作用的地震组合计算;

　　　　　　R——结构构件的抗力设计值,即结构构件的承载力设计值;

$R(f_c, f_s, a_k \cdots)$——结构构件的抗力函数;

　　f_c, f_s——混凝土和钢筋的强度设计值,见附录 1;

　　　　　　a_k——几何参数的标准值;当几何参数的变异性对结构性能有明显的不利影响时,可另增减一个附加值,以考虑其不利影响;

　　　　　γ_{Rd}——结构构件的抗力模型不定性系数,静力设计取 1.0,对不确定性较大的结构构件根据具体情况取大于 1.0 的数值;抗震设计用承载力抗震调整系数 γ_{RE} 代替 γ_{Rd}。

在承载力极限状态计算方法中,荷载效应的不定性和结构抗力的离散性首先在确定荷载及抗力标准值中加以考虑,然后再引入分项系数来保证构件承载力具有足够的可靠度。具体地说,在多数荷载中的标准值取值大于其平均值,材料强度的标准值取值小于其平均值,为充分反映荷载效应的不定性和结构抗力的离散性,再将各类荷载标准值分别乘以大于 1 的各自的荷载分项系数,得到荷载设计值;而将各类材料的强度标准值分别除以大于 1 的各自的材料分项系数,得到材料强度设计值。通过这样的处理,使结构构件具有足够的可靠概率。

2.6.2　荷载效应组合

当结构上同时作用有多种可变荷载时,需要考虑荷载效应的组合问题。

荷载效应组合是指在所有可能同时出现的各种荷载(如恒荷载、屋面活荷载、楼面活荷载、风载等)组合下,确定结构或构件内产生的总效应(即内力)。结构设计时,采用其中对结构构件产生总效应为最不利的一组,即最不利组合。

(1)承载能力极限状态设计,一般考虑荷载效应的基本组合(必要时还需考虑荷载效应的偶然组合),应从下列组合值中取其最不利值确定。

①当荷载效应组合由可变荷载效应控制时:

$$S = \gamma_G S_{Gk} + \gamma_{Q1} S_{Q1k} + \sum_{i=2}^{n} \psi_{ci} \gamma_{Qi} S_{Qik} \tag{2-12}$$

式中：γ_G——永久荷载分项系数；当其效应对结构不利时，对由可变荷载效应控制的组合，应取 1.2；对由永久荷载效应控制的组合，应取 1.35；当其效应对结构有利时，应取 1.0；

γ_{Q1}，γ_{Qi}——第一个和其他第 i 个可变荷载分项系数，一般情况下应取 1.4；对活荷载标准值 $\geqslant$4 kPa 时，可采用 1.3；

S_{Gk}——按永久荷载标准值 G_k 计算的荷载效应值；

S_{Q1k}——在基本组合中起控制作用的一个可变荷载标准值效应；当对 S_{Q1k} 无法明显判断时，轮次以各可变荷载效应为 S_{Q1k}，选其中最不利的荷载效应组合；

S_{Qik}——按活荷载标准值 Q_{ik} 计算的荷载效应值；

ψ_{ci}——可变荷载 Q_i 的组合值系数。

②当荷载效应组合由永久荷载效应控制时：

$$S = \gamma_G S_{Gk} + \sum_{i=1}^{n} \psi_{ci} \gamma_{Qi} S_{Qik} \tag{2-13}$$

(2)对于一般排架、框架结构，基本组合可采用简化规则，并应按下列组合值中取最不利值确定。

①由可变荷载效应控制的组合：

$$S = \gamma_G S_{Gk} + \gamma_{Q1} S_{Q1k} \tag{2-14}$$

$$S = \gamma_G S_{Gk} + 0.9 \sum_{i=1}^{n} \gamma_{Qi} S_{Qik} \tag{2-15}$$

②由永久荷载效应控制的组合仍按式(2-13)采用。

【例题 2-1】 某厂房采用 1.5 m×6 m 的大型屋面板，卷材防水保温屋面，永久荷载标准值为 $G_k = 2.025$ kN/m，屋面活荷载标准值为 $Q_{1k} = 0.525$ kN/m，屋面积灰荷载标准值为 $Q_{2k} = 0.375$ kN/m，雪载标准值为 $Q_{3k} = 0.3$ kN/m，结构安全等级为二级，已知纵肋的计算跨度 $L = 5.87$ m；按表 2-9 求按承载能力极限状态设计时纵肋跨中弯矩的基本组合设计值。

表 2-9　例题 2-1 表

荷载类别	组合值系数	频遇值系数	准永久值系数
屋面活载	0.7	0.5	0.0
屋面积灰荷载	0.9	0.9	0.8
雪载	0.7	0.6	0.0

【解】

按照《荷载规范》的规定，屋面均布活荷载不与雪荷载同时组合。故采用以下几种组合方式。

①由永久荷载控制的组合：

$$S = \gamma_G S_{Gk} + \sum_{i=1}^{n} \psi_{ci} \gamma_{Qi} S_{Qik}$$

得纵肋跨中弯矩设计值为

$$M = \gamma_G M_{Gk} + \sum_{i=1}^{n} \gamma_{Qi} \psi_{ci} M_{Qik}$$

$$= 1.35 \times \frac{1}{8} G_k l^2 + 1.4 \times 0.7 \times \frac{1}{8} Q_{1k} l^2 + 1.4 \times 0.9 \times \frac{1}{8} Q_{2k} l^2$$

$$= 1.35 \times \frac{1}{8} \times 2.025 \times 5.87^2 + 1.4 \times 0.7 \times \frac{1}{8} \times 0.525 \times 5.87^2 + 1.4 \times 0.9 \times \frac{1}{8} \times$$

$$0.375 \times 5.87^2$$

$$= 16.03 \ (kN \cdot m)$$

②由活荷载控制的组合：

$$S = \gamma_G S_{Gk} + \gamma_{Q1} S_{Q1k} + \sum_{i=2}^{n} \psi_{ci} \gamma_{Qi} S_{Qik}$$

分别采用屋面活荷载与积灰荷载作为第一可变荷载进行组合。

屋面活荷载作为第一可变荷载：

$$M = \gamma_G M_{Gk} + \gamma_{Q1} M_{1k} + \sum_{i=2}^{n} \gamma_{Qi} \psi_{ci} M_{Qik}$$

$$= 1.2 \times \frac{1}{8} G_k l^2 + 1.4 \times \frac{1}{8} Q_{1k} l^2 + 1.4 \times 0.9 \times \frac{1}{8} Q_{2k} l^2$$

$$= 1.2 \times \frac{1}{8} \times 2.025 \times 5.87^2 + 1.4 \times \frac{1}{8} \times 0.525 \times 5.87^2 + 1.4 \times 0.9 \times$$

$$\frac{1}{8} \times 0.375 \times 5.87^2$$

$$= 15.67 \ (kN \cdot m)$$

屋面积灰荷载作为第一可变荷载：

$$M = \gamma_G M_{Gk} + \gamma_{Q1} M_{1k} + \sum_{i=2}^{n} \gamma_{Qi} \psi_{ci} M_{Qik}$$

$$= 1.2 \times \frac{1}{8} G_k l^2 + 1.4 \times \frac{1}{8} Q_{2k} l^2 + 1.4 \times 0.7 \times \frac{1}{8} Q_{1k} l^2$$

$$= 1.2 \times \frac{1}{8} \times 2.025 \times 5.87^2 + 1.4 \times \frac{1}{8} \times 0.375 \times 5.87^2 + 1.4 \times 0.7 \times \frac{1}{8} \times$$

$$0.525 \times 5.87^2$$

$$= 14.94 \ (kN \cdot m)$$

由于永久荷载控制的组合弯矩计算结果最大,故将其作为荷载效应的基本组合设计值,即 $M = 16.03 \ kN \cdot m$。

2.7 按正常使用极限状态验算

在正常使用极限状态验算中,应根据不同的设计要求,分别按荷载的标准组合、频遇组合和准永久组合,考虑荷载长期作用的影响进行验算,以满足结构构件的使用要求,使变形、裂缝等计算值不超过相应规定的限值。

《混凝土结构设计规范》规定,混凝土结构的正常使用极限状态验算应包括以下内容。

(1)对需要控制变形的构件,应进行变形验算。

(2)对使用上限制出现裂缝的构件,应进行混凝土拉应力验算。

(3)对允许出现裂缝的构件,应进行裂缝宽度验算。

(4)对有舒适度要求的楼盖结构,应进行竖向自振频率验算。

采用下列极限设计表达式进行设计:

$$S \leqslant C \tag{2-16}$$

式中:C——结构或结构构件达到正常使用要求规定的挠度、裂缝宽度等的限值。

正常使用情况下荷载效应和结构抗力的变异性,已在确定荷载标准值和结构抗力标准值时得到一定程度的处理,并具有一定的安全储备。因为正常使用极限状态设计计算属于校核验算性质,且结构或构件超过正常使用极限状态时所造成的财产和生命损失要小于超过承载力极限状态的后果,故其所要求的可靠度指标(安全储备)可以略低一些,所以荷载效应和结构抗力均采用标准值计算。

(1)对于标准组合,荷载效应组合值按下式计算:

$$S = S_{Gk} + S_{Q1k} + \sum_{i=2}^{n} \psi_{ci} S_{Qik} \tag{2-17}$$

(2)对于频遇组合,荷载效应组合值按下式计算:

$$S = S_{Gk} + \psi_{f1} S_{Q1k} + \sum_{i=2}^{n} \psi_{qi} S_{Qik} \tag{2-18}$$

式中:ψ_{fi}——可变荷载 Q_1 的频遇值系数;

ψ_{qi}——第 i 个可变荷载 Q_i 的准永久值系数。

(3)对于准永久组合,荷载效应组合值按下式计算:

$$S = S_{Gk} + \sum_{i=1}^{n} \psi_{qi} S_{Qik} \tag{2-19}$$

《混凝土结构设计规范》规定,对混凝土楼盖结构应根据使用功能的要求进行竖向自振频率验算,考虑到一般结构的梁板已有对板、梁跨厚比的控制,所以一般结构及跨度不大的楼盖可以不作舒适度验算。

超过正常使用极限状态时,虽然会影响结构或构件的使用功能或耐久性,但通常不会造成人身伤亡和重大经济损失,因此与超过承载能力极限状态相比,可以把超过正常使用极限状态的可能性控制得稍宽一些。

结构设计时,结构构件在按承载能力极限状态进行设计后,还需按正常使用极限状态进行验算,应以不超过承载能力极限状态和正常使用极限状态为原则。这种把极限状态作为结构设计依据的设计方法,称为极限状态设计法。

【例题 2-2】 已知条件同例题 2-1,求按正常使用极限状态设计时的标准组合、频遇组合和准永久组合。

【解】

标准组合:

由　$S = S_{Gk} + S_{Q1k} + \sum_{i=2}^{n} \psi_{ci} S_{Qik}$

　　$M = M_{Gk} + M_{Q1k} + \sum_{i=2}^{n} \psi_{ci} M_{Qik}$

$$= \frac{1}{8}G_k l^2 + \frac{1}{8}Q_{1k} l^2 + 0.9 \times \frac{1}{8}Q_{2k} l^2$$

$$= \frac{1}{8} \times 2.025 \times 5.87^2 + \frac{1}{8} \times 0.525 \times 5.87^2 + 0.9 \times \frac{1}{8} \times 0.375 \times 5.87^2$$

$$= 12.43 \ (\text{kN} \cdot \text{m})$$

得频遇组合。

由 $\quad S = S_{Gk} + \psi_{f1} S_{Q1k} + \sum_{i=2}^{n} \psi_{qi} S_{Qik}$

$$M = M_{Gk} + \psi_{f1} M_{Q1k} + \sum_{i=2}^{n} \psi_{qi} M_{Qik}$$

$$= \frac{1}{8}G_k l^2 + \psi_{f1} \frac{1}{8}Q_{1k} l^2 + \psi_{q2} \times \frac{1}{8}Q_{2k} l^2$$

$$= \frac{1}{8} \times 2.025 \times 5.87^2 + 0.5 \times \frac{1}{8} \times 0.525 \times 5.87^2 + 0.8 \times \frac{1}{8} \times 0.375 \times 5.87^2$$

$$= 11.14 \ (\text{kN} \cdot \text{m})$$

得准永久组合。

由 $\quad S = S_{Gk} + \sum_{i=1}^{n} \psi_{qi} S_{Qik}$

得 $\quad M = M_{Gk} + \sum_{i=1}^{n} \psi_{qi} M_{Qik}$

$$= \frac{1}{8}G_k l^2 + \psi_{q1} \times \frac{1}{8}Q_{1k} l^2 + \psi_{q2} \times \frac{1}{8}Q_{2k} l^2$$

$$= \frac{1}{8} \times 2.025 \times 5.87^2 + 0 \times \frac{1}{8} \times 0.525 \times 5.87^2 + 0.8 \times \frac{1}{8} \times 0.375 \times 5.87^2$$

$$= 10.01 \ (\text{kN} \cdot \text{m})$$

习题与思考

2-1 结构上的作用与荷载是否相同？为什么？

2-2 结构的功能要求有哪些？什么是极限状态？结构的极限状态有几类？

2-3 建筑结构的安全等级是怎样划分的？在承载能力极限状态设计表达式中是怎样体现的？

2-4 什么是结构的可靠性与可靠度？结构的可靠度在承载能力极限状态设计表达式中是怎样体现的？

2-5 什么是概率极限状态设计法？为什么规范采用的方法称近似概率设计方法？

2-6 某教学楼屋面板，板的自重、抹灰层等恒载引起的弯矩标准值 $M_{Gk} = 1.8 \ \text{kN} \cdot \text{m}$，屋面活荷载引起的弯矩标准值 $M_{Q1k} = 1.5 \ \text{kN} \cdot \text{m}$，雪荷载引起的弯矩标准值 $M_{Q2k} = 0.5 \ \text{kN} \cdot \text{m}$，结构安全等级为二级，求：①按承载能力极限状态设计时弯矩的基本组合设计值；②按正常使用极限状态设计时弯矩的标准组合、频遇组合和准永久组合。

3 受弯构件的正截面承载力

内容提要

掌握：单筋矩形截面、双筋矩形截面和 T 形截面的配筋计算和截面承载力复核计算。

熟悉：适筋梁正截面的三个工作阶段以及各阶段的应力和应变情况、正截面的三种破坏形态及配筋率对正截面破坏的影响。

了解：正截面受弯性能的试验研究。

3.1 概述

受弯构件是指受荷后构件截面上同时受弯矩和剪力作用而轴力可忽略不计的构件。该类型构件在土木工程中应用极为广泛，如建筑结构中各种类型的梁、板以及楼梯；桥梁结构中的公路桥行车道板、板式桥承重板、梁式桥的主梁和横梁等。这类构件的破坏有两种可能：一种破坏主要是由于弯矩作用引起的，其破坏时截面大致与构件的轴线垂直正交，故称为正截面破坏；另一种破坏则主要是由弯矩和剪力共同作用引起的，其破坏截面与构件的轴线成一定角度斜向相交，因而称为斜截面破坏，本章介绍正截面受弯承载力，下一章介绍斜截面受剪承载力。

3.1.1 受弯构件的截面形状与尺寸

梁和板是在工程结构中常见的受弯构件，常用的截面形状如图 3-1 所示。现浇梁的截面形式多为矩形、T 形、Γ 形；预制梁的截面形式有矩形、T 形、I 形、十形等。预制板的截面形式很多，最常用的有平板、槽形板和多孔板三种。

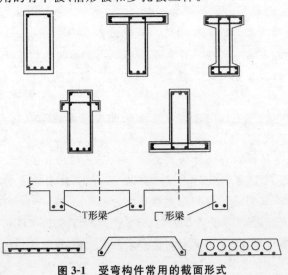

图 3-1 受弯构件常用的截面形式

1. 梁的截面尺寸

在梁的设计中，截面尺寸的选用既要满足承载力条件，又要满足刚度要求，还应便于施工。梁的截面高度与其跨度和荷载大小有关。从刚度要求出发，根据设计经验，梁的截面高度与计算跨度之比 $\dfrac{h}{l_0}$，在肋形楼盖中，主梁为 1/12～1/8，次梁为 1/20～1/15，独立梁不小于 1/15（简支）和 1/20（连续）。矩形截面梁的高宽比 $\dfrac{h}{b}$ 一般取 2.0～3.5；T 形截面梁的 $\dfrac{h}{b}$ 一般取 2.5～4.0（此处 b 为梁肋宽）。矩形截面的宽度和 T 形截面的肋宽 b 一般取为 100、120、180、200、220、250、300 mm；梁的高度 h 一般取为 250、300、350、…、750、800、900、1000 mm 等尺寸。当梁高 $h \leqslant 800$ mm 时，截面高度取 50 mm 的整数倍，当 $h >$ 800 mm 时，则取 100 mm 的整数倍。

2. 板的截面尺寸

在设计钢筋混凝土楼盖时，板的宽度一般比较大，设计计算时可取单位宽度（$b=$ 1000 mm）进行计算。由于板的混凝土用量占整个楼盖混凝土用量的一半甚至更多，从经济方面考虑宜采取较小的板厚。另一方面由于板的厚度尺寸较小，施工误差的影响就相对较大，为此《混凝土结构设计规范》规定现浇钢筋混凝土板的最小厚度应满足表3-1的规定。其厚度应满足承载力、刚度和抗裂的要求，从刚度条件出发，单跨简支板的最小厚度不小于 $\dfrac{l_0}{35}$（l_0 为板的计算跨度），多跨连续板最小厚度不小于 $\dfrac{l_0}{40}$，悬臂板的最小厚度不小于 $\dfrac{l_0}{12}$。如板厚满足上述要求，即不需作挠度验算。

表 3-1　现浇钢筋混凝土板的最小厚度 （单位：mm）

板的类别		最小厚度
单向板	屋面板	60
	民用建筑楼板	60
	工业建筑楼板	70
	行车道下的楼板	80
双向板		80
密肋板	肋间距小于或等于 700 mm	40
	肋间距大于 700 mm	50
悬臂板	板的悬臂长度小于或等于 500 mm	60
	板的悬臂长度大于 500 mm	80
无梁楼板		150

3.1.2 混凝土材料的选择

梁、板常用的混凝土强度等级为 C20、C25、C30、C35、C40，混凝土强度等级的选择要与钢筋相匹配，当采用 HRB335 级钢筋时，混凝土强度等级不宜低于 C20；当采用

HRB400 和 RRB400 级钢筋以及承受重复荷载的构件,混凝土强度等级不得低于 C20。

3.1.3 钢筋材料的选择与布置

1. 梁中的钢筋

梁的纵向受力钢筋宜采用 HRB400 级和 HRB335 级,常用直径为 12、14、16、18、20、22、25 和 28 mm,必要时也可采用更大的直径。根数不宜少于 2 根。当梁高 $h \geqslant 300$ mm 时,其直径不应小于 10 mm;当 $h < 300$ mm 时,不应小于 8 mm。为保证钢筋与混凝土之间具有足够的黏结力和便于混凝土浇筑,梁的上部纵向钢筋的净距,不应小于 30 mm 和 $1.5d$ (d 为纵向钢筋的最大直径),下部纵向钢筋的净距不应小于 25 mm 和 d ,梁的下部纵向钢筋配置多于两层时,两层以上钢筋水平方向的中距应比下面两层的中距增大 1 倍。各层钢筋之间的净间距不应小于 25 mm,如图 3-2 所示。

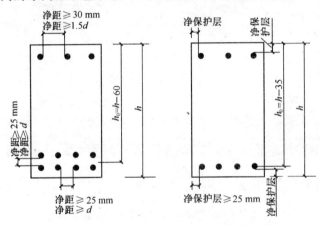

图 3-2 梁中钢筋净距、保护层及有效高度

梁中配置钢筋数量的多少通常用配筋率 ρ 来衡量,纵向受拉钢筋的配筋率 ρ 是指截面中纵向受拉钢筋的截面面积与截面有效面积之比,即

$$\rho = \frac{A_s}{bh_0} \tag{3-1}$$

式中: ρ ——配筋率,按百分比计;

     A_s ——纵向受拉钢筋的截面面积;

     b ——梁的截面宽度;

     h_0 ——梁的截面有效高度,为受拉钢筋截面重心(合力作用点中心)至受压边缘的距离, $h_0 = h - a_s$ 。 a_s 是纵向受拉钢筋合力点至受拉边缘的距离,可按实际尺寸计算,一般可近似取用:受拉钢筋为一排布置时,取 $a_s = 35 \sim 40$ mm,受拉钢筋为二排布置时,取 $a_s = 60 \sim 70$ mm。

箍筋主要是用来承受由剪力和弯矩在梁内引起的主拉应力,同时还可固定纵向受力钢筋并和其他钢筋一起形成立体的钢筋骨架。梁的箍筋宜采用 HPB300 级、HRB335 和 HRB400 级钢筋。对于截面高度 $h > 800$ mm 的梁,其箍筋直径不宜小于 8 mm;对于截面高度 $h \leqslant 800$ mm 的梁,其箍筋直径不宜小于 6 mm;梁中配有计算需要的纵向受压钢筋时,箍筋直径不应小于纵向受压钢筋最大直径的 0.25 倍。

为了固定箍筋并与纵向钢筋形成骨架,在梁的受压区内应设置架立钢筋。架立钢筋的直径,当梁的跨度小于 4 m 时,不宜小于 8 mm;当梁的跨度为 4～6 m 时,不宜小于 10 mm;当梁的跨度大于 6 m 时,不宜小于 12 mm。

2. 板中的钢筋

单向板内钢筋一般有纵向受力钢筋和分布钢筋两种,如图 3-3 所示。

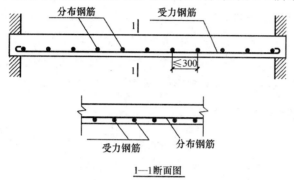

图 3-3　单向板的配筋

(1)板的受力钢筋。常用的钢筋为 HPB300 级、HRB335 级和 HRB400 级。板中受力钢筋的直径应经计算确定,常用 6～12 mm,当板厚 $h \leqslant 150$ mm 时,间距不宜大于 200 mm;当板厚 $h > 150$ mm 时,不宜大于 $1.5h$,间距不宜大于 250 mm。

(2)板的分布钢筋。除沿受力方向布置受力钢筋外,还应在垂直受力方向布置分布钢筋,其作用是固定受力钢筋的位置并将板上荷载分散到受力钢筋上,同时也能防止混凝土由于收缩和温度变化,在垂直于受力钢筋方向产生裂缝。分布钢筋宜采用 HPB300 级和 HRB335 级。单位长度上分布钢筋的截面面积不宜小于单位宽度上受力钢筋截面面积的 15%,且不宜小于该方向板截面面积的0.15%;分布钢筋的间距不宜大于 250 mm,直径不宜小于 6 mm;对集中荷载较大的情况,分布钢筋的截面面积应适当增加,其间距不宜大于 200 mm。

3.1.4　混凝土保护层厚度

纵向受力钢筋的外表面到截面边缘的垂直距离,称为混凝土保护层厚度,用 c 表示,如图 3-2 所示。混凝土保护层的作用有:①防止钢筋锈蚀;②保证钢筋与混凝土有较好的黏结;③在火灾等情况下,使钢筋的温度缓慢上升。

梁、板、柱的混凝土保护层厚度与环境类别和混凝土强度等级有关,见附表 2-1。

3.2　受弯构件正截面的受力特性

钢筋混凝土受弯构件的受力性能与截面尺寸、配筋量和材料强度等有关,由于钢筋混凝土是两种材料组成,而且混凝土的非弹性、非均质和抗拉、抗压强度存在巨大差异等原因,如仍按材料力学的方法进行计算,则结果肯定与实际情况不符。目前钢筋混凝土构件的计算理论一般都是在大量试验的基础上建立起来的。

3.2.1　适筋梁正截面受弯承载力试验研究

纵向受拉钢筋配筋率比较适当的正截面称为适筋截面,具有适筋截面的梁称为适筋梁。试验首先从适筋梁开始,试验装置如图3-4所示,因为是研究梁的正截面问题,在梁上施加两个对称的集中荷载,在不考虑自重的情况下,就形成一段只有弯矩没有剪力的纯弯段。在纯弯段内沿梁高两侧布置测点,用仪表量测梁的纵向受力变形,以观察加载后梁的受力全过程。利用应变测点,检测沿梁高的应变分布情况;通过位移计 B-1、B-2、B-3 测定梁的跨中挠度;梁的开裂和裂缝的宽度则用读数放大镜观察。试验时荷载由零开始分级增加,并逐级观察梁的变化:挠度,裂缝宽度和伸展深度,钢筋和混凝土的应力和应变,并作相应记录,一直加载到梁破坏。

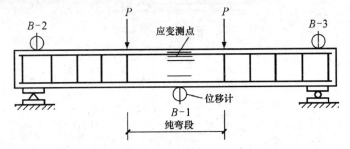

图 3-4　矩形截面梁受弯承载力试验示意图

图 3-5 为某试验实测的钢筋混凝土梁的弯矩与截面曲率关系曲线。图中 M 为在各级实测荷载作用下的弯矩,M_u 为截面破坏时所测得的极限弯矩,f 为挠度实测值。

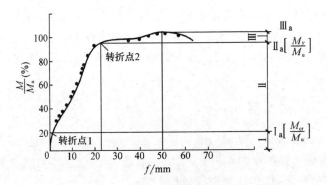

图 3-5　M/M_u-f 试验曲线

由图3-5可作出如下分析:钢筋混凝土梁从加载到破坏,可分为三个阶段:当弯矩较小时,挠度与弯矩关系曲线接近线性,受拉区还没出现裂缝,此阶段称为第Ⅰ阶段。随着荷载的增加,当弯矩超过构件的开裂弯矩 M_{cr} 后,构件开裂,关系曲线出现转折,进入第Ⅱ阶段。在第Ⅱ阶段中,随着荷载的增加,裂缝不断加宽,并有新裂缝出现,挠度也不断增加,荷载继续增加,弯矩达 M_y 时,受拉钢筋达到屈服,第Ⅱ阶段结束,关系曲线出现第二个转折点,进入第Ⅲ阶段。在这一阶段,由于钢筋屈服,裂缝急剧开展,挠度迅速增加,当弯矩达到 M_u 时,受压混凝土的应变达到弯曲受压时的极限应变,梁随之破坏。

3.2.2　受弯构件正截面工作各阶段的应力状态

1. 第Ⅰ阶段:混凝土的未裂阶段

梁从开始加载到拉区混凝土即将开裂为梁正截面受力的第Ⅰ阶段。在梁的纯弯段截取一段,如图 3-6 所示,加载开始时混凝土和钢筋的应力都不大,受拉区的拉力由受拉钢筋和拉区的混凝土共同承担,混凝土的应力呈三角形分布。随着荷载的增大,由于混凝土的受拉强度很低,受拉区边缘的混凝土很快产生塑性变形,拉区混凝土的应力由直线变为曲线;直到受拉区一边缘的混凝土的应变达到混凝土的极限拉应变,此时受拉混凝土的应力分布已接近矩形,混凝土即将开裂,对应的弯矩为开裂弯矩 M_{cr},并用Ⅰ$_a$表示第Ⅰ阶段末,如图 3-6(a)、(b)所示,由于此时混凝土尚未开裂,故可作为受弯构件正截面抗裂计算的依据。

2. 第Ⅱ阶段:混凝土开裂后至钢筋屈服前的裂缝阶段

在第Ⅰ$_a$阶段基础上再稍加荷载,受拉区边缘混凝土的应变就超过混凝土的极限拉应变,就会在该区段中最薄弱处首先出现裂缝。梁进入第Ⅱ阶段——带裂缝工作阶段。在裂缝截面,除靠近中和轴处还有一部分未裂的混凝土还能承担很小的拉力外,原来拉区混凝土承担的拉力几乎全由钢筋承担。因此裂缝一旦出现,钢筋的应力就突然增加,裂缝也就具有一定的宽度。随着荷载的增加裂缝不断扩大延伸,使中和轴的位置不断上移,受压区混凝土的面积也随之逐步减小,压区混凝土的塑性性质也开始表现出来,并逐渐明显,压区混凝土的应力图形就由第Ⅰ阶段的直线变为曲线:荷载继续增加,直到使受拉钢筋的应力达到屈服强度,为第Ⅱ阶段结束,用Ⅱ$_a$表示,所对应的弯矩称为屈服弯矩 M_y,如图 3-6(c)、(d)所示。

在第Ⅱ阶段中,随着荷载的增加,梁裂缝不断出现、加宽,挠度也不断加大。对于一般不要求抗裂的构件,在正常使用条件下多处于这个阶段,也就是说,对于一般钢筋混凝土结构构件,在正常使用时都是带裂缝工作的。第Ⅱ阶段是一般混凝土梁的正常使用阶段,可作为梁正常使用阶段和裂缝开展宽度验算的依据。

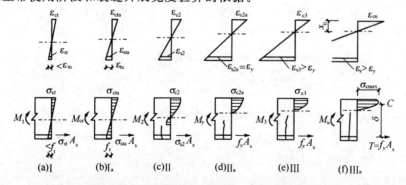

图 3-6　矩形截面适筋梁受弯构件破坏三个阶段的应力应变分布图

3. 第Ⅲ阶段:钢筋屈服至截面破坏的破坏阶段

如果荷载再继续增加,由于受拉钢筋屈服后应变急剧增加,构件挠度陡增,屈服截面的裂缝迅速开展并向上延伸,中和轴随之上移,迫使压区混凝土的面积进一步减小,混凝土的应力进一步增大,其塑性特征就更加明显,应力图形如图 3-6(e)、(f)所示。当受压边缘混凝土的应变达到极限压应变时,受压区混凝土被压碎,截面达到极限承载力 M_u,梁随之破坏,此阶段可用Ⅲ_a表示。按极限状态设计方法的受弯承载力计算应以此应力状态为计算依据。

3.2.3　受弯构件正截面破坏的三种形态

上述梁正截面受弯的三个阶段的工作特点及破坏特征,是针对正常配筋率的适筋梁而言的。根据试验研究,梁正截面的破坏形式与配筋率 ρ、钢筋和混凝土强度有关,其破坏形态主要依配筋率的大小而不同,可分为适筋破坏、超筋破坏和少筋破坏三类。与之相对应的梁称为适筋梁、超筋梁和少筋梁。

1. 适筋破坏

如前所述,适筋梁在整个加载过程中经历了比较明显的三个受力阶段,其特点是破坏始自受拉区钢筋的屈服。在钢筋应力达到屈服强度之初,受压区边缘纤维应变仍小于受弯时混凝土极限压应变。在梁完全破坏以前,由于钢筋要经历较大的塑性伸长,随之引起裂缝急剧开展和梁挠度的激增。所以梁破坏时挠度和裂缝宽度较大,将给人以明显的破坏预兆。说明这种破坏在截面承载力没有显著下降的情况下具有较好的承受变形的能力,即具有较好的延性,习惯上常把梁的这种破坏叫做"延性破坏"。

2. 超筋破坏

当梁截面配筋率 ρ 很大时,在钢筋拉应力尚未达到其屈服强度之前,由于受压区混凝土边缘纤维应变达到混凝土受弯时的极限压应变,而导致梁破坏称为超筋破坏。在超筋破坏形态中,梁截面的裂缝出现和开裂过程与适筋梁相似,但由于钢筋在梁破坏前仍处于弹性工作阶段,所以梁的裂缝开展不宽,延伸不高,如图 3-7(b)所示,梁的挠度亦不大。其破坏过程短并且没有明显的预兆,习惯上称之为脆性破坏。

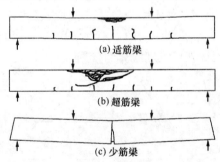

图 3-7　梁正截面破坏的三种形态

超筋梁虽配置过多的受拉钢筋,但由于破坏时其应力低于屈服强度,不能充分发挥作用,造成钢材浪费。这不仅不经济,并且破坏前毫无预兆,所以设计中不允许采用这种梁。

3. 少筋破坏

当梁的配筋率 ρ 很小时,在荷载的作用下,梁仅经历了弹性阶段。达到开裂状态后,裂缝截面受拉混凝土承担的拉力转给钢筋,使得钢筋的拉应力突然增大,并迅速达到屈服强度而进入强化阶段。而受压区混凝土的压应力很小,仍处于弹性工作阶段。少筋梁破坏时即使受压区混凝土暂未压碎,但由于受拉钢筋的塑性伸长已很大,所以裂缝宽度一般大于 1.5 mm 甚至更大,标志着梁已"破坏"。

少筋梁的破坏一般是在梁出现第一条裂缝后突然发生,也属于脆性破坏,这种梁虽然在受拉区配置了钢筋,但由于配置的钢筋过少,使其不能起到提高梁承载能力的作用,它的承载力取决于混凝土的抗拉强度。同时,混凝土的抗压强度也不能充分发挥,不经济,所以在实际工程中也应该避免。

综上所述,在钢筋混凝土受弯构件设计时,只能设计成适筋截面,而不允许采用超筋和少筋截面。因此,就以适筋截面的破坏为基础,建立受弯构件正截面承载力的计算公式,并通过公式的适用条件,来控制超筋和少筋破坏的发生。

3.3 受弯构件正截面承载力计算原理

3.3.1 基本假定

对于正截面承载力进行计算,《混凝土结构设计规范》采取下列几点基本假定。

(1)截面应保持平面。对于钢筋混凝土受弯构件,从加载开始直到最终破坏,截面上的平均应变均保持为直线分布,即符合平截面假定—截面上任意点的应变与该点到截面中和轴的距离成正比。

(2)不考虑混凝土的抗拉强度。对极限状态承载力计算来说,受拉区混凝土早已开裂,大部分拉区混凝土已退出工作,剩下靠近中和轴的混凝土虽仍承担拉力,但因其总量及内力臂都很小,完全可将其忽略,对最终计算结果几乎没有影响。

(3)受压区混凝土的应力-应变关系采用理想化曲线。将混凝土的应力-应变关系理想成图 3-8 所示曲线。当混凝土的压应变 $\varepsilon_c \leqslant \varepsilon_0$ 时,应力与应变关系曲线为抛物线;$\varepsilon_c > \varepsilon_0$ 时,应力与应变关系曲线为水平线,其极限压应变取 ε_{cu},相应的最大压应力为 σ_0。

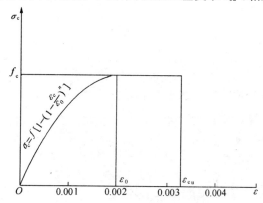

图 3-8 混凝土应力-应变曲线

图 3-8 所示的混凝土应力-应变曲线的数学表达式如下。

当 $\varepsilon_c \leqslant \varepsilon_0$ 时:

$$\sigma_c = f_c \left[1 - \left(1 - \frac{\varepsilon_c}{\varepsilon_0} \right)^n \right] \tag{3-2}$$

当 $\varepsilon_0 < \varepsilon_c \leqslant \varepsilon_{cu}$ 时:

$$\sigma_c = f_c \tag{3-3}$$

$$n = 2 - \frac{1}{60}(f_{cu,k} - 50) \tag{3-4}$$

$$\varepsilon_0 = 0.002 + 0.5 \times (f_{cu,k} - 50) \times 10^{-5} \tag{3-5}$$

$$\varepsilon_{cu} = 0.0033 - (f_{cu,k} - 50) \times 10^{-5} \tag{3-6}$$

式中：σ_c ——对应于混凝土压应变为 ε_c 时的混凝土压应力；

　　　　f_c ——混凝土轴心抗压强度设计值；

　　　　ε_0 ——对应于混凝土压应力刚达到 f_c 时的混凝土压应变，当计算的 ε_0 值小于 0.002 时，取 0.002；

　　　　ε_{cu} ——正截面的混凝土极限压应变，当处于非均匀受压时按式（3-6）计算，如计算 的 ε_{cu} 值大于 0.0033 时，取 0.0033；当处于轴心受压时取 ε_0；

　　　　$f_{cu,k}$ ——混凝土立方体抗压强度标准值；

　　　　n ——系数，当计算的 n 值大于 2.0 时，取为 2.0。

（4）纵向钢筋的应力-应变理想化曲线。钢筋应力为钢筋应变 ε_s 与其弹性模量 E_s 的 乘积，但其绝对值不应大于其相应的强度设计值。纵向受拉钢筋的极限拉应变取为 0.01。 如图 3-9 所示，钢筋取理想化应力-应变曲线，其数学表达式如下。

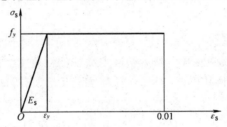

图 3-9　钢筋理想化应力-应变曲线

当 $0 \leqslant \varepsilon_s \leqslant \varepsilon_y$ 时：

$$\sigma_s = \varepsilon_s E_s \tag{3-7}$$

当 $\varepsilon_s > \varepsilon_y$ 时：

$$\sigma_s = f_y \tag{3-8}$$

式中：σ_s ——对应于钢筋拉应变为 ε_s 时的钢筋拉应力；

　　　　E_s ——钢筋的弹性模量；

　　　　f_y ——钢筋设计强度 ；

　　　　ε_y ——对应于钢筋拉应力刚达到 f_y 时的钢筋拉应变。

3.3.2　受压区混凝土等效矩形应力图形

钢筋混凝土受弯构件的正截面承载力应该以适筋梁的第 III_a 阶段的应力图形为依据 进行计算。但图中混凝土的应力是曲线分布的，即使根据混凝土的应力-应变关系的理想 化曲线简化后的理论应力图形，欲求压区混凝土的压力合力也很困难。为简化计算，《混 凝土结构设计规范》规定可以将受压区混凝土的应力图形简化为等效的矩形应力图形，如 图 3-10 所示。进行等效代换的条件是：①等效区图形的压力合力与理论应力图形的压 力合力大小相等；②合力作用点位置不变。

图中 α_1 为矩形应力图形中混凝土的抗压强度与混凝土轴心抗压强度的比值，β_1 为

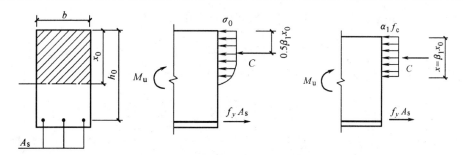

图 3-10　受弯构件理论应力图与等效应力图

等效受压区高度 x 与实际受压区高度 x_0 的比值。根据等效代换的条件以利用基本假设，理论上可以得出等效应力图形中的参数 α_1 和 β_1。为简化，《混凝土结构设计规范》规定混凝土强度在 C50 及以下时，取 $\alpha_1 = 1.0$ 和 $\beta_1 = 0.8$。其他强度等级混凝土则按表 3-2 中数值取用。

表 3-2　混凝土受压区等效矩形应力图形系数

系数	≤C50	C55	C60	C65	C70	C75	C80
α_1	1.0	0.99	0.98	0.97	0.96	0.95	0.94
β_1	0.8	0.79	0.78	0.77	0.76	0.75	0.74

3.3.3　界限相对受压区高度及最大配筋率

1. 界限相对受压区高度（适筋与超筋的界限）

适筋梁与超筋梁的界限称为"平衡配筋梁"，即梁破坏时受拉钢筋应力达到屈服强度的同时受压区混凝土边缘纤维应变也恰好达到混凝土受弯时的极限压应变值 ε_{cu}。设相对受压区高度 $\xi = \dfrac{x}{h_0}$，则平衡配筋梁的相对受压区高度即为界限相对受压区高度 $\xi_b = \dfrac{x_b}{h_0}$。

如图 3-11 所示，设钢筋屈服时的应变为 ε_y，则

$$\varepsilon_y = \frac{f_y}{E_s} \tag{3-9}$$

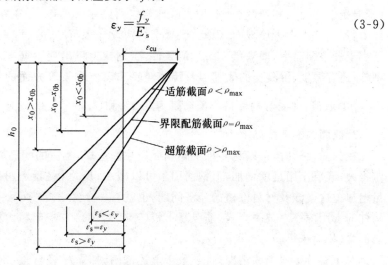

图 3-11　不同配筋截面破坏时的平均应变图

此处，E_s 为钢筋的弹性模量。设界限破坏时受压区的高度为 x_{cb}，则

$$\frac{x_{cb}}{h_0}=\frac{\varepsilon_{cu}}{\varepsilon_{cu}+\varepsilon_y} \tag{3-10}$$

矩形应力分布图形的等效受压区高度 $x=\beta_1 x_c$，即 $x_b=\beta_1 x_{cb}$，代入上式可得

$$\frac{x_b}{\beta_1 h_0}=\frac{\varepsilon_{cu}}{\varepsilon_{cu}+\varepsilon_y} \tag{3-11}$$

则

$$\xi_b=\frac{x_b}{h_0}=\frac{\beta_1}{1+\dfrac{f_y}{\varepsilon_{cu}E_s}} \tag{3-12}$$

根据式(3-12)，推算出不同的钢筋强度、弹性模量和混凝土强度等级所对应的界限相对受压区高度 ξ_b，见表 3-3。

表 3-3　建筑工程受弯构件有屈服点钢筋配筋时的 ξ_b 值

	≤C50	C55	C60	C65	C70	C75	C80
HPB300	0.5757	0.5661	0.5564	0.5468	0.5372	0.5276	0.5180
HRB335 HRBF335	0.5500	0.5405	0.5311	0.5216	0.5122	0.5027	0.4933
HRB400 HRBF400 RRB400	0.5176	0.5084	0.4992	0.4900	0.4808	0.4716	0.4625
HRB500 HRBF500	0.4822	0.4733	0.4644	0.4555	0.4466	0.4378	0.4290

2. 适筋与少筋的界限及最小配筋率

对于受弯构件来说，最小配筋率通常是指在此特定的配筋率情况下，截面破坏时所能承受的弯矩极限值 M_u 与等同的素混凝土截面所能承受的弯矩 M_{cr} 正好相等时的配筋率（素混凝土截面的开裂弯矩 M_{cr} 即为破坏弯矩），以 ρ_{min} 表示。由于在钢筋混凝土构件的设计中，不允许出现少筋截面，因此《混凝土结构设计规范》规定：配筋截面必须保证配筋率不小于最小配筋率，即满足 $\rho \geqslant \rho_{min}$ 的条件，否则认为将出现少筋破坏，其中数值除上述原则外，还有温度、混凝土的收缩以及传统经验和设计政策等方面的考虑，规定了最小配筋率 ρ_{min} 的取值，即受弯构件最小配筋率为 0.2% 和 $(45\dfrac{f_t}{f_y})\%$ 的较大值。

3. 截面的经济配筋率

在截面设计时，可以有多种不同截面尺寸的选择，相应的配筋率也就不同。截面尺寸定得大，混凝土用量就增加，但钢筋用量可以减小；反之，混凝土用量可以减少，而钢筋用量增加。这就涉及材料价格的经济问题，也就有一个经济配筋率的范围，一般钢筋混凝土构件的常用配筋率范围为：钢筋混凝土板 $(0.4\sim0.8)\%$；矩形截面梁 $(0.6\sim1.5)\%$；T 形截面梁（相对于梁肋）$(0.9\sim1.8)\%$。

对于有特殊要求的情况，可不限于上述范围，如需减轻自重，则可选择较小的截面尺寸，使配筋率略高于上述范围；又如对要求抗裂的构件，则截面尺寸必须加大，配筋率就会

低于上述范围。

3.4 单筋矩形截面受弯构件正截面承载力计算

3.4.1 基本计算公式及适用条件

1. 基本计算公式

单筋截面是指仅在构件的受拉区配置纵向受力钢筋的截面。如图 3-12 所示的等效应力图形,可得出单筋矩形截面受弯构件的正截面承载力的计算简图,根据平衡条件我们可以写出单筋矩形截面受弯承载力的基本计算公式。

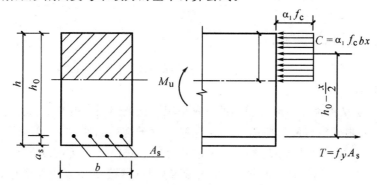

图 3-12　单筋矩形截面受弯构件正截面承载力计算简图

由力的平衡条件得

$$\alpha_1 f_c b x = f_y A_s \tag{3-13}$$

由力矩的平衡条件得

$$M_u = \alpha_1 f_c b x \left(h_0 - \frac{x}{2} \right) \tag{3-14}$$

$$M_u = f_y A_s \left(h_0 - \frac{x}{2} \right) \tag{3-15}$$

式中:f_c—— 混凝土轴心抗压强度设计值,见附表 1-2;

f_y—— 钢筋的抗拉强度设计值,见附表 1-6;

A_s—— 受拉钢筋截面面积;

b—— 截面宽度;

x—— 应力图形换算成矩形后的受压区高度;

h_0—— 截面有效高度;

α_1—— 系数,取值见表 3-2。

2. 适用条件及意义

上述的基本公式是根据适筋截面的等效矩形应力图形推导出的,故仅适用于适筋截面。因为超筋截面破坏时,纵向受拉钢筋应力达不到其设计强度 f_y;少筋截面破坏时,受压区混凝土未压坏,故不能像适筋截面那样用 $\alpha_1 f_c b x$ 来表示压区混凝土压力的合力;因此,基本公式必须限制在满足适筋破坏的条件下才能使用。

(1)防止发生超筋破坏。

为防止发生超筋破坏,设计时应满足:

$$\xi \leqslant \xi_b \tag{3-16(a)}$$

或

$$x \leqslant x_b = \xi_b h_0 \tag{3-16(b)}$$

或

$$\rho \leqslant \xi_b \frac{\alpha_1 f_c}{f_y} \tag{3-16(c)}$$

(2)防止发生少筋破坏。

为防止发生少筋破坏,设计时应满足:

$$A_s \geqslant A_{s,min} = \rho_{min} bh \tag{3-17}$$

对于受弯构件,ρ_{min} 取 0.2% 和 $(45 \frac{f_t}{f_y})\%$ 中的较大值。满足该条件,则可保证截面不发生少筋破坏。

3.4.2 基本计算公式的应用

受弯构件正截面承载力计算包括两类问题:截面设计和截面复核。

1. 截面设计

截面设计是结构设计中最常遇到的一种情况。这类问题一般只知道作用在构件上的设计弯矩 M,要求确定构件的截面尺寸及配筋。对于这类问题,应令正截面弯矩设计值 M 和截面受弯承载力设计值 M_u 相等。从基本计算公式(3-13)、(3-14)和(3-15)可知,未知数有 $\alpha_1 f_c$、f_y、b、h_0 和 A_s。因此,必须先选定材料(即确定相应的强度设计值 $\alpha_1 f_c$ 和 f_y)和截面尺寸,再计算钢筋用量 A_s;或者先选定 $\alpha_1 f_c$、f_y、b 和配筋率 ρ,再计算 h_0 和 A_s。然后验算适用条件,即要求 $\xi \leqslant \xi_b$,若 $\xi > \xi_b$,需加大截面,或提高混凝土强度等级,或者改用双筋截面。若 $\xi \leqslant \xi_b$ 则求出 A_s 选择钢筋,以实际采用的钢筋来验算上文介绍的适用条件(2),即 $A_s \geqslant \rho_{min} bh$。如不满足,则减小截面尺寸或降低混凝土强度等级重新设计,或者纵向受拉钢筋按 $\rho_{min} bh$ 来选择配置。

2. 截面复核

已知截面 b、h,配筋量 A_s 和材料强度等级(即 $\alpha_1 f_c$ 和 f_y),要求计算截面受弯承载力 M_u 或复核截面承受某个设计弯矩 M 是否安全。

解决这类问题,一般先由 $\rho = \frac{A_s}{bh_0}$ 计算 $\xi = \rho \frac{f_y}{\alpha_1 f_c}$,如果满足 $\xi \leqslant \xi_b$ 和 $A_s \geqslant \rho_{min} bh$ 两个条件,则按式(3-14)或式(3-15)求出 M_u。当 $M_u > M$ 时,截面承载力满足要求。若 $\xi > \xi_b$,则梁不经济,如已知条件不可改变,则 $M_u = \alpha_1 f_c bh_0^2 \xi_b (1 - 0.5 \xi_b)$。若在复核截面时发现 $A_s < \rho_{min} bh$,而截面和配筋量又都不能再变动,则应按素混凝土截面来计算截面所能抵抗的弯矩。具体计算方法可参见《混凝土结构设计规范》的附录 A。

3.4.3 表格计算法

前述两节介绍的利用基本公式进行计算时,必须求解二次方程。为了简化计算,常根据基本公式制成表格供设计时查用。

把基本公式(3-14)和(3-15)按等式关系写出,即

$$M = \alpha_1 f_c bh_0^2 \frac{x}{h_0} (1 - 0.5 \frac{x}{h_0}) = \alpha_1 f_c bh_0^2 \xi (1 - 0.5 \xi)$$

$$M=f_yA_sh_0\left(1-0.5\frac{x}{h_0}\right)=f_yA_sh_0(1-0.5\xi)$$

令

$$\alpha_s=\xi(1-0.5\xi)$$

$$\gamma_s=1-0.5\xi$$

可得

$$M=\alpha_sbh_0^2\alpha_1f_c \tag{3-18}$$

$$M=f_yA_s\gamma_sh_0 \tag{3-19}$$

系数 γ_s 代表力臂 z 与 h_0 的比值,称为内力臂系数,随 ξ 而变化,ξ 值越大,γ_s 值越小,z 值也就越小。α_s 为截面抵抗矩系数。在适筋梁范围内,ρ 或 ξ 越大,α_s 值也就越大,截面抗弯承载力也就越高。系数 α_s、γ_s 值用下式计算:

$$\xi=1-\sqrt{1-2\alpha_s} \tag{3-20}$$

$$\gamma_s=\frac{1+\sqrt{1-2\alpha_s}}{2} \tag{3-21}$$

【例题 3-1】　如图 3-13 所示,某钢筋混凝土简支梁,计算跨度为 $l=6$ m,承受板传来永久荷载标准值为 12.3 kN/m,可变荷载标准值为 9.2 kN/m,环境类别为一类,试设计该梁。

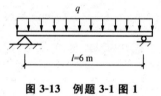

图 3-13　例题 3-1 图 1

【解】

(1)选择材料。

混凝土强度等级选用 C30,纵向受力钢筋选用 HRB335 级,则 $f_c=14.3$ MPa、$f_y=300$ MPa。

(2)选取截面尺寸。

$$h\geqslant\frac{1}{15}l=400\ \text{mm},取\ h=500\ \text{mm}。$$

$$b=\left(\frac{1}{3.5}\sim\frac{1}{2.0}\right)h=142.8\sim250\ (\text{mm}),取\ b=200\ \text{mm}。$$

(3)求最大弯矩设计值。

混凝土容重为 25 kN/m³,则自重标准值为 $25\times0.2\times0.5=2.5$ (kN/m)。

梁跨中截面最大设计弯矩如下。

可变荷载控制时:

$$M=1.0\times\left[1.2\times\frac{1}{8}\times(12.3+2.5)\times6^2+1.4\times\frac{1}{8}\times9.2\times6^2\right]=137.9\ (\text{kN}\cdot\text{m})$$

永久荷载控制时:

$$M=1.0\times\left[1.35\times\frac{1}{8}\times(12.3+2.5)\times6^2+1.4\times0.7\times\frac{1}{8}\times9.2\times6^2\right]=130.5\ (\text{kN}\cdot\text{m})$$

因此取 $M=137.9$ kN·m 进行配筋。

(4)配筋计算。

环境类别为一类,估计纵向受力钢筋为一排,则

$$h_0 = h - a_s = 500 - 35 = 465 \text{ (mm)}$$

①将各已知值代入基本公式(3-13)和(3-14),则得

$$1 \times 14.3 \times 200x = 300A_s$$

$$137.9 \times 10^6 = 1 \times 14.3 \times 200 \times x \left(465 - \frac{x}{2}\right)$$

解上两式得

$$x = 118.9 \text{ mm} < \xi_b h_0 = 0.55 \times 465 = 255.8 \text{ (mm)}$$

$$A_s = 1133.5 \text{ mm}^2$$

②采用系数法计算:将各已知值代入基本公式(3-18)和(3-19),则得

$$\alpha_s = \frac{M}{\alpha_1 f_c b h_0^2} = \frac{137.9 \times 10^6}{1.0 \times 14.3 \times 200 \times 465^2} = 0.223$$

$$\xi = 1 - \sqrt{1 - 2\alpha_s} = 1 - \sqrt{1 - 2 \times 0.223} = 0.256 < \xi_b = 0.55$$

$$\gamma_s = \frac{1 + \sqrt{1 - 2\alpha_s}}{2} = 0.872$$

$$A_s = \frac{M}{f_y \gamma_s h_0} = \frac{137.7 \times 10^6}{300 \times 0.872 \times 465} = 1132 \text{ (mm}^2)$$

查附表,选用 3Φ22($A_s = 1140 \text{ mm}^2$)。

(5)验算最小配筋率。

$\rho_{\min}$ 取 0.2% 和 ($45 \frac{f_t}{f_y}$)% $= 45 \times \frac{1.43}{300}$% $= 0.215$% 中较大值。

故 $\rho_{\min} = 0.215$%。

$A_s = 1140 \text{ mm}^2 > \rho_{\min} bh = 0.215$% $\times 200 \times 500 = 215 \text{ (mm}^2)$

截面配筋如图 3-14 所示。

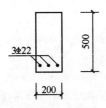

3Φ22　500　200

图 3-14　例题 3-1 图 2

【**例题 3-2**】　某现浇钢筋混凝土简支板,板厚 $h = 80$ mm,混凝土强度等级为 C20,纵向受拉钢筋采用 HPB300 级,并按 ϕ8 @150 mm 配置。若该板承受最大弯矩设计值为每米 3.55 kN·m(包括自重),环境类别为一类,试复核该板是否安全?

【**解**】

(1)截面尺寸。

取 1 m 宽板带进行复核,则 $b = 1000$ mm。截面有效高度为

$$h_0 = h - 25 = 80 - 25 = 55 \text{ (mm)}$$

(2)求受弯承载力 M_u。

由附录附表 1-2 查得 $f_c = 9.6$ MPa,$f_y = 270$ MPa。由附表 1-2 查得每米板宽内的钢筋截面积为 $A_s = 335 \text{ mm}^2$。代入基本公式(3-13)得

$$x = \frac{f_y A_s}{\alpha_1 f_c b} = \frac{270 \times 335}{1 \times 9.6 \times 1000} = 9.42 \ (\text{mm}) < \xi_b h_0 = 0.5757 \times 55 = 31.66 \ (\text{mm})$$

再由基本公式(3-14)得

$$M_u = \alpha_1 f_c b x \left(h_0 - \frac{x}{2} \right) = 1 \times 9.6 \times 1000 \times 9.42 \times \left(55 - \frac{9.42}{2} \right)$$

$$= 4\ 547\ 825.3 \ (\text{N} \cdot \text{mm}) > M = 4.55 \ (\text{kN} \cdot \text{m})$$

(3)验算适用条件。

$\rho_{\min}$ 取 0.2% 和 $(45 \frac{f_t}{f_y})\% = 45 \times \frac{1.1}{270}\% = 0.24\%$ 中较大值。

$$A_s = 335 \ \text{mm}^2 > \rho_{\min} bh = 0.24\% \times 1000 \times 80 = 192 \ (\text{mm}^2)$$

3.5 双筋矩形截面受弯构件正截面承载力计算

3.5.1 概述

单筋截面只在受拉区配置受力钢筋,在受压区配置架立钢筋,再用箍筋绑扎成钢筋骨架。受压区的架立钢筋虽然受压,但由于数量较少,对正截面受弯承载力贡献很小,故在计算中不考虑。如果受压区配置钢筋较多,则在正截面受弯承载力计算中必须考虑其作用,对于这种配筋的截面称为双筋截面。在一般情况下采用双筋截面是不经济的,应该避免。双筋截面适用于下面几种情况。

(1)截面承受的弯矩很大,而截面的尺寸受到限制不能增大,混凝土的强度等级也受到施工条件的限制不便提高,若按单筋截面考虑,就会发生超筋($x > \xi_b h_0$)破坏,则必须设计成双筋截面。

(2)在不同荷载组合下,截面承受的弯矩可能变号,则在截面的上下两侧均应配置受拉钢筋,此时应按双筋截面设计。

(3)因抗震等原因,在截面的受压区必须配置一定数量的受压钢筋,如在计算中考虑钢筋的受压作用,则也应按双筋截面设计。

3.5.2 基本计算公式及适用条件

1. 计算应力图形

双筋截面破坏时的受力特点与单筋截面相似:只要纵向受拉钢筋数量不过多,双筋矩形截面的破坏仍然是纵向受拉钢筋先屈服(达到其抗拉强度 f_y),然后受压区混凝土达到其抗压强度被压坏,此时受压区混凝土的应力分布图形为曲线,压区边缘混凝土的应变已达极限压应变,由于压区混凝土的塑性变形的发展,设置在受压区的受压钢筋的应力一般也达到其抗压强度。

采用与单筋矩形截面相同的方法,也用等效的计算应力图形替代实际的应力图形,如图 3-15(a)所示。

2. 基本计算公式

双筋矩形截面受弯构件正截面承载力计算简图如图 3-15 所示。根据平衡条件我们就可以写出双筋矩形截面受弯承载力的基本计算公式。

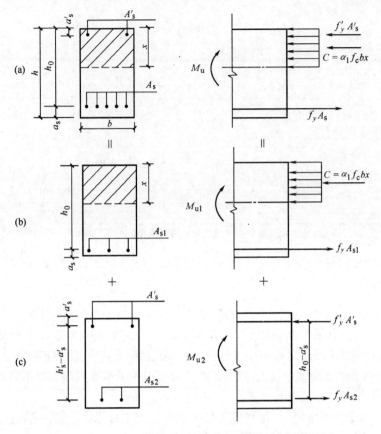

图 3-15　双筋矩形截面受弯构件正截面承载力计算简图

由力的平衡条件得

$$\alpha_1 f_c b x + f'_y A'_s = f_y A_s \tag{3-22}$$

由力矩平衡条件得

$$M_u = \alpha_1 f_c b x \left(h_0 - \frac{x}{2} \right) + f'_y A'_s (h_0 - a'_s) \tag{3-23}$$

式中：f'_y——钢筋的抗压强度设计值；

　　　A'_s——受压钢筋的截面面积；

　　　a'_s——受压钢筋的合力点到截面受压边缘的距离。

其他符号与单筋矩形截面相同。

由式(3-22)和式(3-23)可以看出，双筋矩形截面受弯承载力设计值 M_u 及纵向受拉钢筋 A_s 包括两部分：一部分是由受压混凝土和相应的受拉钢筋 A_{s1} 所承担的弯矩 M_{u1}（如图 3-15(b)所示）组成；另一部分则是由受压钢筋 A'_s 和相应的受拉钢 A_{s2} 所承担的弯矩 M_{u2}（见图 3-15(c)）组成，即

$$M_u = M_{u1} + M_{u2} \tag{3-24}$$

$$A_s = A_{s1} + A_{s2} \tag{3-25}$$

根据图 3-15(b)列出平衡方程，可得

$$f_y A_{s1} = \alpha_1 f_c b x \tag{3-26}$$

$$M_{u1} = \alpha_1 f_c bx \left(h_0 - \frac{x}{2} \right) \tag{3-27}$$

根据图 3-15(c)列出平衡方程,可得

$$f_y A_{s2} = f'_y A'_s \tag{3-28}$$

$$M_{u2} = f'_y A'_s (h_0 - a'_s) \tag{3-29}$$

3. 适用条件

(1)为防止超筋破坏,应满足:

$$x \leqslant \xi_b h_0 \tag{3-30}$$

(2)为保证受压钢筋达到规定的抗压设计强度,应满足:

$$x \geqslant 2a'_s \tag{3-31(a)}$$

或

$$\gamma_s h_0 \leqslant h_0 - a'_s \tag{3-31(b)}$$

在实际设计中,若不能满足公式(3-31)的要求,即 $x < 2a'_s$ 时,可取 $x = 2a'_s$(即 $\gamma_s h_0 = h_0 - a'_s$),这意味着受压钢筋的合力点与受压混凝土的合力点相重合,如图 3-16 所示。正截面受弯承载力可按下式计算:

$$M_u = f_y A_s (h_0 - a'_s) \tag{3-32}$$

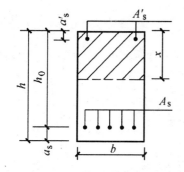 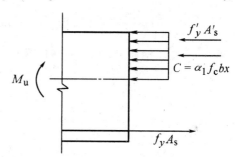

图 3-16 $x = 2a'_s$ 时的应力图

双筋矩形截面中的受拉钢筋面积通常较大,因此,一般没有必要对是否满足最小配筋率进行验算。

3.5.3 基本计算公式的应用

1. 截面设计

(1)已知截面尺寸 b、h,材料强度等级 f_c、f_y、f'_y,弯矩设计值 M,求受拉钢筋 A_s 和受压钢筋 A'_s。

在式(3-22)和式(3-23)两个基本方程中有三个未知数,即 A'_s、A_s 和 x。其解是不定的,需要补充条件,理论上可根据使用的钢筋面积($A_s + A'_s$)最小为最优解。设 $f_y = f'_y$,由基本公式可写出:

$$A'_s = \frac{M - \alpha_1 f_c b h_0^2 \xi (1 - 0.5\xi)}{f'_y (h_0 - a'_s)}$$

$$A_s + A'_s = \frac{\alpha_1 f_c}{f_y} b h_0 \xi + 2 \frac{M - \alpha_1 f_c b h_0^2 \xi (1 - 0.5\xi)}{f'_y (h_0 - a'_s)}$$

将上式对 ξ 求导,令 $d(A_s + A'_s)/d\xi = 0$,可得

$$\xi = 0.5(1 + a'_s/h_0)$$

显然,上式必须符合 $\xi \leqslant \xi_b$ 的条件,所以若按上式算得的 $\xi > \xi_b$ 时,应取 $\xi = \xi_b$。对于常用的 HRB335 级和 HRB400 级钢筋,一般的 a_s'/h_0 比值情况下,$0.5 \times (1 + a_s'/h_0) \geqslant \xi_b$,故可直接取 $\xi = \xi_b$,则

$$A_s' = \frac{M - \alpha_1 f_c b h_0^2 \xi_b (1 - 0.5\xi_b)}{f_y'(h_0 - a_s')} \tag{3-33}$$

$$A_s = \frac{\alpha_1 f_c}{f_y} b h_0 \xi_b + \frac{f_y'}{f_y} A_s' \tag{3-34}$$

(2)已知截面尺寸 b、h,材料强度等级 f_c、f_y、f_y',弯矩设计值 M,受压钢筋面积 A_s',求受拉钢筋 A_s。

这种情况下,由于受压钢筋面积 A_s' 已知,在两个基本计算公式(3-22)和式(3-23)中只有 A_s 和 x 两个未知数,可直接求解。可将受弯承载力视为两项之和为

$$M_u = M_{u1} + M_{u2}$$

式中:M_{u1}——压区混凝土与部分受拉钢筋截面 A_{s1} 所提供的相当于单筋矩形截面的受弯承载力(如图 3-15(b)所示),可以写出

$$f_y A_{s1} = \alpha_1 f_c b x \tag{3-35}$$

$$M_{u1} = \alpha_1 f_c b x \left(h_0 - \frac{x}{2}\right) \tag{3-36}$$

M_{u2}——受压钢筋 A_s' 与部分受拉钢筋 A_{s2} 所提供的受弯承载力(见图 3-15(c)),可以写出

$$f_y' A_s' = f_y A_{s2} \tag{3-37}$$

$$M_{u2} = f_y' A_s'(h_0 - a_s') = f_y A_{s2}(h_0 - a_s') \tag{3-38}$$

受拉钢筋总面积为

$$A_s = A_{s1} + A_{s2} \tag{3-39}$$

所以,对于情况(2)可先求出 A_s' 所提供的承载力为

$$M_{u2} = f_y' A_s'(h_0 - a_s')$$

设计弯矩值中的其余部分应由单筋矩形截面提供,故

$$M_{u1} = M - M_{u2}$$

计算

$$\alpha_s = \frac{M_{u1}}{\alpha_1 f_c b h_0^2}$$

如 $\alpha_s > \alpha_{s,\max} [\alpha_{s,\max} = \xi_b(1 - 0.5\xi_b)]$,即 $\xi > \xi_b$,说明给定的 A_s' 尚不足,需按 A_s' 未知的第(1)种情况计算 A_s' 及 A_s;如 $\alpha_s \leqslant \alpha_{s,\max}$,由 α_s 利用式(3-21)可求得 γ_s,这时应按式(3-32)验算条件,如 $\gamma_s h_0 \leqslant h_0 - a_s'$,则

$$A_{s1} = \frac{M_{u1}}{f_y \gamma_s h_0} \tag{3-40}$$

全部受拉钢筋面积为

$$A_s = A_{s1} + \frac{f_y'}{f_y} A_s' \tag{3-41}$$

如 $\gamma_s h_0 > h_0 - a_s'$,可近似取 $\gamma_s h_0 = h_0 - a_s'$,按式(3-32)计算 A_s 为

$$A_s = \frac{M}{f_y(h_0 - a_s')} \tag{3-42}$$

2. 截面复核

已知截面尺寸 b、h、材料强度等级 f_c、f_y、f'_y 和钢筋用量 A'_s 及 A_s，要求复核截面的受弯承载力。此时应首先利用公式(3-37)求出 A_{s2}，并用公式(3-38)计算出相应的 M_{u2}。由 A_s 减去 A_{s2} 得 A_{s1}，然后即可按复核单筋矩形截面同样的步骤求得 M_{u1}。将 M_{u1} 与 M_{u2} 相加即可得出截面的抗弯承载力 M_u。若算得 $x < 2a'_s$，则应改按公式(3-32)统一计算截面的抗弯承载力 M_u。若出现 $x > \xi_b h_0$ 的情况，说明截面已属超筋。可用公式计算 M_{u1}，即

$$M_{u1} = \alpha_1 f_c b h_0^2 \xi_b (1 - 0.5\xi_b)$$

将 M_{u1} 与 M_{u2} 相加即可得出截面的抗弯承载力 M_u。

【例题 3-3】 已知矩形截面梁，截面尺寸为 $b \times h = 200 \text{ mm} \times 450 \text{ mm}$，混凝土选用 C30，钢筋选用 HRB335 级。若梁承受的设计最大弯矩为 197 kN·m，环境类别为一类，计算该矩形截面梁的配筋。

【解】

查附表可得 $f_c = 14.3 \text{ MPa}$、$f_y = f'_y = 300 \text{ MPa}$。

(1)验算是否需要采用双筋截面。

因设计弯矩值较大，预计钢筋需排成两排，故取 $h_0 = 450 - 60 = 390 \text{ (mm)}$。

根据式(3-18)，单筋矩形截面所能承担的最大弯矩为

$$M_{u,max} = \alpha_1 f_c b h_0^2 \xi_b (1 - 0.5\xi_b) = 1 \times 14.3 \times 200 \times 390^2 \times 0.55 \times (1 - 0.5 \times 0.55)$$
$$= 173.5 \times 10^6 (\text{N} \cdot \text{mm}) < 197 \text{ kN} \cdot \text{m}$$

说明需要采用双筋截面。

(2)确定 A_{s1}。

为使钢筋总用量最少，可令 $x = \xi_b h_0$，于是

$$M_{u1} = \alpha_1 f_c b h_0^2 \xi_b (1 - 0.5\xi_b) = 173.5 \text{ (kN} \cdot \text{m)}$$

$$A_{s1} = \xi_b b h_0 \frac{\alpha_1 f_c}{f_y} = 0.55 \times 200 \times 390 \times \frac{1.0 \times 14.3}{300} = 2044.9 \text{ (mm}^2)$$

(3)确定 A_{s2}。

由受压钢筋及相应的受拉钢筋承担的弯矩为

$$M_{u2} = M - M_{u1} = 197 - 173.5 = 23.5 \text{ (kN} \cdot \text{m)}$$

因此所需受压钢筋面积为

$$A'_s = \frac{M_{u2}}{f'_y (h_0 - a'_s)} = \frac{23.5 \times 10^6}{300 \times (390 - 35)} = 220.7 \text{ (mm}^2)$$

与其对应的那部分受拉钢筋面积为

$$A_{s2} = A'_s = 220.7 \text{ mm}^2$$

(4)求 A_s。

受拉钢筋总面积为

$$A_s = A_{s1} + A_{s2} = 2044.9 + 220.7 = 2265.6 \text{ (mm}^2)$$

(5)实际选用受压钢筋 2Φ12（$A'_s = 226 \text{ mm}^2$）。

受拉钢筋 6Φ22（$A_s = 2281 \text{ mm}^2$）。

截面配筋，如图 3-17 所示。

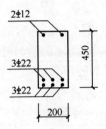

图 3-17　例题 3-3 图

【例题 3-4】　已知条件同例题 3-3。此外,还已知梁的受压区已配置受压钢筋 2⌀20 $(A_s'=628 \text{ mm}^2)$,求受拉钢筋面积 A_s。

【解】

(1)求 M_{u2}。

充分发挥受压钢筋 A_s' 的作用,于是

$$A_{s2}=A_s'=628 \text{ mm}^2$$

$$M_{u2}=f_y'A_s'(h_0-a_s')=300\times628\times(390-35)=66.9\times10^6(\text{N}\cdot\text{mm})$$

(2)求 A_{s1}。

$$M_{u1}=M-M_{u2}=197-66.9=130.1\ (\text{kN}\cdot\text{m})$$

$$\alpha_s=\frac{130.1\times10^6}{1\times14.3\times200\times390^2}=0.299$$

$$\xi=1-\sqrt{1-2\alpha_s}=1-\sqrt{1-2\times0.299}=0.366$$

$$\frac{2a_s'}{h_0}=\frac{2\times35}{390}=0.179<\xi<\xi_b=0.55$$

$$\gamma_s=\frac{1+\sqrt{1-2\alpha_s}}{2}=\frac{1+\sqrt{1-2\times0.299}}{2}=0.817$$

$$A_{s1}=\frac{M_{u1}}{f_y\gamma_sh_0}=\frac{130.1\times10^6}{300\times0.817\times390}=1361\ (\text{mm}^2)$$

(3)受拉钢筋总面积为

$$A_s=A_{s1}+A_{s2}=1361+628=1989\ (\text{mm}^2)$$

实际选用 3⌀2+3⌀20 $(A_s=1140+941=2081 \text{ mm}^2)$。

截面配筋 2 如图 3-18 所示。

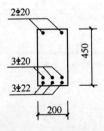

图 3-18　例题 3-4 图

【例题 3-5】　钢筋混凝土矩形梁,截面尺寸 $b\times h=200 \text{ mm}\times450 \text{ mm}$,环境类别为一类,混凝土强度等级 C30,钢筋为 HRB400 级,受压钢筋为 2⌀12,受拉钢筋为 6⌀22,试问

该梁在弯矩设计值 $M=220$ kN·m 作用下是否安全?

【解】

由附表可得 $f_c=14.3$ MPa、$f_y=f'_y=360$ MPa、$A'_s=226$ mm²、$A_s=2281$ mm²:

$$h_0=h-a_s=450-60=390\ (\text{mm})$$

$$x=\frac{f_yA_s-f'_yA'_s}{\alpha_1 f_c b}=\frac{360\times2281-360\times226}{1\times14.3\times200}$$

$$=258.7\ (\text{mm})>\xi_b h_0=0.5176\times390=202\ (\text{mm})$$

$$x=x_b=\xi_b h_0=202\ \text{mm}$$

$$M_u=\alpha_1 f_c b x_b\left(h_0-\frac{x_b}{2}\right)+f'_yA'_s(h_0-a'_s)$$

$$=1.0\times14.3\times200\times202\times\left(390-\frac{202}{2}\right)+360\times226\times(390-35)$$

$$=195.8\ (\text{kN·m})<220\ \text{kN·m}$$

所以该梁是不安全的。

3.6　T 形截面受弯构件正截面承载力计算

3.6.1　概述

受弯构件在破坏时,大部分混凝土均已退出工作,所以在计算时不考虑混凝土的抗拉强度。若将受拉区混凝土去掉一部分,并将钢筋布置得集中一些,可以节约混凝土,减轻构件自重,使材料的利用更为合理。这样就会形成如图 3-19 所示的 T 形截面。

T 形截面是由翼缘和腹板(即梁肋)两部分组成的。用 h'_f 和 b'_f 来表示受压翼缘的厚度和宽度,用 h 和 b 表示梁高和腹板厚度(或称肋宽)。在实际工程中 T 形截面受弯构件应用极为广泛,预制构件有吊车梁、薄腹梁、箱形截面桥梁、大型屋面板、空心板等,现浇构件主要有肋形楼盖中的主梁和次梁等。对于槽形、箱形、I 形等截面,由于在计算时不考虑受拉区混凝土的抗拉强度,所以在计算时均按 T 形截面考虑。

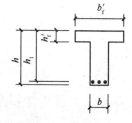

图 3-19　T 形截面

理论上,T 形截面的受压区翼缘宽度越大,截面的受弯承载力也越高。因为 b'_f 增大可使受压区高度 x 减小,内力臂 $z=\gamma_0 h_0$ 增大。但由试验及理论分析可知,T 形截面梁受力后,翼缘上的压应力分布是不均匀的。如图 3-20 所示,距肋部越远翼缘参与受力的程度越小。在计算时考虑到远离梁肋处的压应力很小,故在设计中把翼缘限制在一定的范围内,称为翼缘的计算宽度 b'_f,并假定 b'_f 范围内的应力是均匀分布的。而在这个范围以外的部分,则不考虑它参与受力。翼缘计算宽度 b'_f 的大小与翼缘厚度 h'_f、梁的计算跨度 l_0、受力情况(独立梁、肋形楼盖中的 T 形梁)等很多因素有关。《混凝土结构设计规范》对翼缘的计算宽度 b'_f 的规定见表 3-4。

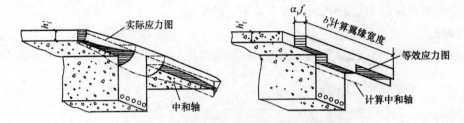

图 3-20　T 形截面应力分布和计算翼缘宽度

表 3-4　T 形、I 形及倒 L 形截面受弯构件翼缘计算宽度 b'_f

情　况		T 形 、I 形截面		倒 L 形截面
		肋形梁	独立梁	肋形梁
1	按计算跨度 l_0 考虑	$l_0/3$	$l_0/3$	$l_0/6$
2	按梁(纵肋)净距 s_n 考虑	$b+s_n$	—	$b+s_n/2$
3	按翼缘高度 h_0 考虑　当 $h'_f/h_0 \geqslant 0.1$	—	$b+12h'_f$	—
	当 $0.1 > h'_f/h_0 \geqslant 0.05$	$b+12h'_f$	$b+6h'_f$	$b+5h'_f$
	当 $h'_f/h_0 < 0.05$	$b+12h'_f$	b	$b+5h'_f$

注：①表中 b 为腹板宽度。

②如肋形梁在梁跨内设有间距小于纵肋间距的横肋时，可不遵守表中情况 3 的规定。

③对加腋的 T、I 形和倒 L 形截面，当受压区加腋的高度 $h_0 \geqslant h'_f$ 且加腋的宽度 $b_h \leqslant 3h_h$ 时，其翼缘计算宽度可按表中情况 3 的规定分别增加 $2b_h$（T 形、I 形截面）和 b_h（倒 L 形截面）。

④独立梁受压区的翼缘板在荷载作用下经验算沿纵肋方向可能产生裂缝时，其计算宽度应取腹板宽度 b（见图 3-21）。

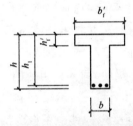

图 3-21　独立的 T 形截面梁的翼缘宽度

3.6.2　基本计算公式及适用条件

T 形截面按受压区高度的不同可分为两类：第一类 T 形截面，中性轴在翼缘内，即 $x \leqslant h'_f$，受压区面积为矩形，如图 3-22(a)所示；第二类 T 形截面，中性轴在梁肋内，即 $x > h'_f$，受压区面积为 T 形，如图 3-22(b)所示。

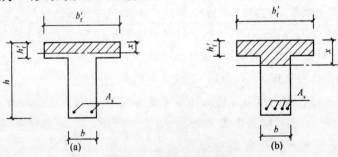

图 3-22　两类 T 形截面图

1. 两类 T 形截面的判别

当受压区高度 f_y 等于翼缘厚度 h'_f 时,即两类 T 形截面的界限情况如图 3-23 所示。

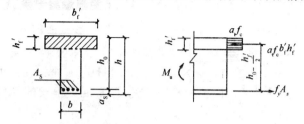

图 3-23　两类 T 形截面界限图

由平衡条件可知,此时

$$\alpha_1 f_c b'_f h'_f = f_y A_s$$

$$M_u = \alpha_1 f_c b'_f h'_f \left(h_0 - \frac{h'_f}{2}\right)$$

上式为两类 T 形截面界限情况所承受的最大内力。因此,若

$$\alpha_1 f_c b'_f h'_f \geqslant f_y A_s \tag{3-43(a)}$$

或

$$M \leqslant \alpha_1 f_c b'_f h'_f \left(h_0 - \frac{h'_f}{2}\right) \tag{3-43(b)}$$

说明中性轴在翼缘内,即 $x \leqslant h'_f$,属于第一类 T 形截面。

同理,若

$$\alpha_1 f_c b'_f h'_f < f_y A_s \tag{3-44(a)}$$

或

$$M > \alpha_1 f_c b'_f h'_f \left(h_0 - \frac{h'_f}{2}\right) \tag{3-44(b)}$$

说明中性轴在梁肋内,即 $x > h'_f$,属于第二类 T 形截面。

2. 第一类 T 形截面的计算公式及适用条件

1)基本公式

如图 3-24 所示,受压区高度在翼缘内 $x \leqslant h'_f$,截面虽为 T 形,但受压区形状仍为矩形,故其计算与梁宽为 b'_f 的矩形截面梁完全相同。将单筋矩形截面受弯承载力计算公式中的梁宽 b 以 b'_f 代替,即可给出第一类 T 形截面的基本计算公式为

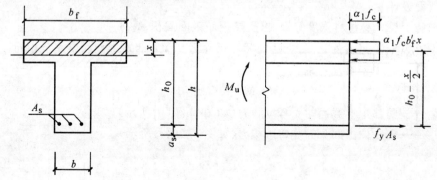

图 3-24　第一类 T 形截面

$$\alpha_1 f_c b'_f x = f_y A_s \tag{3-45}$$

$$M_u = \alpha_1 f_c b'_f x(h_0 - \frac{x}{2}) \tag{3-46}$$

2)适用条件

(1)$x \leqslant \xi_b h_0$，由于第一类 T 形截面 $x \leqslant h'_f$，而一般 T 形截面的 h'_f 与截面高度 h 之比都不大，故通常都能满足 $x \leqslant \xi_b h_0$ 而不必进行验算。

(2)$A_s \geqslant \rho_{min} bh$，其中 b 为肋宽。这是因为 ρ_{min} 是根据钢筋混凝土梁的受弯承载力与同等条件下的素混凝土梁的受弯承载力相等确定的，而素混凝土梁的受弯承载力主要与受拉区形状有关，所以这里是 b 而不是 b'_f。

3. 第二类 T 形截面的计算公式及适用条件

1)基本公式

受压区进入梁肋部，即 $x > h'_f$ 时，由图 3-25 的截面平衡条件可得：

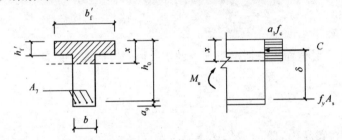

图 3-25　第二类 T 形截面

$$\alpha_1 f_c bx + \alpha_1 f_c (b'_f - b) h'_f = f_y A_s \tag{3-47}$$

$$M_u = \alpha_1 f_c bx(h_0 - \frac{x}{2}) + \alpha_1 f_c (b'_f - b) h'_f (h_0 - \frac{h'_f}{2}) \tag{3-48}$$

2)适用条件

(1)$x \leqslant \xi_b h_0$，是为了防止发生超筋破坏。

(2)$A_s \geqslant \rho_{min} bh$，是为了防止发生少筋破坏，对于第二类 T 形截面，一般都能满足该条件，可不验算。

3.6.3　基本计算公式的应用

1. 截面设计

已知截面尺寸和材料强度等级，求受拉钢筋截面面积 A_s。

对于第一类 T 形截面，计算方法与截面尺寸为 $b'_f \times h$ 的矩形截面梁完全相同。

对于第二类 T 形截面可取：

$$M = M_u = M_{u1} + M_{u2} \tag{3-49}$$

式中：M_{u1}——肋部矩形截面的受弯承载力(如图 3-26(b)所示)；

　　　M_{u2}——翼缘伸出部分的受弯承载力(如图 3-26(c)所示)。

$$M_{u2} = \alpha_1 f_c (b'_f - b) h'_f (h_0 - \frac{h'_f}{2}) \tag{3-50}$$

相应的受拉钢筋面积：

$$A_{s2} = \frac{\alpha_1 f_c (b'_f - b) h'_f}{f_y} \tag{3-51}$$

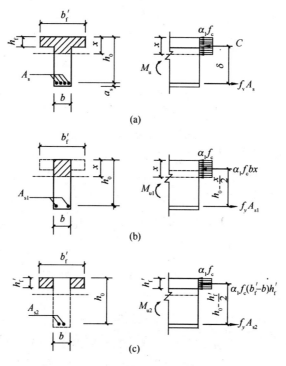

图 3-26 第二类 T 形截面

$$M_{u1} = M - M_{u2} = \alpha_1 f_c bx\left(h_0 - \frac{x}{2}\right) = f_y A_{s1}\left(h_0 - \frac{x}{2}\right) \tag{3-52}$$

验算适用条件 $x \leqslant \xi_b h_0$，若 $x > \xi_b h_0$，则需加大截面，或提高混凝土强度等级，或设计成双筋截面。若 $x \leqslant \xi_b h_0$，则相应的受拉钢筋截面面积为

$$A_{s1} = \frac{\alpha_1 f_c bx}{f_y} \tag{3-53}$$

受拉钢筋的总截面面积为

$$A_s = A_{s1} + A_{s2} \tag{4-54}$$

2. 截面复核

已知截面尺寸 b、h、b'_f、h'_f，配筋量 A_s 和材料强度等级（即 $\alpha_1 f_c$ 和 f_y），要求计算截面所能承担的弯矩 M_u 或复核截面承受某个设计弯矩 M 是否安全。

对于第一类 T 形截面，计算方法与截面尺寸为 $b'_f \times h$ 的矩形截面梁完全相同；对于第二类 T 形截面，$M_{u2} = \alpha_1 f_c (b'_f - b) h'_f \left(h_0 - \frac{h'_f}{2}\right)$、$A_{s2} = \frac{\alpha_1 f_c (b'_f - b) h'_f}{f_y}$，则 $A_{s1} = A_s - A_{s2}$、$x = \frac{f_y A_{s1}}{\alpha_1 f_c b}$，若 $x \leqslant \xi_b h_0$，则 $M_{u1} = \alpha_1 f_c bx \left(h_0 - \frac{x}{2}\right)$、$M_u = M_{u1} + M_{u2}$；若 $x > \xi_b h_0$，则 $M_{u1} = \alpha_1 f_c b \xi_b h_0^2 (1 - 0.5\xi_b)$、$M_u = M_{u1} + M_{u2}$。

【例题 3-6】 某肋形楼盖的次梁，跨度为 6 m，间距为 2.4 m，截面尺寸如图 3-27 所示。跨中最大正弯矩设计值 195 kN·m。混凝土强度等级为 C20，钢筋为 HRB335 级，环境类别为一类，试计算次梁受拉钢筋面积 A_s。

【解】

查附表可得 $f_c = 9.6$ MPa、$f_y = 300$ MPa。

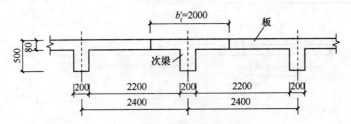

图 3-27　例题 3-6 图

(1)确定翼缘计算宽度 b'_f。

根据表 3-4 可得

按梁计算跨度 l_0 考虑：

$$b'_f = \frac{l_0}{3} = \frac{6000}{3} = 2000 \text{（mm）}$$

按梁净距考虑：

$$b'_f = b + s_n = 200 + 2200 = 2400 \text{（mm）}$$

按翼缘厚度 h'_f 考虑：

由于

$$h_0 = 500 - 40 = 460 \text{（mm）}$$

$$h'_f / h_0 = \frac{80}{460} = 0.174 > 0.1$$

故翼缘宽度不受此项限制。

最后，翼缘宽度取前两项计算结果中的较小值：

$$b'_f = 2000 \text{ mm}$$

(2)判别 T 形截面类型：

$$\alpha_1 f_c b'_f h'_f \left(h_0 - \frac{h'_f}{2}\right) = 1 \times 9.6 \times 2000 \times 80 \left(460 - \frac{80}{2}\right)$$

$$= 645.1 \times 10^6 \text{（N · mm）} > 195 \text{ kN · m}$$

所以属于第一类 T 形截面。

(3)求受拉钢筋面积 A_s：

$$\alpha_s = \frac{M}{\alpha_1 f_c b'_f h_0^2} = \frac{195 \times 10^6}{1 \times 9.6 \times 2000 \times 460^2} = 0.048$$

$$\gamma_s = \frac{1 + \sqrt{1 - 2\alpha_s}}{2} = \frac{1 + \sqrt{1 - 2 \times 0.048}}{2} = 0.975$$

$$A_s = \frac{M}{f_y \gamma_s h_0} = \frac{195 \times 10^6}{300 \times 0.975 \times 460} = 1449.3 \text{（mm}^2\text{）}$$

实际选用 3Φ25（$A_s = 1473 \text{ mm}^2$）。

(4)验算适用条件。

ρ_{min} 取 0.2％和 $\left(45 \dfrac{f_t}{f_y}\right)$％$= 45 \times \dfrac{1.1}{300}$％$= 0.165$％中较大值。

$$A_s = 1473 \text{ mm}^2 > \rho_{min} bh = 0.2\% \times 200 \times 500 = 200 \text{（mm}^2\text{）}$$

满足要求。

【例题 3-7】　某 T 形梁的截面尺寸如图 3-28 所示。混凝土强度等级为 C30，钢筋为 HRB335 级。截面所承担的最大弯矩设计值为 260 kN · m，试计算所需的受拉钢筋面

积 A_s。

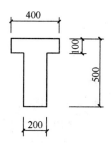

图 3-28　例题 3-7 图 1

【解】

查附表可得 $f_c = 14.3\,\text{MPa}$、$f_y = 300\,\text{MPa}$

(1)判别 T 形截面类型。

估计受拉钢筋需布置成两排,故取

$$h_0 = 500 - 60 = 440\,(\text{mm})$$

$$\alpha_1 f_c b'_f h'_f \left(h_0 - \frac{h'_f}{2}\right) = 1.0 \times 14.3 \times 400 \times 100 \times \left(440 - \frac{100}{2}\right)$$

$$= 223.1 \times 10^6\,(\text{N}\cdot\text{mm}) < 260\,\text{kN}\cdot\text{m}$$

所以属于第二类 T 形截面。

(2)计算与挑出翼缘相对应的受拉钢筋面积 A_{s2} 及挑出翼缘和 A_{s2} 共同承担的弯矩 M_{u2}。由公式(3-51)和(3-52)得

$$A_{s2} = \frac{\alpha_1 f_c (b'_f - b) h'_f}{f_y} = \frac{1.0 \times 14.3 \times (400 - 200) \times 100}{300} = 953\,(\text{mm}^2)$$

$$M_{u2} = \alpha_1 f_c (b'_f - b) h'_f \left(h_0 - \frac{h'_f}{2}\right) = 1.0 \times 14.3 \times (400 - 200) \times 100 \times \left(440 - \frac{100}{2}\right)$$

$$= 111.5 \times 10^6\,(\text{N}\cdot\text{mm})$$

(3)计算由梁肋承担的 M_{u1} 和相应的受拉钢筋面积 A_{s1},得

$$M_{u1} = M - M_{u2} = 260 - 111.5 = 148.5\,(\text{kN}\cdot\text{m})$$

$$\alpha_s = \frac{M_{u1}}{\alpha_1 f_c b h_0^2} = \frac{148.5 \times 10^6}{1 \times 14.3 \times 200 \times 440^2} = 0.268$$

$$\xi = 1 - \sqrt{1 - 2\alpha_s} = 1 - \sqrt{1 - 2 \times 0.268} = 0.32 < \xi_b = 0.55$$

$$\gamma_s = \frac{1 + \sqrt{1 - 2\alpha_s}}{2} = \frac{1 + \sqrt{1 - 2 \times 0.268}}{2} = 0.84$$

$$A_{s1} = \frac{M_{u1}}{f_y \gamma_s h_0} = \frac{148.5 \times 10^6}{300 \times 0.84 \times 440} = 1339.3\,(\text{mm}^2)$$

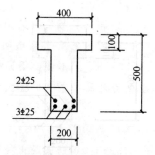

图 3-29　例题 3-7 图 2

(4)求受拉钢筋面积 A_s

$$A_s = A_{s1} + A_{s2} = 953 + 1339.3 = 2292.3\,(\text{mm}^2)$$

实际选用 5Φ25 ($A_s = 2454\,\text{mm}^2$)。

配筋图如图 3-29 所示。

习题与思考

3-1　一般民用建筑的钢筋混凝土梁、板截面尺寸是如何确定的？梁、板的钢筋种类有哪些？各有什么作用？

3-2　什么是混凝土保护层，它有什么作用？

3-3　为什么规定混凝土梁、板中纵向受力钢筋的最小间距和最小保护层厚度？

3-4　适筋梁正截面受力全过程可划分为几个阶段？各阶段主要特点是什么？与设计计算有何联系？

3-5　混凝土梁正截面的破坏形态有哪些？每种破坏形态的破坏特征是什么？试比较它们之间的区别。

3-6　什么叫配筋率？它对梁的正截面受弯承载力有何影响？

3-7　什么是界限破坏？相对界限受压区高度是怎样确定的？影响 ξ_b 的因素有哪些？ξ_b 与最大配筋率有什么关系？

3-8　确定钢筋混凝土受弯构件纵向受力钢筋最小配筋率的原则是什么？

3-9　正截面受弯承载力的基本假定是如何规定的？等效矩形应力图是根据什么条件确定的？α_1、β_1 的物理意义是什么？

3-10　单筋矩形截面梁的正截面受弯承载力 M_u 与哪些因素有关？正截面受弯承载力计算公式的适用条件是什么？

3-11　复核单筋矩形截面梁的受弯承载力时，若 $\xi > \xi_b$，应如何计算其承载力？

3-12　α_s、γ_s 和 ξ 的物理意义是什么？说明其相互关系及变化规律。

3-13　什么情况采用双筋截面梁？双筋截面梁的基本计算公式为什么要满足适用条件 $x \geqslant 2a_s'$？若 $x < 2a_s'$ 应如何计算？

3-14　在矩形截面梁的弯矩设计值、截面尺寸、混凝土和钢筋强度等级已知的条件下，如何判别应设计成单筋还是双筋截面？

3-15　在设计双筋截面梁时，若 A_s 和 A_s' 均未知，x 应如何取值？若 A_s' 已知时，应如何计算 A_s？

3-16　T 形截面梁翼缘计算宽度为什么是有限的？其取值与哪些因素有关？

3-17　采用 T 形截面有何优点？如何判别两类 T 形截面？

3-18　T 形截面梁的受弯承载力计算公式与单筋矩形截面及双筋矩形截面梁的受弯承载力计算公式有何异同？

3-19　当验算 T 形截面梁的最小配筋率 ρ_{min} 时，计算配筋率 ρ 为什么要用腹板宽度 b 而不用翼缘宽度 b_f'？

3-20　钢筋混凝土矩形梁，截面尺寸 $b \times h = 250 \text{ mm} \times 500 \text{ mm}$，承受弯矩设计值 $M = 110 \text{ kN} \cdot \text{m}$，环境类别为一类，采用混凝土强度等级为 C30，钢筋为 HRB335 级，求所需纵向受拉钢筋截面面积，并绘配筋图。

3-21　钢筋混凝土矩形截面梁，$b = 200 \text{ mm}$，$h = 600 \text{ mm}$。环境类别为一类，纵筋为 6Φ22 的 HRB335 级钢筋，试按下列条件计算此梁所能承受的极限弯矩值 M_u。

(1)混凝土强度等级为 C25 级。

(2)混凝土强度等级为 C20 级。

3-22 钢筋混凝土矩形梁截面尺寸为 $b \times h = 200\ \text{mm} \times 500\ \text{mm}$，环境类别为一类，承受弯矩设计值 $M = 260\ \text{kN·m}$，混凝土强度等级为 C30，纵向受力钢筋为 HRB335 级，试计算纵向受力钢筋截面面积，并绘配筋图。

3-23 已知条件同例题 3-4，另已知在受压区配有 2Φ20 的受压钢筋，试计算受拉钢筋截面面积 A_s。

3-24 某整体式肋梁楼盖的 T 形截面主梁，翼缘计算宽度 $b'_f = 2200\ \text{mm}$、$b = 300\ \text{mm}$、$h = 600\ \text{mm}$、$h'_f = 80\ \text{mm}$，环境类别为一类，混凝土强度等级 C30，HRB335 级钢筋，承受最大弯矩值 $M = 308\ \text{kN·m}$，试确定受拉钢筋截面面积 A_s，并绘配筋图。

3-25 某 T 形截面梁翼缘计算宽度 $b'_f = 500\ \text{mm}$，$b = 250\ \text{mm}$，$h = 500\ \text{mm}$，$h'_f = 100\ \text{mm}$，环境类别为一类，混凝土强度等级为 C25，HRB335 级钢筋，承受弯矩设计值 $M = 256\ \text{kN·m}$，试求受拉钢筋截面面积，并绘配筋图。

3-26 某 T 形截面梁，翼缘计算宽度 $b'_f = 400\ \text{mm}$、$b = 200\ \text{mm}$、$h = 600\ \text{mm}$、$h'_f = 100\ \text{mm}$、$a_s = 60\ \text{mm}$，混凝土强度等级为 C30，HRB335 级钢筋 6Φ22，试复核该梁在弯矩设计值 $M = 268\ \text{kN·m}$ 作用下是否安全？

4 受弯构件的斜截面承载力

内容提要

掌握：防止斜截面破坏的主要构造要求。受弯构件斜截面受剪承载力的计算方法。

熟悉：受弯构件斜截面的受力特点、破坏形态和影响斜截面受剪承载力的主要因素；纵向钢筋的弯起、锚固等构造规定。

了解：材料抵抗弯矩图的概念、作法和用途。

4.1 概述

受弯构件除了承受弯矩外，还同时承受剪力的作用。受弯构件除了在主要承受弯矩作用的区段内会发生如第 3 章所述的正截面破坏以外，在剪力和弯矩共同作用的剪弯区段还会产生斜向裂缝，并可能发生斜截面的剪切或弯曲破坏。此时剪力将成为控制构件性能的主要因素。斜截面破坏往往带有脆性破坏的性质，因此在实际工程中应当避免，在设计时必须进行斜截面承载力的计算。

为了防止构件发生斜截面破坏，需要在梁内设置箍筋和弯起钢筋。箍筋一般设置与梁轴线垂直，弯起钢筋通常是由正截面强度不需要的纵向钢筋沿与主拉应力方向平行方向弯起而成。箍筋和弯起钢筋统称为腹筋。有腹筋和纵向钢筋的梁称为有腹筋梁，仅配纵向钢筋的梁称为无腹筋梁。腹筋、纵向钢筋和架立钢筋构成钢筋骨架，如图 4-1 所示。

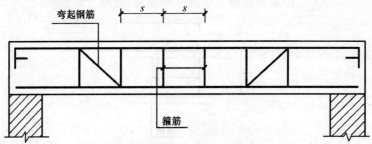

图 4-1 有腹筋梁配筋示意图

4.2 斜截面破坏的主要形态

4.2.1 剪跨比

剪跨比是梁内同一截面所承受的弯矩与剪力两者的相对比值，是个无量纲参数，表示

为 $\lambda = \dfrac{M}{(Vh_0)}$。它反映了构件截面上弯曲正应力与剪应力的相对比值,由于正应力和剪应力决定了主应力的大小和方向,因此剪跨比 λ 影响斜截面的受剪承载力和破坏形态。对如图 4-2 所示集中荷载作用下的梁,C 截面的剪跨比 λ 为

$$\lambda = \frac{M}{Vh_0} = \frac{R_A a}{R_A h_0} = \frac{a}{h_0} \tag{4-1}$$

式中:a——集中荷载作用点至邻近支座的距离,称为剪跨。

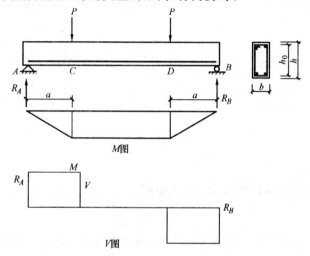

图 4-2 集中荷载作用下梁的剪跨比 λ

4.2.2 无腹筋梁斜截面的主要破坏形态

无腹筋梁斜截面破坏形态主要取决于剪跨比 λ 的大小,破坏形态主要有三种。

1. 斜压破坏

当剪跨比或跨高比较小时($\lambda < 1$ 或 $l/h_0 < 4$)发生斜压破坏,其破坏特征是在剪弯区段内,梁的腹部出现一系列大体互相平行的斜裂缝,将梁腹分成若干斜向短柱,最后由于混凝土斜向压酥而破坏,如图 4-3(a)所示。这种破坏也属于脆性破坏,但承载力相对较高。

2. 斜拉破坏

当剪跨比或跨高比较大时($\lambda > 3$ 或 $l/h_0 > 12$)发生斜拉破坏,其破坏特征是斜裂缝一旦出现,很快形成一条主要斜裂缝,并迅速向集中荷载作用点延伸,梁被分成两部分而破坏,如图 4-3(b)所示。这种破坏是由于混凝土斜向拉坏引起的,属于突然发生的脆性破坏,承载力较低。

3. 剪压破坏

剪跨比或跨高比介于上述两者之间时($1 \leqslant \lambda \leqslant 3$ 或 $4 \leqslant l/h_0 \leqslant l2$),发生剪压破坏。其破坏特征是:斜裂缝出现后,随着荷载继续增长,将出现一条延伸较长,相对开展较宽的主要斜裂缝,称为临界斜裂缝;荷载继续增大,临界斜裂缝上端剩余截面逐渐缩小,最终剩余的受压区混凝土在剪压复合应力作用下被剪压破坏,如图 4-3(c)所示。这种破坏仍为脆性破坏。其承载力较斜拉破坏高,较斜压破坏低。

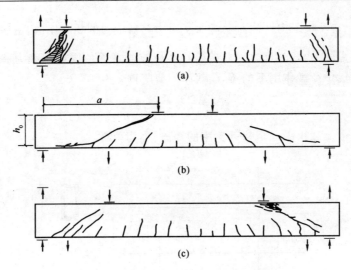

图 4-3　无腹筋梁斜截面的主要破坏形态

(a)斜压破坏 (b)斜拉破坏 (c)剪压破坏

4.2.3　有腹筋梁斜截面的主要破坏形态

1.配箍率

有腹筋梁(如图 4-1 所示)的斜截面破坏,其主要形态也可分为斜压破坏、斜拉破坏和剪压破坏三种,与无腹筋梁不同的是它们的破坏形态还与梁的配箍率 ρ_{sv} 有关。钢筋混凝土梁的配箍率 ρ_{sv} 按下式计算:

$$\rho_{sv} = \frac{A_{sv}}{bs} = \frac{nA_{sv1}}{bs} \tag{4-2}$$

式中:ρ_{sv}——配箍率;

　　A_{sv}——配置在同一截面内箍筋各肢的截面面积之和;

　　n——同一截面内箍筋的肢数;

　　A_{sv1}——单肢箍筋的截面面积;

　　b——梁的截面宽度(或肋宽);

　　s——沿梁长度方向箍筋的间距。

由式(4-2)可见,所谓配箍率是指单位水平截面面积下的箍筋截面面积,如图 4-4 所示。

2.斜压破坏

当剪跨比较小而配箍率过大(或薄腹梁)时发生;在箍筋尚未屈服时,斜裂缝间的混凝土会因主压应力过大而发生斜压破坏。此时梁的受剪承载力取决于混凝土强度及截面尺寸。

3.斜拉破坏

当剪跨比较大而配箍率过小时发生。斜裂缝一旦出现,与斜裂缝相交的箍筋不足以承担由混凝土承担的拉力,箍筋很快屈服而不能限制斜裂缝开展,其破坏性质与无腹筋梁相似,这种破坏为斜拉破坏。

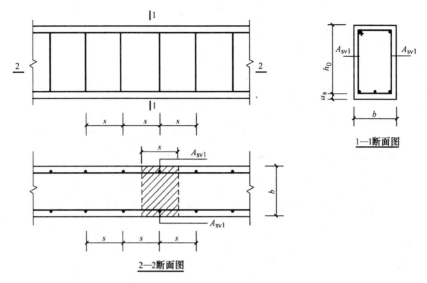

图 4-4 有腹筋梁配箍率示意图

4. 剪压破坏

当剪跨比和配箍率适中时发生。斜裂缝发生时,与斜裂缝相交的箍筋不会立即屈服,由于箍筋受力,延缓和限制了斜裂缝的开展,荷载可以有较大的增长。当荷载继续增加,箍筋屈服后,就不能再限制斜裂缝的开展,最后剪压区的混凝土在剪压复合应力作用下达到极限强度,就发生剪压破坏。

4.3 影响斜截面受剪承载力的主要因素

影响斜截面受剪承载力的因素很多,主要有剪跨比、箍筋强度及配箍率、纵向钢筋配筋率和混凝土强度等。

1. 剪跨比

剪跨比是影响集中荷载作用下无腹筋梁的破坏形态和受剪承载力的最主要的因素之一。对无腹筋梁,随着剪跨比的增大,破坏形态发生显著变化,梁的受剪承载力明显降低。但当剪跨比 $\lambda > 3$ 时,剪跨比对梁的受剪承载力无显著影响。对于有腹筋梁,随着配箍率的增加,剪跨比对受剪承载力的影响逐渐变小。

2. 配箍率和箍筋强度

对于有腹筋梁,当斜裂缝出现后,箍筋不仅可以直接承受部分剪力,还能抑制斜裂缝的开展和延伸,提高剪压区混凝土的抗剪能力,间接地提高梁的受剪承载力。配箍率越大,箍筋强度越高,斜截面的抗剪能力也越高,但当配箍率超过一定数值后,斜截面受剪承载力就不再提高。

3. 纵筋配筋率

由于纵筋的增加相应地加大了压区混凝土的高度,间接地提高了梁的抗剪能力。纵筋配筋率越大,无腹筋梁的斜截面抗剪能力也愈大,两者大体呈线性关系。但对有腹筋梁,其影响就相对不太大。在《混凝土结构设计规范》的斜截面受剪承载力计算公式中,尚未考虑纵筋配筋率的影响。

4. 混凝土强度

混凝土强度对梁受剪承载力的影响很大,梁的受剪承载力随混凝土强度的提高而提高,两者大致呈线性关系。

4.4 斜截面受剪承载力计算公式及适用范围

4.4.1 计算公式

考虑到钢筋混凝土受剪破坏的突然性及试验数据的离散性相当大,因此从设计准则上应该保证构件抗剪的安全度高于抗弯的安全度(即保证强剪弱弯),故《混凝土结构设计规范》采用抗剪承载力试验的下限值以保证安全。

1. 无腹筋梁

对无腹筋梁及没有配置腹筋的一般板类受弯构件,其斜截面受剪承载力计算公式为

$$V \leqslant V_c = 0.7\beta_h f_t b h_0 \tag{4-3}$$

$$\beta_h = \left[\frac{800}{h_0}\right]^{\frac{1}{4}} \tag{4-4}$$

式中:V——构件斜截面上的最大剪力设计值;

V_c——构件斜截面混凝土的受剪承载力设计值;

β_h——截面高度影响系数。当 $h_0 \leqslant 800$ mm 时,取 $h_0 = 800$ mm;当 $h_0 > 2000$ mm 时,取 $h_0 = 2000$ mm。

2. 有腹筋梁

钢筋混凝土斜截面受剪的主要破坏形态有斜拉、斜压和剪压破坏三种、对于斜拉和斜压破坏,一般是采用构造措施加以避免;而对于剪压破坏,由于其受剪承载力的变化幅度较大,应由计算来控制。《混凝土结构设计规范》中斜截面的受剪承载力计算公式就是针对剪压破坏的。

取出临界斜裂缝至支座间的一段脱离体进行分析,如图 4-5 所示。

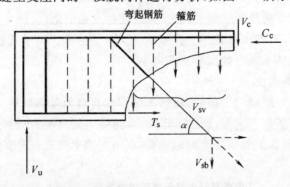

图 4-5 斜截面的受剪承载力计算简图

(1)当仅配有箍筋时分为以下两种情况。

①矩形、T 形和 I 形截面的一般受弯构件,其斜截面的受剪承载力计算公式为

$$V_{cs} = 0.7 f_t b h_0 + f_{yv} \frac{A_{sv}}{s} h_0 \tag{4-5}$$

式中：f_t——混凝土抗拉强度设计值；

　　b——截面宽度；

　　h_0——截面有效高度；

　　f_{yv}——箍筋抗拉强度设计值；

　　A_{sv}——配置在同一截面内箍筋各肢的全部截面面积，$A_{sv} = nA_{sv1}$，A_{sv1} 为单肢箍筋的截面面积，n 为箍筋肢数；

　　s——沿构件长度方向的箍筋间距。

上述公式适用于矩形截面承受均布荷载作用的情况，以及承受均布荷载和集中荷载作用但是以均布荷载为主的情况。此外，还用于 T 形和 I 形截面梁不论受何种荷载作用的情况。采用式(4-5)进行 T 形和 I 形截面梁的计算，其原因主要由于在混凝土梁体承受外力发生剪切破坏时，T 形和 I 形截面梁的剪压区面积大于同样宽度的矩形截面的剪压区面积，导致 T 形和 I 形截面梁受剪承载力高于同样宽度的矩形截面梁的受剪承载力。因此按照式(4-13)进行计算，能够保证 T 形和 I 形截面梁的受剪承载力满足要求。

对于 T 形和 I 形截面梁的梁腹很薄时，可能造成梁腹发生斜压破坏，其受剪承载力随着腹板高度的增加而降低的情况，可通过合理的构造措施，来有效防止这种破坏状态的发生。

②对于集中荷载作用下的独立梁（包括作用有多种荷载，其中集中荷载对支座截面或边缘所产生的剪力值占总剪力值的 75％ 以上的情况），应按照式(4-6)进行受剪承载力计算：

$$V_{cs} = \frac{1.75}{\lambda + 1} f_t b h_0 + f_{yv} \frac{A_{sv}}{s} h_0 \tag{4-6}$$

式中：λ——计算截面的剪跨比，可取 $\lambda = \dfrac{a}{h_0}$，a 为集中荷载作用点至支座或节点边缘的距离；当 $\lambda < 1.5$ 时，取 $\lambda = 1.5$；当 $\lambda > 3$ 时，取 $\lambda = 3$；集中荷载作用点至支座之间的箍筋，应均匀配置。

（2）配置箍筋和弯起钢筋时梁的斜截面受剪承载力。

配置箍筋和弯起钢筋时梁的斜截面受剪承载力按下式计算：

$$V \leqslant V_u = V_{cs} + V_{sb} \tag{4-7}$$

式中：V_u——构件斜截面上的受剪承载力设计值；

　　V_{cs}——构件斜截面上混凝土和箍筋的受剪承载力设计值；

　　V_{sb}——构件中与斜截面相交的弯起钢筋受剪承载力设计值。

试验证明随着弯起钢筋面积的加大，梁的抗剪承载力也随之提高。两者之间呈线性关系，且与弯起角度有关。弯起钢筋的强度的发挥取决于弯起钢筋穿越斜裂缝的部位，弯起钢筋的抗剪承载力可按照下列公式进行计算：

$$V_{sb} = 0.8 f_y A_{sb} \sin \alpha_s \tag{4-8}$$

式中：0.8——考虑到弯起钢筋与破坏斜截面相交位置的不确定性，其应力可能达不到屈服强度时的应力不均匀系数；

　　f_y——弯起钢筋的抗拉强度设计值；

　　A_{sb}——同一弯起平面内弯起钢筋的截面面积；

α_s——斜截面上弯起钢筋与构件纵向轴线的夹角。当 $h \leqslant 800$ mm 时,α_s 常取 45°;
当 $h > 800$ mm 时,α_s 常取 60°。

4.4.2　适用范围

斜截面受剪承载力计算公式只适用于剪压破坏形态。对于斜压和斜拉破坏状态,则需要通过限制最小截面尺寸和限制箍筋的最小配筋率来控制。

1. 上限值——最小截面尺寸限制条件

为避免斜截面斜压破坏形态的出现,要求梁截面尺寸应满足下列要求。

当 $\dfrac{h_w}{b} \leqslant 4$ 时:

$$V \leqslant 0.25\beta_c f_c b h_0 \tag{4-9}$$

当 $\dfrac{h_w}{b} \geqslant 6$ 时:

$$V \leqslant 0.2\beta_c f_c b h_0 \tag{4-10}$$

当 $4 < \dfrac{h_w}{b} < 6$ 时:

$$V \leqslant \left(0.35 - 0.025\frac{h_w}{b}\right)\beta_c f_c b h_0 \tag{4-11}$$

式中:V——剪力设计值;

　　b——截面腹板宽度;

　h_w——截面腹板高度,矩形截面取有效高度,T 形截面取有效高度减去翼缘高度,工
字形截面取腹板净高;

　β_c——混凝土强度影响系数。

试验数据分析表明,梁的受剪承载力采用混凝土轴心抗压强度设计值来表示时,对于高强度混凝土,乘以影响系数 β_c 更符合受剪承载力计算公式,《混凝土结构设计规范》规定:当 $f_{cu,k} \leqslant 50$ MPa 时,取 $\beta_c = 1.0$;当 $f_{cu,k} = 80$ MPa 时,取 $\beta_c = 0.8$。当为其中间值时,可按直线内插法取用。

如设计中不能满足截面尺寸限制条件要求时,应加大截面尺寸或提高混凝土强度等级,避免出现箍筋超筋。

2. 下限值——最小配筋率($\rho_{sv \cdot min}$)要求

为避免斜拉破坏形态的出现,要求在梁内配置一定数量的箍筋,且箍筋的间距又不能过大,以保证每一道斜裂缝均能与箍筋相交,因此,当 $V > 0.7 f_t b h_0$ 时,箍筋配筋率 ρ_{sv} 不应小于箍筋最小配筋率 $\rho_{sv \cdot min}$,同时满足最大箍筋间距要求。

$$\rho_{sv} = \frac{A_{sv}}{bs} = \frac{n A_{sv1}}{bs} \tag{4-12}$$

$$\rho_{sv,min} = 0.24\frac{f_t}{f_{yv}} \tag{4-13}$$

式中:ρ_{sv}——箍筋的配筋率;

　A_{sv}——同一截面内箍筋的截面面积;

　　n——同一截面内箍筋的肢数;

　A_{sv1}——单肢箍筋的截面面积;

　　b——截面宽度;

　　　　S——箍筋间距；

　　　　f_t——混凝土抗拉强度设计值；

　　　　f_{yv}——箍筋抗拉强度设计值。

4.5　斜截面受剪承载力的计算步骤和方法

4.5.1　斜截面受剪承载力的计算位置

对于斜截面受剪承载力的计算,首先应明确计算的位置。但是由于混凝土构件的受力类型、结构外形尺寸、支座条件和结构配筋等条件的不同,其构件受剪承载力破坏的位置可能出现多处的情况。在计算斜截面受剪承载力时,其剪力设计值的计算截面应按照下列规定采用。

(1)支座边缘处的截面,参照图 4-16(a)、(b)截面 1—1。

(2)受拉区弯起钢筋弯起点处的截面,参照图 4-6(a)截面 2—2,3—3。

(3)箍筋截面面积或间距改变处的截面,参照图 4-6(b)截面 4—4。

(4)腹板宽度改变处的截面。

箍筋的间距以及弯起钢筋前一排(对支座而言)的弯起点至后一排的弯终点的距离,应符合相关规范规定的构造要求。

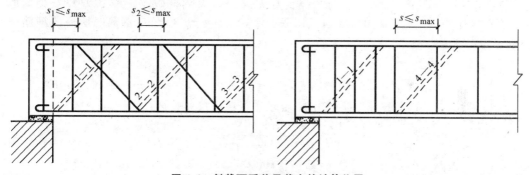

图 4-6　斜截面受剪承载力的计算位置

(a)配置箍筋和弯起钢筋;(b)只配置箍筋

4.5.2　受弯构件斜截面受剪承载力计算步骤和方法

受弯构件斜截面受剪承载力计算包含截面设计和截面复核两类问题。

1. 截面设计

已知剪力设计值 V,截面尺寸 b、h、a_s,材料强度 f_c、f_t、f_y 和 f_{yv},要求配置腹筋。计算步骤如下。

(1)验算截面尺寸,依据式(4-9)、式(4-10)或式(4-11),验算构件的截面是否满足要求。若不满足,应加大截面尺寸或提高混凝土强度等级,直至满足。

(2)验算是否需要按计算配置腹筋,若满足 $V \leqslant 0.7 f_t bh_0$ 或 $V = \dfrac{1.75}{\lambda+1} f_t bh_0$,仅需按构造要求确定箍筋的直径和间距;若不满足,则应按计算配置腹筋。

(3)仅配箍筋,按构造规定初步选定箍筋直径 d 和箍筋肢数 n,依据式(4-5)或式(4-6)求出箍筋间距。所取箍筋间距应满足最小配箍率的要求,即 $\rho_{sv} = \dfrac{nA_{sv1}}{bs} \geqslant \rho_{sv,min}$,同时还应满足梁内箍筋最大间距 $s \leqslant s_{max}$ 的构造要求。

(4)同时配置箍筋和弯起钢筋,先根据已配纵向受力钢筋确定弯起钢筋的截面面积 A_{sb},按式(4-8)计算出弯起钢筋的受剪承载力 V_{sb},再由式(4-7)及式(4-5)或式(4-6)计算出所需箍筋的截面面积 A_{sv}。

2. 截面复核

已知截面尺寸 b、h、a_s,配筋量 A_{sv1}、n、s,弯起钢筋的截面面积 A_{sb} 与梁纵向轴线的夹角 a_s,材料强度 f_c、f_t、f_y 和 f_{yv},要求:①求斜截面受剪承载力 V_u;②若已知斜截面剪力设计值 V 时,复核梁斜截面承载力是否满足。计算步骤如下。

(1)按式(4-9)或式(4-10)、式(4-11)复核截面限制条件,如不满足,则应根据截面限制条件所确定的 V 作为 V_u。

(2)复核配箍率,并根据规定复核箍筋最小直径、箍筋间距等是否满足构造要求。

(3)将已知条件代入斜截面承载力计算式(4-5)~式(4-7),计算 V_u。

(4)若已知剪力设计值 V,当 $V_u/V \geqslant 1$,则表示斜截面受剪承载力满足要求,否则不满足。

【例题 4-1】 某钢筋混凝土矩形截面简支梁,截面尺寸为 $b \times h = 200\ mm \times 500\ mm$,$a_s = 35\ mm$,均布荷载作用下支座边缘截面的剪力设计值 $V = 120\ kN$,混凝土强度等级为 C25($f_c = 11.9\ MPa$,$f_t = 1.27\ MPa$,$\beta_c = 1.0$),HPB300 级箍筋($f_{yv} = 270\ MPa$),箍筋最大允许间距为 $S_{max} = 200\ mm$,求当采用双肢 $\phi 6$($A_{sv1} = 28.3\ mm^2$)箍筋时所需的箍筋间距 S。

【解】

对于本简支梁,$a_s = 35\ mm$;梁的有效高度为 $h_0 = h - a_s = 500 - 35 = 465\ (mm)$。

(1)为避免斜截面破坏形态的出现,要求进行截面尺寸验算:

$$\frac{h_w}{b} = \frac{h_0}{b} = \frac{465}{200} = 2.35 < 4$$

$$0.25 \beta_c f_c b h_0 = 0.25 \times 1 \times 11.9 \times 200 \times 465 = 276.675\ (kN) > 110\ kN$$

截面尺寸满足要求。

(2)验算截面是否需要按照计算进行配箍:

$$0.7 f_t b h_0 = 0.7 \times 1.27 \times 200 \times 465 = 82.677\ (kN) < 110\ kN$$

需按计算进行配筋。

$$S = \frac{f_{yv} A_{sv} h_0}{V - 0.7 f_t b h_0} = \frac{270 \times 465 \times 2 \times 28.3}{120\ 000 - 82\ 677} = 190.40\ (mm)$$

取 $S = 150\ mm < S_{max} = 200\ mm$。

(3)验算箍筋配筋率:

$$\rho = \frac{n A_{sv1}}{b_s} = \frac{2 \times 28.3}{200 \times 150} = 0.189\%$$

$$\rho_{sv,min} = 0.24 \frac{f_t}{f_{yv}} = 0.24 \times \frac{1.27}{270} = 0.113\%$$

$\rho > \rho_{sv,min}$,箍筋配置满足要求。

【例题 4-2】 某钢筋混凝土矩形截面简支梁,承受荷载设计值如图 4-7 所示,其中集中荷载 $F = 100\ kN$,均布荷载设计值 $g + q = 6.0\ kN/m$(包括自重)。梁截面尺寸为 $b \times$

$h=200 \text{ mm} \times 500 \text{ mm}$，配有纵筋 $4 \oplus 25$，$a_s = 60 \text{ mm}$，混凝土强度等级为 C25（$f_c = 11.9 \text{ MPa}$，$f_t = 1.27 \text{ MPa}$，$\beta_c = 1.0$），箍筋为 HPB335 级钢筋，试确定箍筋的直径和间距。

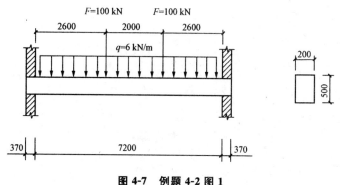

图 4-7　例题 4-2 图 1

【解】

已知：$f_c = 11.9 \text{ MPa}$，$f_t = 1.27 \text{ MPa}$，$f_{yv} = 300 \text{ MPa}$。

(1)剪力图的绘制（见图 4-8）。

集中荷载在支座处产生的剪力值为

$$V_z = 100 \text{ kN}$$

均布荷载在支座处产生的剪力值为

$$V_J = \frac{1}{2} \times 6 \times 7.2 = 21.6 \text{ (kN)}$$

在支座处产生的总剪力值为

$$V = V_z + V_J = 121.6 \text{ (kN)}$$

由于集中荷载在支座截面产生的剪力值与总剪力值的比例为

$$\frac{100 \text{ kN}}{121.6 \text{ kN}} = 82.23\% > 75\%$$

因此，应按照集中荷载作用进行斜截面受剪承载力的计算。

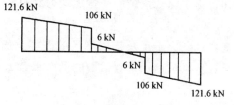

图 4-8　例题 4-2 图 2

(2)复核梁体截面尺寸。

$$\frac{h_0}{b} = \frac{440}{200} = 2.2 < 4$$

$$0.25\beta_c f_c b h_0 = 0.25 \times 1 \times 11.9 \times 200 \times 440 = 327.25 \text{ (kN)} > V = 121.6 \text{ kN}$$

截面尺寸满足要求。

(3)验算箍筋的配置。

计算截面的剪跨比 $\lambda = \dfrac{a}{h_0} = \dfrac{2600}{440} = 5.9 > 3$，取 $\lambda = 3$。

(4)箍筋的配置。

$$\frac{1.75}{\lambda+1}f_t bh_0 = \frac{1.75}{3+1} \times 1.27 \times 200 \times 440 = 48.9 \ (\mathrm{kN}) < 121.6 \ \mathrm{kN}$$

应按照计算进行该混凝土梁的配筋。

根据公式：

$$V = \frac{1.75}{\lambda+1}f_t bh_0 + f_{yv}\frac{A_{sv}}{s}h_0$$

导出：

$$\frac{A_{sv}}{s} = \frac{V - \dfrac{1.75}{\lambda+1}f_t bh_0}{f_{yv}h_0} = \frac{(121.6-48.9)\times 1000}{210 \times 440} = 0.787$$

选用双肢 HPB300 钢筋，直径为 8 mm，$n=2$，$A_{sv}=50.3 \ \mathrm{mm}^2$。

箍筋间距为

$$S = \frac{nA_{sv1}}{0.787} = \frac{2 \times 50.3}{0.787} = 127.8 \ \mathrm{mm}$$

采用间距为 $S=120 \ \mathrm{mm}$，对于梁体全长布置。

(5) 最小配箍率的验算：

$$\rho_{sv} = \frac{A_{sv}}{bS} = \frac{nA_{sv1}}{bS} = \frac{2 \times 50.3}{200 \times 120} = 0.42\%$$

最小箍筋配筋率为

$$\rho_{sv,min} = 0.24\frac{f_t}{f_{yv}} = 0.24 \times \frac{1.27}{210} = 0.145\% < 0.42\%$$

满足要求。

4.6　保证斜截面受弯承载力的构造措施

　　受弯构件在配筋计算时，除了保证正截面受弯承载力和斜截面受剪承载力设计外，有时在弯剪区段内由于弯矩和剪力共同作用产生的斜裂缝，还会导致与其相交的纵向钢筋拉力增加，引起斜截面的抗弯承载力不足及锚固不足的破坏。通常，在实际工程设计时，遵循下面提及的一些构造措施，就可以保证斜截面的受弯承载力，而不必再进行斜截面受弯承载力的计算。

4.6.1　材料抵抗弯矩图

　　抵抗弯矩图是指以各截面实际配置的纵向受拉钢筋所能承受的弯矩为纵坐标，以相应的截面位置为横坐标，所绘制的弯矩图(或称材料图)。计算时当梁的截面尺寸、材料强度及钢筋截面面积确定后，其抵抗弯矩就可由下式确定：

$$M_u = f_y A_s h_0 \left(1 - \frac{\rho f_y}{2\alpha_1 f_c}\right) \tag{4-14}$$

　　每根钢筋所抵抗的弯矩 M_{ui} 可近似地按该根钢筋的面积 A_{si} 与钢筋总面积 A_s 的比值乘以总抵抗弯矩 M_u 求得

$$M_{ui} = \frac{A_{si}}{A_s} M_u \qquad (4\text{-}15)$$

如图 4-9 所示为钢筋混凝土简支梁的配筋图和弯矩图。此梁在受拉区配置 3Φ25 的纵向钢筋。在设计时,若所选定的纵向钢筋全部伸入支座时,则材料图为矩形 $oabo'$。由图中可以看出,钢筋如果直通设置,不仅对梁中任一正截面的抗弯能力均是安全的,而且构造简单;但除跨中最大弯矩的截面外,其他截面的钢筋强度没有被充分利用,这种设置方案是不经济的。为了节约钢材,较合理的设计方法是将部分纵向钢筋在抗弯不需要的截面弯起,用以承担剪力和支座负弯矩;此外,对连续梁中间支座处的上部钢筋,在其按计算不需要区段可进行合理的切断。这样,在保证梁内任一正截面和斜截面抗弯能力的前提下,如何来确定纵筋的弯起和切断的位置,就需要通过作抵抗弯矩图的方法来解决。

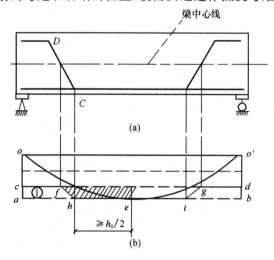

图 4-9 钢筋弯起的材料图

(a)配筋剖面图;(b)弯矩图

纵向钢筋弯起时其抵抗弯矩 M_u 图的表示方法:在图 4-9 配筋剖面中,确定①号 1 根Φ25 钢筋在离支座的 C 点弯起(该点到支座边缘的距离为 650 mm);该钢筋弯起后,其内力臂逐渐减小,因而其抵抗弯矩也逐渐变小直至等于零。假定钢筋弯起后和梁轴线(取1/2 梁高位置)交点为 D 点,过 D 点后不再考虑该钢筋承受弯矩,从 D、C 两点作垂直投影与抵抗弯矩图的二条平行于基线 oo' 的直线 cd、ab 相交,则连线 $ocfheigd$ 所包围的面积,表示①号钢筋弯起后的抵抗弯矩图。配筋图中 D 点表示梁斜截面受拉区与受压区近似的分界点。

当部分纵筋在抗弯不需要的截面切断时,其抵抗弯矩 M_u 图的表示方法,如图 4-10所示,支座 B 的抵抗弯矩图纵坐标总高度,是按支座最大弯矩所选定的 4 根纵向钢筋截面面积算得的抵抗弯矩值 M_u 作出的,其每根钢筋的抵抗弯矩值,可近似按式(4-15)相应钢筋面积的比例分配而求得。图中自支座 B 抵抗弯矩图顶部 HI 向下取 1Φ16 的抵抗弯矩值作水平的平行线,与抛物线弯矩图相交于 G 点,则 G 点称为"理论切断点"。因为在G 点处的弯矩计算值与 2Φ16 ＋ 1Φ20 三根钢筋的抵抗弯矩值相等,故该点又称三根钢筋的受弯承载力"充分利用点"。图中 G 点处台阶 GH 表示因 1Φ16 钢筋切断使该截面抵抗弯矩减小的数值。

设计时为了保证沿梁长各个截面均有足够的受弯承载力,必须使由荷载产生的弯矩图不大于梁的抵抗弯矩图。显然,抵抗弯矩图越接近于荷载产生的弯矩包络图,表示材料利用程度越高。

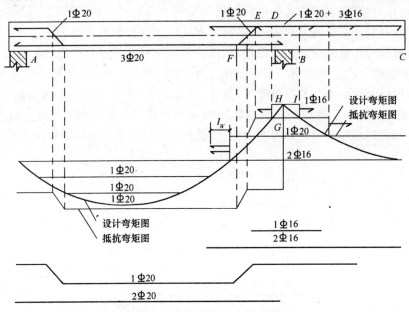

图 4-10　支座截面的抵抗弯矩图

4.6.2　满足斜截面受弯承载力的纵向钢筋弯起位置

对斜截面受弯承载力,一般不需计算而是通过下列方法加以保证,即通过构造要求,使其斜截面的受弯承载力不低于相应正截面受弯承载力。这样,只要能满足正截面受弯承载力的要求,则相应斜截面受弯承载力就能得到保证。

如图 4-9 所示,①号钢筋在受拉区的弯起点为 h,按正截面受弯承载力计算不需要该钢筋的截面,即①号钢筋的理论切断点为 f,①号钢筋的充分利用点为 e,它所承担的弯矩为图中阴影部分。则可以证明(略),当钢筋的弯起点与充分利用点之间的距离不少于 $h_0/2$ 时就可以满足斜截面受弯承载力的要求(斜截面的受弯承载力不低于相应正截面受弯承载力)。显然,钢筋弯起后与梁中心线的交点应在该钢筋正截面抗弯的不需要点之外。

总之,在设计中,如果利用弯起钢筋抗剪,则钢筋弯起点的位置应同时满足斜截面抗剪、正截面抗弯和斜截面抗弯三项要求。

(1)满足斜截面受剪承载力的要求。

(2)满足正截面受弯承载力的要求。设计时,必须使梁的抵抗弯矩图不小于相应的荷载计算弯矩图。

(3)满足斜截面受弯承载力的要求,即当纵向钢筋弯起时,其弯起点与充分利用点之间的距离不得小于 $h_0/2$;同时,弯起钢筋与梁纵轴线的交点应位于按计算不需要该钢筋的截面以外(如图 4-11 所示)。

设计时,在满足上述条件的前提下,弯起钢筋的位置可由作图确定。

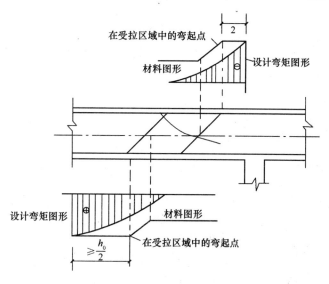

图 4-11　弯起点和弯矩图的关系

4.6.3　纵向钢筋的切断

1. 连续梁中间支座负弯矩处受拉纵筋的切断

连续梁中间支座上部受拉纵筋根据正截面受弯承载力计算,在梁纵轴上的抵抗弯矩图与设计弯矩图相等处,该点称为纵筋强度的充分利用点;若将部分纵筋切断,在切断后其抵抗弯矩图与设计弯矩仍相等处,该点称为理论切断点。如图 4-12(a)所示的 a 点,理论切断点处切断后,使该处纵筋所承担的拉力差较大,致使该处混凝土的拉应力骤增,往往引起弯剪斜裂缝的出现,这时未切断的纵筋仅能承受理论切断点截面 a 处的弯矩,其纵筋的强度已被充分利用。这样,当斜裂缝出现后就会继续扩展而使其顶端延伸至截面 c,由于在 c 处的弯矩大于理论切断点处的弯矩,因而使未切断纵筋的应力超过屈服强度而发生斜弯破坏。

在设计时,为了避免发生上述斜截面受弯破坏,纵筋应从理论切断点延伸一定长度 ω 后切断。这时在实际切断点 b 处如出现斜裂缝(如图 4-12(b)所示),则由于该处未切断钢筋强度尚未被充分利用,还能承受一部分由于斜裂缝的出现而增加的弯矩,此外和斜裂缝相交的箍筋对斜裂缝顶端的弯矩,也能补偿部分由于斜裂缝出现而增加的弯矩,使斜截面受弯承载力得到保证。ω 值的大小和被切断的钢筋直径有关,切断钢筋的直径越粗,要求参加补偿的钢筋越多,则 ω 值越大。此外,为了减少或避免钢筋与混凝土之间黏结裂缝的出现,使纵向钢筋的强度能够充分利用,同时要求自钢筋的充分利用点开始,向外伸一个伸出长度 l_d。设计时在 ω 与 l_d 之间选用其中一个较大伸出的数值。

2. 受拉纵筋的伸出长度

为了保证钢筋在充分利用点处能够真正发挥作用,需要从钢筋的最大应力点,即充分利用点,再向切断截面以外伸出一段距离才能切断,钢筋的这段距离称为伸出长度。

如图 4-12(b)所示,支座边缘的弯矩图和抵抗弯矩图的交点处,是支座的全部受拉纵筋强度的充分利用点;在截面的弯矩图和切断后的抵抗弯矩图的交点处,是经切断后剩余纵筋强度的充分利用点。

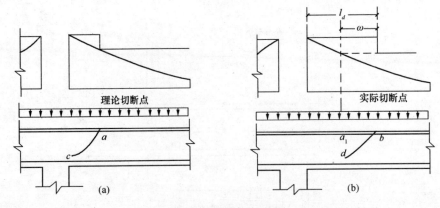

图 4-12　纵筋的切断

(a)纵筋自理论切断点切断；(b)纵筋自理论切断点延长长度 ω 后切断

　　纵向钢筋的切断当其伸出长度不足时,则沿纵筋水平位置处的混凝土,由于黏结强度的不足会出现一批针脚状的短小斜裂缝,并进一步发展,最后会导致黏结裂缝的贯通,保护层脱落,发生黏结破坏。此时,在出现黏结破坏区段的纵筋所受的拉力与充分利用点的纵筋拉力是相同的,所以不能将纵筋提前切断,需要伸出一段足够的长度后再切断,使针脚状裂缝不会出现,或即使出现也不会贯通,以保证充分发挥纵筋的作用。

　　当梁内配置有较强的箍筋时,箍筋能够阻止针脚状裂缝的出现和发展,提高纵筋与混凝土之间的黏结强度。所以只要在延伸长度范围内,配置足够数量的箍筋,就能保证纵筋切断后充分利用点的钢筋还能达到屈服强度,避免黏结破坏的出现。

3. 梁跨中正弯矩受拉纵筋的切断

　　纵向钢筋在切断后往往会出现过宽的裂缝,因此,在跨中正弯矩区,一般不允许将纵筋切断,而向两端直通延伸至支座,或将其部分弯起作为负弯矩区的纵向受拉钢筋。仅当 $V \leqslant 0.7 f_c b h_0$,即在使用阶段不会出现斜裂缝和配有足够的箍筋,根据设计经验确有把握时,才可在受拉区将纵筋切断,但其伸出长度不小于 $12d$。

4.6.4　箍筋

　　钢筋混凝土梁配置箍筋后,能将被斜裂缝分割的拱形混凝土块体牢固的连接在一起,利用箍筋和斜裂缝之间的混凝土块体形成一个桁架体系,共同完成剪力传递到支座。因此,配置箍筋,是提高梁抗剪强度的有效设计方法。配置箍筋混凝土梁中,箍筋、纵筋和架立钢筋形成一个空间刚性骨架,将混凝土牢固箍住,使混凝土充分发挥其强度特性。

1. 箍筋类型

　　箍筋有开口式和闭口式,工程现场常见的闭口箍筋主要类型如图 4-13 所示。箍筋弯钩角度有 90°、135°、180°。当有抗震设防要求时,应弯成 135°,弯钩平直长度不应小于 5d(d 为箍筋直径)且不小于 50 mm。

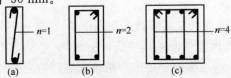

图 4-13　箍筋的形式和肢数

(a)单肢箍；(b)双肢箍；(c)四肢箍

2. 箍筋间距

《混凝土结构设计规范》规定如下。

(1)当梁中配有计算需要的纵向受压钢筋时,箍筋应做成封闭式。此时箍筋的间距不应大于 15d(d 为纵向受压钢筋的最小直径),且不大于 400 mm。

(2)当一层内的纵向受压钢筋多于 5 根且直径大于 18 mm 时,箍筋间距不应大于 10d。

(3)当梁的宽度大于 400 mm 且一层内的纵向受压钢筋多于 3 根时,或当梁的宽度不大于 400 mm 但一层内的纵向受力钢筋多于 4 根时,应设置复合箍筋。

(4)《混凝土结构设计规范》规定,在搭接长度范围内应配置箍筋,直径不应小于 0.25d(d 为搭接钢筋直径较大值);当纵向钢筋受拉时,箍筋间距不应大于 5d,且不应大于 100 mm,当钢筋受压时,箍筋间距不应大于 10d(d 为搭接钢筋直径较小值),且不应大于 200 mm;当受压钢筋直径大于 25 mm 时,尚应在搭接接头两个端面外 100 mm 范围内,各设置两根箍筋。

(5)箍筋的间距除需要按照所受剪力进行计算确定外,还需满足表 4-1 的规定。

表 4-1　梁中箍筋的最大间距　　　　　　　　　　　　　　　　　(单位:mm)

梁 高	$V \geqslant 0.7 f_t b h_0$	$V < 0.7 f_t b h_0$
$150 < h \leqslant 300$	150	200
$300 < h \leqslant 500$	200	300
$500 < h \leqslant 800$	250	350
$h > 800$	300	400

(6)按照计算不需要箍筋的梁,当截面高度 $h > 300$ mm 时,应沿梁全长设置箍筋;当截面高度 $h = 150 \sim 300$ mm 时,可仅在构件端部各四分之一跨度范围内设置箍筋;但是当在构件中部二分之一跨度范围内有集中荷载作用时,则应沿着梁的全长设置箍筋;当梁的截面高度 $h < 150$ mm 时,可不设置箍筋。

4.6.5　设计例题

【例题 4-3】　一钢筋混凝土外伸梁,支承在砖墙上,其跨度及受力如下图 4-14 所示,截面尺寸为 200 mm×450 mm,荷载设计值(包括自重)$q_1 = 50$ kN/m,$q_2 = 100$ kN/m,混凝土用 C25,纵筋和箍筋用 HRB335 级。试设计此梁并进行钢筋布置。

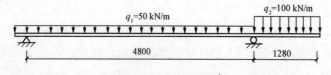

图 4-14　外伸梁受力图

【解】

(1)已知:$f_c = 11.9$ MPa,$f_t = 1.27$ MPa,$f_y = 300$ MPa,作此梁的弯矩图和剪力图(见图 4-15)。

(2)正截面受弯承载力计算。

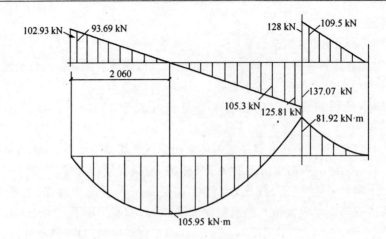

图 4-15 梁体剪力和弯矩图

跨中 $M_{1max} = 105.95$ kN·m，$A_s = 1004$ mm²。

选用 4Φ18，$A_s = 1017$ mm²。

支座 B $M_{Bmax} = -81.92$ kN·m，$A_s = 742$ mm²。

选用 2Φ18 + 2Φ12，$A_s = 735$ mm²。

(3)斜截面受剪承载力计算。

①验算截面限制条件：

$$0.25\beta_c f_c bh_0 = 0.25 \times 1.0 \times 11.9 \times 200 \times 415$$
$$= 246.93 \text{ (kN)} > (V = 125.81 \text{ kN})$$

故截面尺寸符合要求。

②验算是否按计算配置箍筋：

$$0.7 f_t bh_0 = 0.7 \times 1.27 \times 200 \times 415 = 73.79 \text{ (kN)} < V = 109.5 \text{ kN}$$

故对 B 支座需要按计算配置箍筋。

③混凝土和箍筋的受剪承载力。

取用双肢箍筋Φ6@200：

$$V_{cs} = 0.7 f_t bh_0 + f_{yv}\frac{A_{sv}}{S}h_0$$

$$= 0.7 \times 1.27 \times 200 \times 415 + 300 \times \frac{57}{200} \times 415$$

$$= 109.3 \text{ (kN)}$$

④受剪配筋计算。

支座 A 因 $V_A = 93.69$ kN$ < 109.3$ kN，故弯起钢筋按构造配置。

支座 $B_{左}$ 的剪力 $V_{B左} = 125.81$ kN，弯起钢筋弯起角度取 45°，弯起钢筋面积为

$$A_{sb} = \frac{V - V_{cs}}{0.8 f_y \sin\alpha} = \frac{(125.81 - 109.3) \times 1000}{0.8 \times 300 \times 0.707} = 97.3 (\text{mm}^2)$$

用 1Φ18 弯起钢筋（$A_{sb} = 254.5$ mm²）。

支座 $B_{左}$ 第二根弯起钢筋 $V_1 = 105.3$ kN$ < V_{cs}$，故第二根弯起钢筋按构造配置。

支座 $B_{右}$ $V_{B右} = 109.5$ kN，采用 1Φ18 弯起钢筋。

（4）抵抗弯矩值。

一根⊕18 的抵抗弯矩值：

$$M_u = f_y A_s h_0 (1 - \frac{f_y \rho}{2\alpha_1 f_c})$$

$$= 300 \times 254.5 \times 415 \times (1 - \frac{300 \times 1017}{2 \times 1.0 \times 11.9 \times 200 \times 415})$$

$$= 26.8 \, (kN \cdot m)$$

根据以上数值可做出抵抗弯矩图（见图 4-16）。

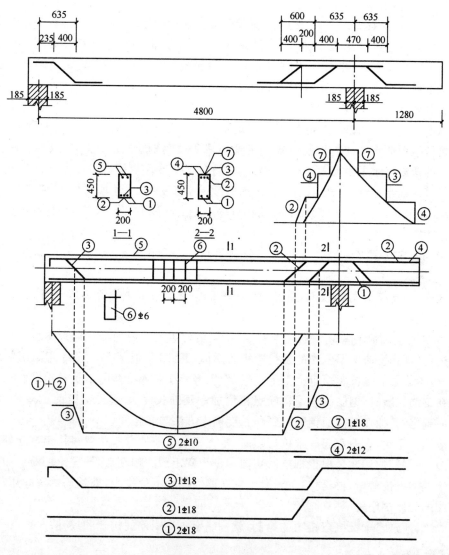

图 4-16 梁体配筋图

（5）钢筋布置。

如图 4-16 所示，首先应按比例绘出构件纵剖面、横剖面及设计弯矩图，然后进行配筋布置。当在配置跨中截面正弯矩钢筋时，同时要考虑其中哪些钢筋可以弯起用作抗剪和抵抗负弯矩,钢筋布置时应较全面地加以考虑。下面对图 4-16 的钢筋布置加以简要说明。

①梁跨中:共配置 4Φ18 抵抗正弯矩所需的纵筋,其中①号的 2 根筋一端伸入 A 支座,另一端宜伸过 B 支座直通至梁端,也可在 B 支座内切断与悬臂梁下部构造钢筋搭接。②、③号筋分别可在一端或两端弯起,参加抗剪和抵抗负弯矩。

②A 支座:因 $V_A < V_{cs}$,③号筋按构造要求,离支座边 50 mm 处下弯,确定其下弯位置,并依据锚固长度公式计算(若考虑不同条件需进行修正,则经修正后取用的锚固长度不小于 $0.7l_a$,且不应小于 250 mm),取自支座边伸入 600 mm 的锚固长度。⑤号筋是构造配置,无锚固要求。

③B 支座:配置 2Φ18＋2Φ12 抵抗负弯矩所需的纵筋,其中③号筋离支座 B 左边向上弯起,其弯终点至支座边的距离为 50 mm,参加抗剪,但因其自支座边的充分利用点至弯终点的距离小于 $h_0/2$,故在支座 B 左边不参加抵抗负弯矩,在左边负弯矩区的抵抗弯矩图中不反映。③号筋在支座 B 右边参加抵抗负弯矩。

②号筋在支座 B 左边弯起,根据抗剪要求,自②号筋的弯终点至③号筋的弯起点水平距离取 200 mm。此时,②号筋抵抗弯矩图顶部的钢筋强度充分利用点的位置,可通过作抵抗弯矩图的水平线与设计弯矩图的交点求得,按抵抗弯矩中实测,其充分利用点至②号筋的弯终点水平距离大于 $h_0/2$,故②号筋在支座 B 左侧同时可以参加抵抗负弯矩。

②号筋在支座 B 右边下弯,根据抗剪要求,自支座边至其弯终点的水平距离为 50 mm,因 50 mm 小于 $h_0/2$,故②号筋在支座 B 右边不参加抵抗负弯矩,在右边负弯矩区的抵抗弯矩图中不反映。

④号筋在支座 B 左边②号筋的充分利用点处为理论截断点,在支座 B 右边直通至梁端。

这样,在支座 B 截面顶部,需另设 1Φ18 的⑦号筋参加承担负弯矩,以补偿支座 B 处负弯矩承载力的不足。

当 B 支座两侧的弯起钢筋位置确定后,梁负弯矩区域内的抵抗弯矩图就可作出。在作抵抗弯矩图时,应根据所作的抵抗弯矩图形面积为最小但不小于设计弯矩图的面积为原则,由钢筋总的抵抗弯矩自上至下进行,作出钢筋切断或下弯的抵抗弯矩图。

在钢筋切断时,钢筋的理论切断点再增加一延伸长度 l_d 值及 ω 值两个条件,取其最大值而确定;其他切断截面钢筋的延伸长度确定方法与此相同。

应该注意到,纵筋弯起的抵抗弯矩图,是先确定纵筋的弯起位置再作出弯起处的抵抗弯矩图;而钢筋的切断是根据抵抗弯矩图和设计弯矩图的相交点,即理论切断点的位置作出切断处的抵抗弯矩,再延伸一个长度,它在梁纵剖面上的投影,即钢筋的实际切断点,二者作图的先后次序是不同的。

总之,通过对梁抵抗弯矩图的绘制,就可确定各根钢筋的构造和尺寸。

习题与思考

4-1　什么是无腹筋梁?简述无腹筋梁斜裂缝形成的过程。

4-2　无腹筋梁斜截面受剪破坏的主要形态有哪几种?破坏发生的条件及特点如何?

4-3　影响无腹筋简支梁斜截面受剪承载力的主要因素有哪些?这些因素是如何影

响斜截面受剪承载力的？

4-4 箍筋和弯起钢筋对改善梁的抗剪能力有何作用？

4-5 斜截面受剪承载力计算公式为什么要设置上限和下限(适用范围)？

4-6 有腹筋连续梁与简支梁比较斜裂缝模型及破坏特征为什么不同,影响有腹筋连续梁的斜截面承载力的因素与简支梁有何异同？

4-7 在进行斜截面受剪承载力设计时,计算截面位置应如何确定？

4-8 简述梁的斜截面受剪承载力设计步骤。

4-9 为保证斜截面的受弯承载力不小于正截面的受弯承载力,相关规范有何规定？

4-10 什么是钢筋的延伸长度？它与钢筋在支座处的锚固有何不同？

4-11 《混凝土结构设计规范》对纵筋的锚固有何规定？

4-12 当梁中配有计算需要的纵向受压钢筋时,对箍筋的间距有何要求？

4-13 一矩形截面简支梁,梁跨 6 m,承受均布荷载,其设计值(包括自重)$q=60$ kN/m,截面尺寸 $b=200$ m,$h=600$ mm,混凝土强度等级为 C30,箍筋用 HRB335 级钢筋,纵筋用 HRB400 级钢筋,选配 2Φ28+1Φ25。求:①仅配箍筋,求箍筋的直径和间距;②把纵筋 1Φ25 弯起,计算所需的箍筋直径和间距。

4-14 一矩形截面简支梁,梁跨 5 m,受集中荷载设计值 $F=200$ kN,荷载位置距左支座 2 m,距右支座 3 m,不计梁自重,梁截面尺寸 $b=200$ mm,$h=450$ mm,混凝土强度等级为 C20,箍筋用 HPB300 级钢筋,如梁中仅配箍筋,求箍筋的直径和间距。

5 受扭构件的截面承载力

内容提要

掌握：受扭构件构造要求。

熟悉：纯扭构件的开裂扭矩、破坏特征、抗扭纵筋和箍筋的配筋强度比的概念及承载力计算。

了解：构件在弯矩、剪力、扭矩共同作用下的破坏特征,剪扭相关性,截面限制条件和承载力计算方法。

5.1 概述

扭转是结构构件的基本受力形式之一,在工程结构中处于纯扭矩作用的情况是很少见的,通常都是处在弯矩、剪力和扭矩甚至轴力共同作用的复合受力状态,但人们习惯上称为受扭构件或扭曲构件。

钢筋混凝土结构中,构件受到的扭矩作用通常可分为两类:一类是在静定结构中,由荷载作用产生的扭矩,这类扭矩的大小可以由构件的平衡条件确定,而与受扭构件的扭转刚度无关,通常称为"平衡扭矩",如图 5-1 所示。

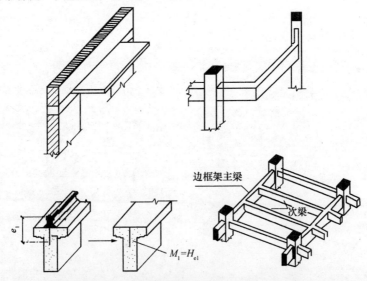

图 5-1 工程中的钢筋混凝土受扭构件

在吊车横向水平制动力作用下的吊车梁、支撑悬臂构件作用的梁式构件(如雨篷梁、挑檐梁、螺旋楼梯)等。另一类是超静定结构中由于变形协调产生的扭矩,这类扭矩的大小除了静力平衡条件外,还必须要由相邻构件的变形协调条件才能确定,称为"协调扭矩"。如图 5-1 所示的现浇框架边主梁,由于次梁在支座(边主梁)处的转角产生扭矩,主梁的抗扭刚度越大,对次梁端部转动的约束作用越大。边主梁受到的扭矩作用也越大,边主梁开裂后其抗扭刚度降低,对次梁转角的约束作用减小,相应地边主梁的扭矩也减小。

5.2 试验研究分析

试验表明,在扭矩作用下,钢筋混凝土构件的受力性能,大体上符合圣维南弹性扭转理论。当结构扭矩较小时,构件处于弹性工作阶段,其扭矩-扭转角曲线($T\sim\theta$ 曲线)为直线,纵筋和箍筋的应力也很小。当扭矩接近开裂扭矩时,$T\sim\theta$ 曲线偏离了原直线。随着扭矩的增大,矩形截面的钢筋混凝土构件的初始裂缝一般发生在剪应力最大处,即截面长边的中点附近且与构件轴线约成 45°角。裂缝出现时,由于部分混凝土退出工作,钢筋应力明显增大,扭转角显著增大。裂缝出现后,带有裂缝的混凝土和钢筋共同组成新的受力体系,受扭纵筋和箍筋受拉、混凝土受压。随着荷载的增大,初始裂缝逐渐向边缘延伸并相继出现许多新的螺旋形裂缝。此后,在扭矩作用下,钢筋和混凝土的应力不断增长,直至构件破坏。

受扭构件的破坏形态与受扭纵筋和受扭箍筋配筋率的多少有关。如图 5-2 所示为一组钢筋混凝土构件在扭矩作用下的扭矩(T)与扭转角(θ)的关系曲线。从图中可以看出,在裂缝出现前,T-θ 关系基本上为直线,并且直线较陡,说明构件有较大的扭转刚度。在裂缝出现后,由于钢筋应变突然增大,T-θ 曲线出现水平段,配筋率越小,钢筋应变增加值越大,水平段相对就越长。随后,构件的扭转角随着扭矩的增加近似地呈线性增大,但直线的斜率比开裂前小得多,说明构件的扭转刚度大大降低,且配筋率越小,降低的就越多。根据受扭构件配置钢筋的多少,大致可把受扭构件的破坏类型分为适筋破坏、部分超筋破坏、超筋破坏和少筋破坏四种。

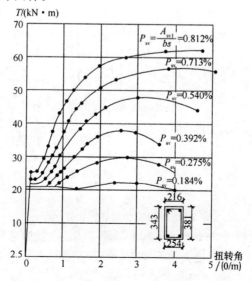

图 5-2　纯扭构件扭矩-扭转角关系曲线

(1)适筋破坏:当构件中的箍筋和纵筋配置适当,在扭矩作用下构件上陆续出现多条与构件轴线约成 45°角的螺旋形斜裂缝,混凝土逐渐退出工作,随着荷载的增大,形成一条主裂缝,与主裂缝相交的箍筋和纵筋达到屈服强度,该条裂缝不断加宽,直到最后受压混凝土被压碎,整个构件破坏。这种破坏与受弯构件的适筋梁类似,属于延性破坏。此类构件称为适筋受扭构件。

(2)部分超配筋破坏:若构件中纵筋和箍筋不匹配,在构件破坏之前,只有数量相对较少的那部分钢筋受拉屈服,而另一部分钢筋直到受压混凝土被压碎时仍未能屈服。由于构件破坏时有部分钢筋达到屈服强度,破坏特征并非完全脆性,所以这种构件在设计中允许采用,但不经济。

(3)超筋破坏:当构件中的箍筋和纵筋都配置过多,在两者都还未达到屈服强度之前,构件中混凝土被压碎而导致突然破坏。这种破坏类似于受弯构件的超筋破坏,属于脆性破坏,在设计中应避免。

(4)少筋破坏:当构件中的箍筋和纵筋配置均过少,一旦裂缝出现,构件会立即发生破坏。此时,纵筋和箍筋不仅达到屈服而且可能进入强化阶段,其破坏特征类似于受弯构件的少筋梁,构件的抗扭承载力与素混凝土构件没有实质性的差别,其破坏扭矩基本上与开裂扭矩相等。这种破坏属于脆性破坏,在设计中应予以避免。

5.3　矩形截面纯扭构件的承载力

5.3.1　开裂扭矩的计算

如前所述,钢筋混凝土纯扭构件在裂缝出现前,钢筋应力很小,并且钢筋对开裂扭矩的影响不大。所以计算开裂扭矩时可以忽略钢筋的影响。

对于匀质弹性材料,在扭矩 T 的作用下的矩形截面,截面中各点均产生剪应力 τ,如图 5-3(a)所示,剪应力的分布规律如图 5-3(b)所示,最大剪应力 τ_{max} 发生在截面长边的中点,与该点剪应力相对应的主拉应力 σ_{ip} 和主压应力 σ_{cp} 分别与构件轴线成 45°角,其大小为 $\sigma_{ip}=\sigma_{cp}=\tau_{max}$。

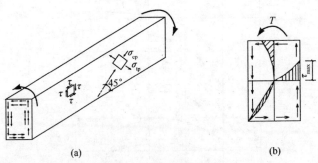

(a)　　　　　　　　　　　　　　(b)

图 5-3　纯扭构件的弹性应力分布

按照弹性理论中扭矩 T 与剪应力 τ_{max} 的数量关系,可以推导出混凝土纯扭构件的开裂扭矩。然而,实际情况是,当最大扭剪应力值达到混凝土抗拉强度时,构件并未开裂,荷载还可以少量增加,直到截面边缘的拉应变达到混凝土极限拉应变时,截面才开裂。这说明采用弹性分析方法低估了混凝土构件的抗扭承载力。

按弹性理论，当主拉应力 $\sigma_{tp} = \tau_{max} = f_t$ 时，构件开裂，即

$$\tau_{max} = \frac{T_{cr,e}}{W_{te}} = f_t \tag{5-1}$$

$$T_{cr,e} = f_t W_{te} \tag{5-2}$$

式中：$T_{cr,e}$——弹性开裂扭矩；

$\quad\quad f_t$——混凝土的抗拉强度；

$\quad\quad W_{te}$——弹性抗扭截面系数。

对于理想的弹塑性材料，在弹性阶段，当最大剪应力达到混凝土抗拉强度时，并不说明构件破坏，仅说明构件进入塑性阶段，仍能继续增加荷载，直到截面上的应力全部达到材料设计强度后，构件才开始因丧失承载力而破坏。这时截面上的剪应力分布如图5-4(a)所示。

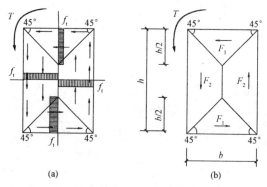

图 5-4　纯扭构件矩形截面全塑状态剪应力分布图

按图 5-4(a)所示的应力分布求截面的塑性抗扭承载力。根据塑性力学理论，将截面上的剪应力分成四个部分，如图 5-4(b)所示，相应的剪应力 $\tau_{max} = f_t$，计算各部分剪应力的合力及相应组成的力偶，其力偶矩的总和即为开裂扭矩：

$$T_{cr,p} = f_t \frac{b^2(3h-b)}{6} = f_t W_t \tag{5-3}$$

式中：$T_{cr,p}$——塑性开裂扭矩；

$\quad\quad f_t$——混凝土抗拉强度设计值；

$\quad\quad b$——矩形截面的短边；

$\quad\quad h$——矩形截面的长边；

$\quad\quad W_t$——受扭构件的截面受扭塑性抵抗矩。

实际上，混凝土既非完全弹性，又非理想塑性，与试验所测得的开裂扭矩相比，按塑性分析式(5-3)算得的开裂扭矩值偏大，而按弹性分析方法计算的开裂扭矩值偏低。要准确地计算混凝土的应力分布是十分困难的，为实用方便，开裂扭矩可近似采用理想弹塑性材料的应力分布图形进行计算，但混凝土的抗拉强度要适当降低。试验表明，对低强度等级的混凝土，强度降低系数约为 0.7，对于高强度等级的混凝土，强度降低系数约为 0.8。《混凝土结构设计规范》采用的计算公式为

$$T_{cr} = 0.7 f_t W_t \tag{5-4}$$

5.3.2 受扭构件承载力的计算

1. 纯扭构件承载力计算公式

矩形截面纯扭构件的承载力计算,假定以适筋破坏为依据,即受扭纵筋和箍筋在破坏时均达到屈服强度,纵筋沿构件周边对称均匀布置,箍筋沿构件轴线方向等距离布置。

《混凝土结构设计规范》规定矩形截面钢筋混凝土纯扭构件的受扭承载力计算公式为

$$T \leqslant T_u = 0.35 f_t W_t + 1.2 \sqrt{\zeta} \frac{f_{yv} A_{st1}}{s} A_{cor} \tag{5-5}$$

式中: T——扭矩设计值;

f_t——混凝土的抗拉强度设计值;

W_t——截面的抗扭塑性抵抗矩;

f_{yv}——箍筋的抗拉强度设计值;

A_{st1}——箍筋的单肢截面面积;

s——箍筋的间距;

A_{cor}——截面核心部分的面积, $A_{cor} = b_{cor} h_{cor}$, b_{cor} 和 h_{cor} 分别为箍筋内表面计算的截面核心部分的短边和长边的尺寸;

ζ——抗扭纵筋与箍筋的配筋强度比,按下式计算:

$$\zeta = \frac{f_y A_{stl} s}{f_{yv} A_{st1} u_{cor}} \tag{5-6}$$

其中: A_{stl}——对称布置在截面周边的全部抗扭纵筋的截面面积;

f_y——抗扭纵筋的抗拉强度设计值;

u_{cor}——截面核心部分的周长,对于矩形截面, $u_{cor} = 2(b_{cor} + h_{cor})$ 。

试验表明,当 $0.5 \leqslant \zeta \leqslant 2.0$ 时,纵筋和箍筋的应力基本上都能达到屈服强度,为稳妥起见,《混凝土结构设计规范》规定 ζ 应满足 $0.6 \leqslant \zeta \leqslant 1.7$ 的要求,当 $\zeta > 1.7$ 时,取 $\zeta = 1.7$ 。试验也表明当 $\zeta = 1.2$ 左右时,受扭纵筋与箍筋基本上能同时达到屈服强度。因此,设计时取 $\zeta = 1.2$ 左右较为合理。

为了保证受扭破坏时有一定的延性,设计中应避免超筋破坏和少筋破坏。与受弯、受剪构件类似,受扭承载力计算公式的应用有其配筋率的上限和下限。

2. 公式的适用范围

为避免产生超筋和少筋破坏,在设计中还应满足以下条件。

(1)为避免配筋过多产生超筋脆性破坏,截面应满足下式要求:

$$T \leqslant 0.2 \beta_c f_c W_t \tag{5-7}$$

(2)为防止少筋脆性破坏,纯扭构件的配箍率应满足下式要求:

$$\rho_{st} = \frac{2A_{st1}}{bs} \geqslant \rho_{st,min} = 0.28 \frac{f_t}{f_{yv}} \tag{5-8}$$

(3)纯扭构件的受扭纵向受力钢筋的配筋率应满足下式要求:

$$\rho_{tl} = \frac{A_{stl}}{bh} \geqslant \rho_{tl,min} = 0.85 \frac{f_t}{f_y} \tag{5-9}$$

当符合 $T \leqslant 0.7 f_t W_t$ 时,可按构造要求配置受扭纵筋和箍筋。

5.4 矩形截面弯剪扭构件的承载力计算

5.4.1 破坏类型

弯矩、剪力和扭矩共同作用下的钢筋混凝土构件,其破坏特征及承载力,与所作用的外部荷载条件和构件的内在因素有关。对于外部荷载条件,通常以表征扭矩与弯矩相对大小的扭弯比 ψ($\psi = T/M$),以及表征扭矩和剪力相对大小的扭剪比 χ($\chi = T/Vb$)表示。所谓构件的内在因素,是指构件的截面形状、尺寸、配筋及材料强度。试验表明,当构件的截面形状、尺寸及材料强度相同时,受扭构件随弯矩、剪力与扭矩的比值和配筋不同,可归纳为三种破坏类型,如图 5-5 所示。

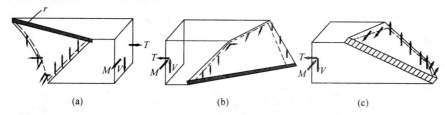

图 5-5 弯剪扭构件的破坏类型

1. 弯型破坏

在配筋适当的条件下,若弯矩作用显著即扭弯比 ψ 较小时,裂缝首先在弯曲受拉底面出现,然后发展到两个侧面。三个面上的螺旋形裂缝形成一个扭曲破坏面,而第四面即弯曲受压顶面无裂缝。构件破坏时与螺旋形裂缝相交的纵筋和箍筋均受拉并达到屈服强度,构件顶部受压,形成如图 5-5(a)所示破坏曲面。

2. 扭型破坏

若扭矩作用显著即扭弯比 ψ 及扭剪比 χ 均较大,构件顶部纵筋又少于底部纵筋时,截面上部的弯压区在较大的扭矩作用下,由受压状态转变为受拉状态,由于弯曲压应力抵消了扭转拉应力,故相对地提高了构件的受扭承载力。构件破坏自纵筋面积较小的顶部开始,最后迫使构件底部受压而破坏。形成如图 5-5(b)所示的扭型破坏。

3. 剪扭型破坏

若剪力和扭矩起控制作用,则裂缝首先在剪力和扭矩产生的主应力方向相同的侧面出现,然后向顶面和底面扩展,这三个面上的螺旋形裂缝形成扭曲破坏面。构件破坏时与螺旋形裂缝相交的纵筋和箍筋受拉并达到屈服强度,而受压区则靠近另一侧面,形成如图 5-5(c)所示与纯扭构件破坏特征相似的剪扭型破坏。

对于弯剪扭共同作用下的构件,除了前述三种破坏类型外,试验表明,若剪力作用十分显著而扭矩较小即扭剪比 χ 较小时,还会发生与剪压破坏相近的剪型破坏形态。

5.4.2 弯剪扭构件的承载力计算方法

对于弯、剪、扭共同作用下的构件,在国内外大量试验研究的基础上,《混凝土结构设计规范》规定了弯、剪、扭构件扭曲截面的实用配筋计算方法。

1. 弯扭构件承载力计算

在弯扭构件中,构件在弯矩和扭矩作用下的承载力也存在着一定相关性。弯扭承载力的相关性问题涉及的因素较多,精确计算是比较复杂的,《混凝土结构设计规范》对弯扭构件采用叠加的方法进行设计,即将构件对受弯所需纵筋和受扭所需纵筋进行叠加。

2. 剪扭构件承载力计算

同时受到剪力和扭矩作用的构件,其截面某一受压区域会同时承受剪切和扭转应力的双重作用,致使构件内混凝土的承载力降低。由于《混凝土结构设计规范》的受剪和受扭承载力计算公式中都考虑了混凝土的作用,因此剪扭构件的受剪扭承载力计算公式要考虑扭矩对混凝土受剪承载力和剪力对混凝土受扭承载力的影响,即剪扭的相关性。

图 5-6 给出了无腹筋构件在不同扭矩与剪力比值下的承载力试验结果。图中无量纲坐标系的纵坐标为 V_c/V_{co},横坐标为 T_c/T_{co}。V_{co} 和 T_{co} 分别为无腹筋构件在单纯受剪力或扭矩作用时的抗剪和抗扭承载力,V_c 和 T_c 则为同时受剪力和扭矩作用时的抗剪和抗扭承载力。从图中可以看出,无腹筋构件的抗剪和抗扭承载力相关关系大致按四分之一圆弧规律变化。

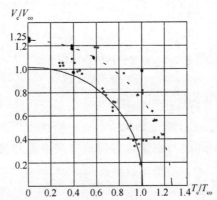

图 5-6 混凝土部分剪扭承载力相关关系

严格地说,对于剪扭构件的承载力计算,应当根据有腹筋构件的剪扭承载力相关规律进行。但由于计算过于复杂,《混凝土结构设计规范》在试验研究的基础上,假设有腹筋剪扭构件混凝土部分对承载力的贡献与无腹筋剪扭构件一样,无量纲剪扭承载力相关关系也可取 1/4 圆的规律(见图 5-6)。采用以受弯构件斜截面抗剪承载力和纯扭构件抗扭承载力的计算公式为基础,只对两组公式中表示混凝土抗剪作用或抗扭作用的那一项,考虑剪扭的相互影响予以修正,而对钢筋作用项仍保留其原有表达形式。

为了简化计算,《混凝土结构设计规范》规定图 5-6 中的 1/4 圆可用三折线 AB、BC 及 CD 代替,如图 5-7 所示。

当 $T_c/T_{co} \leqslant 0.5$ 时,取 $V_c/V_{co}=1.0$(AB 段);当 $V_c/V_{co} \leqslant 0.5$ 时,取 $T_c/T_{co}=1.0$(CD 段);当位于 BC 斜线上时:

$$T_c/T_{co}+V_c/V_{co}=1.5 \tag{5-10}$$

设
$$T_c=\beta_t T_{co} \tag{5-11}$$

代入式(5-10),则
$$V_c=(1.5-\beta_t)V_{co} \tag{5-12}$$

用式(5-11)等式两侧分别除以式(5-12)等式两侧,可得

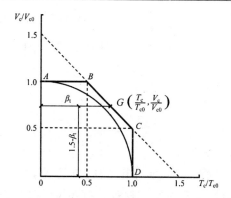

图 5-7   无腹筋构件的剪扭承载力相关的计算模式

$$\frac{T_c}{V_c} = \frac{\beta_t T_{co}}{(1.5 - \beta_t)V_{co}} \tag{5-13}$$

$V_{co} = 0.7f_t bh_0$，$T_{co} = 0.35f_t W_t$，则

$$\beta_t = \frac{1.5}{1 + 0.5 \dfrac{V_c W_t}{T_c bh_0}} \tag{5-14}$$

取 $\dfrac{T_c}{V_c} = \dfrac{T}{V}$，则

$$\beta_t = \frac{1.5}{1 + 0.5 \dfrac{V W_t}{T bh_0}} \tag{5-15}$$

由于式(5-10)是根据 BC 段导出的，故当 $\beta_t < 0.5$ 时，取 $\beta_t = 0.5$；当 $\beta_t > 1.0$ 时，取 $\beta_t = 1.0$。即 β_t 应符合 $0.5 \leqslant \beta_t \leqslant 1.0$，称 β_t 为剪扭构件的混凝土强度降低系数。因此，当需要考虑剪力和扭矩的相关性时，应对构件的受剪承载力计算公式和受扭承载力计算公式分别进行修正。具体作法是对受剪承载力计算公式中的混凝土受剪作用乘以 $(1.5 - \beta_t)$，对受扭承载力计算公式中的混凝土受扭作用乘以 β_t。

如上所述，则矩形截面剪扭构件的承载力可按下列公式进行计算。

剪扭构件的受剪承载力：

$$V \leqslant 0.7f_t bh_0(1.5 - \beta_t) + 1.25f_{yv}\frac{A_{sv}}{s}h_0 \tag{5-16}$$

剪扭构件的受扭承载力：

$$T \leqslant 0.35\beta_t f_t W_t + 1.2\sqrt{\zeta} f_{yv}\frac{A_{st1}A_{cor}}{s} \tag{5-17}$$

对集中荷载作用下的独立梁(包括集中荷载对支座截面或节点边缘所产生的剪力值占总剪力值的 75% 以上的情况)，式(5-16)应改为：

$$V \leqslant \frac{1.75}{\lambda + 1}(1.5 - \beta_t)f_t bh_0 + f_{yv}\frac{A_{sv}}{s}h_0 \tag{5-18}$$

式中，λ 为计算截面的剪跨比，应满足 $1.5 \leqslant \lambda \leqslant 3$，此时，式(5-17)和式(5-18)中的剪扭构件混凝土受扭承载力降低系数 β_t 按下式计算：

$$\beta_t = \frac{1.5}{1 + 0.2(\lambda + 1)\dfrac{V W_t}{T bh_0}} \tag{5-19}$$

由以上受剪和受扭计算分别确定所需要的箍筋数量后,还需要按照叠加原则计算总的箍筋需要量。将抗剪计算所需的箍筋用量中的单侧箍筋用量 $\dfrac{A_{sv1}}{s}$ 与抗扭计算所需的单肢箍筋用量 $\dfrac{A_{st1}}{s}$ 相加,从而得到每侧箍筋总的用量:

$$\frac{A_{sv1}^*}{s} = \frac{A_{sv1}}{s} + \frac{A_{st1}}{s} \tag{5-20}$$

3. 弯剪扭构件的承载力计算

根据前述的剪扭和弯扭构件的配筋计算方法,钢筋混凝土弯剪扭构件配筋计算的一般原则是:纵向受力钢筋应按受弯构件正截面受弯承载力和剪扭构件的受扭承载力所需钢筋截面面积之和配置在相应的位置,箍筋应按剪扭构件的受剪承载力和受扭承载力所需的箍筋截面面积之和配置在相应的位置上。

对于承受弯矩、剪力和扭矩共同作用的钢筋混凝土构件,为了防止在剪扭作用下发生梁腹部混凝土先被压碎的脆性破坏,对 $h_w/b \leqslant 6$ 的构件,截面尺寸应满足以下条件。

当 $h_w/b \leqslant 4$ 时:

$$\frac{V}{bh_0} + \frac{T}{0.8W_t} \leqslant 0.25\beta_c f_c \tag{5-21(a)}$$

当 $h_w/b = 6$ 时:

$$\frac{V}{bh_0} + \frac{T}{0.8W_t} \leqslant 0.20\beta_c f_c \tag{5-21(b)}$$

当 $4 < h_w/b < 6$ 时,按线性内插法确定。式中 β_c 为混凝土强度折减系数,当混凝土强度等级不超过 C50 时,取 $\beta_c = 1.0$;当混凝土强度等级为 C80 时,取 $\beta_c = 0.8$;其间按线性内插法取用。

如果不满足式(5-21)的要求,则需加大构件截面尺寸或提高混凝土的强度等级重新设计。

为了避免少筋破坏,采用限制最小配箍率和纵筋最小配筋率的方法。《混凝土结构设计规范》规定弯剪扭构件中箍筋的配箍率 ρ_{sv} 应符合:

$$\rho_{sv} = \frac{A_{sv}}{bs} \geqslant \rho_{sv,min} = 0.28\frac{f_t}{f_{yv}} \tag{5-22}$$

纵向受力钢筋的最小配筋量,不应小于按受弯构件纵向受拉钢筋最小配筋率计算的钢筋截面面积与按受扭构件纵向受力钢筋最小配筋率计算的钢筋截面面积之和。

对于弯剪扭构件,受扭纵筋的最小配筋率为

$$\rho_{tl,min} = 0.6\sqrt{\frac{T}{Vb}}\frac{f_t}{f_y} \tag{5-23}$$

当 $\dfrac{T}{Vb} > 2.0$ 时,取 $\dfrac{T}{Vb} = 2.0$。

式中:ρ_{tl}——受扭纵向钢筋的配筋率,$\rho_{tl} = \dfrac{A_{stl}}{bh}$。

《混凝土结构设计规范》规定,对于弯剪扭构件,当剪力或扭矩较小,符合下列条件时,可按下列规定进行承载力计算。

（1）当 $V\leqslant 0.35f_tbh_0$ 或 $V\leqslant 0.875\dfrac{f_tbh_0}{\lambda+1}$ 时，可仅按受弯构件的正截面受弯承载力和纯扭构件的受扭承载力分别进行计算。

（2）当 $T\leqslant 0.175f_tW_t$ 时，可仅按受弯构件的正截面受弯承载力和斜截面受剪承载力分别进行计算。

当符合 $\dfrac{V}{bh_0}+\dfrac{T}{W_t}\leqslant 0.7f_t$，可不进行构件受剪扭承载力计算，按构造要求配置箍筋和受扭纵筋。

【例题】　已知矩形截面构件，$b\times h=250\text{ mm}\times600\text{ mm}$，承受扭矩设计值 $T=16\text{ kN}\cdot\text{m}$，均布荷载作用下产生的弯矩设计值 $M=130\text{ kN}\cdot\text{m}$，剪力设计值 $V=85\text{ kN}$。混凝土强度等级为 C30，纵筋为 HRB335 级，箍筋为 HPB300 级，环境类别为一类，计算该构件的配筋。

【解】

查附表可得：$f_t=1.43\text{ MPa}$、$f_c=14.3\text{ MPa}$、$f_y=300\text{ MPa}$、$f_{yv}=270\text{ MPa}$。

（1）验算构件截面尺寸：

$$h_0=600-35=565\ (\text{mm})$$

$$W_t=\frac{b^2}{6}(3h-b)=\frac{250^2}{6}\times(3\times600-250)=16.15\times10^6\ (\text{mm}^3)$$

$$h_w/b=\frac{565}{250}=2.26<4$$

$$\frac{V}{bh_0}+\frac{T}{0.8W_t}=\frac{85\times10^3}{250\times565}+\frac{16\times10^6}{0.8\times16.15\times10^6}=1.84\ (\text{MPa})$$

$$<0.25\beta_cf_c=0.25\times1.0\times14.3=3.58\ (\text{MPa})$$

截面尺寸满足要求。

（2）验算是否可不考虑剪力：

$$V=85\text{ kN}>0.35f_tbh_0=0.35\times1.43\times250\times565=70.7\ (\text{kN})$$

不能忽略剪力。

（3）验算是否可不考虑扭矩：

$$T=16\text{ kN}\cdot\text{m}>0.175f_tW_t=0.175\times1.43\times16.15=4.04\ (\text{kN}\cdot\text{m})$$

不能忽略扭矩。

（4）验算是否要按计算配置抗剪、抗扭钢筋：

$$\frac{V}{bh_0}+\frac{T}{W_t}=\frac{85\times10^3}{250\times565}+\frac{16\times10^6}{16.15\times10^6}=1.59\ (\text{MPa})>0.7f_t=0.7\times1.43=1.0\ (\text{MPa})$$

应按计算配置抗剪、抗扭钢筋。

（5）计算剪扭构件混凝土承载力降低系数 β_t：

$$\beta_t=\frac{1.5}{1+0.5\dfrac{VW_t}{Tbh_0}}=\frac{1.5}{1+0.5\times\dfrac{85\times10^3\times16.15\times10^6}{16\times10^6\times250\times565}}=1.154>1.0$$

所以取 $\beta_t=1.0$。

（6）计算箍筋用量。

选用抗扭纵筋与箍筋的配筋强度比 $\zeta=1.2$。

按式(5-13)计算单侧抗剪箍筋用量(采用双肢箍筋)：

$$V = 0.7f_t bh_0(1.5-\beta_t) + f_{yv}\frac{nA_{sv1}}{s}h_0$$

$$=0.7\times1.43\times250\times565\times(1.5-1.0)+270\times\frac{2A_{sv1}}{s}\times565=88.4\ (kN)$$

$$\frac{A_{sv1}}{s}=0.058\ mm^2/mm$$

$$A_{cor}=b_{cor}h_{cor}=(250-2\times25)\times(600-2\times25)=110\ 000\ (mm^2)$$

$$T = 0.35\beta_t f_t W_t + 1.2\sqrt{\zeta}\frac{f_{yv}A_{st1}A_{cor}}{s}$$

$$=0.35\times1.0\times1.43\times16.15\times10^6+1.2\times\sqrt{1.2}\times270\times\frac{A_{st1}\times110\ 000}{s}=18.29\ (kN)$$

$$\frac{A_{st1}}{s}=0.261\ mm^2/mm$$

$$\frac{A_{sv1}^*}{s}=\frac{A_{sv1}}{s}+\frac{A_{st1}}{s}=0.058+0.261=0.319\ (mm^2/mm)$$

选用 $\phi8$，$A_{sv1}^*=50.3\ mm^2$，则箍筋间距：

$$s=\frac{50.3}{0.319}=157.7\ (mm)$$

取 $s=150\ mm$。

验算最小配箍率：

$$\rho_{sv,min}=0.28\frac{f_t}{f_{yv}}=0.28\times\frac{1.43}{270}=0.148\%$$

$$\rho_{sv}=\frac{2A_{sv1}^*}{bs}=\frac{2\times50.3}{250\times150}=0.268\%>\rho_{sv,min}$$

满足要求。

(7)计算抗扭纵筋用量：

$$u_{cor}=2(b_{cor}+h_{cor})=2\times(200+550)=1500\ (mm)$$

$$\zeta=\frac{f_y A_{stl}s}{f_{yv}A_{st1}u_{cor}}$$

则

$$A_{stl}=\frac{\zeta f_{yv}A_{st1}u_{cor}}{f_y s}$$

$$=\frac{1.2\times270\times0.261\times1500}{300}=422.8\ (mm^2)$$

选用 $6\Phi12(A_{stl}=678\ mm^2)$，布置在截面四角和两侧边的中部验算抗扭纵筋最小配筋率：

$$\frac{T}{Vb}=\frac{16\times10^6}{85\times10^3\times250}=0.75<2.0$$

$$\rho_{tl,min}=0.6\sqrt{\frac{T}{Vb}}\frac{f_t}{f_y}=0.6\times\sqrt{0.75}\times\frac{1.43}{300}=0.248\%$$

抗扭纵筋的实际配筋率为：

$$\rho_{tl} = \frac{A_{stl}}{bh} = \frac{678}{250 \times 600} = 0.452\% > \rho_{tl,min}$$

满足要求。

（8）计算抗弯纵筋：

$$\alpha_s = \frac{M}{\alpha_1 f_c bh_0^2} = \frac{130 \times 10^6}{1.0 \times 14.3 \times 250 \times 565^2} = 0.114$$

$$\xi = 1 - \sqrt{1 - 2\alpha_s} = 1 - \sqrt{1 - 2 \times 0.114} = 0.121 < \xi_b = 0.55$$

$$\gamma_s = \frac{1 + \sqrt{1 - 2\alpha_s}}{2} = \frac{1 + \sqrt{1 - 2 \times 0.114}}{2} = 0.94$$

$$A_s = \frac{M}{f_y \gamma_s h_0} = \frac{130 \times 10^6}{300 \times 0.94 \times 565} = 815.9 \ (\text{mm}^2)$$

验算受弯纵筋最小配筋率。

ρ_{min} 取 0.2% 和 $45\left(\frac{f_t}{f_y}\right)\% = 45 \times \frac{1.43}{300}\% = 0.215\%$ 中较大值。

$$A_s > \rho_{min} \times bh = 0.215\% \times 250 \times 600 = 322.5 \ (\text{mm}^2)$$

满足要求。

（9）确定纵筋的总用量。

顶部纵筋 $2\Phi12$，两侧边中部纵筋 $2\Phi12$。

底部纵筋 $\quad \dfrac{A_{stl}}{3} + A_s = \dfrac{678}{3} + 815.9 = 1041.9 \ (\text{mm}^2)$

实取 $3\Phi22$，$(A_s = 1140 \ \text{mm}^2)$。

截面配筋如图 5-8 所示。

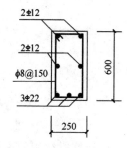

图 5-8　例题 5-1 图

5.5　T 形和 I 形截面弯剪扭构件的承载力

对于 T 形和 I 形截面钢筋混凝土弯剪扭构件的承载力计算，除弯矩作用按受弯构件的受弯承载力计算外，构件受剪力和扭矩的作用按下述方法进行计算。

（1）可将截面划分为几个矩形截面，如图 5-9 所示，各个矩形截面所承担的扭矩设计值，按各矩形截面的受扭塑性抵抗矩与截面总的受扭塑性抵抗矩的比值进行分配。即每个矩形截面的扭矩设计值按下列公式进行计算。

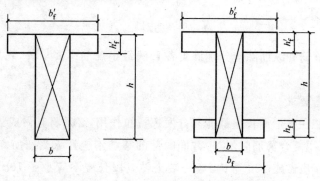

图 5-9　T 形和 I 形截面划分矩形截面的方法

腹板
$$T_w = \frac{W_{tw}}{W_t}T \qquad (5\text{-}24)$$

受压翼缘
$$T'_f = \frac{W'_{tf}}{W_t}T \qquad (5\text{-}25)$$

受拉翼缘
$$T_f = \frac{W_{tf}}{W_t}T \qquad (5\text{-}26)$$

式中:T_w——腹板所承受的扭矩设计值;

　　T——构件截面所承受的扭矩设计值;

T'_f、T_f——受压翼缘、受拉翼缘所承受的扭矩设计值;

　　W_t——截面总的受扭塑性抵抗矩按式(5-27)计算;

　W_{tw}——腹板的受扭塑性抵抗矩按式(5-28)计算;

　W'_{tf}——受压翼缘的受扭塑性抵抗矩按式(5-29)计算;

　W_{tf}——受拉翼缘的受扭塑性抵抗矩按式(5-30)计算。

$$W_t = W_{tw} + W_{tf} + W'_{tf} \qquad (5\text{-}27)$$

腹板
$$W_{tw} = \frac{b^2}{6}(3h - b) \qquad (5\text{-}28)$$

受压翼缘
$$W'_{tf} = \frac{h'^2_f}{2}(b'_f - b) \qquad (5\text{-}29)$$

受拉翼缘
$$W_{tf} = \frac{h^2_f}{2}(b_f - b) \qquad (5\text{-}30)$$

式中:b'_f、b_f——截面受压区、受拉区的翼缘宽度;

　h'_f、h_f——截面受压区、受拉区的翼缘高度。

计算时取用的翼缘宽度尚应符合 $b'_f \leqslant b + 6h'_f$ 及 $b_f \leqslant b + 6h_f$ 的规定。

(2)T 形和 I 形截面剪扭构件的受剪承载力,按式(5-15)与式(5-16)或式(5-18)与式(5-19)计算,但计算时应将 T、W_t 分别以 T_w、W_{tw} 代替。

剪扭构件的受扭承载力,腹板可按式(5-15)、式(5-17)或式(5-17)、式(5-19)计算,但计算时应将 T、W_t 分别以 T_w、W_{tw} 代替;受压翼缘及受拉翼缘按纯扭构件即式(5-5)进行承载力计算,计算时应将 T 及 W_t 分别以 T'_f 及 W'_{tf} 和 T_f 及 W_{tf} 代替。

5.6　构造要求

受扭构件的箍筋和纵筋除应分别满足各自的最小配筋率要求外,还应满足下列构造要求。

1.箍筋的构造要求

为了保证箍筋在整个周长上都能充分发挥抗拉作用,必须将其做成封闭式,且应沿截面周边布置;当采用复合箍筋时,位于截面内部的箍筋不应计入受扭所需的箍筋面积;受扭所需箍筋的末端应做成 135°弯钩,弯钩端头平直段长度不应小于 $10d$(d 为箍筋直径,如图 5-10 所示)。此外,箍筋的直径和间距还应符合一般梁中箍筋的有关规定。

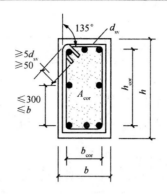

图 5-10 受扭箍筋

2. 纵向钢筋的构造要求

沿截面周边布置的受扭纵向钢筋间距不应大于 200 mm，也不应大于梁截面短边长度。除应在截面的四角设置受扭纵筋外，其余受扭纵向钢筋宜沿截面周边均匀对称布置。并且，受扭纵向钢筋应按受拉钢筋锚固在支座内。当受扭纵筋是按计算确定时，纵筋的接头及锚固均应按受拉钢筋的构造要求处理。

习题与思考

5-1 试举例说明什么是平衡扭转，什么是协调扭转？

5-2 钢筋混凝土纯扭构件的破坏类型有哪些？其破坏特征如何？

5-3 受扭构件的开裂扭矩是如何计算的？

5-4 变角空间桁架模型的基本假定有哪些？

5-5 钢筋混凝土受扭构件的抗扭计算中，配筋强度比 ζ 的物理意义是什么？其取值有什么限制？

5-6 剪扭构件中剪扭承载力相关曲线是怎样的？弯扭构件中弯扭承载力相关曲线又是怎样的？

5-7 简述钢筋混凝土弯剪扭构件承载力计算的基本步骤。

5-8 比较正截面受弯、斜截面受剪、弯剪扭构件在设计中防止出现超筋和少筋的措施有什么异同。

5-9 T 形和 I 形截面弯剪扭构件与矩形截面弯剪扭构件在承载力计算上有何区别？

5-10 受扭构件的纵筋和箍筋有哪些构造要求？

5-11 钢筋混凝土矩形截面构件，环境类别为一类，截面尺寸 $b \times h = 200$ mm × 500 mm，其上作用的扭矩设计值 $T = 15$ kN·m、弯矩设计值 $M = 90$ kN·m、剪力设计值 $V = 70$ kN，混凝土强度等级为 C30，纵筋采用 HRB335 级，箍筋采用 HPB300 级。试计算抗扭箍筋和纵筋。

5-12 有一雨篷如图 5-11 所示，环境类别为二 a 类，雨篷梁上扭矩设计值 $T = 7$ kN·m、弯矩设计值 $M = 14$ kN·m、剪力设计值 $V = 16$ kN，混凝土强度等级为 C30，纵筋采用 HRB335 级，箍筋采用 HPB300 级。试计算雨篷梁的配筋。

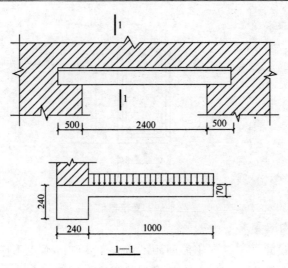

图 5-11　习题 5-12 图

6 受压构件的截面承载力计算

内容提要

掌握：受压构件正截面破坏形态；受压构件的构造要求；轴心受压构件承载力计算；对称配筋矩形截面偏心受压构件正截面、斜截面承载力计算方法。

熟悉：非对称配筋矩形截面偏心受压构件正截面承载力计算方法；P-δ效应。

了解：工程中的受压构件。

6.1 概述

受压构件是工程结构中最基本和最常见的构件之一，主要以承受轴向压力为主，通常还作用有弯矩和剪力。例如，框架结构房屋的柱、高层建筑中的剪力墙、筒体，单层厂房柱及屋架的受压腹杆等均为受压构件，如图 6-1 所示。

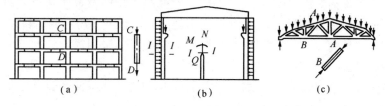

图 6-1 常见的受压构件

(a)框架结构房屋柱；(b)单层厂房柱；(c)屋架的受压腹杆

根据轴向压力的作用点与截面重心的相对位置不同，受压构件又可分为轴心受压构件、单向偏心受压构件及双向偏心受压构件，如图 6-2 所示。

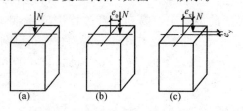

图 6-2 受压构件的分类

(a)轴心受压；(b)单向偏心受压；(c)双向偏心受压

钢筋混凝土受压构件通常配有纵向受力钢筋和箍筋，如图 6-3 所示。在轴心受压构件中，纵向受力钢筋的主要作用是协助混凝土受压，承受可能存在的较小的弯矩以及混凝土收缩和由温变引起的拉应力，并避免受压构件产生突然的脆性破坏；箍筋的主要作用是防止纵向受力钢筋压屈，改善构件的延性，并与纵向受力钢筋形成骨架以便施工。在偏心受压构件中，纵向受力钢筋的主要作用是：一部分纵向受力钢筋协助混凝土受压，另一部分纵向受力钢筋抵抗由偏心压力产生的弯矩。箍筋的主要作用是承受剪力。

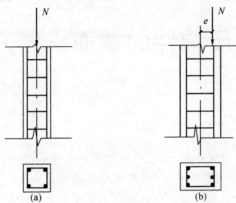

图 6-3　受压构件的配筋

(a)轴心受压；(b)单向偏心受压

6.2　受压构件的一般构造要求

6.2.1　截面形式及尺寸

　　轴心受压构件的截面多采用方形或矩形，有时也采用圆形或多边形。偏心受压构件一般为矩形截面，矩形截面长边与弯矩作用方向平行。为了节约混凝土和减轻柱的自重，特别是在装配式柱中，较大尺寸的柱常常采用 I 形截面。采用离心法制造的柱、桩、电杆以及烟囱、水塔支筒等常用环形截面。方形柱的截面尺寸不宜小于 250 mm×250 mm。为了使受压构件不致因长细比(构件的计算长度 l_0 与构件的截面回转半径 i 之比)过大而使承载力降低过多，常取 $\dfrac{l_0}{b}\leqslant 30$，$\dfrac{l_0}{h}\leqslant 25$。根据构件长细比的不同，轴心受压构件可分为短柱(对一般截面 $\dfrac{l_0}{i}\leqslant 28$，对矩形截面 $\dfrac{l_0}{b}\leqslant 8$)和长柱，此处 b 为矩形截面短边边长，h 为矩形截面长边边长。对于 I 形截面，翼缘厚度不宜小于 120 mm，因为翼缘太薄，会使构件过早出现裂缝，同时在靠近柱底处的混凝土容易在生产过程中碰坏，影响柱的承载力和使用年限。腹板厚度不宜小于 100 mm，抗震区使用 I 形截面柱时，其腹板宜再加厚些。此外，柱截面尺寸宜符合模数，800 mm 及以下的，取 50 mm 的倍数，800 mm 以上的，可取 100 mm 的倍数。

6.2.2　材料强度等级

　　混凝土强度等级对受压构件的承载能力影响较大，为了减小构件的截面尺寸，节省钢材，宜采用强度等级较高的混凝土。一般采用 C25、C30、C35、C40 等，对于高层建筑的底层柱，必要时可采用更高强度等级的混凝土。纵向钢筋一般采用 HRB400、HRB500、HRBF400、HRBF500 钢筋。由于高强度钢筋与混凝土共同受压时，不能充分发挥其作用，故不宜采用。箍筋一般采用 HPB300、HRB400、HRB500、HRBF400、HRBF500 钢筋，也可采用 HRB335、HRBF335 钢筋。

6.2.3 纵筋

轴心受压构件的纵向受力钢筋应沿截面的四周均匀放置,偏心受压构件的纵向受力钢筋应放置在偏心方向截面的两边,如图 6-3 所示。钢筋根数不得少于 4 根,纵筋的最小配筋率见表 6-1。纵向钢筋直径不宜小于 12 mm,通常在 16～32 mm 范围内选用,为了减少钢筋在施工时可能产生的纵向弯曲,宜采用较粗的钢筋。从经济、施工以及受力性能等方面来考虑,全部纵筋配筋率不宜超过 5%。纵筋净距不应小于 50 mm。在水平位置上浇筑的预制柱,其纵筋最小净距可减小,但不应小于 30 mm 和 $1.5d$(d 为钢筋的最大直径)。纵向受力钢筋彼此间的中距不应大于 350 mm。偏心受压构件当截面高度 $h \geqslant$ 600 mm时,在侧面应设置直径为 10～16 mm 的纵向构造钢筋,并相应地设置附加箍筋或拉筋。纵筋的连接接头宜设置在受力较小处。钢筋的接头可采用机械连接接头,也可采用焊接接头和搭接接头。但直径大于 28 mm 的受压钢筋、直径大于 25 mm 的受拉钢筋,不宜采用绑扎的搭接接头。

表 6-1 纵向受力钢筋的最小配筋百分率 ρ_{min}

受力类型			最小配筋百分率/(%)
受压构件	全部纵向钢筋	强度等级 500 MPa	0.50
		强度等级 400 MPa	0.55
		强度等级 300 MPa 、335 MPa	0.60
	一侧纵向钢筋		0.20
受弯构件、偏心受拉、轴心受拉构件一侧的受拉钢筋			0.20 和 $45f_t/f_y$ 中的较大值

注:①受拉构件全部纵向钢筋最小配筋率百分率,当采用 C60 以上强度等级的混凝土时,应按表中规定增加 0.10。

②板类受弯构件(不包括悬臂板)的受拉钢筋,当采用强度等级 400 MPa、500 MPa 的钢筋时,其最小配筋百分率应允许采用 0.15 和 $45f_t/f_y$ 中的较大值。

③偏心受拉构件中的受压钢筋,应按受压构件一侧纵向钢筋考虑。

④受压构件的全部纵向钢筋和一侧纵向钢筋的配筋率以及轴心受拉构件和小偏心受拉构件一侧受拉钢筋的配筋率,均应按构件的全截面面积计算。

⑤受弯构件、大偏心受拉构件一侧受拉钢筋的配筋率应按全截面面积扣除受压翼缘面积($b'_f -$ $b)h'_f$ 后的截面面积计算。

⑥当钢筋沿构件截面周边布置时,"一侧纵向钢筋"是指沿受力方向两个对边中一边布置的纵向钢筋。

6.2.4 箍筋

柱中箍筋应符合下列规定:为防止纵筋压曲,柱中箍筋须做成封闭式;箍筋间距在绑扎骨架中不应大于 $15d$,在焊接骨架中则不应大于 $20d$(d 为纵筋最小直径),且不应大于 400 mm,也不大于构件横截面的短边尺寸;箍筋直径不应小于 $d/4$(d 为纵筋最大直径),且不应小于 6 mm。当纵筋配筋率超过 3%时,箍筋直径不应小于 8 mm,其间距不应大于 $10d$(d 为纵筋最小直径),且不应大于 200 mm;当截面短边大于 400 mm 且各边纵筋多于 3 根时,或当截面短边小于 400 mm 但各边纵筋多于 4 根时,应设置复合箍筋,如图 6-4 所示。

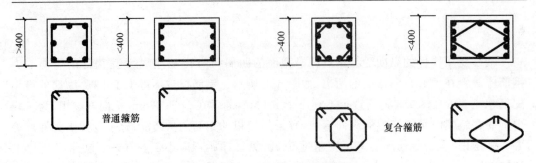

图 6-4　方形及矩形截面柱的箍筋形式

在纵筋搭接长度范围内,箍筋的直径不宜小于搭接钢筋直径的 0.25 倍;箍筋间距不应大于 $10d$,且不应大于 200 mm(d 为受力钢筋中的最小直径)。当搭接的受压钢筋直径大于 25 mm 时,应在搭接接头两个端面外 50 mm 范围内各设置两根箍筋。

截面形状复杂的构件,不可采用具有内折角的箍筋,避免产生向外的拉力,致使折角处的混凝土破损,如图 6-5 所示。

螺旋箍筋柱的间接钢筋间距不应大于 80 mm 及 $d_{cor}/5$,且不小于 40 mm;间接钢筋的直径要求与普通箍筋柱相同。

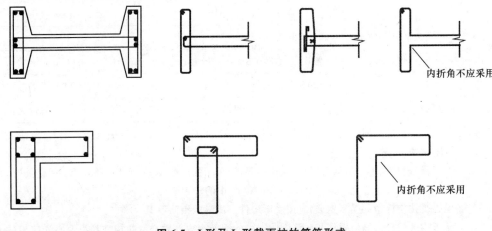

图 6-5　I 形及 L 形截面柱的箍筋形式

6.3　轴心受压构件正截面受压承载力

在实际结构中,由于材料本身的不均匀性、施工的尺寸误差以及荷载作用位置的偏差等原因,很难使轴向压力精确地作用在截面重心上,所以理想的轴心受压构件几乎不存在,但是,由于轴心受压构件计算简单,有时可把初始偏心距较小的构件(如以承受恒载为主的等跨多层房屋的内柱、屋架中的受压腹杆等)近似按轴心受压构件计算;此外,单向偏心受压构件垂直于弯矩作用平面的受压承载力按轴心受压验算。

钢筋混凝土轴心受压构件箍筋的配置方式有两种:普通箍筋和螺旋箍筋(或焊接环式箍筋)。由于这两种箍筋对混凝土的约束作用不同,因而相应的轴心受压构件的承载力也不同。习惯上把配有普通箍筋的轴心受压构件称为普通箍筋柱,配有螺旋箍筋(或焊接环式箍筋)的轴心受压构件称为螺旋箍筋柱,如图 6-6 所示。

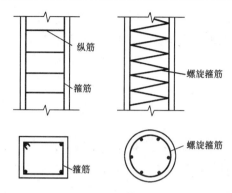

图 6-6 轴心受压构件箍筋的两种配置方式

(a)普通箍筋柱；(b)螺旋箍筋柱

6.3.1 普通箍筋柱

1. 短柱的受力特点和破坏形态

典型的钢筋混凝土轴心受压短柱应力-荷载曲线如图 6-7 所示,在轴心压力作用下,截面应变是均匀分布的。由于钢筋与混凝土之间黏结力的存在,使两者的应变相同,即 $\varepsilon_c = \varepsilon'_s$。当荷载较小时,混凝土和钢筋均处于弹性工作阶段,柱子压缩变形的增加与荷载的增加成正比,混凝土压应力 σ_c 和钢筋压应力 σ'_s 的增加与荷载增加也成正比;当荷载较大时,由于混凝土塑性变形的发展,压缩变形的增加速度快于荷载增加速度,另外,在相同荷载增量下,钢筋压应力 σ'_s 比混凝土压应力 σ_c 增加得快,即钢筋和混凝土之间的应力出现了重分布现象;随着荷载的继续增加,柱中开始出现微细裂缝,在临近破坏荷载时,柱四周出现明显的纵向裂缝,箍筋间纵筋压屈,向外凸出,混凝土被压碎,柱子即告破坏,如图 6-8 所示。

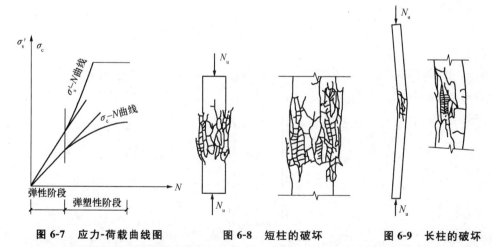

图 6-7 应力-荷载曲线图　　　　**图 6-8 短柱的破坏**　　　**图 6-9 长柱的破坏**

2. 长柱的受力特点和破坏形态

如前所述,由于材料本身的不均匀性、施工的尺寸误差等原因,轴心受压构件的初始偏心是不可避免的。由于初始偏心距的存在,在构件中会产生附加弯矩和相应的侧向挠度,而侧向挠度又加大了原来的初始偏心距。这样相互影响的结果,必然导致构件承载能力的降低。试验表明,对粗短受压构件,初始偏心距对构件承载力的影响并不明显,而对细长柱,这种影响是不可忽略的。细长柱轴心受压构件的破坏,实质上已具有偏心受压构件强度破坏的典型特征(破坏时,首先在凹侧出现纵向裂缝,随后混凝土被压碎,纵筋压屈向外凸出;凸侧混凝土出现垂直纵轴方向的横向裂缝,侧向挠度迅速增大,构件破坏)。如图 6-9 所示。对于长细比很大的细长受压构件,甚至还可能发生失稳破坏。在长期荷载作用下,由于徐变的影响,使细长柱的侧向挠度增加更大,因而,构件的承载力降低更多。

3. 轴心受压构件的承载力计算

1)承载力计算公式

粗短轴心受压构件达到承载能力极限状态时的截面应力情况如图 6-10 所示,此时,混凝土应力达到轴心抗压强度设计值 f_c,纵向钢筋应力达到抗压强度设计值 f_y'。短柱的承载力设计值 N_{us} 为

$$N_{us} = f_c A + f_y' A_s' \tag{6-1}$$

式中:f_c——混凝土轴心抗压强度设计值;

f_y'——纵向钢筋抗压强度设计值;

A——构件截面面积;

A_s'——全部纵向钢筋的截面面积。

对细长柱,如前所述,其承载力要比短柱低,《混凝土结构设计规范》采用稳定系数 φ 来考虑细长柱承载力降低的程度,则细长柱的承载力设计值 N_{ul} 为

$$N_{ul} = \varphi N_{us} \tag{6-2}$$

式中:φ——钢筋混凝土构件的稳定系数。

轴心受压构件承载力设计值为

$$N_u = 0.9\varphi(f_c A + f_y' A_s') \tag{6-3}$$

式中系数 0.9 是可靠度调整系数。

写成设计表达式,即为

$$N \leqslant N_u = 0.9\varphi(f_c A + f_y' A_s') \tag{6-4}$$

式中:N——轴向压力设计值。

当纵向钢筋配筋率大于 3% 时,式(6-4)中的 A 应改用($A - A_s'$)代替。

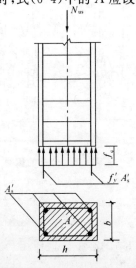

图 6-10 轴心受压构件应力图

2)稳定系数

稳定系数 φ 主要与构件的长细比 $\dfrac{l_0}{i}$（l_0 为构件的计算长度，i 为截面的最小回转半径）有关。当为矩形截面时，长细比用 $\dfrac{l_0}{b}$ 表示（b 为截面短边）。长细比愈大，φ 值愈小。根据原国家建委建筑科学研究院的试验结果，并参考国外有关试验结果得到的 φ 与 $\dfrac{l_0}{b}$ 的关系曲线如图 6-11 所示。《混凝土结构设计规范》给出的 φ 值见表 6-2。

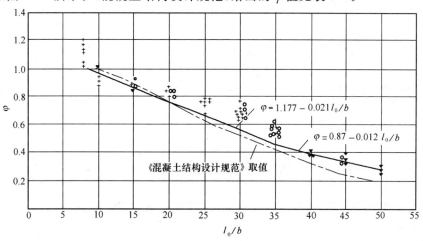

图 6-11　φ-l_0/b 关系曲线

表 6-2　钢筋混凝土轴心受压构件稳定系数 φ

l_0/b	$\leqslant 8$	10	12	14	16	18	20	22	24	26	28
l_0/d	$\leqslant 7$	8.5	10.5	12	14	15.5	17	19	21	22.5	24
l_0/i	$\leqslant 28$	35	42	48	55	62	69	76	83	90	97
φ	1.00	0.98	0.95	0.92	0.87	0.81	0.75	0.70	0.65	0.60	0.56
l_0/b	30	32	34	36	38	40	42	44	46	48	50
l_0/d	26	28	29.5	31	33	34.5	36.5	38	40	41.5	43
l_0/i	104	111	118	125	132	139	146	153	160	167	174
φ	0.52	0.48	0.44	0.40	0.36	0.32	0.29	0.26	0.23	0.21	0.19

注：①l_0 为构件的计算长度。

②b 为矩形截面的短边尺寸，d 为圆形截面的直径，i 为截面的最小回转半径。

3)柱的计算长度

求稳定系数 φ 时，要确定构件的计算长度 l_0。l_0 与构件两端的支承情况有关：《混凝土结构设计规范》根据不同结构的受力变形特点，按下述规定确定偏心受压柱和轴心受压柱的计算长度 l_0。

一般多层房屋中梁柱为刚接的框架结构，各层柱的计算长度 l_0 见表 6-3。

表 6-3　框架结构各层柱的计算长度 l_0

项次	楼盖类型	柱的类别	计算长度 l_0
1	现浇楼盖	底层柱	$1.0H$
		其余各层柱	$1.25H$
2	装配式楼盖	底层柱	$1.25H$
		其余各层柱	$1.5H$

　　注：表中 H 为底层柱从基础顶面到一层楼盖顶面的高度；对其余各层柱为上下两层楼盖顶面之间的高度。

　　当需用公式计算 φ 值时，对矩形截面也可近似用 $\varphi=\left[1+0.002\left(\dfrac{l_0}{b}-8\right)^2\right]^{-1}$ 代替查表取值。当 $\dfrac{l_0}{b}$ 不超过 40 时，公式计算值与表列数值误差不超过 3.5%。对任意截面可取 $b=\sqrt{12}\,i$，对圆形截面可取 $b=\sqrt{3}\,d/2$。

4. 设计方法

　　轴心受压构件的设计问题可分为截面设计和截面复核两类。

　　1）截面设计

　　一般已知轴向压力设计值（N），材料强度等级（f_c、f'_y），构件的计算长度 l_0，求构件截面面积（A 或 $b\times h$）及纵向受压钢筋面积（A'_s）。

　　由式（6-4）知，仅有一个公式需求解三个未知量（φ、A、A'_s），无确定解，故必须增加或假设一些已知条件。一般可以先选定一个合适的配筋率 ρ'（即 $\dfrac{A'_s}{A}$），通常可取 ρ' 为 1.0%～1.5%（柱的常用配筋率是 0.8%～2.0%），再假定 $\varphi=1.0$，然后代入式（6-4）求解 A。根据 A 来选定实际的构件截面尺寸（$b\times h$）。构件截面尺寸确定以后，由长细比 $\dfrac{l_0}{b}$ 查表6-1确定 φ，再代入式（6-4）求实际的 A'_s。当然，最后还应检查是否满足最小配筋率要求。

　　2）截面复核

　　截面复核比较简单，只需将有关数据代入式（6-4），如果式（6-4）成立，则满足承载力要求。

6.3.2　螺旋箍筋柱

　　当柱子需要承受较大的轴向压力，而截面尺寸又受到限制，在增加钢筋和提高混凝土强度均无法满足要求的情况下，可以采用螺旋箍筋或焊接环形箍筋（统称为间接钢筋）以提高柱子的承载力。螺旋箍筋柱的构造形式如图 6-12 所示。

1. 受力特点及破坏特征

　　螺旋箍筋柱的受力性能与普通箍筋柱有很大不同，如图 6-13 所示为螺旋箍筋柱与普通箍筋柱的荷载-应变曲线的对比。图中可见，荷载不大（$\sigma_c\leqslant0.8f_c$）时，两条曲线并无明显区别，当荷载增加至应变达到混凝土的峰值应变 ε_0 时，混凝土保护层开始剥落，由于混凝土截面减小，荷载有所下降。但由于核芯部分混凝土产生较大的横向变形，使螺旋箍筋产生环向拉力,即核芯部分混凝土受到螺旋箍筋的径向压力,处在三向受压的状态,其抗压强度超过了 f_c,曲线逐渐回升。随着荷载的不断增大,箍筋的环向拉力随核芯混凝土横向变形的不断发展而提高,对核芯混凝土的约束也不断增大。当螺旋箍筋达到屈服时,不再对核芯混凝土有约束作用,混凝土抗压强度也不再提高,混凝土被压碎,构件破坏。破坏时,螺旋箍筋柱的承载力及应变都要比普通箍筋柱大(压应变达到 0.01 以上)。试验资料表明,螺旋箍筋的配箍率越大,柱的承载力越高,延性越好。

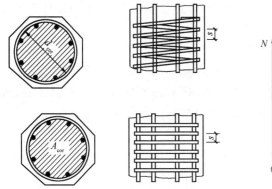

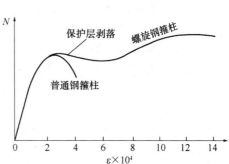

图 6-12　螺旋箍筋和焊接环形箍筋柱　　　　图 6-13　轴心受压柱的荷载-应变曲线

2. 承载力计算

根据混凝土圆柱体在三向受压状态下的试验结果,约束混凝土的轴心抗压强度 f_{c1} 可近似按下列公式计算:

$$f_{c1} = f_c + 4\sigma_c \tag{6-5}$$

式中:f_c——混凝土轴心抗压强度设计值;

σ_c——间接钢筋对核心混凝土产生的径向压应力。

设螺旋箍筋的截面面积为 A_{ss1},间距为 s,螺旋箍筋的内径为 d_{cor}(即核芯混凝土截面的直径)。螺旋箍筋柱达到轴心受压承载力极限状态时,螺旋箍筋达到屈服,其对核芯混凝土产生的径向压应力 σ_c,由图 6-14 所示的隔离体平衡条件得到:

$$\sigma_c = \frac{2f_{yv}A_{ss1}}{sd_{cor}} \tag{6-6}$$

代入式(6-5)得

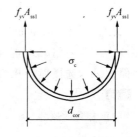

图 6-14　螺旋箍筋受力情况

$$f_{c1} = f_c + \frac{8f_{yv}A_{ss1}}{sd_{cor}} \tag{6-7}$$

由于箍筋屈服时,混凝土保护层已经剥落,所以混凝土的截面面积应取核芯混凝土的截面面积 A_{cor}。根据螺旋箍筋柱达到承载力极限状态时混凝土和钢筋的应力情况,可得螺旋箍筋柱的承载力 N_u 为

$$N_u = f_{c1}A_{cor} + f_y'A_s' = f_cA_{cor} + f_y'A_s' + \frac{8f_yA_{ss1}}{sd_{cor}}A_{cor} \tag{6-8}$$

按体积相等的原则将间距 s 范围内的螺旋箍筋换算成相当的纵向钢筋面积 A_{ss0},即

$$\pi d_{cor} A_{ss1} = s A_{ss0}$$

$$A_{ss0} = \frac{\pi d_{cor} A_{ss1}}{s} \tag{6-9}$$

式(6-8)可写成

$$N_u = f_c A_{cor} + f'_y A'_s + 2 f_{yv} A_{ss0} \tag{6-10}$$

试验表明,当混凝土强度等级大于 C50 时,径向压应力对构件承载力的影响有所降低,因此,上式中的第三项应乘以折减系数 α。另外,与普通箍筋柱类似,取可靠度调整系数为 0.9。于是,螺旋箍筋柱承载能力极限状态设计表达式为

$$N \leqslant N_u = 0.9(f_c A_{cor} + 2\alpha f_{yv} A_{sso} + f'_y A'_s) \tag{6-11}$$

式中:N——轴向压力设计值;

α——螺旋箍筋对混凝土约束的折减系数,当混凝土强度等级不大于 C50 时,取 1.0,当混凝土强度等级为 C80 时,取 0.85,其间按直线内插法确定。

应用式(6-11)设计时,应注意以下几个问题。

(1)按式(6-11)算得的构件受压承载力不应比按式(6-4)算得的结果大 50% 以上。这是为了保证混凝土保护层在正常使用荷载下不过早剥落,不会影响正常使用。

(2)当 $\frac{l_0}{d} > 12$ 时,不考虑螺旋箍筋的约束作用,应用式(6-4)进行计算。这是因为长细比较大时,构件破坏时实际处于偏心受压状态,截面不是全部受压,螺旋箍筋的约束作用得不到有效发挥。由于长细比较小,式(6-11)没考虑稳定系数 φ。

(3)当螺旋箍筋的换算截面面积 A_{sso} 小于纵向钢筋的全部截面面积的 25% 时,不考虑螺旋箍筋的约束作用,应用式(6-4)进行计算。这是因为螺旋箍筋配置得较少时,很难保证它对混凝土发挥有效的约束作用。

(4)按式(6-11)算得的构件受压承载力不应小于按式(6-4)算得的受压承载力。

配置有螺旋箍筋或焊接环形钢筋的柱用钢量大,施工复杂,造价较高,一般较少采用。

【例题 6-1】 某钢筋混凝土轴心受压柱,计算长度 $l_0 = 3.6$ m,承受轴向压力设计值 $N = 3000$ kN,采用 C30 混凝土和 HRB400 级钢筋,柱截面尺寸 $b \times h = 400 \times 400$,求纵筋截面面积 A'_s,选择箍筋并绘制配筋截面图。

【解】

(1)求稳定系数。

$\frac{l_0}{b} = \frac{3600}{400} = 9$,查表 6-2 得 $\varphi = 0.99$。

(2)求纵筋面积:

由式(6-4)得

$$A'_s \geqslant \frac{\frac{N}{0.9\varphi} - f_c A}{f'_y} = \frac{\frac{2500 \times 10^3}{0.9 \times 0.99} - 14.3 \times 400 \times 400}{360} = 1438.4 \ (\text{mm}^2)$$

(3)验算配筋率:

总配筋率 $\rho' = \frac{1438.4}{400 \times 400} = 0.9\% > \rho'_{min} = 0.5\%$

实选 4Φ22 钢筋,$(A'_s = 1520 \ \text{mm}^2)$。

（4）选择箍筋。

箍筋选 $\phi 8@300$，符合直径不小于 $d/4=22/4=5.5$ mm，且不小于 6 mm；间距不大于 $15d=15\times22=330$ mm，且不大于 400 mm，也不大于短边尺寸 400 mm 的要求。

（5）截面配筋图。

截面配筋如图 6-15 所示。

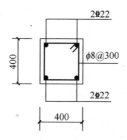

图 6-15　截面配筋图 1

【例题 6-2】　某展示厅内一根钢筋混凝土柱，按建筑设计要求截面为圆形，直径不大于 600 mm。该柱承受的轴心压力设计值 $N=9000$ kN，柱的计算长度 $l_0=6.6$ m，混凝土强度等级为 C30，纵筋用 HRB400 级钢筋，箍筋用 HRB335 级钢筋。试进行该柱的设计。

【解】

（1）按普通箍筋柱设计：

由 $\dfrac{l_0}{d}=\dfrac{6600}{600}=11$，查表 6-2 得 $\varphi=0.965$，代入公式（6-4）得

$$A'_s=\frac{1}{f'_y}\left(\frac{N}{0.9\varphi}-f_cA\right)=\frac{1}{360}\times\left(\frac{9000\times10^3}{0.9\times0.965}-14.3\times\frac{\pi\times600^2}{4}\right)=17\,554\,(\text{mm}^2)$$

$$\rho'=\frac{A'_s}{A}=\frac{17\,554}{\dfrac{\pi\times600^2}{4}}=6.2\%$$

由于配筋率太大，且长细比又满足 $\dfrac{l_0}{d}<12$ 的要求，故考虑按螺旋箍筋柱设计。

（2）按螺旋箍筋柱设计。

假定纵筋配筋率 $\rho'=4\%$，则 $A'_s=0.04\times\dfrac{\pi\times600^2}{4}=11\,310\,(\text{mm}^2)$，选 23 Φ 25，$A'_s=11\,272.3$ mm²。取混凝土保护层为 30 mm，则 $d_{cor}=600-30\times2=540\,(\text{mm})$，$A_{cor}=\dfrac{\pi d_{cor}^2}{4}=\dfrac{\pi\times540^2}{4}=229\,022\,(\text{mm}^2)$。混凝土 C25<C50，$\alpha=1.0$。由（6.13）得

$$A_{ss0}=\frac{\dfrac{N}{0.9}-(f_cA_{cor}+f'_yA'_s)}{2f_y}=\frac{\dfrac{9000\times10^3}{0.9}-(14.3\times229\,022+360\times11\,272.3)}{2\times300}$$

$$=4445\,(\text{mm}^2)$$

$A_{ss0}=4445$ mm²$>0.25A'_s=2812$ mm²，可以。

假定螺旋箍筋直径 $d=12$ mm，则 $A_{ss1}=113.1$ mm²，由式（6-11）得

$$s=\frac{\pi d_{cor}A_{ss1}}{A_{ss0}}=\frac{3.14\times540\times113.1}{4445}=43\,(\text{mm})$$

实取螺旋箍筋为$\Phi 12@40$。箍筋直径和间距均满足构造要求。

按式(6-4)求普通箍筋柱的承载力为

$$N_u = 0.9\varphi(f_c A + f'_y A'_s) = 0.9 \times 0.965 \times \left(14.3 \times \frac{\pi \times 600^2}{4} + 360 \times 11\,272.3\right)$$

$$= 7036 \times 10^3 (\text{N})$$

$$1.5 \times 7036 \times 10^3 = 10\,554(\text{kN})$$

$N_u = 10\,554\ \text{kN} > 9000\ \text{kN}$,可以。

(3)截面配筋图。

截面配筋图如图 6-16 所示。

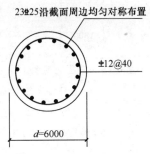

图 6-16　截面配筋图 2

6.4　偏心受压构件正截面受压破坏形态

工程中偏心受压构件应用颇为广泛,如常见的多高层框架柱、单层刚架柱、单层厂房排架柱;大量的实体剪力墙和联肢剪力墙中的大部分墙肢;水塔、烟囱的筒壁和屋架、托架的上弦杆等均为偏心受压构件。偏心受压构件包括单向偏心受压构件和双向偏心受压构件,本节介绍单向偏心受压构件。

对于单向偏心受压构件,在偏心压力 N 的作用下,离偏心压力 N 较近一侧的纵向钢筋受压,其截面面积用 A'_s 表示,另一侧的纵向钢筋随轴向压力 N 偏心距的大小可能受拉也可能受压,其截面面积用 A_s 表示,如图 6-17 所示。

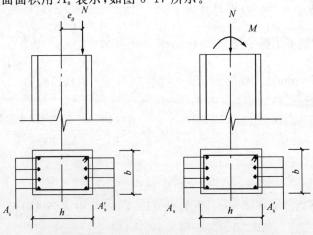

图 6-17　偏心受压构件纵向钢筋的表示方法

6.4.1　偏心受压构件正截面破坏特征

钢筋混凝土偏心受压构件正截面的受力特点和破坏特征与轴向压力偏心距的大小、纵向钢筋的数量、钢筋强度和混凝土强度等因素有关,一般分为受拉破坏和受压破坏两类。

1. 受拉破坏

受拉破坏又称大偏心受压破坏,它发生于轴向压力 N 的偏心距较大,且受拉钢筋配置得不太多时。这类构件由于 e_0 较大,即弯矩 M 的影响较为显著,在偏心距较大的轴向压力 N 作用下,远离轴向压力一侧截面受拉,另一侧受压。随着荷载的增加,首先在受拉区产生垂直于构件轴线的裂缝,裂缝截面处的拉力全部转由受拉钢筋承担。随着荷载的增大,受拉钢筋首先屈服,随着钢筋屈服后的塑性伸长,裂缝将明显加宽并进一步向受压一侧延伸,从而使受压区面积减小,受压边缘的压应变逐步增大。最后当受压边缘混凝土达到其极限压应变 ε_{cu} 时,受压区混凝土被压碎导致构件的最终破坏。这类构件的混凝土压碎区一般都不太长,破坏时受拉区形成一条较宽的主裂缝。如图 6-18(a)所示。如果受压区相对高度不致过小,混凝土保护层不是太厚,即受压钢筋不是过分靠近中和轴,而且受压钢筋的强度等级也不是太高,在混凝土开始压碎时,受压钢筋应力一般都能达到受压屈服强度。

大偏心受压破坏时截面中的应变及应力分布图形如图 6-19(a)所示。

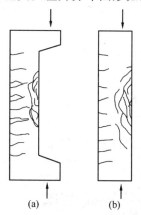

(a)　　　　　　　(b)

图 6-18　偏心受压构件的破坏

(a)大偏心受压;(b)小偏心受压

2. 受压破坏

受压破坏又称小偏心受压破坏,截面破坏是从受压区开始的。有以下三种破坏情况。

(1)当构件截面中轴向压力的偏心距较小或虽然偏心距较大,但配置过多的受拉钢筋时,截面可能处于大部分受压而少部分受拉状态。随着荷载的增加,受拉边缘混凝土将达到其极限拉应变,在受拉边出现一些垂直于构件轴线的裂缝。在构件破坏时,中和轴距受拉钢筋较近,钢筋中的拉应力较小,受拉钢筋应力达不到屈服强度,不会形成明显的主拉裂缝。构件的破坏是由受压区混凝土的压碎所引起的,而且压碎区的长度较大。在混凝土压碎时,受压一侧的纵向钢筋只要强度等级不是过高,其压应力一般都能达到受压屈服强度。破坏阶段截面中的应变及应力分布图形如图 6-19(b)所示。

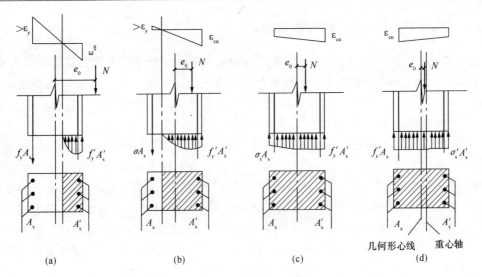

图 6-19　偏心受压构件破坏时截面中的应变及应力分布图

(a) 大偏心受压；(b)、(c)、(d) 小偏心受压

(2)当轴向压力的偏心距很小时,构件截面将全部受压,一侧压应变较大,另一侧压应变较小;这类构件在整个受力过程中不会出现与构件轴线垂直的裂缝。构件的破坏是由压应变较大一侧的混凝土压碎所引起的。在混凝土压碎时,靠近轴向力一侧的纵向钢筋只要强度等级不是过高,其压应力一般均能达到屈服强度。破坏阶段截面中的应变及应力分布图形如图 6-19(c)所示。

(3)当轴向压力的偏心距很小,而远离轴向压力一侧的钢筋配置得过少,靠近轴向压力一侧的钢筋配置较多时,截面的实际重心和构件的几何形心不重合,重心向轴向压力方向偏移,且越过轴向压力作用线。破坏阶段截面中的应变和应力分布图形如图 6-19(d)所示。出现反向破坏,即远离轴向压力一侧边缘混凝土的应变先达到极限压应变,这一侧受压钢筋屈服,混凝土被压碎,导致构件破坏;靠近轴向压力一侧的钢筋达不到受压屈服强度。

6.4.2　区分大小偏心受压破坏形态的界限

偏心受压构件正截面承载力计算的基本假定与受弯构件相同。偏心受压构件随着轴向压力偏心距的增大,破坏形态由受压破坏过渡到受拉破坏,受压破坏和受拉破坏的界限称为界限破坏。界限破坏时,受拉钢筋达到屈服的同时受压混凝土边缘压应变达到极限压应变,受压钢筋屈服。偏心受压构件正截面在各种破坏情况下,沿截面高度的平均应变分布如图 6-20 所示,其中,ε_{cu} 表示受压区边缘混凝土极限应变值;ε_y 表示受拉纵筋在屈服时的应变值;ε_y' 表示受压纵筋屈服时的应变值;x_{cb} 表示界限状态时截面受压区的实际高度。

从图 6-20 看出,当受压区达到 x_{cb} 时,受拉纵筋达到屈服,因此相应于界限破坏形态的相对受压区高度 ξ_b 与受弯构件相同。显然,当 $\xi \leqslant \xi_b$ 时为大偏心受压破坏,当 $\xi > \xi_b$ 时为小偏心受压破坏。

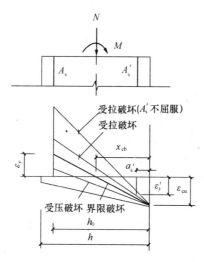

图 6-20　沿截面高度的平均应变分布

6.4.3　附加偏心距和初始偏心距

考虑到因荷载的作用位置和大小的不定性、施工误差以及混凝土质量的不均匀性等原因,有可能使轴向压力的偏心距大于 e_0。为了考虑这一不利影响,在原有偏心距 e_0 的情况下增加一附加偏心距 e_a,作为轴向压力的初始偏心距 e_i。我国《混凝土结构设计规范》e_a 取 20 mm 和偏心方向截面高度的 1/30 两者中的较大值,初始偏心距 e_i 按下式计算:

$$e_i = e_0 + e_a \tag{6-12}$$

6.4.4　弯矩增大系数

对于有侧移和无侧移结构的偏心受压杆件,若杆件的长细比较大时,在轴向力作用下,会产生纵向弯曲变形,即产生侧向挠度,所以,应考虑由于杆件自身挠曲对截面弯矩产生的不利影响,即 $P\text{-}\delta$ 效应(如图 6-21 所示),$P\text{-}\delta$ 效应通常会增大杆件中间区段截面的一阶弯矩(通常把 Ne_0 称为初始弯矩或一阶弯矩),特别是当杆件较细长、杆件两端弯矩同号且两端弯矩的比值接近 1.0 时,可能出现杆件中间区段截面考虑 $P\text{-}\delta$ 效应后的弯矩值超过杆端弯矩的情况,从而使杆件中间区段的截面成为设计的控制截面。

长细比很大(矩形截面柱 $\dfrac{l_0}{h} > 30$、环形及圆形截面柱 $\dfrac{l_0}{d} > 26$、

任意截面柱 $\dfrac{l_0}{i} > 104$)时,为细长柱。当偏心压力达到某一定值时,侧向挠度 Δ 会突然剧增,构件由于纵向弯曲失去平衡而引起破坏,此时材料还未达到其强度极限;属于失稳破坏。由于失稳破坏与材料破坏有本质的区别,且承载力低,因此工程中一般不采用细长柱。

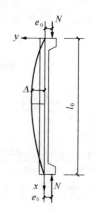

图 6-21　偏心受压柱
的侧向挠曲

实际工程中最常遇到的是长柱,在计算中需考虑 $P\text{-}\delta$ 效应。《混凝土结构设计规范》采用弯矩增大系数 η_{ns} 考虑 $P\text{-}\delta$ 效应的影响,规定除排架结构以外的偏心受压构件,在其偏心方向上考虑杆件自身挠曲影响的控制截面弯矩设计值,可按下列公式计算:

$$M = C_m \eta_{ns} M_2 \tag{6-13}$$

$$C_m = 0.7 + 0.3 \frac{M_1}{M_2} \tag{6-14}$$

$$\eta_{ns} = 1 + \frac{1}{1300 (M_2/N + e_a)/h_0} \left(\frac{l_c}{h}\right)^2 \zeta_c \tag{6-15}$$

根据试验结果和理论分析,截面曲率修正系数 ζ_c 按下列公式计算:

$$\zeta_c = \frac{0.5 f_c A}{N} \tag{6-16}$$

当 $\xi_c > 1.0$ 时,取 $\zeta_c = 1.0$;当 $C_m \eta_{ns} < 1.0$ 时,取 1.0;对剪力墙及核心筒墙,可取 $C_m \eta_{ns} = 1.0$。

式中:C_m——柱端弯矩偏心矩调节系数,当小于 0.7 时取 0.7;

$\qquad A$——构件的截面面积;

$\qquad \eta_{ns}$——弯矩增大系数;

$\qquad h$——截面高度,对环形截面取外直径,对圆形截面取直径;

$\qquad N$——与弯矩设计值 M_2 相应的轴向压力设计值;

式(6-15)适用于矩形、I 形、T 形、环形和圆形截面偏心受压构件。

需要说明的是,若弯矩作用平面内截面对称(矩形截面为双轴对称截面,T 形和 I 形截面为单轴对称截面)的偏心受压构件,当同一主轴方向的杆端弯矩比 M_1/M_2 不大于 0.9 且设计轴压比不大于 0.9 时,若构件的长细比满足式(6-17)的要求,可不考虑该方向构件自身挠曲产生的附加弯矩影响。

$$\frac{l_c}{i} \leqslant 34 - 12(M_1/M_2) \tag{6-17}$$

式中:M_1、M_2——分别为偏心受压构件两端截面按结构分析确定的对同一主轴的弯矩设计值,绝对值较大端为 M_2,绝对值较小端为 M_1,当构件按单曲率弯曲时,M_1/M_2 为正,否则为负;

$\qquad l_c$——构件的计算长度,可近似取偏心受压构件相应主轴方向两支撑点之间的距离;

$\qquad i$——偏心方向的截面回转半径。

6.5 矩形截面偏心受压构件正截面受压承载力基本计算公式

6.5.1 大偏心受压

大偏心受压破坏时,承载能力极限状态下截面的实际应力和应变图如图 6-22(a)所示。与受弯构件相同,将受压区混凝土曲线应力图用等效矩形应力分布图来代替,应力值为 $\alpha_1 f_c$,受压区高度为 x,则大偏心受压破坏的截面计算简图如图 6-22(b)所示。

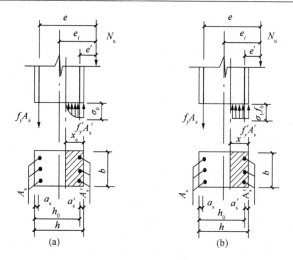

图 6-22 大偏心受压应力图

(a)截面应力分布图;(b)等效应力图

1)计算公式

由力的平衡条件及各力对受拉钢筋合力点取矩的力矩平衡条件,得到下面两个基本计算公式为

$$N_u = \alpha_1 f_c b x + f_y' A_s' - f_y A_s \tag{6-18}$$

$$N_u e = \alpha_1 f_c b x \left(h_0 - \frac{x}{2}\right) + f_y' A_s'(h_0 - a_s') \tag{6-19}$$

设计表达式为

$$N \leqslant N_u = \alpha_1 f_c b x + f_y' A_s' - f_y A_s \tag{6-20}$$

$$Ne \leqslant N_u e = \alpha_1 f_c b x \left(h_0 - \frac{x}{2}\right) + f_y' A_s'(h_0 - a_s') \tag{6-21}$$

式中:N——偏心压力设计值;

N_u——偏心受压承载力设计值;

α_1——系数,当混凝土强度等级不大于 C50 时,取 1.0;混凝土强度等级为 C80 时,取 0.94;其间按线性内插法确定;

x——受压区计算高度;

a_s'——纵向受压钢筋合力点至受压区边缘的距离;

e_0——轴向压力对截面重心的偏心距,e_0 取为 M/N,其中 M 按式(6-13)计算;

e——轴向力作用点到受拉钢筋 A_s 合力点之间的距离;

$$e = e_i + \frac{h}{2} - a_s \tag{6-22}$$

2)适用条件

(1)为保证构件破坏时受拉钢筋应力先达到屈服强度,要求满足:

$$x \leqslant \xi_b h_0 \text{(或 } \xi \leqslant \xi_b) \tag{6-23}$$

(2)为了保证构件破坏时,受压钢筋应力能达到抗压强度设计值 f_y',与双筋受弯构件相同,要求满足:

$$x \geqslant 2a_s' \tag{6-24}$$

6.5.2　小偏心受压

　　小偏心受压破坏时,远离压力作用一侧的钢筋无论受拉还是受压,其应力都达不到屈服强度,承载能力极限状态下截面的应力图形如图 6-23(a)、(b)所示。建立计算公式时,假设截面有受拉区,受压区的混凝土曲线应力图仍然用等效矩形应力图来代替,小偏心受压破坏的截面计算简图如图 6-23(c)所示,如果算得的 σ_s 为负值,则为全截面受压的情况。

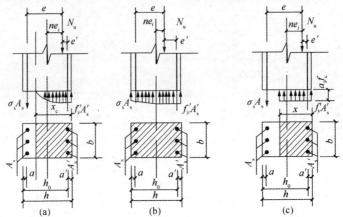

图 6-23　小偏心受压应力图

(a)A_s 受拉不屈服;(b)A_s 受压不屈服;(c)等效应力图

　　根据力的平衡条件及力矩平衡条件得

$$N_u = \alpha_1 f_c b x + f'_y A'_s - \sigma_s A_s \tag{6-25}$$

$$N_u e = \alpha_1 f_c b x \left(h_0 - \frac{x}{2}\right) + f'_y A'_s (h_0 - a'_s) \tag{6-26}$$

　　设计表达式为

$$N \leqslant N_u = \alpha_1 f_c b x + f'_y A'_s - \sigma_s A_s \tag{6-27}$$

$$Ne \leqslant N_u e = \alpha_1 f_c b x \left(h_0 - \frac{x}{2}\right) + f'_y A'_s (h_0 - a'_s) \tag{6-28}$$

式中:σ_s——钢筋 A_s 的应力值,可根据截面应变保持平面的假定计算,也可根据截面应力的边界条件($\xi = \xi_b$ 时,$\sigma_s = f_y$;$\xi = \beta_1$ 时,$\sigma_s = 0$),近似取

$$\sigma_s = \frac{\xi - \beta_1}{\xi_b - \beta_1} f_y \tag{6-29}$$

σ_s 应满足 $-f'_y \leqslant \sigma_s < f_y$。

　　当偏心距很小,且 A_s 配置不足,有可能出现远离轴向压力的一侧混凝土首先达到受压破坏的情况,如图 6-24(a)所示。为避免发生这种反向破坏的发生,《混凝土结构设计规范》规定:当 $N > f_c b h$ 时,尚应按下列公式进行验算:

$$Ne' \leqslant f_c b h \left(h'_0 - \frac{h}{2}\right) + f'_y A_s (h'_0 - a_s) \tag{6-30}$$

　　此时,取初始偏心距 $e_i = e_0 - e_a$,以确保安全。故

$$e' = \frac{h}{2} - a'_s - (e_0 - e_a) \tag{6-31}$$

式中:h'_0——钢筋 A'_s 合力点至离轴向压力较远一侧边缘的距离,即 $h'_0 = h - a'_s$。

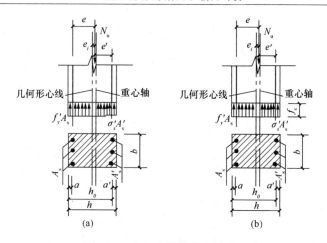

图 6-24 小偏心的一种特殊情况

(a)截面应力分布图；(b)等效应力图

小偏心受压构件计算公式的适用条件为：$\xi > \xi_b$。

6.6 不对称配筋矩形截面偏心受压构件正截面受压承载力计算方法

与受弯构件正截面受弯承载力计算一样，偏心受压构件正截面受压承载力的计算也分为截面设计与截面复核两类问题。

6.6.1 大小偏心受压构件的判别

无论是截面设计还是截面复核，都必须先对构件进行大小偏心的判别。在截面设计时，由于 A_s 和 A_s' 未知，因而无法利用相对受压区高度 ξ 来进行判别。计算时，一般可以先用偏心距来进行判别。

取界限情况 $x = \xi_b h_0$ 代入大偏心受压的计算公式(6-20)，并取 $a_s = a_s{}'$，可得界限破坏时的抗压承载力 N_b 为

$$N_b = \alpha_1 f_c b \xi_b h_0 + f_y' A_s' - f_y A_s \tag{6-32}$$

再根据力矩平衡条件(对截面中心轴取矩)得界限破坏时的抗弯承载力 M_b 为

$$M_b = 0.5\alpha_1 f_c b \xi_b h_0 (h - \xi_b h_0) + 0.5(f_y' A_s' + f_y A_s)(h_0 - a_s) \tag{6-33}$$

从而可得相对界限偏心距为

$$\frac{e_{0b}}{h_0} = \frac{M_b}{N_b h_0} = \frac{0.5\alpha_1 f_c b \xi_b h_0 (h - \xi_b h_0) + 0.5(f_y' A_s' + f_y A_s)(h_0 - a)}{(\alpha_1 f_c b \xi_b h_0 + f_y' A_s' - f_y A_s) h_0} \tag{6-34}$$

当截面尺寸和材料强度给定时，界限相对偏心距 $\dfrac{e_{0b}}{h_0}$ 就取决于截面配筋面积 A_s 和 A_s'。随着 A_s 和 A_s' 的减小，$\dfrac{e_{0b}}{h_0}$ 也减小。故当 A_s 和 A_s' 分别取最小配筋率时，可得 $\dfrac{e_{0b}}{h_0}$ 的最小值 $\dfrac{e_{0b,\min}}{h_0}$。将 A_s 和 A_s' 按最小配筋率 0.002 代入，并近似取 $h = 1.05h_0$，$a_s' = 0.05h_0$，则可得到常用的各种混凝土强度等级和常用钢筋强度等级的相对界限偏心距的最小值 $\dfrac{e_{0b,\min}}{h_0}$，如表 6-4 所示。截面设计时可根据实际材料强度，按表 6-4 来判别大小偏心。

表 6-4　最小相对界限偏心距 $\dfrac{e_{0b,\min}}{h_0}$

钢　筋	混凝土						
	C20	C30	C40	C50	C60	C70	C80
HRB335	0.363	0.326	0.307	0.297	0.301	0.307	0.317
HRB400 RRB400	0.410	0.363	0.339	0.326	0.329	0.333	0.340

6.6.2　截面设计

截面设计时,截面尺寸($b \times h$)、材料强度(f_c, f_y, f'_y)以及内力设计值 N 和 M 均已知,欲求纵向钢筋截面面积 A_s 和 A'_s。求解时可先判断构件是否考虑轴向压力产生的附加弯矩的影响,再判断构件的偏心类型:当 $\dfrac{e_0}{h_0} > \dfrac{e_{0b,\min}}{h_0}$ 时,先按大偏心受压计算,求出钢筋截面面积和 x,若 $x \leqslant x_b$,说明原假定大偏心受压是正确的,否则需按小偏心受压重新计算;若 $\dfrac{e_0}{h_0} < \dfrac{e_{0b,\min}}{h_0}$,则按小偏心受压设计。在所有情况下,$A_s$ 和 A'_s 均需满足最小配筋率要求,同时,$A_s + A'_s$ 不宜大于 $0.05bh$。最后,要按轴心受压构件验算垂直于弯矩作用平面的受压承载力。

1. 大偏心受压

(1)第一种情况:A_s 和 A'_s 均未知。

此时,有 A_s、A'_s 和 x 三个未知数,只有(6-20)和(6-21)两个基本公式,因而无唯一解。与双筋受弯构件类似,为使总钢筋面积($A_s + A'_s$)最小,可取 $x = \xi_b h_0$,并将其代入式(6-21),得计算 A'_s 的公式为

$$A'_s = \frac{Ne - \alpha_1 f_c b h_0^2 \xi_b (1 - 0.5\xi_b)}{f'_y (h_0 - a'_s)} \tag{6-35}$$

若算得的 $A'_s \geqslant \rho_{\min} bh = 0.002bh$,则将 A'_s 值和 $x = \xi_b h_0$ 代入式(6-23),则得

$$A_s = \frac{\alpha_1 f_c b \xi_b h_0 + f'_y A'_s - N}{f_y} \tag{6-36}$$

若算得的 $A'_s < \rho_{\min} bh = 0.002bh$,应取 $A'_s = \rho_{\min} bh = 0.002bh$,按 A'_s 已知的第二种情况计算。

(2)第二种情况:已知 A'_s,求 A_s。

此类问题往往是因为承受变号弯矩或如上所述需要满足 A'_s 最小配筋率等构造要求,必须配置截面面积为 A'_s 的钢筋,然后求 A_s 的截面面积。这时,两个基本公式有两个未知数(A_s 与 x),有唯一解。按下式直接求出 x 得

$$x = h_0 - \sqrt{h_0^2 - \frac{2[Ne - f'_y A'_s (h_0 - a')]}{\alpha_1 f_c b}} \tag{6-37}$$

若 $2a' \leqslant x \leqslant \xi_b h_0$,则将 x 代入式(6-20)得

$$A_s = \frac{\alpha_1 f_c b x + f'_y A'_s - N}{f_y} \tag{6-38}$$

若 $x>\xi_b h_0$,说明原有的 A'_s 过少,应按 A_s 和 A'_s 均未知的第一种情况重新计算。

若 $x<2a'$,则可偏于安全地近似取 $x=2a'_s$,对 A'_s 合力重心取矩后,得 A_s 的计算公式如下:

$$A_s = \frac{N\left(e_i - \dfrac{h}{2} + a'_s\right)}{f_y(h_0 - a'_s)} \tag{6-39}$$

2. 小偏心受压

小偏心受压构件截面设计时,有两个基本公式,共有 A_s、A'_s、ξ(或 x)三个未知数,故无唯一解。对于小偏心受压,$\xi>\xi_b$,$\sigma_s<f_y$,A_s 未达到受拉屈服强度;而由式(6-29)知,若 A_s 的应力 σ_s 达到 $-f'_y$,且 $f'_y=f_y$ 时,其相对受压区高度为 $\xi=\xi_{cy}=2\beta_1-\xi_b$,若 $\xi<2\beta_1-\xi_b$,则 $\sigma_s>-f'_y$,即 A_s 未达到受压屈服强度。由此可见,当 $\xi_b<\xi<2\beta_1-\xi_b$ 时,A_s 无论受拉还是受压,无论配筋多少,都不能达到屈服强度,因而可取 $A_s=0.002bh$,这样算得的总用钢量($A_s+A'_s$)一般为最少。

此外,当 $N>f_c bh$ 时,为使 A_s 配置不致过少,据式(6-30)得 A_s 应满足:

$$A_s \geqslant \frac{Ne' - f_c bh\left(h'_0 - \dfrac{h}{2}\right)}{f'_y(h'_0 - a_s)} \tag{6-40}$$

式中,e' 由式(6-31)算得。

综上所述,当 $N>f_c bh$ 时,A_s 应取 $0.002bh$ 和按式(6-40)算得的两数值中较大者。

A_s 确定后,代入式(6-27)和(6-28),即可求出 ξ 和 A'_s 的唯一解。

根据算出的 ξ 值,得出以下三种结果。

(1)若 $\xi<\xi_{cy}$,则所得的 A'_s 值即为所求受压钢筋面积。

(2)若 $\xi_{cy}\leqslant\xi\leqslant h/h_0$,此时 $\sigma_s=-f'_y$,式(6-27)和式(6-28)转化为

$$N\leqslant \alpha_1 f_c b\xi h_0 + f'_y A'_s + f'_y A_s \tag{6-41}$$

$$Ne\leqslant \alpha_1 f_c bh_0^2 \xi(1-0.5\xi) + f'_y A'_s(h_0 - a'_s) \tag{6-42}$$

将 A_s 值代入以上两式,重新求解 ξ 和 A'_s。

(3)若 $\xi>\dfrac{h}{h_0}$,此时为全截面受压,应取 $x=h$,同时取混凝土应力图形系数 $\alpha_1=1$,代入式(6-28)直接解得

$$A'_s = \frac{Ne - f_c bh(h_0 - 0.5h)}{f'_y(h_0 - a'_s)} \tag{6-43}$$

设计小偏心受压构件时,还应注意须满足 $A'_s\geqslant 0.002bh$ 的要求。

6.6.3 截面复核

截面复核问题一般是已知截面尺寸 $b\times h$,配筋面积 A_s 和 A'_s,混凝土强度等级与钢筋级别,构件长细比 $\dfrac{l_0}{h}$,轴向力设计值 N 及偏心距 e_0,验算截面能承受的 N 值,或已知 N 值时,求所能承受的弯矩设计值 M。

1. 弯矩作用平面的截面复核

(1)已知轴向力设计值 N,求弯矩设计值 M。

可先假设为大偏心受压,由式(6-20)算得 x 值,即

$$x=\frac{N-f_y'A_s'+f_yA_s}{\alpha_1 f_c b} \tag{6-44}$$

若 $x\leqslant\xi_b h_0$,为大偏心受压,此时的截面复核方法为:将 x 代入式(6-21)求出 e,由式(6-22)算 e_i,从而求得 e_0 值,则所求的弯矩设计值 $M=Ne_0$。

若 $x>\xi_b h_0$,按小偏心受压进行截面复核:由式(6-27)和式(6-29)求 x,将 x 代入式(6-28)算得 e,亦按式(6-22)算 e_i,然后求出 e_0,则所求的弯矩设计值 $M=Ne_0$。

(2)已知轴向力作用的偏心距 e_0,求轴力设计值 N。

先假定为大偏心受压,按图 6-22 所示对 N 作用点取矩求 x:

$$\alpha_1 f_c bx(e_i-0.5h+0.5x)=f_yA_s(e_i+0.5h-a_s)-f_y'A_s'(e_i-0.5h+a_s') \tag{6-45}$$

按式(6-45)求出 x。若 $x\leqslant\xi_b h_0$,为大偏心受压,将 x 等数据代入式(6-18)便可求得 N。若 $x>\xi_b h_0$,则为小偏心受压,将式(6-45)的 f_y 改为 σ_s 得

$$\alpha_1 f_c bx(e_i-0.5h+0.5x)=\sigma_sA_s(e_i+0.5h-a_s)-f_y'A_s'(e_i-0.5h+a_s') \tag{6-46}$$

将式(6-29)代入式(6-46)即可求出 x,将 x 等数据代入式(6-27)便可算得 N。

2. 垂直于弯矩作用平面的承载力复核

偏心受压构件还应按轴心受压构件复核垂直于弯矩作用平面的受压承载力,此时应考虑稳定系数 φ 的影响,此时,长细比取为 $\frac{l_0}{b}$。

【**例题** 6-3】 某钢筋混凝土偏心受压柱,截面尺寸 $b=400$ mm,$h=500$ mm,计算长度 $l_c=4.0$ m,内力设计值:$N=1250$ kN,$M_2=250$ kN·m,$M_1=20$ kN·m。混凝土采用 C30,纵筋采用 HRB400 级钢筋。求钢筋截面面积 A_s 和 A_s'。

【**解**】

(1)判别是否考虑附加弯矩的影响。

取 $a_s=a_s'=40$ mm,$h_0=500-40=460$(mm)。

$$M_1/M_2=200/250=0.8$$

$$i=\sqrt{\frac{I}{A}}=\sqrt{\frac{\frac{1}{12}bh^3}{bh}}=\sqrt{\frac{1}{12}h^2}=\frac{h}{6}\sqrt{3}=\frac{500}{6}\sqrt{3}=144(\text{mm})$$

$$\frac{l_c}{i}=\frac{4000}{144}=27.8>34-12(M_1/M_2)=24.4$$

需考虑附加弯矩的影响:

$$e_a=20\text{ mm}>\frac{h}{30}=\frac{500}{30}=16.67\text{ (mm)}$$

$$C_m=0.7+0.3\frac{M_1}{M_2}=0.7+0.3\times0.8=0.94$$

$$\zeta_c=\frac{0.5f_cA}{N}=\frac{0.5\times14.3\times400\times500}{1250\times10^3}=1.144>1$$

取 $\zeta_c=1.0$。

$$\eta_{ns}=1+\frac{1}{1300(M_2/N+e_a)/h_0}\left(\frac{l_c}{h}\right)^2\zeta_c=1+\frac{1}{1300\times(250\,000/1250+20)/460}\times\left(\frac{4000}{500}\right)^2\times1.0$$

$$=1.103$$

$$C_m \eta_{ns} = 0.94 \times 1.103 = 1.037 > 1.0$$

$$M = C_m \eta_{ns} M_2 = 1.037 \times 250 = 259.3 \ (kN \cdot m)$$

（2）判别大小偏心：

$$e_0 = \frac{M}{N} = \frac{259\ 300}{1250} = 207.4 \ (mm)$$

$$e_i = e_0 + e_a = 207.4 + 20 = 227.4 \ (mm)$$

由钢筋牌号和混凝土强度等级查表 6-5 得

$$e_{0b,min}/h_0 = 0.363 < \frac{e_0}{h_0} = \frac{207.4}{460} = 0.451$$

先按大偏心受压计算。

（3）配筋计算。

令 $$\xi = \xi_b$$

$$e = e_i + \frac{h}{2} - a_s = 227.4 + \frac{500}{2} - 40 = 437.4 \ (mm)$$

$$A'_s = \frac{Ne - \alpha_1 f_c b h_0^2 \xi_b (1 - 0.5\xi_b)}{f_y'(h_0 - a')}$$

$$= \frac{1250 \times 10^3 \times 437.4 - 1.0 \times 14.3 \times 400 \times 460^2 \times 0.5176 \times (1 - 0.5 \times 0.5176)}{360 \times (460 - 40)}$$

$$= 545 \ (mm^2)$$

$$A'_s > 0.002bh = 0.002 \times 400 \times 500 = 400 \ (mm^2)$$

$$A_s = \frac{\alpha_1 f_c b h_0 \xi_b + f_y' A'_s - N}{f_y}$$

$$= \frac{1.0 \times 14.3 \times 400 \times 460 \times 0.5176 + 360 \times 545 - 1250 \times 10^3}{360} = 856 \ (mm^2)$$

$$A_s > 0.002bh = 0.002 \times 400 \times 500 = 400 \ (mm^2)$$

选配 3⌀18 受压钢筋（$A'_s = 763 \ mm^2$）。

选配 3⌀20 受拉钢筋（$A_s = 941 \ mm^2$）。

$$0.55\% < (A_s + A'_s)/A = (941 + 763)/400 \times 500 = 0.85\% < 5\%$$

（4）垂直于弯矩作用平面的承载力验算：

$$\frac{l_0}{b} = \frac{4000}{400} = 10$$

查表 6-1 得 $\varphi = 0.98$。

$$N_u = 0.9\varphi(f_c A + f_y' A'_s)$$

$$= 0.9 \times 0.98 \times [14.3 \times 400 \times 500 + 360 \times (763 + 941)] = 3063.5 \ (kN)$$

$$N_u > N = 1250 \ kN$$

满足要求。

（5）截面配筋图。

截面配筋图如图 6-25 所示。

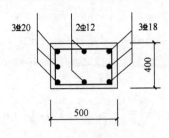

图 6-25　截面配筋图 1

【例题 6-4】　基本数据同例题 6-3，但在受压区配置了 3 Φ 22 钢筋（$A'_s = 1140 \text{ mm}^2$），求所需的受拉钢筋 A_s。

【解】

（1）判别是否考虑附加弯矩的影响。

取 $a_s = a'_s = 40 \text{ mm}, h_0 = 500 - 40 = 460 \text{ (mm)}$。

$$M_1/M_2 = 200/250 = 0.8$$

$$i = \sqrt{\frac{I}{A}} = \sqrt{\frac{\frac{1}{12}bh^3}{bh}} = \sqrt{\frac{1}{12}h^2} = \frac{h}{6}\sqrt{3} = \frac{500}{6}\sqrt{3} = 144 \text{ (mm)}$$

$$\frac{l_c}{i} = \frac{4000}{144} = 27.8 > 34 - 12(M_1/M_2) = 24.4$$

需考虑附加弯矩的影响：

$$e_a = 20 \text{ mm} > \frac{h}{30} = \frac{500}{30} = 16.67 \text{ (mm)}$$

$$C_m = 0.7 + 0.3\frac{M_1}{M_2} = 0.7 + 0.3 \times 0.8 = 0.94$$

$$\zeta_c = \frac{0.5f_cA}{N} = \frac{0.5 \times 14.3 \times 400 \times 500}{1250 \times 10^3} = 1.144 > 1$$

取 $\zeta_c = 1.0$。

$$\eta_{ns} = 1 + \frac{1}{1300(M_2/N + e_a)/h_0}\left(\frac{l_c}{h}\right)^2 \zeta_c = 1 + \frac{1}{1300 \times (250\,000/1250 + 20)/460} \times \left(\frac{4000}{500}\right)^2 \times 1.0$$

$$= 1.103$$

$$C_m\eta_{ns} = 0.94 \times 1.103 = 1.037 > 1.0$$

$$M = C_m\eta_{ns}M_2 = 1.037 \times 250 = 259.3 \text{ (kN·m)}$$

（2）判别大小偏心：

$$e_0 = \frac{M}{N} = \frac{259\,300}{1250} = 207.4 \text{ (mm)}$$

$$e_i = e_0 + e_a = 207.4 + 20 = 227.4 \text{ (mm)}$$

由钢筋牌号和混凝土强度等级查表 6-5 得

$$e_{0b,min}/h_0 = 0.363 < \frac{e_0}{h_0} = \frac{207.4}{460} = 0.451$$

先按大偏心受压计算。

（3）配筋计算。

由例题 6-3 知，$e = 437.4 \text{ mm}$。

将 $A'_s=1140 \text{ mm}^2$ 代入式(6-28)

$$Ne=\alpha_1 f_c bx(h_0-0.5x)+f'_y A'_s(h_0-a'_s)$$

得 $1250\times10^3\times437.4=1.0\times14.3\times400x(460-0.5x)+360\times1140\times(460-40)$

解方程得 $x=194.58 \text{ mm}<\xi_b h_0=238.28 \text{ mm}$，说明确属大偏心受压。

又　　　　　　　　　　　　　　$x>2a'=80 \text{ mm}$

将 x 代入式(6-27)得

$$A_s=\frac{\alpha_1 f_c bx+f'_y A'_s-N}{f_y}=\frac{1.0\times14.3\times400\times194.58+360\times1140-1250\times10^3}{360}$$

$$=560.44 \ (\text{mm}^2)>(\rho_{\min}bh=400 \text{ mm}^2)$$

选配 2Φ20 受拉钢筋($A_s=628 \text{ mm}^2$)：

$$0.6\%<(A_s+A'_s)/A=(760+1140)/400\times500=0.95\%<5\%$$

(4)垂直于弯矩作用平面的承载力验算：略。

(5)截面配筋图。

截面配筋图如图 6-26 所示。

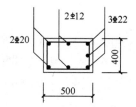

图 6-26　截面配筋图 2

【例题 6-5】　某钢筋混凝土偏心受压柱，截面尺寸 $b=400 \text{ mm}$，$h=500 \text{ mm}$，计算长度 $l_c=3.75 \text{ m}$，内力设计值 $N=2500 \text{ kN}$，$M_2=150 \text{ kN} \cdot \text{m}$，$M_1=120 \text{ kN} \cdot \text{m}$。混凝土采用 C30，纵筋采用 HRB400 级钢筋。求钢筋截面面积 A_s 和 A'_s。

【解】

(1)判别是否考虑附加弯矩的影响。

取 $a_s=a'_s=40 \text{ mm}$，$h_0=500-40=460 \ (\text{mm})$。

$$M_1/M_2=120/150=0.8$$

$$i=\sqrt{\frac{I}{A}}=\sqrt{\frac{\frac{1}{12}bh^3}{bh}}=\sqrt{\frac{1}{12}h^2}=\frac{h}{6}\sqrt{3}=\frac{500}{6}\sqrt{3}=144 \ (\text{mm})$$

$$\frac{l_c}{i}=\frac{3750}{144}=26.04>34-12(M_1/M_2)=24.4$$

需考虑附加弯矩的影响：

$$e_a=20 \text{ mm}>\frac{h}{30}=\frac{500}{30}=16.67 \ (\text{mm})$$

$$C_m=0.7+0.3\frac{M_1}{M_2}=0.7+0.3\times0.8=0.94$$

$$\zeta_c=\frac{0.5f_c A}{N}=\frac{0.5\times14.3\times400\times500}{2500\times10^3}=0.572<1.0$$

$$\eta_{ns}=1+\frac{1}{1300(M_2/N+e_a)/h_0}\left(\frac{l_c}{h}\right)^2\zeta_c$$

$$=1+\frac{1}{1300\times(150\,000/2500+20)/460}\times\left(\frac{4000}{500}\right)^2\times0.572$$

$$=1.142$$

$$C_m\eta_{ns}=0.94\times1.142=1.073>1.0$$

$$M=C_m\eta_{ns}M_2=1.073\times150=160.95\ (\text{kN}\cdot\text{m})$$

(2)判别大小偏心:

$$e_0=\frac{M}{N}=\frac{160\,950}{2500}=64.38\ (\text{mm})$$

$$e_i=e_0+e_a=64.38+20=84.38\ (\text{mm})$$

由钢筋牌号和混凝土强度等级查表6-5得

$$e_{0b,min}/h_0=0.363>\frac{e_0}{h_0}=\frac{64.38}{460}=0.140$$

先按小偏心受压计算。

(3)配筋计算。

根据已知条件,有 $\xi_b=0.5176,\alpha_1=1.0,\beta_1=0.8,2\beta_1-\xi_b=1.082$。

由于 $N=2500\ \text{kN}<f_cbh=14.3\times400\times500=2\,860\,000\ (\text{N})=2860\ \text{kN}$

所以,取 $A_s=\rho_{min}bh=0.002\times400\times500=400\ (\text{mm}^2)$

$$e=e_i+\frac{h}{2}-a=84.38+250-40=294.38\ (\text{mm})$$

将 A_s 代入式(6-27)、(6-28)和(6-29)得

$$N=\alpha_1f_cbx+f_y'A_s'-\sigma_sA_s$$

$$Ne=\alpha_1f_cbx(h_0-0.5x)+f_y'A_s'(h_0-a_s')$$

$$\sigma_s=\frac{\xi-\beta_1}{\xi_b-\beta_1}f_y$$

得　　　　$2500\times10^3=1.0\times14.3\times400x+360A_s'-\sigma_s\times400$

$$2500\times10^3\times300.56=1.0\times14.3\times400x(460-0.5x)+360A_s'(460-40)$$

$$\sigma_s=\frac{x/460-0.8}{0.518-0.8}\times360$$

解得 $x=366\ \text{mm}$,$\xi=0.796$。

因 $\xi_b<\xi<2\beta_1-\xi_b$,故

$$A_s'=\frac{2500\times10^3\times294.38-1.0\times14.3\times400\times366\times(460-0.5\times366)}{360\times(460-40)}=1032.04\ (\text{mm}^2)$$

$$A_s'>\rho_{min}bh=0.002\times400\times500=400\ (\text{mm}^2)$$

选配2 Φ 16的受拉钢筋($A_s=402\ \text{mm}^2$)。

选配3 Φ 22受压钢筋($A_s'=1140\ \text{mm}^2$)。

$$0.6\%<(A_s+A_s')/A=(402+1140)/400\times500=0.77\%<5\%$$

(4)截面配筋图。

截面配筋图如图6-27所示。

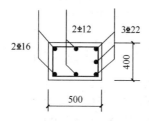

图 6-27　截面配筋图 3

【例题 6-6】 已知某钢筋混凝土偏心受压柱,截面尺寸 $b=400$ mm,$h=500$ mm,取 $a=a_s'=40$ mm,计算长度 $l_c=3.75$ m,内力设计值 $M_2=150$ kN·m,$M_1=120$ kN·m,$N=3000$ kN,混凝土采用 C30,纵筋采用 HRB400 级钢筋,求钢筋截面面积 A_s 和 A_s'。

【解】

(1)判别是否考虑附加弯矩的影响:

取 $a_s=a_s'=40$ mm,$h_0=500-40=460$ (mm)

$$M_1/M_2=120/150=0.8$$

$$i=\sqrt{\frac{I}{A}}=\sqrt{\frac{\frac{1}{12}bh^3}{bh}}=\sqrt{\frac{1}{12}h^2}=\frac{h}{6}\sqrt{3}=\frac{500}{6}\sqrt{3}=144 \text{ (mm)}$$

$$\frac{l_c}{i}=\frac{3750}{144}=26.04>34-12(M_1/M_2)=24.4$$

需考虑附加弯矩的影响:

$$e_a=20 \text{ mm}>\frac{h}{30}=\frac{500}{30}=16.67 \text{ (mm)}$$

$$C_m=0.7+0.3\frac{M_1}{M_2}=0.7+0.3\times0.8=0.94$$

$$\zeta_c=\frac{0.5f_cA}{N}=\frac{0.5\times14.3\times400\times500}{3000\times10^3}=0.477$$

$$\eta_{ns}=1+\frac{1}{1300(M_2/N+e_a)/h_0}\left(\frac{l_c}{h}\right)^2\zeta_c$$

$$=1+\frac{1}{1300\times(150\,000/3000+20)/460}\times\left(\frac{3750}{500}\right)^2\times0.477=1.136$$

$$C_m\eta_{ns}=0.94\times1.136=1.067>1.0$$

$$M=C_m\eta_{ns}M_2=1.067\times150=160.05 \text{ (kN·m)}$$

(2)判别大小偏心:

$$e_0=\frac{M}{N}=\frac{160\,050}{3000}=53.35 \text{ (mm)}$$

$$e_i=e_0+e_a=53.35+20=73.35 \text{ (mm)}$$

由钢筋牌号和混凝土强度等级查表 6-5 得

$$e_{0b,min}/h_0=0.363<\frac{e_0}{h_0}=\frac{53.35}{460}=0.116$$

属小偏心受压:

$$e=e_i+\frac{h}{2}-a=73.35+250-40=283.35 \text{ (mm)}$$

$$e' = 0.5h - a'_s - (e_0 - e_a) = 250 - 40 - (73.35 - 20) = 156.65 \text{ (mm)}$$

(3)配筋计算。

根据已知条件,有 $\xi_b = 0.5176, \alpha_1 = 1.0, \beta_1 = 0.8, 2\beta_1 - \xi_b = 1.082$。

先按最小配筋率配筋,得

$$A_s = 0.002 \times 400 \times 500 = 400 \text{ (mm}^2\text{)}$$

由于 $N = 3000 \text{ kN} > f_c bh = 14.3 \times 400 \times 500 = 2\,860\,000\text{(N)} = 2860 \text{ kN}$。

所以,A_s 还应满足

$$A_s = \frac{Ne' - f_c bh(h'_0 - 0.5h)}{f'_y(h'_0 - a)}$$

$$= \frac{3000 \times 10^3 \times 156.65 - 14.3 \times 400 \times 500 \times (460 - 250)}{360 \times (460 - 40)} < 0$$

故将 $A_s = 400 \text{ mm}^2$ 代入式(6-27)、(6-28)和(6-29)得

$$N = \alpha_1 f_c bx + f'_y A'_s - \sigma_s A_s$$

$$Ne = \alpha_1 f_c bx(h_0 - 0.5x) + f'_y A'_s(h_0 - a'_s)$$

$$\sigma_s = \frac{\xi - \beta_1}{\xi_b - \beta_1} f_y$$

得　　　　　$3000 \times 10^3 = 1.0 \times 14.3 \times 400x + 360 A'_s - \sigma_s \times 400$

$$3000 \times 10^3 \times 288.82 = 1.0 \times 14.3 \times 400x(460 - 0.5x) + 360 A'_s(460 - 40)$$

$$\sigma_s = \frac{x/460 - 0.8}{0.518 - 0.8} \times 360$$

解得 $x = 405 \text{ mm}$,$\xi = 0.88$。

因 $\xi_b < \xi < 2\beta_1 - \xi_b$,故

$$A'_s = \frac{3000 \times 10^3 \times 283.35 - 1.0 \times 14.3 \times 400 \times 405 \times (460 - 0.5 \times 405)}{360 \times (460 - 40)} = 1676.8 \text{ (mm}^2\text{)}$$

$$A'_s > \rho_{min} bh = 0.002 \times 400 \times 500 = 400 \text{ (mm}^2\text{)}$$

选配 2 Φ 16 的受拉钢筋($A_s = 402 \text{ mm}^2$)。

选配 5 Φ 22 的受压钢筋($A'_s = 1900 \text{ mm}^2$)。

$$0.6\% < (A_s + A'_s)/A = (402 + 1900)/400 \times 500 = 1.15\% < 5\%$$

(4)垂直于弯矩作用平面的承载力验算:略。

(5)截面配筋图。

截面配筋图如图 6-28 所示。

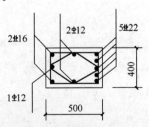

图 6-28　截面配筋图 4

【例题 6-7】 某钢筋混凝土矩形截面偏心受压柱,截面尺寸 $b = 400 \text{ mm}$,$h = 500 \text{ mm}$,取 $a_s = a'_s = 40 \text{ mm}$,柱的计算长度 $l_0 = 3.75 \text{ m}$,轴向力设计值 $N = 500 \text{ kN}$。配有 4 Φ 22

$(A_s=1520\ \text{mm}^2)$ 的受拉钢筋及 $3\ \pmb\Phi 20(A'_s=942\ \text{mm}^2)$ 的受压钢筋(如图 6-29 所示)。混凝土采用 C25,求截面在 h 方向能承受的弯矩设计值 M。

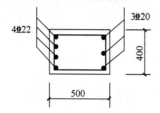

图 6-29 截面配筋图 5

【解】

(1)判别大小偏心。

先假设为大偏心受压,将已知数据代入式(6-20)得

$$N=\alpha_1 f_c bx+f'_y A'_s-f_y A_s$$

得 $x=\dfrac{N-f'_y A'_s + f_y A_s}{\alpha_1 f_c b}=\dfrac{500\times10^3-360\times942 + 360\times1520}{1.0\times11.9\times400}=148.76\ (\text{mm})$

$$x=148.76\ \text{mm}<\xi_b h_0=0.518\times460=238.28\ (\text{mm})$$

为大偏心受压。

(2)求偏心距 e_0。

因为 $x>2a'=80\ \text{mm}$,故据式(6-21)得

$$Ne=\alpha_1 f_c bx\left(h_0-\frac{x}{2}\right)+f'_y A'_s(h_0-a'_s)$$

得

$$e=\frac{\alpha_1 f_c bx\left(h_0-\dfrac{x}{2}\right)+f'_y A'_s(h_0-a'_s)}{N}$$

$$=\frac{1.0\times11.9\times400\times148.76(460-148.76/2)+360\times942\times(460-40)}{500\times10^3}$$

$$=830.97\ (\text{mm})$$

由 $e=e_i+\dfrac{h}{2}-a$

得

$$e_i=e-\frac{h}{2}+a=830.97-250+40=620.97\ (\text{mm})$$

$$e_0=e_i-e_a=602.88-20=582.88\ (\text{mm})$$

(3)求弯矩设计值 M:

$$M=Ne_0=500\times10^3\times582.88=291\ 441\ 747.6\ (\text{N}\cdot\text{mm})=291.44\ \text{kN}\cdot\text{m}$$

(4)垂直于弯矩作用平面的承载力验算:略。

【例题 6-8】 某钢筋混凝土矩形截面偏心受压柱,如图 6-30 所示,截面尺寸 $b=400\ \text{mm}$,$h=500\ \text{mm}$,取 $a=a'_s=40\ \text{mm}$,柱的计算长度 $l_0=3.75\ \text{m}$,混凝土强度等级为 C30。配有 $3\ \pmb\Phi 20(A_s=942\ \text{mm}^2)$ 的受拉钢筋及 $5\ \pmb\Phi 25(A'_s=2454\ \text{mm}^2)$ 的受压钢筋。轴向力的偏心距 $e_0=80\ \text{mm}$,求截面能承受的轴向力设计值 N。

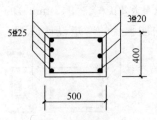

图 6-30　截面配筋图 6

【解】

(1)判别大小偏心:

$e_0 = 80$ mm, $\dfrac{h}{30} = \dfrac{500}{30} = 16.67$ (mm)< 20 mm,取 $e_a = 20$ mm。

$$e_i = e_0 + e_a = 80 + 20 = 100 \text{ (mm)}$$

$$e = e_i + \frac{h}{2} - a = 100 + 250 - 40 = 310 \text{ (mm)}$$

把已知数据代入式(6-45)得

$$\alpha_1 f_c b x (e_i - 0.5h + 0.5x) = f_y A_s (e_i + 0.5h - a) - f'_y A'_s (e_i - 0.5h + a'_s)$$

得　　　$1.0 \times 14.3 \times 400 x (100 - 250 + 0.5x) = 360 \times 942 \times 310 - 360 \times 2454 \times$

$$(100 - 250 + 40)$$

得 $x = 554.9$ mm, $x > \xi_b h_0 = 0.518 \times 460 = 238.23$ mm。

故为小偏心受压。

(2)求轴向力设计值 N。

把已知数据及 σ_s 表达式代入式(6-46)得

$$\alpha_1 f_c b x (e_i - 0.5h + 0.5x) = \sigma_s A_s (e_i + 0.5h - a) - f'_y A'_s (e_i - 0.5h + a'_s)$$

得 $1.0 \times 14.3 \times 400 x (100 - 250 + 0.5x) = \dfrac{x/460 - 0.8}{0.518 - 0.8} \times 360 \times 942 \times 310 - 360 \times$

$$2454 \times (100 - 250 + 40)$$

得 $x = 383.4$ mm, $\xi = 0.83$。

因 $\xi_b < \xi < 2\beta_1 - \xi_b$,故将 x 代入式(6-28)得

$$N = \frac{\alpha_1 f_c b x (h_0 - 0.5x) + f'_y A'_s (h_0 - a'_s)}{e}$$

$$= \frac{1.0 \times 14.3 \times 400 \times 383.4 (460 - 0.5 \times 383.4) + 2454 \times 360 \times (460 - 40)}{310}$$

$$= 3094.966 \text{ (kN)}$$

(3)垂直于弯矩作用平面的承载力验算。

因 $\dfrac{l_0}{b} = \dfrac{3750}{400} = 9.375$,查表 6-1 得 $\varphi = 0.986$。

$$N = 0.9\varphi (f_c A + f'_y A'_s)$$

$$= 0.9 \times 0.986 [14.3 \times 400 \times 500 + 360(942 + 2454)]$$

$$= 3\,622\,863 \text{ (N)}$$

$$= 3622.9 \text{ kN}$$

比较计算结果得该柱所能承受的轴向力设计值为 3094.966 kN。

6.7 对称配筋矩形截面偏心受压构件正截面受压承载力计算方法

在实际工程中,偏心受压构件截面在各种不同内力组合下,可能承受相反的方向弯矩,当两个方向的弯矩相差不大,或即使相差较大,但按对称配筋设计求得的纵向钢筋总用量比按不对称配筋设计增加不多时,均宜采用对称配筋 $A_s = A'_s$。装配式柱为避免吊装出错,一般采用对称配筋。

6.7.1 截面设计

1. 判别大小偏心类型

对称配筋时,$A_s = A'_s$,$f_y = f'_y$,$a_s = a'_s$,代入式(6-18)得

$$x = \frac{N}{\alpha_1 f_c b} \tag{6-47}$$

当 $x \leqslant \xi_b h_0$ 时,按大偏心受压构件计算;当 $x > \xi_b h_0$ 时,按小偏心受压构件计算。

大小偏心受压构件设计,A_s 和 A'_s 都必须满足最小配筋率的要求。

2. 大偏心受压

若 $2a' \leqslant x \leqslant \xi_b h_0$,则将 x 代入式(6-24)得

$$A_s = A'_s = \frac{Ne - \alpha_1 f_c bx(h_0 - 0.5x)}{f'_y(h_0 - a')} \tag{6-48}$$

式中:$e = e_i + \dfrac{h}{2} - a$。

若 $x < 2a'$,按不对称配筋大偏心受压计算方法一样,由式(6-39)得

$$A_s = A_s' = \frac{N\left(e_i - \dfrac{h}{2} + a'_s\right)}{f_y(h_0 - a'_s)} \tag{6-49}$$

3. 小偏心受压

对于小偏心受压破坏,将 $A_s = A'_s$,$f_y = f'_y$,代入式(6-27)、(6-28)和(6-29),并整理可得到《混凝土结构设计规范》给出的 ξ 的近似公式。

$$\xi = \frac{N - \xi_b \alpha_1 f_c b h_0}{\dfrac{Ne - 0.43\alpha_1 f_c b h_0^2}{(\beta_1 - \xi_b)(h_0 - a'_s)} + \alpha_1 f_c b h_0} + \xi_b \tag{6-50}$$

将 ξ 代入式(6-28)即可得

$$A_s = A'_s = \frac{Ne - \alpha_1 f_c b h_0^2 \xi(1 - 0.5\xi)}{f'_y(h_0 - a'_s)} \tag{6-51}$$

6.7.2 截面复核

对称配筋与非对称配筋截面复核方法基本相同,计算时在有关公式中取 $A_s = A'_s$,$f_y = f'_y$ 即可。此外,在复核小偏心受压构件时,因采用了对称配筋,故仅须考虑靠近轴向压力一侧的混凝土先破坏的情况。

【例题 6-9】 已知条件同例题 6-3,采用对称配筋,求钢筋截面面积 A_s 和 A'_s。

【解】

(1)判别大小偏心(近似取 $\xi_b=0.518$)。

由式(6-50)得

$$x=\frac{N}{\alpha_1 f_c b}=\frac{1250\times10^3}{1.0\times14.3\times400}=218.53\,(\text{mm})$$

$x<\xi_b h_0=0.518\times460=238.28(\text{mm})$,故为大偏心受压。

(2)配筋计算。

由例题 6-3 求得:$e=437.4\,\text{mm}$。

因 $x>2a'=80\,\text{mm}$,故将 x 代入式(6-51)得

$$A_s=A_s'=\frac{Ne-\alpha_1 f_c bx(h_0-0.5x)}{f_y'(h_0-a')}$$

$$=\frac{1250\times10^3\times437.4-1.0\times14.3\times400\times218.53\times(460-\dfrac{218.53}{2})}{360\times(460-40)}$$

$$=716.5\,(\text{mm}^2)$$

$$A_s=A_s'>0.002bh$$
$$=0.002\times400\times500=400\,(\text{mm}^2)$$

A_s 和 A_s' 均选配 $2\Phi20+1\Phi18$ 的钢筋($A_s=A_s'=628+254.5=882.5\,\text{mm}^2$)

$$0.6\%<(A_s+A_s')/A=2\times882.5/400\times500=0.88\%<5\%$$

(3)垂直于弯矩作用平面的承载力验算。

$$\frac{l_0}{b}=\frac{4000}{400}=10,\text{查表 6-1 得 }\varphi=0.98。$$

$$N_u=0.9\varphi(f_c A+f_y' A_s')=0.9\times0.98\times(14.3\times400\times500+360\times716.5\times2)$$
$$=2\,977\,526\,(\text{N})=2977.5\,\text{kN}$$

$$N_u>N=1250\,\text{kN}$$

满足要求。

(4)截面配筋图。

截面配筋图如图 6-31 所示。

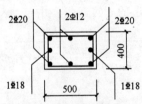

图 6-31 截面配筋图 7

【例题 6-10】 已知条件同例题 6-5 采用对称配筋,求纵向钢筋截面面积 A_s 和 A_s'。

【解】

(1)判别大小偏心(近似取 $\xi_b=0.518$)。

由式(6-51)得

$$x=\frac{N}{\alpha_1 f_c b}=\frac{2500\times10^3}{1.0\times14.3\times400}=437.06\,(\text{mm})$$

$x > \xi_b h_0 = 0.518 \times 460 = 238.28$ mm，故为小偏心受压。

（2）配筋计算。

将已知数据代入近似式(6-53)得

$$\xi = \frac{N - \xi_b \alpha_1 f_c b h_0}{\dfrac{Ne - 0.43 \alpha_1 f_c b h_0^2}{(\beta_1 - \xi_b)(h_0 - a')} + \alpha_1 f_c b h_0} + \xi_b$$

$$= \frac{2500 \times 10^3 - 0.518 \times 1.0 \times 14.3 \times 400 \times 460}{\dfrac{2500 \times 10^3 \times 300.56 - 0.43 \times 1.0 \times 14.3 \times 400 \times 460^2}{(0.8 - 0.518) \times (460 - 40)} + 1.0 \times 14.3 \times 400 \times 460} + 0.518$$

$$= 0.766$$

将 ξ 值代入式(6-54)得

$$A_s = A'_s = \frac{Ne - \alpha_1 f_c b h_0^2 \xi (1 - 0.5\xi)}{f'_y (h_0 - a')}$$

$$= \frac{2500 \times 10^3 \times 300.56 - 1.0 \times 14.3 \times 400 \times 460^2 \times 0.766 \times (1 - 0.5 \times 0.766)}{360 \times (460 - 40)}$$

$$= 1186.25 \ (\text{mm}^2)$$

$$A_s = A'_s > 0.002bh = 0.002 \times 400 \times 500 = 400 \ (\text{mm}^2)$$

根据以上计算结果，A_s 和 A'_s 均选配 3Φ22 的钢筋（$A_s = A'_s = 1140$ mm²）：

$$0.6\% < (A_s + A'_s)/A = 2 \times 1140/400 \times 500 = 1.14\% < 5\%$$

（3）垂直于弯矩作用平面的承载力验算：略。

（4）截面配筋图。

截面配筋图如图 6-32 所示。

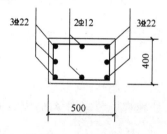

图 6-32　截面配筋图 8

6.8　偏心受压构件斜截面受剪承载力计算

一般情况下偏心受压构件的剪力值相对较小，可不进行斜截面承载力计算；但对于有较大水平力作用的框架柱，有横向力作用的桁架上弦压杆等，剪力影响较大，必须进行斜截面受剪承载力计算，其计算方法与受弯构件相同。但与受弯构件相比，轴向压力的存在有利于斜截面的承载力。

试验表明，轴向压力对构件抗剪起有利作用，主要是因为轴向压力的存在不仅能阻滞斜裂缝的出现和开展，而且能增加混凝土剪压区的高度，使剪压区的面积增大，从而提高剪压区混凝土的抗剪能力。但是，轴向压力对构件抗剪承载力的有利作用是有限度的，图 6-33 为一组构件的试验结果。在轴压比 $\dfrac{N}{f_c} bh$ 较小时，构件的抗剪承载力随轴压比的增大而提高,当轴压比$\dfrac{N}{f_c}bh=0.3\sim0.5$时,抗剪承载力达到最大值。若再增大轴向压力,构件抗剪承载力会随着轴向压力的增大而降低,因此,《混凝土结构设计规范》给出矩形、T形和Ⅰ形截面偏心受压构件斜截面承载力计算公式:

$$V\leqslant\frac{1.75}{\lambda+1.0}f_tbh_0+1.0f_{yv}\frac{A_{sv}}{s}h_0+0.07N \tag{6-52}$$

式中:λ——偏心受压构件计算截面的剪跨比;

　　　N——与剪力设计值V相应的轴向压力设计值,当$N>0.3f_cA$时,取$N=0.3f_cA$,A为构件截面面积。

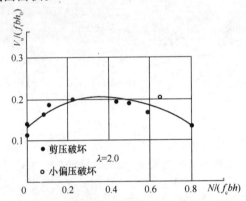

图 6-33　抗剪承载力与轴向压力的关系

计算截面的剪跨比应按下列规定取用。

(1)对各类结构的框架柱,取$\lambda=M/Vh_0$;当框架结构中柱的反弯点在层高范围内时,取$\lambda=\dfrac{H_n}{(2h_0)}$($H_n$为柱净高);当$\lambda<1$时,取$\lambda=1$;当$\lambda>3$时,取$\lambda=3$,此处,$M$为计算截面上与剪力设计值$V$相应的弯矩设计值。

(2)对其他偏心受压构件,当承受均布荷载时,取$\lambda=1.5$;当承受集中荷载时(包括作用有多种荷载,其集中荷载对支座截面或节点边缘所产生的剪力值占总剪力值的75%以上的情况),取$\lambda=\dfrac{a}{h_0}$;当$\lambda<1.5$时,取$\lambda=1.5$;当$\lambda>3$时,取$\lambda=3$,此处,a为集中荷载到支座或节点边缘的距离。

与受弯构件类似,为防止斜压破坏,《混凝土结构设计规范》规定矩形、T形和Ⅰ形截面框架柱的截面必须满足下列条件。

当$h_w/b\leqslant4$时:

$$V\leqslant0.25\beta_cf_cbh_0 \tag{6-53}$$

当$h_w/b\geqslant6$时:

$$V\leqslant0.2\beta_cf_cbh_0 \tag{6-54}$$

当$4<h_w/b<6$时,按线性内插法确定。

式中:β_c——混凝土强度影响系数,当混凝土强度等级不超过 C50 时,取$\beta_c=1.0$;当混凝土强度等级为 C80 时,取$\beta_c=0.8$;其间按线性内插法确定;

　　　h_w——截面的腹板高度,取值同受弯构件。

此外,当符合下列公式要求时,则可不进行斜截面受剪承载力计算,而仅需按构造要求配置箍筋。

$$V \leqslant \frac{1.75}{\lambda+1.0} f_t b h_0 + 0.07N \tag{6-55}$$

【例题 6-11】 某偏心受压的框架柱,截面尺寸 $b=400$ mm,$h=500$ mm,柱净高 $H_n=2.5$ m,取 $a=a'=40$ mm,混凝土强度等级 C30,箍筋用 HRB335 钢筋。在柱端作用剪力设计值 $V=300$ kN,相应的轴向压力设计值 $N=2500$ kN。确定该柱所需的箍筋数量。

【解】

(1)验算截面尺寸是否满足要求:

$$\frac{h_w}{b} = \frac{460}{400} = 1.15 < 4$$

$0.25\beta_c f_c b h_0 = 0.25 \times 1.0 \times 14.3 \times 400 \times 460 = 657\ 800\ (N) = 657.8\ kN > V = 300\ kN$
截面尺寸满足要求。

(2)验算截面尺寸是否需按计算配置箍筋:

$$\lambda = \frac{H_n}{2h_0} = \frac{2500}{2 \times 460} = 2.717$$

$$1 < \lambda < 3$$

$$0.3 f_c A = 0.3 \times 14.3 \times 400 \times 500 = 858\ 000\ (N) = 858\ kN < N = 2500\ kN$$

$\dfrac{1.75}{\lambda+1} f_t b h_0 + 0.07\ N = \dfrac{1.75}{2.717+1} \times 1.43 \times 400 \times 460 + 0.07 \times 858\ 000 = 183\ 939.47\ (N)$

$$= 183.9\ kN < V = 300\ kN$$

应按计算配置箍筋。

(3)计算箍筋用量:

由 $V \leqslant \dfrac{1.75}{\lambda+1} f_t b h_0 + f_{yv} \dfrac{A_{sv}}{s} h_0 + 0.07N$

得 $\dfrac{nA_{sv1}}{s} \geqslant \dfrac{V - \left(\dfrac{1.75}{\lambda+1} f_t b h_0 + 0.07N\right)}{f_{yv} h_0} = \dfrac{300\ 000 - 183\ 939.47}{300 \times 460} = 0.841\ (mm^2/mm)$

采用 $\Phi 10@150$ 双肢箍筋:

$$\frac{nA_{sv1}}{s} = \frac{2 \times 78.5}{150} = 1.05 > 0.841$$

满足要求。

习题与思考

6-1 轴心受压普通箍筋短柱与长柱的破坏形态有何不同?轴心受压长柱的稳定系数 φ 如何确定?

6-2 箍筋在轴心受压构件中有何作用?轴心受压普通箍筋柱与螺旋箍筋柱的正截面受压承载力计算有何不同?

6-3 如何确定受压构件的计算长度?

6-4 偏心受压短柱有哪两种破坏形态?形成这两种破坏形态的条件是什么?

6-5 大偏心受压和小偏心受压的破坏特征如何?有何本质不同?

6-6　长柱的正截面受压破坏和短柱的有何异同？如何考虑偏心受压长柱的二阶弯矩？

6-7　为什么要考虑附加偏心距？如何确定附加偏心距？

6-8　形截面大偏心受压构件正截面的受压承载力如何计算？

6-9　矩形截面小偏心受压构件正截面的受压承载力如何计算？

6-10　在大偏心和小偏心受压构件截面设计时为什么要补充一个条件？补充条件是根据什么建立的？

6-11　矩形截面偏心受压构件如何进行正截面承载力复核？

6-12　对称配筋矩形截面大偏心受压构件正截面的受压承载力如何计算？

6-13　对称配筋矩形截面小偏心受压构件正截面的受压承载力如何计算？

6-14　对称配筋矩形截面偏心受压构件如何进行正截面承载力复核？

6-15　轴向压力对受剪承载力有何影响？

6-16　怎样计算矩形截面偏心受压构件的斜截面受剪承载力？

6-17　某现浇钢筋混凝土轴心受压柱，截面尺寸为 $b=h=400$ mm，计算长度 $l_0=4.5$ m，混凝土强度等级为 C25，配有 8Φ20 的纵向受力钢筋，求该柱所能承受的最大轴向力设计值。

6-18　某多层现浇钢筋混凝土框架结构，首层柱高 $H=5.2$ m，中柱承受的轴向力设计值 $N=3000$ kN，截面尺寸 $b=h=500$ mm。混凝土强度等级为 C30，钢筋为 HRB400 级钢筋，求所需纵向钢筋。

6-19　某多层现浇框架结构房屋，底层中间柱按轴心受压构件计算。已知轴向压力设计值 $N=2500$ kN，从基础顶面到一层楼盖顶面的高度 $H=4.8$ m。混凝土强度等级为 C30，钢筋采用 HRB400 级钢筋，求该柱截面尺寸及纵筋截面面积，并绘制截面配筋图。

6-20　已知圆形截面现浇钢筋混凝土柱，因使用要求，其直径不能超过 400 mm。承受轴心压力设计值 $N=2900$ kN，计算长度 $l_0=4.2$ m。混凝土强度等级为 C25，纵向受力钢筋采用 HRB335 级钢筋，箍筋采用 HPB300 级钢筋。试设计该柱。

6-21　某矩形截面钢筋混凝土偏心受压柱，其截面尺寸为 $b=300$ mm，$h=500$ mm，$a=a'=40$ mm，计算长度 $l_0=3.3$ m。混凝土强度等级为 C25，纵向受力钢筋采用 HRB335 级钢筋。弯矩设计值 $M_2=250$ kN·m，$M_1=220$ kN·m，承受的轴向压力设计值 $N=800$ kN，求以下值。

(1)计算当采用非对称配筋时的 A_s 和 A_s'。

(2)如果受压钢筋已配置了 4Φ20，计算 A_s。

(3)计算当采用对称配筋时的 A_s 和 A_s'。

(4)比较上述三种情况的钢筋用量。

6-22　矩形截面偏心受压柱，$b=400$ mm，$h=600$ mm，轴向力设计值 $N=3000$ kN，弯矩设计值 $M_2=180$ kN·m，$M_1=150$ kN·m，混凝土强度等级 C30，纵向受力钢筋用 HRB400 级钢筋，构件的计算长度 $l_0=4.8$ m，求纵向受力钢筋数量。

6-23　一偏心受压构件，截面为矩形，$b=350$ mm，$h=550$ mm，$a=a'=40$ mm，计算长度 $l_0=5$ m。混凝土强度等级为 C30，纵向受力钢筋采用 HRB400 级钢筋。当其控制截面中作用的轴向压力设计值 $N=3000$ kN，弯矩设计值 $M_2=100$ kN·m，$M_1=90$ kN·m

时,计算所需的 A_s 和 A'_s。

6-24 已知数据同题 6-6,采用对称配筋,试求所需的 A_s 和 A'_s。

6-25 已知某矩形截面偏心受压柱,截面尺寸 $b = 400$ mm, $h = 500$ mm, $a = a' = 40$ mm。混凝土强度等级为 C30,纵向受力钢筋采用 HRB335 级钢筋,A'_s 为 3 Φ 20,A_s 为 4 Φ 20,计算长度 $l_0 = 4$ m。若作用的轴向力设计值 $N = 1500$ kN,求截面在 h 方向所能承受的弯矩设计值 M。

6-26 某偏心受压柱,截面尺寸 $b = 400$ mm, $h = 400$ mm,柱净高 $H_n = 2.9$ m,取 $a = a' = 40$ mm,混凝土强度等级 C25,箍筋用 HRB335 级钢筋。在柱端作用剪力设计值 $V = 250$ kN,相应的轴向压力设计值 $N = 680$ kN,确定该柱所需的箍筋数量。

7 受拉构件的截面承载力计算

内容提要

掌握:轴心受拉构件正截面承载力计算方法。

熟悉:对称配筋、非对称配筋矩形截面偏心受拉构件正截面承载力计算方法。

了解:受拉构件截面复核,斜截面承载力计算方法。

受拉构件按轴向拉力作用位置的不同,分为轴心受拉和偏心受拉。其截面上一般作用有轴向拉力、弯矩和剪力。本章只讨论工程中常用的矩形截面受拉构件。

受拉构件一侧的受拉钢筋配筋率不小于 0.2% 和 $0.45f_t/f_y$ 中的较大者,一侧的受压钢筋配筋率不小于 0.2%。

7.1 轴心受拉构件正截面受拉承载力计算

钢筋混凝土桁架或拱的拉杆、圆形水池的池壁等可近似按轴心受拉构件计算。

1. 受力特点和破坏形态

与适筋梁相似,轴心受拉构件从加载到破坏,其受力全过程也可分为三个受力阶段。第 Ⅰ 阶段为从加载到混凝土受拉开裂前;第 Ⅱ 阶段为混凝土开裂后到钢筋即将屈服;第 Ⅲ 阶段为受拉钢筋开始屈服,此时,混凝土裂缝开展很大,裂缝贯穿整个截面,拉力全部由纵向钢筋承担,当纵向钢筋全部屈服时,构件达到破坏状态,即达到极限荷载 N_u。

2. 正截面承载力计算

轴心受拉构件破坏时,混凝土早已被拉裂,全部拉力由纵向钢筋承担,直到钢筋受拉屈服。故轴心受拉构件正截面受拉承载力计算公式如下:

$$N \leqslant N_u = f_y A_s \tag{7-1}$$

式中: N_u——轴心受拉构件承载力设计值;

f_y——钢筋的抗拉强度设计值;

A_s——受拉钢筋的全部截面面积。

7.2 偏心受拉构件正截面承载力计算

偏心受拉构件按轴向拉力 N 的位置不同,可分为大偏心受拉和小偏心受拉两种情况:当轴向拉力 N 作用在纵向钢筋 A_s 合力点及 A'_s 合力点之间时,称为小偏心受拉构件;当轴向拉力 N 作用在纵向钢筋 A_s 合力点及 A'_s 合力点以外时,称为大偏心受拉构件。其中,离轴向拉力 N 较近一侧的纵向钢筋为 A_s,较远一侧的为 A'_s。

7.2.1 截面设计

1. 大偏心受拉

1）受力特点和破坏形态

在大偏心拉力作用下,构件 A_s 侧受拉而 A'_s 侧受压。随着荷载的增大,A_s 侧的混凝土首先开裂,但不会贯穿整个截面,若 A_s 适量,混凝土开裂后,A_s 先屈服,然后受压区混凝土达到极限压应变且 A'_s 受压屈服,构件达到极限状态。若 A_s 过量,则在 A_s 屈服前,构件就会因受压区混凝土被压碎而破坏。

这种由 A_s 配筋率不同而引起大偏心受拉构件破坏方式的不同,类似于适筋梁与超筋梁的不同。

2）正截面承载力计算

设计时,要避免构件发生超筋破坏,使受拉钢筋和受压钢筋都能在构件破坏前屈服,所以均按钢筋的屈服强度进行计算,如图 7-1 所示。

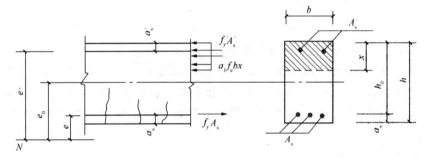

图 7-1 大偏心受拉构件承载力计算图

$$N \leqslant N_u = f_y A_s - f'_y A'_s - \alpha_1 f_c b x \tag{7-2}$$

$$Ne \leqslant N_u e = \alpha_1 f_c b x \left(h_0 - \frac{x}{2}\right) + f'_y A'_s (h_0 - a'_s) \tag{7-3}$$

式中:$e = e_0 - \dfrac{h}{2} + a_s$。

适用条件:$x \leqslant \xi_b h_0$,$x \geqslant 2a'_s$。当第二个条件不能满足时,可偏于安全的取 $x = 2a'_s$,对受压钢筋合力点取矩:

$$Ne' \leqslant N_u e' = f_y A_s (h_0 - a'_s)$$

式中:$e' = e_0 + \dfrac{h}{2} - a'_s$。

3）设计方法

(1)第一种情况:A_s 和 A'_s 均未知。

此时,式(7-2)和(7-3)两式中有 A_s、A'_s 和 x 三个未知数,无唯一解。与双筋受弯构件和大偏心受压构件类似,取 $x = \xi_b h_0$,代入式(7-3),计算 A'_s:

$$A'_s = \frac{Ne - \alpha_1 f_c b h_0^2 \xi_b (1 - 0.5\xi_b)}{f'_y (h_0 - a'_s)}$$

若 $A'_s \geqslant \rho_{min} bh$,则将 A'_s 和 $x = \xi_b h_0$ 代入式(7-2)得

$$A_s = \frac{\alpha_1 f_c b \xi_b h_0 + f'_y A'_s + N}{f_y}$$

若 $A'_s < \rho_{\min} bh$，则取 $A'_s = \rho_{\min} bh$，按 A'_s 已知的第二种情况计算。

(2)第二种情况:已知 A'_s，求 A_s。

两个基本公式求 A_s 与 x 两个未知数，有唯一解。先由式(7-3)解 x 的二次方程得

$$x = h_0 - \sqrt{h_0^2 - \frac{2[Ne - f'_y A'_s(h_0 - a'_s)]}{\alpha_1 f_c b}}$$

若 $2a'_s \leqslant x \leqslant \xi_b h_0$，则将 x 代入式(7-2)得

$$A_s = \frac{\alpha_1 f_c bx + f'_y A'_s + N}{f_y}$$

若 $x > \xi_b h_0$，说明原有的 A'_s 过少，应按 A_s 和 A'_s 均未知的第一种情况重算。

若 $x < 2a'_s$，取 $x = 2a'_s$，得

$$A_s = \frac{Ne'}{f_y(h_0 - a'_s)}$$

对称配筋时，$x < 0 < 2a'_s$，取 $x = 2a'_s$，得

$$A'_s = A_s = \frac{Ne'}{f_y(h_0 - a'_s)}$$

再按 $A'_s = 0$ 计算 A_s 值，最后按所得较小值配筋。

【例题 7-1】 某钢筋混凝土偏心受拉构件，截面尺寸 $b \times h = 300\ \text{mm} \times 450\ \text{mm}$，截面上作用的弯矩设计值为 $M = 100\ \text{kN} \cdot \text{m}$，轴向拉力设计值 $N = 400\ \text{kN}$。设 $a_s = a'_s = 40\ \text{mm}$，混凝土采用 C30 级，纵向受拉钢筋采用 HRB335 级，求所需纵筋 A_s 和 A'_s。

【解】

(1)判别大小偏心情况:

$$e_0 = \frac{M}{N} = \frac{100\ 000}{400} = 250\ (\text{mm}) > \frac{h}{2} - a_s = \frac{450}{2} - 40 = 185\ (\text{mm})$$

属于大偏心受拉构件。

(2)求 A'_s。

取 $x = \xi_b h_0$，$e = e_0 - \frac{h}{2} + a_s = 250 - \frac{450}{2} + 40 = 65\ (\text{mm})$。

$$\begin{aligned}
A'_s &= \frac{Ne - \alpha_1 f_c bh_0^2 \xi_b(1 - 0.5\xi_b)}{f'_y(h_0 - a'_s)} \\
&= \frac{400\ 000 \times 65 - 1.0 \times 14.3 \times 300 \times 410^2 \times 0.55 \times (1 - 0.5 \times 0.55)}{300 \times (410 - 40)} < 0 \\
A'_s &= \rho_{\min} bh = 0.002 \times 300 \times 450 = 270\ (\text{mm}^2)
\end{aligned}$$

A'_s 选用 2 Φ 14($A'_s = 308\ \text{mm}^2$)。

(3)求 A_s:

$$\begin{aligned}
x &= h_0 - \sqrt{h_0^2 - \frac{2[Ne - f'_y A'_s(h_0 - a'_s)]}{\alpha_1 f_c b}} \\
&= 410 - \sqrt{410^2 - \frac{2 \times [400\ 000 \times 65 - 300 \times 308 \times (410 - 40)]}{1.0 \times 14.3 \times 300}} = -4.6 < 2a'_s
\end{aligned}$$

$$e' = e_0 + \frac{h}{2} - a'_s = 250 + \frac{450}{2} - 40 = 435\ (\text{mm})$$

$$A_s = \frac{Ne'}{f_y(h_0 - a'_s)} = \frac{400\ 000 \times 435}{300 \times (410 - 40)} = 1567\ (\text{mm}^2) > A_{s,\min}$$

A_s 选用 $2 \oplus 20 + 2 \oplus 25$ ($A_s = 628 + 982 = 1610\ \text{mm}^2$)。

2.小偏心受拉

1)受力特点和破坏形态

在小偏心拉力作用下,临破坏前,构件变为全截面受拉;然后,混凝土裂缝贯穿整个截面,拉力由 A_s 和 A'_s 共同承担。直至纵向钢筋全部受拉屈服,构件破坏。

2)正截面承载力计算

极限状态时,构件受力如图7-2所示。对 A_s 和 A'_s 的合力点取矩得

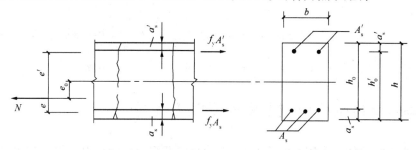

图7-2 小偏心受拉构件承载力计算图

$$Ne' \leqslant N_u e' = f_y A_s(h'_0 - a_s) \tag{7-4}$$

$$Ne \leqslant N_u e = f_y A'_s(h_0 - a'_s) \tag{7-5}$$

式中：$e' = \dfrac{h}{2} - a'_s + e_0, e = \dfrac{h}{2} - a_s - e_0$。

3)设计方法

由式(7-4)和式(7-5)求出 A_s 和 A'_s

$$A_s = \frac{Ne'}{f_y(h'_0 - a_s)},\ A'_s = \frac{Ne}{f_y(h_0 - a'_s)}$$

对称配筋时,可按 A_s 的计算式计算 A'_s：

$$A'_s = A_s = \frac{Ne'}{f_y(h'_0 - a_s)}$$

7.2.2 截面复核

截面复核题的计算与偏心受压构件相似,所不同的是轴向力为拉力。

【例题7-2】 某钢筋混凝土偏心受拉构件,截面尺寸 $b \times h = 300\ \text{mm} \times 450\ \text{mm}$,截面上作用的弯矩设计值为 $M = 50\ \text{kN} \cdot \text{m}$,轴向拉力设计值 $N = 600\ \text{kN}$。设 $a_s = a'_s = 40\ \text{mm}$,混凝土采用C30级,纵向受拉钢筋采用HRB335级,求所需纵筋 A_s 和 A'_s。

【解】

(1)判别大小偏心情况：

$$e_0 = \frac{M}{N} = \frac{50\ 000}{600} = 83.3\ (\text{mm}) < \frac{h}{2} - a_s = \frac{450}{2} - 40 = 185\ (\text{mm})$$

属于小偏心受拉构件。

(2)求 A_s 和 A'_s：

$$e' = \frac{h}{2} - a'_s + e_0 = \frac{450}{2} - 40 + 83.3 = 268.3 \text{ (mm)}$$

$$e = \frac{h}{2} - a_s - e_0 = \frac{450}{2} - 40 - 83.3 = 101.7 \text{ (mm)}$$

$$A_s = \frac{Ne'}{f_y(h'_0 - a_s)} = \frac{600\ 000 \times 268.3}{300 \times (410 - 40)} = 1450.3 \text{ (mm}^2)$$

$$A'_s = \frac{Ne}{f_y(h_0 - a'_s)} = \frac{600\ 000 \times 101.7}{300 \times (410 - 40)} = 549.7 \text{ (mm}^2)$$

$$A_{s,\min} = A'_{s,\min} = \max\left\{0.002, 0.45\frac{f_t}{f_y}\right\}bh$$

$$= \max\left\{0.002, 0.45 \times \frac{1.43}{300}\right\} \times 300 \times 450 = 289.575 \text{ (mm}^2) < \begin{cases} A_s \\ A'_s \end{cases}$$

A_s 选用 4Φ22($A_s = 1520 \text{ mm}^2$)，A'_s 选用 3Φ16($A'_s = 603 \text{ mm}^2$)。

7.3　偏心受拉构件斜截面受剪承载力计算

当偏心受拉构件承受较大的剪力时，需验算斜截面受剪承载力。因为拉力 N 会促进斜裂缝的发生和发展，从而降低了构件的斜截面承载力。

根据《混凝土结构设计规范》，偏心受拉构件的斜截面受剪承载力应符合下列规定：

$$V \leqslant V_u = \frac{1.75}{\lambda + 1}f_t bh_0 + f_{yv}\frac{A_{sv}}{s}h_0 - 0.2N \tag{7-6}$$

式中　λ——计算截面的剪跨比，按式(6-53)取值；

　　　N——与剪力设计值 V 相应的轴向拉力设计值。

当式(8-6)右侧的计算值小于 $f_{yv}\dfrac{A_{sv}}{s}h_0$ 时，应取等于 $f_{yv}\dfrac{A_{sv}}{s}h_0$，且 $f_{yv}\dfrac{A_{sv}}{s}h_0$ 值不得小于 $0.36f_t bh_0$。

习题与思考

7-1　怎样区分大小偏心受拉构件？它们的截面应力状态如何？有何破坏特征？

7-2　对称配筋的矩形截面偏心受拉构件，在大、小偏心拉力作用下破坏时，A_s 和 A'_s 的屈服情况如何？

7-3　比较双筋矩形截面的受弯构件、大偏心受压构件和大偏心受拉构件的异同。

7-4　某钢筋混凝土偏心受拉构件，截面尺寸 $b \times h = 200 \text{ mm} \times 400 \text{ mm}$，截面上作用的弯矩设计值为 $M = 100 \text{ kN} \cdot \text{m}$，轴向拉力设计值 $N = 450 \text{ kN}$。设 $a_s = a'_s = 35 \text{ mm}$，混凝土采用 C30 级，纵向受拉钢筋采用 HRB400 级，求：①所需纵筋的 A_s 和 A'_s；②对称配筋所需的 A_s 和 A'_s。

7-5　钢筋混凝土偏心受拉构件，截面尺寸 $b \times h = 300 \text{ mm} \times 500 \text{ mm}$，混凝土为 C30 级，配有纵筋 $A_s = 942 \text{ mm}^2$(3Φ20)和 $A'_s = 982 \text{ mm}^2$(2Φ25)。作用有弯矩设计值 $M = 100 \text{ kN} \cdot \text{m}$，轴向拉力设计值 $N = 400 \text{ kN}$，试验算此构件的安全性。

8 混凝土构件的裂缝、变形和耐久性

内容提要

掌握:混凝土构件的裂缝特点及裂缝宽度计算。

熟悉:混凝土构件截面弯曲刚度的概念、定义及计算公式。钢筋混凝土受弯构件挠度验算。

了解:混凝土耐久性概念与影响因素;耐久性设计要求。

8.1 概述

结构或结构构件除按承载能力极限状态进行计算外,还应按正常使用极限状态进行验算。以上各章节讨论的均为承载能力极限状态的计算,主要解决结构构件的安全性问题。正常使用极限状态的验算,是解决结构构件的适用性和耐久性问题,即一方面要通过验算使裂缝和变形不超过规定的限值。另一方面结构构件还应满足耐久性的要求与规定。

正常使用极限状态和承载能力极限状态对应着结构构件的两个不同工作阶段,考虑到结构构件不满足正常使用极限状态对生命财产的危害性,比不满足承载力极限状态要小,其相应的目标可靠指标[β]值可适当降低。因此,对结构构件进行正常使用极限状态验算时,应根据不同的要求,分别采用荷载效应的标准组合、准永久组合和材料强度的标准值进行验算。

8.2 裂缝宽度的验算

8.2.1 概述

混凝土的抗拉性能比抗压性能差,其极限拉伸变形很小,构件在不大的拉力作用下就可能开裂。另外,由于非荷载原因,如材料收缩、温度变化、混凝土碳化及地基不均匀沉降等也会引起混凝土开裂。混凝土开裂后,会影响到结构构件的外观、使用和耐久性,所以对裂缝进行控制是必要的,但要根据不同的情况定出不同的标准。本节所讨论的裂缝为荷载作用下的裂缝,对于非荷载因素产生的裂缝主要是通过构造措施来控制。《混凝土结构设计规范》根据使用要求,考虑了环境条件对钢筋锈蚀的影响、钢筋的种类对锈蚀的敏感性及构件的工作条件等,将混凝土构件的裂缝控制等级划分为三级,分别用应力及裂缝宽度进行控制。

一级:严格要求不出现裂缝的构件,要求按荷载效应的标准组合计算时,构件受拉边缘混凝土不应产生拉应力。

二级：一般要求不出现裂缝的构件，要求按荷载效应的标准组合计算时，构件受拉边缘混凝土的拉应力不应超过混凝土的抗拉强度标准值 f_{tk}，按荷载效应准永久组合进行计算时，构件受拉边缘混凝土不应产生拉应力。

三级：允许出现裂缝的构件，对钢筋混凝土构件，按荷载准永久组合并考虑长期作用影响计算时，要求最大裂缝宽度应满足：

$$w_{max} \leqslant w_{lim} \tag{8-1}$$

式中：w_{max}——按荷载效应的标准组合并考虑长期作用影响计算得到的最大裂缝宽度；

　　　　w_{lim}——最大裂缝宽度限值。

由于混凝土的抗拉强度低，钢筋混凝土结构构件在正常使用阶段经常是带裂缝工作的，因此，其裂缝控制等级属于三级。若要使结构构件满足一级或二级裂缝的控制要求，必须将结构构件做成预应力混凝土结构构件。

8.2.2　裂缝的出现、分布与发展

钢筋混凝土受弯构件的纯弯区段，在未出现裂缝以前，各截面受拉区混凝土的应力大致相同；由于这时钢筋和混凝土的黏结没有被破坏，因而各截面钢筋拉应力和拉应变也大致相同。随着荷载的增大，在构件抗拉能力最薄弱的截面上将出现第一批裂缝(一条或几条裂缝)。如图 8-1 所示中的 a-a 和 c-c 截面，在开裂的瞬间，裂缝截面处混凝土拉应力降低至零，受拉混凝土分别向 a-a 截面两边回缩，混凝土和钢筋表面将产生变形差。由于钢筋和混凝土之间的黏结，随着离 a-a 截面的距离增大，混凝土的拉应力由裂缝截面处的零逐渐增大，钢筋的拉应力 σ_s 逐渐减小。直到距 a-a 截面 l 处，混凝土的拉应力 σ_{ct} 增大到 f_t 时，才有可能出现新的裂缝，如图 8-1 中的 b-b 所示。显然，在距第一条裂缝两侧 l 的范围内，将不可能再出现新的裂缝。因为，在这个区间内，通过黏结力传给混凝土的拉应力不足以使混凝土开裂($\sigma_{ct} < f_t$)。因此，对于混凝土构件，随着荷载的增大，裂缝将陆续出现，裂缝间距将逐渐减小，最后趋于稳定。理论上最小裂缝间距为 l，最大裂缝间距为 $2l$，平均裂缝间距 $l_m = 1.5l$。l 与黏结强度及钢筋表面积的大小有关，黏结强度高，则 l 小，钢筋截面面积相同时小直径钢筋的表面积大些，因而 l 就小些。同时，l 也与配筋率有关，配筋率大 l 小，配筋率小则 l 大。

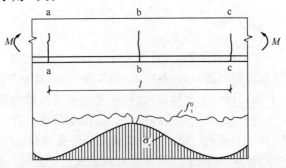

图 8-1　受弯构件的裂缝分布

构件在荷载的长期作用下，由于混凝土的滑移徐变和拉应力松弛，将导致裂缝间受拉混凝土不断退出工作，使裂缝开展宽度增大；混凝土的收缩使裂缝间混凝土的长度缩短，也会引起裂缝的进一步开展。

8.2.3 平均裂缝间距

最小裂缝间距 l 可由平衡条件求得。以轴心受拉构件为例,当即将出现裂缝时(I_a 阶段),截面上混凝土拉应力为 f_t,钢筋的拉应力 σ_{scr}。如图 8-2 所示,当薄弱截面 a-a 出现裂缝后,混凝土拉应力降至零,钢筋应力由 σ_{scr} 突然增加至 σ_{s1}。如前所述,通过黏结应力的传递,经过传递长度 l 后,混凝土拉应力从截面 a-a 处的零提高到截面 b-b 处的 f_t,钢筋应力则降至 σ_{s2},达到即将出现裂缝的状态。

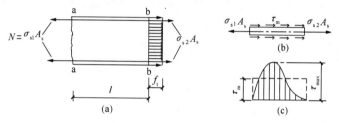

图 8-2 轴心受拉构件黏结应力传递长度

按图 8-2(a)的内力平衡条件,有

$$\sigma_{s1}A_s = \sigma_{s2}A_s + f_t A_{te} \tag{8-2}$$

式中:A_{te}——有效受拉混凝土截面面积:对轴心受拉构件,取构件截面面积;对受弯、偏心受压和偏心受拉构件,取 $A_{te} = 0.5bh + (b_f - b)h_f$,此处,$b_f$、$h_f$ 为受拉翼缘的宽度、高度。

取 l 段内钢筋为截离体,其两端的不平衡力由黏结力平衡。黏结力为钢筋表面积乘以黏结应力的总和,考虑到黏结应力的不均匀分布,取平均黏结应力为 τ_m。从图 8-2(b)得

$$\sigma_{s1}A_s = \sigma_{s2}A_s + \tau_m \nu u l \tag{8-3}$$

式中:u——钢筋总周长;

ν——受拉钢筋的相对黏结特性系数,光圆钢筋 $\nu = 0.7$,变形钢筋 $\nu = 1.0$。

将式(8-3)代入式(8-2)得

$$l = \frac{f_t}{\tau_m} \frac{A_{te}}{\nu u} \tag{8-4}$$

$$\frac{A_{te}}{\nu u} = \frac{A_s}{\rho_{te} \nu u} = \frac{\frac{\pi d^2}{4}}{\rho_{te} \nu \pi d} = \frac{d}{4\nu \rho_{te}} = \frac{d_{eq}}{4\rho_{te}}$$

钢筋直径相同时 $d_{eq} = \dfrac{d}{\nu}$;钢筋直径不同时 $d_{eq} = \dfrac{\sum n_i d_i^2}{\sum n_i \nu_i d_i}$。

式中:ρ_{te}——按有效受拉混凝土截面面积计算的纵向受拉钢筋配筋率,$\rho_{te} = \dfrac{A_s}{A_{te}}$,在最大裂缝宽度和挠度验算中,当 $\rho_{te} < 0.01$ 时,取 $\rho_{te} = 0.01$;

n_i——第 i 种受拉钢筋的根数;

d_i——第 i 种受拉钢筋的直径;

ν_i——第 i 种受拉钢筋的相对黏结特性系数。

则平均裂缝间距为

$$l_m = 1.5 \frac{f_t}{\tau_m} \frac{d_{eq}}{4\rho_{te}} = \frac{3}{8} \frac{f_t}{\tau_m} \frac{d_{eq}}{\rho_{te}} \tag{8-5}$$

试验表明,混凝土和钢筋间的黏结强度大致与混凝土抗拉强度成正比,因此,式(8-5)可表示为

$$l_m = k_1 \frac{d_{eq}}{\rho_{te}} \tag{8-6}$$

试验表明,l_m 不仅与 d_{eq}/ρ_{te} 有关,而且与混凝土保护层厚度有较大的关系。《混凝土结构设计规范》参照欧洲混凝土协会相关规范,在平均裂缝间距计算公式中增加一项 $k_2 c$,以考虑保护层厚度对平均裂缝间距的影响。即

$$l_m = k_2 c + k_1 \frac{d_{eq}}{\rho_{te}} \tag{8-7}$$

对于轴心受拉构件:

$$l_m = 1.1 (1.9c_s + 0.08 \frac{d_{eq}}{\rho_{te}}) \tag{8-8}$$

对于受弯、偏心受拉和偏心受压构件:

$$l_m = (1.9c_s + 0.08 \frac{d_{eq}}{\rho_{te}}) \tag{8-9}$$

式中:c_s——最外层纵向受拉钢筋外边缘至受拉区底边的距离,当 $c_s < 20\ mm$ 时,取 $c_s = 20\ mm$;当 $c_s > 65\ mm$ 时,取 $c_s = 65\ mm$。

8.2.4 平均裂缝宽度

1. 受拉钢筋应变不均匀系数 ψ

受弯构件中钢筋的实测应力分布沿梁轴线方向呈波浪形变化。在裂缝中间最小,在裂缝截面处最大,这主要是由于裂缝间的受拉混凝土参与工作,承担部分拉力的缘故,因此应考虑裂缝间受拉混凝土参加工作的影响。取

$$\psi = \varepsilon_{sm}/\varepsilon_s = \sigma_{sm}/\sigma_s \tag{8-10}$$

式中:ε_{sm}——钢筋的平均应变;

ε_s——钢筋裂缝截面处的应变;

σ_{sm}——钢筋的平均应力;

σ_s——钢筋裂缝截面处的应力。

因此,系数 ψ 的物理意义就是反映裂缝间受拉混凝土对纵向受拉钢筋应变的影响程度。系数 ψ 越小,裂缝间混凝土协助钢筋的抗拉作用越强;当系数 $\psi = 1.0$ 时,表明钢筋和混凝土之间的黏结力完全消失,此时裂缝间受拉混凝土全部退出工作。另外,系数 ψ 还与有效配筋率 ρ_{te} 有关,当 ρ_{te} 较小时,说明钢筋周围的混凝土参与受拉的有效面积相对大些,它所承担的总拉力也相对大些,对纵向受拉钢筋应变的影响程度也相应大些,因而 ψ 小些。试验研究表明,ψ 近似表示为

$$\psi = 1.1 - \frac{0.65 f_{tk}}{\rho_{te}\sigma_s} \tag{8-11}$$

式中:f_{tk}——混凝土抗拉强度标准值,按附录 1 采用;

σ_s——按荷载效应的准永久组合计算的混凝土构件裂缝截面处纵向受拉钢筋的

应力。

为避免过高估计混凝土协助钢筋的抗拉作用,当按式(8-11)算得的 $\psi < 0.2$ 时,取 $\psi = 0.2$;当 $\psi > 1$ 时,取 $\psi = 1$;对直接承受重复荷载作用的构件,取 $\psi = 1.0$。

2. 平均裂缝宽度

裂缝宽度是指受拉钢筋截面重心水平处构件侧表面的裂缝宽度。裂缝的开展是由于混凝土的回缩造成的,即在裂缝出现后受拉钢筋与相同水平处的受拉混凝土的伸长差异造成的,因此,平均裂缝宽度为裂缝间钢筋平均伸长和混凝土平均伸长之差,如图 8-3 所示,即

$$\omega_m = \varepsilon_{sm} l_m - \varepsilon_{ctm} l_m \tag{8-12}$$

式中:ω_m——平均裂缝宽度;

ε_{sm}——纵向受拉钢筋的平均拉应变,$\varepsilon_{sm} = \psi \varepsilon_{sk} = \psi \sigma_s / E_s$;

ε_{ctm}——与纵向受拉钢筋相同水平处侧表面混凝土的平均拉应变。

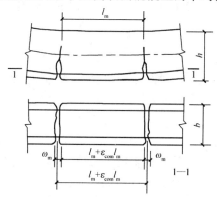

图 8-3 平均裂缝宽度计算简图

令 $\alpha_c = 1 - \dfrac{\varepsilon_{ctm}}{\varepsilon_{sm}}$,称 α_c 为裂缝间混凝土自身伸长对裂缝宽度的影响系数,将 $\varepsilon_{sm} = \psi \varepsilon_{sk} = \psi \sigma_s / E_s$ 代入式(8-12)可得

$$\omega_m = \alpha_c \psi \frac{\sigma_s}{E_s} l_m \tag{8-13}$$

《混凝土结构设计规范》规定,偏心受压构件统一取 $\alpha_c = 0.77$;其他构件取 $\alpha_c = 0.85$。

3. 裂缝截面处纵向受拉钢筋的应力 σ_s

对于受弯、轴心受拉、偏心受拉及偏心受压构件,《混凝土结构设计规范》规定在荷载准永久组合作用下,裂缝截面处钢筋的拉应力 σ_s 均可按裂缝截面处的平衡条件求得。

(1)轴心受拉构件:

$$\sigma_s = \frac{N_q}{A_s} \tag{8-14}$$

式中:N_q——按荷载准永久组合计算的轴向拉力值;

A_s——受拉钢筋总截面面积。

(2)受弯构件。

受弯构件裂缝截面处受拉钢筋的应力 σ_s 按下式计算:

$$\sigma_s = \frac{M_q}{\eta A_s h_0} \tag{8-15}$$

式中:M_q——按荷载准永久组合计算的弯矩值;

η——裂缝截面处内力臂长度系数,可取 $\eta = 0.87$。

(3)偏心受拉构件。

大小偏心受拉构件 σ_s 的计算可统一由下式表达:

$$\sigma_s = \frac{N_q e'}{A_s(h_0 - a'_s)} \tag{8-16}$$

式中:e'——轴向拉力作用点至受压区或受拉较小边纵向钢筋合力点的距离,$e' = (e_0 + y_c - a'_s)$;

y_c——截面重心至受压区或较小受拉边缘的距离。

(4)偏心受压构件。

偏心受压构件裂缝截面处受拉钢筋的应力 σ_s 按下式计算:

$$\sigma_s = \frac{N_q(e - \eta h_0)}{\eta h_0 A_s} \tag{8-17}$$

$$\eta = 0.87 - 0.12(1 - r'_f)\left(\frac{h_0}{e}\right)^2 \tag{8-18}$$

$$e = \eta_s e_0 + y_s \tag{8-19}$$

$$\eta_s = 1 + \frac{1}{4000 e_0/h_0}\left(\frac{l_0}{h}\right)^2 \tag{8-20}$$

式中:N_q——按荷载准永久组合计算的轴向压力值;

e——N_q 至受拉钢筋 A_s 合力点的距离;

ηh_0——纵向受拉钢筋合力点至受压区合力点的距离,且 $\eta h_0 \leqslant 0.87$;

η_s——使用阶段的轴向压力偏心矩增大系数,当 $l_0/h \leqslant 14$ 时,可取 $\eta_s = 1.0$;

γ'_f——受压翼缘的加强系数,$\gamma'_f = \frac{(b'_f - b)h'_f}{bh_0}$,当 $h'_f > 0.2h_0$ 时,取 $h'_f = 0.2h_0$;

y_s——截面重心至纵向受拉钢筋合力点的距离。

8.2.5 最大裂缝宽度

1. 短期荷载作用下的最大裂缝宽度

由于混凝土材料的不均匀性,裂缝的出现是随机的,裂缝间距和裂缝宽度的离散性比较大,因此,在荷载效应的标准组合作用下,其短期最大裂缝宽度应为平均裂缝宽度 ω_m 乘以荷载短期效应裂缝扩大系数 τ_s。

$$w_{s,\max} = \tau_s w_m \tag{8-21}$$

根据可靠概率为 95% 的要求,系数 τ_s 可由实测裂缝宽度分布直方图的统计分析求得:对于轴心受拉和偏心受拉构件 $\tau_s = 1.9$;对于受弯和偏心受压构件 $\tau_s = 1.66$。

2. 考虑荷载长期作用的最大裂缝宽度

考虑构件在荷载长期效应作用下,由于受拉区混凝土应力松弛和滑移徐变,裂缝间受拉钢筋的应力还将继续增长;同时由于混凝土收缩,也使裂缝宽度有所增大,因此,考虑荷载长期作用等因素影响后的最大裂缝宽度,可由荷载效应标准组合作用下的最大裂缝宽

度乘以扩大系数 τ_1 求得。对各种受力构件,《混凝土结构设计规范》均取 $\tau_1=1.5$,且取 $\alpha_{cr}=\alpha_c\tau_s\tau_1$。对各种受力构件,《混凝土结构设计规范》对 α_{cr} 的取值见式(8-23),这样,按荷载效应的标准组合或准永久组合并考虑长期作用影响计算的最大裂缝宽度为

$$w_{max}=\tau_1\tau_s w_m \tag{8-22}$$

将式(8-9)和式(8-13)代入式(8-22)可得

$$w_{max}=\alpha_{cr}\psi\frac{\sigma_s}{E_s}(1.9c_s+0.08\frac{d_{eq}}{\rho_{te}}) \tag{8-23}$$

式中:α_{cr}——构件受力特征系数,对轴心受拉构件 $\alpha_{cr}=2.7$;对偏心受拉构件 $\alpha_{cr}=2.4$;对受弯和偏心受压构件 $\alpha_{cr}=1.9$。

对 $e_0/h_0\leq0.55$ 的偏心受压构件,可不验算裂缝宽度。

对承受吊车荷载但不需作疲劳验算的受弯构件,可将计算求得的最大裂缝宽度乘以系数 0.85;裂缝宽度的验算是在满足构件承载力的前提下进行的,若截面尺寸,配筋率等均已确定,即式(8-23)中的 ψ、E_s、σ_s、ρ_{te} 均为已知,故 w_{max} 主要取决于 d、v 两个参数。因此在验算中,如果出现了 $w_{max}>w_{lim}$ 时,宜选择较细直径的变形钢筋,以增大钢筋与混凝土接触的表面积,提高钢筋和混凝土之间的黏结强度。

【例题 8-1】　矩形截面梁的截面尺寸 $b\times h=200\ mm\times500\ mm$,环境类别为一类,混凝土强度等级为 C25,配置了 3 Φ 22 的 HRB335 级受拉钢筋,混凝土保护层厚度 $c_s=25\ mm$,按荷载效应准永久组合计算的跨中弯矩 $M_q=110\ kN\cdot m$,最大裂缝宽度限值 $w_{lim}=0.3\ mm$,试验算其最大裂缝宽度是否符合要求。

【解】

$$f_{tk}=1.78\ MPa \qquad E_s=2.0\times10^5\ MPa$$

$$h_0=500-(25+\frac{22}{2})=464(mm) \qquad A_s=1140\ mm^2$$

$$v_i=1.0 \qquad d_{eq}=d/v=22/1.0=22\ (mm)$$

$$\rho_{te}=\frac{A_s}{0.5bh}=\frac{1140}{0.5\times200\times500}=0.0228$$

$$\sigma_s=\frac{M_q}{0.87h_0A_s}=\frac{110\times10^6}{0.87\times464\times1140}=239\ (MPa)$$

$$\psi=1.1-\frac{0.65f_{tk}}{\rho_{te}\sigma_s}=1.1-\frac{0.65\times1.78}{0.0228\times239}=0.888$$

$$w_{max}=1.9\psi\frac{\sigma_s}{E_s}(1.9c_s+0.08\frac{d_{eq}}{\rho_{te}})$$

$$=1.9\times0.888\times\frac{239}{2.0\times10^5}\times(1.9\times25+0.08\times\frac{22}{0.0228})$$

$$=0.252<0.3\ mm$$

裂缝宽度满足要求。

【例题 8-2】　有一矩形截面的对称配筋偏心受压柱,截面尺寸 $b\times h=350\ mm\times600\ mm$,环境类别为一类,受拉和受压钢筋均为 4 Φ 22,计算长度 $l_0=5.2\ m$,混凝土强度等级为 C30,混凝土保护层厚度 $c_s=30\ mm$,按荷载效应准永久组合计算的 $N_q=410\ kN$,$M_q=220\ kN\cdot m$,最大裂缝宽度限值 $w_{lim}=0.3\ mm$,试验算最大裂缝宽度是否符合要求。

【解】

$$f_{tk} = 2.01 \text{ MPa} \quad E_s = 2.0 \times 10^5 \text{ MPa}$$

$$A_s = 1520 \text{ mm}^2$$

$$l_0/h = 5200/600 = 8.67 < 14 \quad 取 \ \eta_s = 1.0$$

$$h_0 = h - (c + \frac{d}{2}) = 600 - (30 + 11) = 559 \text{ (mm)}$$

$$e_0 = \frac{M_q}{N_q} = \frac{220 \times 10^3}{410} = 536.6 \text{ (mm)} > 0.55 h_0 = 308 \text{ mm}$$

$$e = e_0 + h/2 - a_s = 536.6 + 300 - 41 = 795.6 \text{ (mm)}$$

$$\eta h_0 = [0.87 - 0.12(1 - \gamma'_f)(h_0/e)^2] h_0 = [0.87 - 0.12 \times 1 \times (\frac{559}{795.6})^2] \times 559 = 453.2 \text{ (mm)}$$

$$\sigma_s = \frac{N_q(e - \eta h_0)}{A_s \eta h_0} = \frac{410 \times 10^3 \times (795.6 - 453.2)}{1520 \times 453.2} = 203.8 \text{ (MPa)}$$

$$\rho_{te} = \frac{A_s}{0.5bh} = \frac{1520}{0.5 \times 350 \times 600} = 0.0145$$

$$\psi = 1.1 - 0.65 \frac{f_{tk}}{\rho_{te}\sigma_s} = 1.1 - \frac{0.65 \times 2.01}{0.0145 \times 203.8} = 0.658$$

$$w_{max} = 1.9\psi \frac{\sigma_s}{E_s}(1.9 c_s + 0.08 \frac{d_{eq}}{\rho_{te}})$$

$$= 1.9 \times 0.658 \times \frac{203.8}{2.0 \times 10^5}(1.9 \times 30 + 0.08 \times \frac{22}{0.0145})$$

$$= 0.227 \text{ (mm)} < w_{lim} = 0.3 \text{ mm}$$

裂缝宽度满足要求。

8.3　钢筋混凝土受弯构件的挠度验算

8.3.1　钢筋混凝土受弯构件的截面刚度

由于钢筋混凝土受弯构件中可采用平截面假定,故在变形验算中可以直接引用材料力学的计算公式。所不同的是,钢筋混凝土受弯构件的抗弯刚度不再是常量 EI,而是变量 B,如承受均布荷载 q_k 作用下的简支梁,其跨中挠度为

$$f = \frac{5 q_k l_0^4}{384 EI} = \frac{5 M_k l_0^2}{48 B} \tag{8-24}$$

由此可见,钢筋混凝土受弯构件的挠度验算问题实质上是如何确定其抗弯刚度的问题。截面抗弯刚度不仅随荷载的增大而减小,而且随荷载作用时间的增长而减小。在荷载效应的标准组合作用下,钢筋混凝土受弯构件的截面抗弯刚度,简称为短期刚度,用 B_s 表示;在荷载效应标准组合并考虑长期作用影响的截面抗弯刚度,简称长期刚度,用 B 表示。

1. 短期刚度 B_s 的计算

对于要求不出现裂缝的构件,可将混凝土开裂前的 M-φ 曲线视为直线,其斜率即为截面的抗弯刚度,取为

$$B_s = 0.85E_c I_0 \tag{8-25}$$

式中：I_0——为换算截面惯性矩（即将钢筋面积乘以钢筋与混凝土的弹性模量的比值换算成混凝土面积后，保持截面重心位置不变与混凝土面积一起计算的截面惯性矩）。

对于允许出现裂缝的构件，在裂缝出现后，沿构件长度，受拉钢筋的拉应变和受压区边缘混凝土的压应变都是不均匀分布的。根据平截面的假定，在确定钢筋混凝土梁的抗弯刚度时，可通过平均应变建立平均曲率和内力的关系，导出梁的抗弯刚度计算公式。

受弯构件各截面应变及裂缝分布如图 8-4 所示，根据平截面假定，可得纯弯区段的平均曲率：

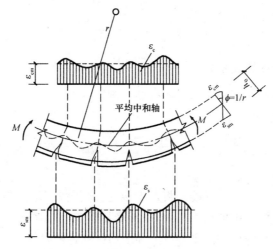

图 8-4 受弯构件各截面应变及裂缝分布

$$\varphi = \frac{1}{r} = \frac{\varepsilon_{sm} + \varepsilon_{cm}}{h_0} \tag{8-26}$$

式中：r——与平均中和轴相应的平均曲率半径；

ε_{sm}——纵向受拉钢筋重心处的平均拉应变；

ε_{cm}——受压区边缘混凝土的平均压应变；

h_0——截面的有效高度。

则荷载效应标准组合作用下的短期刚度为

$$B_s = \frac{M_k}{\varphi} = \frac{M_k h_0}{\varepsilon_{sm} + \varepsilon_{cm}} \tag{8-27}$$

式中：M_k——按荷载效应标准组合计算的弯矩值。

（1）平均应变 ε_{sm} 和 ε_{cm}。

在正常使用阶段，钢筋尚未屈服，裂缝截面处 $\varepsilon_{sk} = \dfrac{\sigma_{sk}}{E_s}$，而平均应变 $\varepsilon_{sm} = \psi \varepsilon_{sk}$，即

$$\varepsilon_{sm} = \psi \frac{M_k}{A_s \eta h_0 E_s} \tag{8-28}$$

另外，通过试验研究，对受压区混凝土边缘混凝土的平均压应变 ε_{cm} 可取为

$$\varepsilon_{cm} = \frac{M_k}{\zeta b h_0^2 E_c} \tag{8-29}$$

式中:ζ——为受压区边缘混凝土平均应变综合系数。

(2)短期刚度 B_s 的表达式。

令 $\alpha_E = \dfrac{E_s}{E_c}$,再根据国内外一些试验结果,通过统计分析可得

$$\frac{\alpha_E \rho}{\zeta} = 0.2 + \frac{6\alpha_E \rho}{1 + 3.5\gamma'_f} \tag{8-30}$$

为简化计算,《混凝土结构设计规范》取 $\eta = 0.87$。

将式(8-28)、式(8-29)、式(8-30)代入式(8-27),得到在荷载的标准组合作用下,矩形、T 形、倒 T 形和工字形截面受弯构件的短期刚度计算公式为

$$B_s = \frac{E_s A_s h_0^2}{1.15\psi + 0.2 + \dfrac{6\alpha_E \rho}{1 + 3.5\gamma'_f}} \tag{8-31}$$

式中:γ'_f——受压翼缘的加强系数,$\gamma'_f = \dfrac{(b'_f - b)h'_f}{bh_0}$,当 $h'_f > 0.2h_0$ 时,取 $h'_f = 0.2h_0$。

在荷载效应的标准组合作用下,受压钢筋对刚度的影响不大,计算时可不考虑,如需估计其影响,可在 γ'_f 中代入 $\alpha'_E \rho$,这时

$$\gamma'_f = \frac{(b'_f - b)h'_f}{bh_0} + \alpha_E \rho' \tag{8-32}$$

2. 长期刚度 B

在荷载长期作用下,受压区混凝土将发生徐变,即荷载不增加而变形却随时间增长。此外,由于裂缝间受拉混凝土的应力松弛,以及受拉钢筋和混凝土之间的滑移徐变,使受拉混凝土不断退出工作,因而钢筋平均应力和平均应变将随时间而增长。同时,由于裂缝不断向上发展,使内力臂减小,也将引起钢筋应变的不断增大。以上这些情况都会导致受弯构件曲率增大、刚度降低,致使构件的挠度增大,这一过程往往持续数年之久。

荷载长期作用下受弯构件挠度的增长可用挠度增大系数 θ 来表示,另外,受压钢筋对混凝土的徐变有约束作用,可减少荷载长期作用下的挠度增长,因此,《混凝土结构设计规范》根据试验结果,规定 θ 按下列规定取用:当 $\rho' = 0$ 时,取 $\theta = 2.0$;当 $\rho' = \rho$ 时,取 $\theta = 1.6$;当 ρ' 为中间数值时,θ 按线性内插取用。此处,$\rho' = \dfrac{A'_s}{bh_0}$,$\rho = \dfrac{A_s}{bh_0}$。

对翼缘位于受拉区的倒 T 形截面,θ 应增加 20%。

设荷载效应的标准组合弯矩值为 M_k,荷载效应的准永久组合弯矩值为 M_q,则需考虑在 M_q 作用下产生的那部分挠度增大的影响。因为在 M_k 中包含有准永久组合值,对于在 $(M_k - M_q)$ 作用下产生的短期挠度部分是不必增大的。因此,受弯构件挠度为

$$f = \frac{s(M_k - M_q)l_0^2}{B_s} + \frac{sM_q l_0^2}{B_s}\theta \tag{8-33}$$

如果上式仅用刚度表达时,有

$$f = s\frac{M_k}{B}l_0^2 \tag{8-34}$$

当荷载作用形式相同时,使式(8-34)等于式(8-35)即可得截面刚度 B 的计算公式

$$B = \frac{M_k}{M_q(\theta - 1) + M_k}B_s \tag{8-35}$$

该式即为荷载效应的标准组合并考虑荷载长期作用影响的刚度,实质上是考虑荷载长期作用部分使刚度降低的因素后,对短期刚度 B_s 进行修正。

8.3.2　最小刚度原则与挠度验算

对于受弯构件,各截面抗弯刚度是不同的,上述抗弯刚度是指纯弯曲段的平均截面抗弯刚度。如图 8-6(a)所示的简支梁,除两集中荷载间的纯弯区段外,剪跨区段各截面的弯矩是不相等的,越靠近支座,弯矩越小,因而,其刚度越大。由此可见,沿梁长各截面的平均抗弯刚度是变化的,如图 9-6(b)所示,为了简化计算,《混凝土结构设计规范》规定,在等截面构件中,取同号弯矩区段内最大弯矩处的刚度,即该区段内的最小刚度(用 B_{min} 表示)用材料力学方法中不考虑剪切变形影响的公式来计算挠度。这一计算原则通常称为最小刚度原则。

当用 B_{min} 代替匀质弹性材料梁截面抗弯刚度 EI 后,梁的挠度计算就十分简便。按《混凝土结构设计规范》要求,挠度应验算满足

$$f \leqslant f_{lim} \tag{8-36}$$

式中:f——受弯构件的挠度,按荷载效应标准组合并考虑荷载长期作用影响的刚度 B 进行计算;

f_{lim}——允许挠度值,见附录 2。

【例题 8-3】 承受均布荷载的矩形截面简支梁,截面尺寸为 $b \times h = 250\ mm \times 600\ mm$,混凝土强度等级为 C20,配置 4Φ22 HRB335 级钢筋,混凝土保护层厚度 $c_s = 30\ mm$,按荷载效应标准组合计算的跨中弯矩 $M_k = 150\ kN \cdot m$,按荷载效应准永久组合计算的跨中弯矩 $M_q = 100\ kN \cdot m$,梁的计算跨度 $l_0 = 6.0\ m$,挠度允许值为 $l_0/250$。试验算挠度是否符合要求。

【解】

$$f_{tk} = 1.54\ MPa \quad E_c = 2.55 \times 10^4\ MPa$$

$$E_s = 2.0 \times 10^5\ MPa \quad A_s = 1520\ mm^2$$

$$\alpha_E = \frac{E_s}{E_c} = \frac{2.0 \times 10^5}{2.55 \times 10^4} = 7.84$$

$$h_0 = 600 - \left(30 + \frac{22}{2}\right) = 559\ (mm)$$

$$\rho = \frac{A_s}{bh_0} = \frac{1520}{250 \times 559} = 0.0109$$

$$\rho_{te} = \frac{A_s}{0.5bh} = \frac{1520}{0.5 \times 250 \times 600} = 0.0203$$

$$\sigma_s = \frac{M_q}{0.87 h_0 A_s} = \frac{100 \times 10^6}{0.87 \times 559 \times 1520} = 135.3\ (MPa)$$

$$\psi = 1.1 - \frac{0.65 f_{tk}}{\rho_{te} \sigma_s} = 1.1 - \frac{0.65 \times 1.54}{0.0203 \times 135.3} = 0.735$$

$$B_s = \frac{E_s A_s h_0^2}{1.15\psi + 0.2 + 6\alpha_E \rho}$$

$$= \frac{2.0 \times 10^5 \times 1520 \times 559^2}{1.15 \times 0.735 + 0.2 + 6 \times 7.84 \times 0.0109} = 6.1 \times 10^{13}\ (MPa)$$

$$B = \frac{M_{\mathrm{k}}}{(\theta-1)M_{\mathrm{q}}+M_{\mathrm{k}}}B_{\mathrm{s}}$$

$$= \frac{150}{(2.0-1)\times 80 + 150}\times 6.1\times 10^{13}$$

$$= 3.98\times 10^{13}\,(\mathrm{MPa})$$

$$f = \frac{5}{48}\frac{M_{\mathrm{k}}l_0^2}{B} = \frac{5}{48}\times\frac{150\times 10^6\times 6000^2}{3.98\times 10^{13}} = 14.1\,(\mathrm{mm}) < \frac{l_0}{250} = \frac{6000}{250} = 24\,(\mathrm{mm})$$

挠度满足要求。

8.4 混凝土结构的耐久性

8.4.1 耐久性的概念与主要影响因素

1. 混凝土结构的耐久性

混凝土结构的耐久性是指结构在设计使用期限内,不需要花费大量资金加固处理而能保证其安全性和适用性的功能。或者说是指结构在气候作用、化学侵蚀、物理作用或其他不利因素的作用下,在预定时间内,其材料性能的恶化不至导致结构出现不可接受的失效概率,不发生混凝土严重腐蚀而影响结构的使用寿命。结构的耐久性与结构的使用寿命总是相联系的。结构的耐久性越好,使用寿命越长。

2. 影响混凝土结构耐久性的主要因素

影响混凝土结构耐久性的因素有内部和外部两个方面。内部因素主要有混凝土的强度、渗透性、保护层厚度,水泥品种、标号和用量,外加剂用量等,外部条件主要有环境温度、湿度、CO_2 含量、侵蚀性介质等。耐久性问题往往是内部存在不完善和外部不利因素综合作用的结果。下面对主要影响因素分析如下。

1)混凝土冻融破坏

混凝土水化硬结后内部有很多毛细孔。在浇筑混凝土时,为了得到必要的和易性,往往会加入比水泥水化所需要的水多一些。这部分多余的水以游离水的形式滞留于混凝土毛细孔中。这些在毛细孔中的水遇到低温就会结冰,结冰时体积膨胀约 9%,引起混凝土内部结构的破坏。经多次反复,损伤积累到一定程度就会引起结构破坏。

防止混凝土冻融循环破坏,一方面要降低水灰比,减少混凝土中的自由游离水,另一方面是在浇筑混凝土时加入引气剂,使混凝土中形成微细气孔,这对提高抗冻性是很有作用的。

2)混凝土的碱骨料反应

混凝土骨料中某些活动矿物与混凝土微孔中的碱性溶液产生化学反应称为碱骨料反应。碱骨料反应产生碱-硅酸盐凝胶,并吸水膨胀,体积可增大 3~4 倍,从而引起混凝土剥落、开裂、强度降低,甚至导致破坏。

防止碱骨料反应的主要措施是采用低碱水泥,或掺用粉煤灰等掺和料降低混凝土中的碱性。对含活性成分的骨料应加以控制。

3)侵蚀性介质的腐蚀

环境中的侵蚀性介质对混凝土结构的耐久性能影响很大。有些化学介质侵入,造成混凝土中一些成分被溶解、流失，引起裂缝、孔隙、松散破碎；有的化学介质侵入混凝土中与一些成分反应生成物后体积膨胀，引起混凝土结构破坏。常见的主要侵蚀介质有：硫酸盐腐蚀、酸腐蚀、海水腐蚀、盐类结晶型腐蚀。对此，应根据实际情况，采取相应的技术措施，防止或减少对混凝土结构的侵蚀。例如，从生产流程上防止有害物质散溢；采用耐酸或耐碱混凝土等。

4）混凝土的碳化

混凝土的碳化是指大气中的二氧化碳与混凝土中的碱性物质氢氧化碳发生反应，使混凝土的 PH 值下降。其他物质如二氧化硫（SO_2）、硫化氢（H_2S）也能与混凝土中碱性物质发生类似反应，使混凝土中 PH 值下降。混凝土碳化对混凝土本身无破坏作用，其主要危害是使混凝土中钢筋的保护膜受到破坏，引起钢筋锈蚀。混凝土碳化是混凝土耐久性的重要问题之一。

5）钢筋的锈蚀

钢筋锈蚀是由于钢筋中碳和其他的合金元素分布不均，当混凝土碳化后钢筋表面的氧化膜被破坏，在水分和氧气存在的条件下，发生电化学反应，随着时间的推移，在钢筋表面形成疏松的锈层，其体积膨胀为铁原体积的 2～6 倍，致使混凝土保护层脱落，钢筋有效面积减小，导致承载力下降甚至结构破坏。因而，钢筋锈蚀是影响钢筋混凝土结构耐久性的关键因素。

混凝土结构耐久性是一个复杂的多因素综合问题，引起耐久性失效的诸多因素相互关联、相互影响。例如混凝土的碳化和化学腐蚀促使钢筋锈蚀；碱骨料反应和冻融循环产生混凝土裂缝，促使混凝土碳化深入内部和钢筋锈蚀；钢筋锈蚀后体积膨胀，产生顺筋裂缝，保护层爆裂等。在导致钢筋混凝土结构耐久性损害的诸多原因中，混凝土碳化和钢筋锈蚀引起的结构过早损害占主要地位。

8.4.2　耐久性设计

耐久性设计的目的是使结构在规定的设计使用年限内，在正常维护条件下，保持适合于使用，满足既定功能的要求。一般的混凝土结构，其设计使用年限为 50 年，要求较高者可定为 100 年，而临时性结构可以缩短（如 30 年）。

目前对结构耐久性的研究还不够成熟，我国《混凝土结构设计规范》规定的混凝土结构耐久性设计还不是定量设计，而是以混凝土结构的环境类别和设计使用年限为依据的概念设计。它根据环境类别和设计使用年限提出了相应的限制和要求，以保证结构的耐久性，具体规定如下。

1. 结构工作环境分类

混凝土结构耐久性与结构工作的环境有密切关系。对混凝土结构使用环境进行分类，可以在设计时针对不同的环境类别，采取相应的措施，满足达到设计工作寿命的要求。

《混凝土结构设计规范》中，提出把结构工作环境分为五大类，详见附录 2。

2. 保证耐久性的构造措施

（1）一类、二类和三类环境中，设计使用年限为 50 年的结构混凝土应符合附录 2 的规定。

（2）一类环境中，设计使用年限为 100 年的结构混凝土应符合下列规定。

①钢筋混凝土结构的最低混凝土强度等级为 C30;预应力混凝土结构的最低混凝土强度等级为 C40。

②混凝土中的最大氯离子含量为 0.06%。

③宜使用非碱活性骨料;当使用碱活性骨料时,混凝土中的最大碱含量为 3.0 kg/m³。

④混凝土保护层厚度应符合附录 2 的规定;当采用有效的表面防护措施时,混凝土保护层厚度可适当减少。

⑤在使用过程中,应定期维护。

对恶劣环境中设计使用年限为 100 年的混凝土结构,应采取专门有效措施,由设计者确定。

(3)二类和三类环境中,设计使用年限为 100 年的混凝土结构,应采取专门有效措施。

(4)严寒及寒冷地区的潮湿环境中,结构混凝土应满足抗冻要求,混凝土抗冻等级应符合有关标准的要求。

(5)有抗渗要求的混凝土结构,混凝土的抗渗等级应符合有关标准的要求。

(6)三类环境中的结构构件,其受力钢筋宜采用环氧树脂涂层钢筋;对预应力钢筋、锚具及连接器,应采取专门防护措施。

(7)四类和五类环境中的混凝土结构,其耐久性要求应符合有关标准的规定。

(8)对临时性混凝土结构,可不考虑混凝土耐久性要求。

习题与思考

8-1 为什么要控制结构构件的裂缝宽度和变形,受弯构件的裂缝宽度和变形验算多以哪一受力阶段为依据?

8-2 正常使用极限状态验算时,荷载组合和材料强度如何取值?

8-3 简述钢筋混凝土构件裂缝出现、分布及展开的过程和机理。

8-4 试扼要说明最大裂缝宽度的计算公式是怎样建立的。

8-5 试说明参数 ψ、ρ_{te} 的物理意义及其取值范围。

8-6 减小钢筋混凝土构件裂缝宽度的有效措施有哪些?

8-7 影响钢筋混凝土受弯构件刚度的因素有哪些?

8-8 什么是"最小刚度原则"?

8-9 减小钢筋混凝土受弯构件挠度的有效措施有哪些?

8-10 试分析影响混凝土结构耐久性的主要因素。

8-11 矩形截面梁,截面尺寸 $b \times h = 250\ mm \times 600\ mm$,环境类别为一类,混凝土强度等级为 C30,配置了 4Φ22 的 HRB335 级受拉钢筋,混凝土保护层厚度 $c_s = 25\ mm$,按荷载效应标准组合计算的跨中弯矩 $M_k = 150\ kN \cdot m$,最大裂缝宽度限值 $w_{lim} = 0.3\ mm$,试验算其最大裂缝宽度是否符合要求。

8-12 均布荷载作用下的矩形截面梁,截面尺寸 $b \times h = 200\ mm \times 450\ mm$,环境类别为一类,混凝土强度等级为 C30,配置了 3Φ20 的 HRB335 级受拉钢筋,混凝土保护层厚度 $c_s = 25\ mm$,按荷载效应标准组合计算的跨中弯矩 $M_k = 70\ kN \cdot m$,按荷载效应准永久值计算的跨中弯矩 $M_q = 40\ kN \cdot m$,梁的计算跨度 $l_0 = 6.0\ m$,挠度允许值为 $l_0/250$,验算该梁的挠度是否符合要求。

9　预应力混凝土构件

内容提要

　　掌握：预应力混凝土的基本概念，施加预应力的方法、张拉控制应力。
　　熟悉：预应力损失；预应力混凝土构件的材料；预应力混凝土构件施工阶段验算内容。
　　了解：预应力混凝土轴心受拉构件设计计算。

9.1　预应力混凝土的基本概念

　　现以图 9-1 所示一预应力简支梁为例来说明预应力混凝土的基本受力原理。

　　在外荷载作用之前，预先在混凝土梁受拉区施加一对大小相等、方向相反的偏心压力 P，在梁截面的下边缘产生预压应力 σ_{pc}，如图 9-1(a) 所示。当外荷载作用时，梁跨中截面的下边缘产生拉应力 σ_t，如图 9-1(b) 所示，截面上最后的应力状态应是二者的叠加，梁的跨中下边缘可能是压应力（若 $\sigma_{pc} > \sigma_t$），也可能是较小的拉应力（若 $\sigma_{pc} < \sigma_t$），如图 9-1(c) 所示。由于预应力 σ_{pc} 的作用，可部分抵消或全部抵消外荷载引起的拉应力，因而能延缓混凝土构件的开裂，提高构件的抗裂度和刚度，并取得节约钢材、减轻自重的效果，克服了普通钢筋混凝土的主要缺点，也为采用高强度混凝土创造了条件。

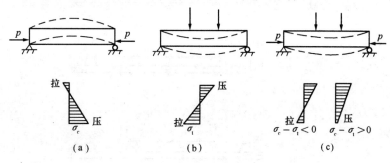

图 9-1　预应力简支梁

(a)在预压力作用下；(b)在外荷载作用下；(c)在预压力及外荷载共同作用下

　　预应力混凝土具有很多优点，下列结构物宜优先采用预应力混凝土。

　　(1)要求裂缝控制等级较高的结构。如水池、油罐、原子能反应堆、受到侵蚀性介质作用的工业厂房、水利、海洋、港口工程结构物等，要求有较高的密闭性或耐久性，在裂缝控制上要求较严，采用预应力混凝土结构能够满足这种要求（不出现裂缝或裂缝宽度不超过允许的极限值）。

　　(2)大跨度或受力很大的构件。

　　(3)对构件的刚度和变形控制要求较高的结构构件。如工业厂房中的吊车梁，桥梁中的大跨度梁式构件等。

预应力混凝土的缺点是计算过程较复杂，施工工艺烦琐，需要特殊的张拉设备，必须设置锚具或夹具以锚固或夹住钢筋，施工技术要求较高，施工周期较长，模板外形较复杂，施工费用相对较高。

9.2 施加预应力的方法

对混凝土施加预应力，一般通过张拉钢筋，利用受张拉钢筋的回弹来挤压混凝土，使混凝土受到预压应力。根据张拉钢筋与混凝土浇筑的先后关系，可分为先张法和后张法两种。

9.2.1 先张法

先张拉钢筋，后浇筑混凝土的方法为先张法，如图 9-2 所示。先张法的主要工序为：在台座（或钢膜）上张拉钢筋至预定长度后，将预应力筋临时固定在台座（或钢膜）上，然后支模、绑扎一般钢筋（非预应力钢筋），浇筑混凝土。待混凝土达到一定强度后（约为设计强度的 75％以上），切断或放松钢筋。利用钢筋的弹性回缩挤压混凝土，使构件受到预压力。先张法是通过钢筋与混凝土间的黏结力来传递预应力的。

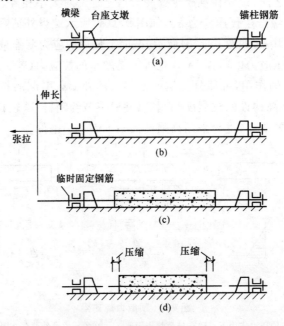

图 9-2 先张法张拉工艺

（a）钢筋就位；（b）张拉钢筋；（c）临时固定钢筋，浇筑混凝土；（d）切断预应力钢筋，使混凝土内产生预压力

9.2.2 后张法

先浇筑混凝土并预留孔道，待混凝土结硬后在构件上张拉钢筋的方法，如图 9-3 所示。后张法的主要工序为：先浇筑混凝土构件，并在构件中预留孔道（直线形或曲线形）；待混凝土达到预期强度（不宜低于设计强度的 75％）后，将预应力钢筋穿入孔道，利用构件本身作为受力台座进行张拉（一端锚固，另一端张拉或两端同时张拉），同时对混凝土构

件进行预压;张拉完毕后,将张拉端钢筋用锚具固定在构件上(此种锚具将永远留在构件内),使构件保持预压状态;最后,在孔道内进行压力灌浆,使预应力筋与孔壁之间产生黏结力。后张法是通过构件两端的工作锚具施加预应力的。

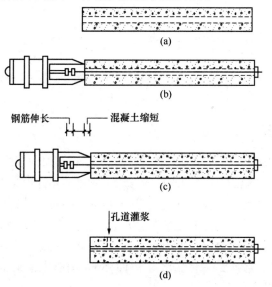

图 9-3　后张法张拉工艺
(a)制作构件、预留孔道;(b)穿筋、安装拉伸机;(c)张拉钢筋;(d)锚固钢筋、孔道灌浆

9.3　预应力混凝土的材料

9.3.1　预应力钢筋

我国目前用于预应力混凝土构件中的预应力钢材主要有钢绞线、预应力钢丝和预应力螺纹钢筋(见第 1 章内容)。预应力混凝土结构对预应力钢筋有下列要求。

1)强度高

强度越高,可建立的预应力越大。在构件制作、使用过程中,预应力钢筋中将出现各种应力损失,如果钢筋强度不高,则达不到预期的预应力效果。

2)与混凝土间有足够的黏结强度

3)具有足够的塑性

钢材强度越高,其塑性越低。塑性用拉断钢筋时的伸长率来度量,即要求具有一定的伸长率以保证不发生脆性断裂。

4)具有良好的焊接性能

9.3.2　混凝土

在预应力混凝土构件中,对混凝土有下列要求。

1. 轻质、高强

混凝土强度越高,不仅会减少结构混凝土的用量、减轻自重,而且施加的预应力也可以越大,有利于控制构件的裂缝及变形,并能减小由于混凝土徐变引起的预应力损失。

《混凝土结构设计规范》(2010)规定,预应力混凝土结构的混凝土强度等级不宜低于 C40 且不应低于 C30。当采用钢丝、钢绞线、热处理钢筋作预应力钢筋时,混凝土的强度等级不应低于 C40。

2. 收缩、徐变小

以减少因收缩徐变引起的预应力损失。

3. 快硬、早强

由于预应力构件施工工期的要求,希望混凝土快硬、早强,尽快能施加预应力,提高施工效率。

9.3.3　锚具与夹具

锚具和夹具是锚固及张拉预应力钢筋时所用的工具,是保证预应力混凝土施工安全、结构可靠的关键性设备。一般在构件制成后能够取下重复使用的称为夹具(也称工具锚)。留在构件端部,与构件连成为一个整体共同受力,不再取下的称为锚具(也称工作锚)。对锚具的要求应保证安全可靠,其本身应有足够的强度及刚度,使预应力钢筋尽可能不产生滑移,以保证预应力得到可靠传递,减少预应力损失,并尽可能使构造简单,节省钢材及造价。

锚具的形式很多。选择哪一种锚具与构件外形、预应力钢筋的品种、规格和数量有关,同时还要与张拉设备相匹配。

按所锚固的预应力筋类型区分,可分为粗钢筋的锚具、锚固平行钢筋(丝)束的锚具及锚固钢绞线束的锚具等几种。对于粗钢筋,一般是一个锚具锚住一根钢筋,对于钢丝束和钢绞线,则一个锚具须同时锚住若干根钢丝或钢绞线。

按锚固和传递预拉力的原理来分,可分为:依靠承压力的锚具,依靠摩擦力的锚具及依靠黏结力的锚具等几种。

下面介绍几种国内常用锚具的形式。

1. 螺丝端杆锚具

属于单根预应力粗钢筋常用的锚具,在张拉端采用,由端杆和螺母两部分组成,如图9-4 所示。预应力钢筋张拉端通过对焊与一根螺丝端杆连接。张拉端的螺丝杆连接在张拉设备上。张拉后预应力钢筋通过螺帽和钢垫板将预压力传到构件或台座上。

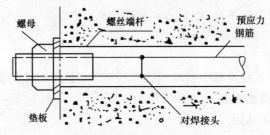

图 9-4　螺丝端杆锚具

2. 夹片式锚具

这类锚具是目前在后张法预应力系统中应用最广泛的锚具,如图 9-5 所示,它可以根据需要,每套锚具可锚固 1~100 根钢绞线。这种锚具由一个锚座、一个锚环和若干个夹片组成,每个锚环上的锥形圆孔数目与钢绞线根数相同,每个孔道通过两片(或三片)有牙齿的钢夹片夹住钢绞线,以阻止其滑动。国内常见的夹片式锚具有 HVM、OVM、XM、QM 等型号。

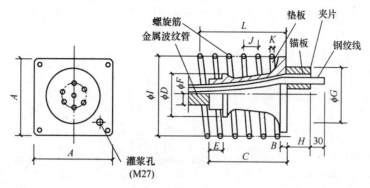

图 9-5 夹片式(OM)锚具

3. 墩头锚具

这种锚具用于锚固多根直径为 $10\sim18$ mm 的平行钢筋束或 18 根以下直径为 5 mm 的平行钢丝束。锚具由锚环、外螺帽、内螺帽和垫板组成,如图 9-6 所示。

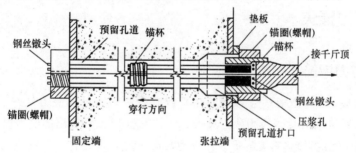

图 9-6 墩头锚具

这种锚具具有锚固性能可靠、锚固力大及张拉操作方便等优点,但对钢筋或钢丝的下料长度要求严格。

4. 锥形锚具

锥形锚具是由一个环形锚圈和一个锥形锚塞组成的锚具,如图 9-7 所示。这种锚具每套能锚固 $18\sim24$ 根 $\phi5$ mm 的高强钢丝,也可锚 $6\sim12$ 根 $7\phi4$ 或 $7\phi5$ 的钢绞线。这种锚具的缺点是滑移大,而且不易保证每根钢筋或钢丝的应力均匀。

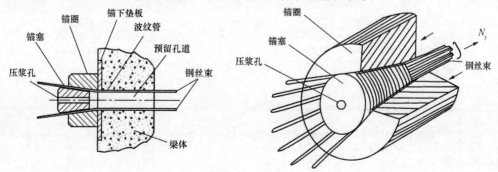

图 9-7 锥形锚具

5. JM 锚具

JM12(JM15)型锚具是由带有锥形内孔的锚环和一组合成锥形的夹片组成,夹片的数量与被锚固的钢筋数量相等。每组锚具可锚固 3～6 根 $\phi12$ 的光圆钢筋、$\phi12$ 的螺纹钢筋或 $7\phi4$、$7\phi5$ 钢绞线,如图 9-8 所示。

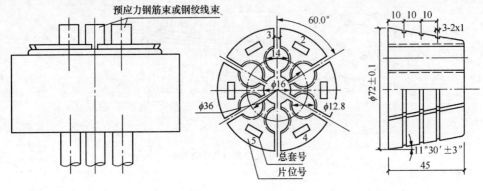

图 9-8　JM 锚具

9.4　预应力损失

9.4.1　预应力钢筋的张拉控制应力

张拉控制应力 σ_{con} 是指预应力钢筋在张拉时能达到的最大应力允许值,即用张拉设备(如千斤顶)所控制的总张拉力除以预应力钢筋截面面积所得出的应力值。

张拉控制应力定得越高,混凝土中获得的预压应力越大,预应力钢筋被利用得越充分,构件的抗裂性提高得越多;但 σ_{con} 定得过高,也有不利的一面:①钢筋的强度是有一定离散性的,张拉时可能使钢筋应力接近或达到实际的屈服强度;②在施工阶段会使预拉区混凝土产生拉应力甚至开裂,对后张法则可能不满足端部混凝土局部受压承载力验算的要求。

《混凝土结构设计规范》规定的预应力钢筋张拉控制应力允许值见表 9-1。预应力钢筋的张拉控制应力值 σ_{con} 不宜超过表 9-1 规定的张拉控制应力限值。

表 9-1　张拉控制应力限值

钢筋种类	张拉方法	
	先张法	后张法
消除应力钢丝、钢绞线	$0.75f_{ptk}$	$0.75f_{ptk}$
中强度预应力钢丝	$0.70f_{ptk}$	$0.70f_{ptk}$
预应力螺纹钢筋	$0.85f_{ptk}$	$0.85f_{ptk}$

消除应力钢丝、钢绞线、中强度预应力钢丝的张拉控制应力不应小于 $0.4f_{ptk}$;预应力螺纹钢筋的张拉控制应力不应小于 $0.5f_{ptk}$。

设计预应力构件时,表 9-1 所列的数值可根据情况和施工经验作适当调整。在下列情况下,表 9-1 中的张拉控制应力允许值可提高 $0.05f_{ptk}$(f_{ptk} 为预应力钢筋强度标准值)。

（1）要求提高构件在施工阶段的抗裂性能而在使用阶段受压区内设置的预应力钢筋。

（2）要求部分抵消由于钢筋应力松弛、摩擦、钢筋分批张拉以及预应力钢筋与张拉台座之间的温差等因素产生的预应力损失。

9.4.2　预应力损失

自钢筋张拉、锚固到后来经历运输、安装、使用的各个过程，由于张拉工艺和材料特性等种种原因，钢筋中的张拉应力将逐渐降低，称为预应力损失。预应力损失会影响预应力效果从而降低预应力混凝土构件的抗裂性能及刚度。预应力损失主要有以下六项。

1. 张拉端锚具变形和钢筋内缩引起的预应力损失 σ_{l1}

预应力张拉完毕后，用锚具加以锚固。由于张拉端锚具的变形（如螺帽、垫板缝隙被挤紧）及由于钢筋在锚具内的滑移使钢筋松动内缩而引起预应力损失。对于直线形预应力钢筋，σ_{l1} 可按下式计算：

$$\sigma_{l1}=\frac{a}{l}E_s \qquad (9\text{-}1)$$

式中：a——张拉端锚具变形和钢筋内缩值，mm，按表 9-2 采用；

l——张拉端至锚固端之间的距离，mm；

E_s——预应力钢筋的弹性模量，MPa。

块体拼成的结构，其预应力损失尚应计及块体间填缝的预压变形。当采用混凝土或砂浆为填缝材料时，每条填缝的预压变形值可取为 1 mm。

表 9-2　锚具变形和钢筋内缩值　　　　　　　　　　　　　（单位：mm）

锚具类别		a
支承式锚具（钢丝束镦头锚具等）	螺帽缝隙	1
	每块后加垫板的缝隙	1
夹片式锚具	有顶压时	5
	无顶压时	6～8

注：①表中的锚具变形和钢筋内缩值也可根据实测数据确定。

②其他类型的锚具变形和钢筋内缩值应根据实测数据确定。

减少此项损失的措施如下。

（1）选择变形小或预应力钢筋内缩小的锚具，尽量减少垫板数，因每增加一块垫板，a 值增加 1 mm。

（2）增加台座长度。

2. 预应力钢筋与孔道壁之间摩擦引起的预应力损失 σ_{l2}

由于预应力钢筋与混凝土孔道壁之间的摩擦，产生预应力损失的原因为：①孔道直线长度的影响，从理论上讲，当孔道为直线时，其摩擦阻力为零，但实际上由于在施工时孔道内壁凹凸不平和孔道轴线的局部偏差，以及钢筋因自重下垂等原因，使钢筋某些部位紧贴孔道壁而引起摩擦损失；②孔道曲线布置的影响，预应力钢筋在弯曲孔道部分张拉，产生了对孔道壁垂直压力而引起摩擦损失。σ_{l2} 宜按下式计算：

$$\sigma_{l2} = \sigma_{con}(1 - \frac{1}{e^{\kappa x + \mu\theta}}) \tag{9-2}$$

当 $(\kappa x + \mu\theta) \leqslant 0.2$ 时，σ_{l2} 可按下列近似公式计算：

$$\sigma_{l2} = (\kappa x + \mu\theta)\sigma_{con} \tag{9-3}$$

式中：x——从张拉端至计算截面的孔道长度，m，可近似取该段孔道在纵轴上的投影长度；

　　θ——从张拉端至计算截面曲线孔道部分切线的夹角(以弧度 rad 计)。

　　μ——预应力钢筋与孔道壁之间的摩擦系数，按表9-3取用；

　　κ——考虑孔道每米长度局部偏差的摩擦系数，按表9-3取用。

表 9-3　摩擦系数

孔道成型方式	κ	μ	
		钢绞线、钢丝束	预应力螺纹钢筋
预埋金属波纹管	0.0015	0.25	0.50
预埋塑料波纹管	0.0015	0.15	—
预埋钢管	0.0010	0.30	—
抽芯成型	0.0014	0.55	0.60
无黏结预应力筋	0.0040	0.09	—

注：摩擦系数也可根据实测数据确定。

减少此项损失的措施如下。

(1)较长的构件可在两端进行张拉；计算中孔道长度按构件的一半长度计算，如图9-9所示。

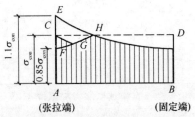

图 9-9　超张拉对减少摩擦损失的影响

(2)采用超张拉，张拉程序：

$$0 \xrightarrow{\quad} 1.1\sigma_{con} \xrightarrow{\text{停 2 min}} 0.85\sigma_{con} \xrightarrow{\text{停 2 min}} \sigma_{con}$$

第一次张拉至 $1.1\sigma_{con}$ 时，预应力钢筋应力沿 EHD 分布，张拉应力降至 $0.85\sigma_{con}$，由于钢筋回缩受到孔道反向摩擦力的影响，预应力沿 $FGHD$ 分布(反向摩擦的影响，预应力损失 σ_{l1} 降为零)，再张拉至 σ_{con} 时，钢筋应力沿 $CGHD$ 分布；超张拉钢筋中的应力比一次张拉至 σ_{con} 的应力分布均匀，预应力损失小一些。

3. 混凝土加热养护时，张拉的钢筋与承受拉力的设备之间的温差引起的预应力损失 σ_{l3}

对于先张法构件，预应力钢筋在常温下张拉及锚固在台座上并浇灌好混凝土后，为了缩短生产周期，常将构件进行蒸汽养护。养护升温时，混凝土尚未结硬，与钢筋未黏结成整体。

由于钢筋的温度高于台座,二者之间容易引起温差,钢筋的伸长值大于台座的伸长值。而钢筋已被拉紧并锚固在台座上不能自由伸长,故钢筋的拉紧程度较前变松,即张拉应力有所降低。

受张拉的钢筋与承受拉力设备之间的温差为 Δt,钢材的线膨胀系数为 0.000 01/℃,则单位长度钢筋伸长(即放松)为 0.000 01Δt,故 σ_{l3} 为:

$$\sigma_{l3} = 0.000\ 01\Delta t E_s = 0.000\ 01 \times 2 \times 10^5 \Delta t = 2\Delta t \tag{9-4}$$

减少此项损失的措施如下。

(1)采用两次升温养护。先在常温下养护,待混凝土立方强度达到 7.5～10 MPa 时再逐渐升温,因为这时钢筋与混凝土已结成整体,能够在一起膨胀而无应力损失。

(2)在钢模上张拉预应力钢筋的。由于预应力钢筋锚固在钢模上,钢模和构件一起加热养护,两者温度相同,可以不考虑此项损失。

4. 预应力钢筋的应力松弛引起的预应力损失 σ_{l4}

不论是先张法还是后张法都有此项损失。应力松弛损失在开始阶段发展快,以后发展较慢。根据试验,当钢丝中的初始应力为钢丝极限强度的 70% 时,第 1 小时的松弛损失值约为 1000 h 的 22%,第 120 天的松弛损失值约为 1000 h 的 114%。张拉控制应力 σ_{con} 越高,应力松弛损失值越大。对于不同钢筋品种,应力松弛损失数值是不一样的,预应力钢丝、钢绞线的应力松弛损失较大。

《混凝土结构设计规范》根据国内试验资料,对不同钢种钢筋的应力松弛损失 σ_{l4} 分别按以下规定计算。

(1)热处理钢筋。

一次张拉:

$$\sigma_{l4} = 0.05\sigma_{con} \tag{9-5}$$

超张拉:

$$\sigma_{l4} = 0.035\sigma_{con} \tag{9-6}$$

(2)预应力钢丝、钢绞线。

普通松弛:

$$\sigma_{l4} = 0.4\psi\left(\frac{\sigma_{con}}{f_{ptk}} - 0.5\right)\sigma_{con} \tag{9-7}$$

此处,一次张拉 $\psi = 1.0$。

超张拉 $\psi = 0.9$。

低松弛。

当 $\sigma_{con} \leqslant 0.7f_{ptk}$ 时:

$$\sigma_{l4} = 0.125\left(\frac{\sigma_{con}}{f_{ptk}} - 0.5\right)\sigma_{con} \tag{9-8}$$

当 $0.7f_{ptk} < \sigma_{con} \leqslant 0.8f_{ptk}$ 时:

$$\sigma_{l4} = 0.2\left(\frac{\sigma_{con}}{f_{ptk}} - 0.575\right)\sigma_{con} \tag{9-9}$$

采用超张拉,可降低应力松弛损失。

5. 混凝土收缩和徐变引起的预应力损失 σ_{l5} (σ'_{l5})

(1)在一般情况下,混凝土会发生体积收缩,而预压力作用下,混凝土中又会产生徐变。收缩及压缩徐变都使构件缩短,预应力钢筋也随之回缩而造成预应力损失。受拉区纵向预应力

钢筋的预应力损失 σ_{l5} 和受压区纵向预应力钢筋的预应力损失 σ'_{l5},可按下列公式计算。

①先张法构件:

$$\sigma_{l5} = \frac{60 + 340 \frac{\sigma_{pc}}{f'_{cu}}}{1 + 15\rho} \tag{9-10}$$

$$\sigma'_{l5} = \frac{60 + 340 \frac{\sigma'_{pc}}{f'_{cu}}}{1 + 15\rho'} \tag{9-11}$$

②后张法构件:

$$\sigma_{l5} = \frac{55 + 300 \frac{\sigma_{pc}}{f'_{cu}}}{1 + 15\rho} \tag{9-12}$$

$$\sigma'_{l5} = \frac{55 + 300 \frac{\sigma'_{pc}}{f'_{cu}}}{1 + 15\rho'} \tag{9-13}$$

式中:σ_{pc}、σ'_{pc}——受拉区、受压区预应力钢筋在各自合力点处混凝土的法向压应力。此公式中的预应力损失值仅考虑混凝土预压前(第一批)的损失。其非预应力钢筋中的应力 $\sigma_{l5}A_s$、$\sigma'_{l5}A'_s$ 取等于零,σ_{pc}、σ'_{pc} 值应小于 $0.5f'_{cu}$,否则混凝土中将产生非线性应变,徐变损失增加过大;当 σ'_{pc} 为拉应力时,则取 σ'_{pc} 等于零进行计算;

f'_{cu}——施加预应力时混凝土的立方体抗压强度;

ρ、ρ'——受拉区、受压区预应力钢筋和非预应力钢筋的配筋率,对先张法构件 $\rho = \frac{A_p + A_s}{A_0}$,$\rho' = \frac{A'_p + A'_s}{A_0}$;对后张法构件 $\rho = \frac{A_p + A_s}{A_n}$,$\rho' = \frac{A'_p + A'_s}{A_n}$;对于对称配置预应力钢筋和非预应力钢筋的构件,取 $\rho = \rho'$,此时配筋率应按其钢筋截面面积的一半进行计算。

计算 σ_{pc}、σ'_{pc} 时,可根据构件制作情况考虑自重的影响(对梁式构件,一般可取 0.4 跨度处的自重应力)。

当结构处于年平均相对湿度低于 40% 的环境下,σ_{l5} 及 σ'_{l5} 值应增加 30%。

6. 用螺旋式预应力钢筋作配筋的环形构件,由于混凝土的局部挤压所引起的损失 σ_{l6}

采用螺旋式预应力钢筋作配筋的构件,如图 9-10 所示。由于预应力钢筋对混凝土的挤压,使构件的直径减小,预应力钢筋中的拉应力就会降低,从而产生预应力损失 σ_{l6}。

σ_{l6} 的大小与构件的直径 d 成反比,直径越大,损失越小。故《混凝土结构设计规范》规定:对后张法构件,当 $d > 3$ m 时,取 σ_{l6} 为零,当 $d \leqslant 3$ m 时,取 σ_{l6} 为 30 MPa。

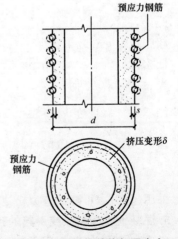

图 9-10 环形构件施加预应力

9.4.3 预应力损失值的组合

以上分别讨论了各种预应力损失的意义及其计算方法。为便于计算,预应力构件在各阶段的预应力损失值,宜按混凝土预压前和预压后分两批进行组合(见表9-4)。

表9-4 各阶段预应力损失值的组合

预应力损失值组合	先张法构件	后张法构件
混凝土预压前的损失(第一批)	$\sigma_{l1}+\sigma_{l2}+\sigma_{l3}+\sigma_{l4}$	$\sigma_{l1}+\sigma_{l2}$
混凝土预压后的损失(第二批)	σ_{l5}	$\sigma_{l4}+\sigma_{l5}+\sigma_{l6}$

考虑到预应力损失的计算值与实际值有时误差可能较大,为了保证预应力构件裂缝控制的性能,《混凝土结构设计规范》规定,当计算求得的预应力总损失值小于下列数值时,应按下列数值取用:先张法构件 100 MPa;后张法构件 80 MPa。

9.5 预应力混凝土轴心受拉构件的计算

预应力混凝土轴心受拉构件从张拉钢筋开始到构件破坏为止,可分为两个阶段:施工阶段和使用阶段。

9.5.1 施工阶段应力分析

施工阶段的轴心受拉构件预应力混凝土应力状况与施加预应力的方法有密切的关系。

1. 先张法轴心受拉构件的应力分析

(1)张拉预应力钢筋阶段。

在固定的台座上穿好预应力钢筋,用张拉设备张拉预应力钢筋至张拉控制应力 σ_{con},预应力钢筋所受到的总预拉力 N_p,N_p 的反作用力由台座承担。

$$N_p=\sigma_{con}A_p \tag{9-14}$$

式中:A_p——预应力钢筋截面面积。

(2)预应力钢筋锚固、混凝土浇筑完毕并进行养护阶段。

由于张拉端锚具变形和预应力钢筋内缩、预应力钢筋的应力松弛和混凝土养护时的温差等原因,使预应力钢筋产生第一批预应力损失 σ_{lI},此时预应力钢筋的有效拉应力降低为($\sigma_{con}-\sigma_{lI}$),预应力钢筋的合力为

$$N_{pI}=(\sigma_{con}-\sigma_{lI})A_p \tag{9-15}$$

在此阶段,混凝土未受到压缩,故

$$\sigma_{pc}=0$$

$$\sigma_s=0$$

式中:σ_{pc}——预应力混凝土中的有效预压应力。

(3)放张预压阶段。

待混凝土强度达到设计值的 75% 以上时,放松预应力钢筋,预应力钢筋发生弹性回缩而缩短,由于预应力钢筋与混凝土之间存在黏结力,所以预应力钢筋的回缩量与混凝土受预压的弹性压缩量相等。由变形协调条件可知,混凝土受到的预压应力为 $\sigma_{pcⅠ}$,非预应力钢筋受到的预压应力 $\sigma_s = \sigma_{Es}\sigma_{pcⅠ}$,预应力钢筋的应力降低数值为 $E_s\sigma_{pcⅠ}/E_c = \alpha_{Ep}\sigma_{pcⅠ}$,故预应力钢筋中的拉应力为

$$\sigma_{peⅠ} = \sigma_{con} - \sigma_{lⅠ} - \alpha_{Ep}\sigma_{pcⅠ} \tag{9-16}$$

式中:σ_s——非预应力钢筋的应力;

α_{Es}——非预应力钢筋的弹性模量与混凝土弹性模量的比值;

α_{Ep}——预应力钢筋的弹性模量与混凝土弹性模量的比值。

此时,预应力构件处于自平衡状态,由内力平衡条件可知,预应力钢筋所受的拉力等于混凝土和非预应力钢筋所受的压力。

$$\sigma_{peⅠ}A_p = \sigma_{pcⅠ}A_c + \sigma_s A_s$$

即有
$$\sigma_{peⅠ}A_p = \sigma_{pcⅠ}A_c + \alpha_{Es}\sigma_{pcⅠ}A_s \tag{9-17}$$

$$\sigma_{pcⅠ} = \frac{(\sigma_{con} - \sigma_{lⅠ})A_p}{(A_c + \alpha_{Es}A_s + \alpha_{Ep}A_p)} = \frac{N_{pⅠ}}{A_0} \tag{9-18}$$

式中:$N_{pⅠ} = (\sigma_{con} - \sigma_{lⅠ})A_p$,即为预应力钢筋在完成第一批损失后的合力;

A_0——构件的换算截面面积,为混凝土截面面积与非预应力钢筋和预应力钢筋换算成混凝土的截面面积之和,$A_0 = A_c + \alpha_{Es}A_s + \alpha_{Ep}A_p$。

对先张法轴心构件,混凝土截面面积为 $A_c = A - A_p - A_s$,$A = bh$ 为构件的毛截面面积。

(4)完成第二批应力损失阶段。

构件在预应力 $\sigma_{pcⅠ}$ 的作用下,混凝土发生收缩和徐变,预应力钢筋继续松弛,构件进一步缩短,完成第二批应力损失 $\sigma_{lⅡ}$。此时混凝土的应力由 $\sigma_{pcⅠ}$ 下降至 $\sigma_{pcⅡ}$,同时由于混凝土的收缩和徐变以及弹性压缩非预应力钢筋的预压应力由 $\alpha_{Es}\sigma_{pcⅠ}$ 下降至 $\alpha_{Es}\sigma_{pcⅡ} + \sigma_{l5}$,预应力钢筋中的应力由 $\sigma_{peⅠ}$ 减少了 $(\alpha_{Ep}\sigma_{pcⅡ} - \alpha_{Ep}\sigma_{pcⅠ}) + \sigma_{lⅢ}$,$\sigma_{peⅡ}$ 为

$$\sigma_{peⅡ} = \sigma_{peⅠ} - (\alpha_{Ep}\sigma_{pcⅡ} - \alpha_{Ep}\sigma_{pcⅠ}) - \sigma_{lⅡ} = \sigma_{con} - \sigma_{lⅠ} - \sigma_{lⅡ} - \alpha_{Ep}\sigma_{pcⅡ}$$
$$= \sigma_{con} - \sigma_l - \alpha_{Ep}\sigma_{pcⅡ} \tag{9-19}$$

式中:$\sigma_l = \sigma_{lⅠ} + \sigma_{lⅡ}$ 为全部预应力损失。

根据构件截面的内力平衡条件 $\sigma_{peⅡ}A_p = \sigma_{pcⅡ}A_c + (\alpha_{Es}\sigma_{pcⅡ} + \sigma_{l5})A_s$,可得

$$\sigma_{pcⅡ} = \frac{(\sigma_{con} - \sigma_l)A_p - \sigma_{l5}A_s}{(A_c + \alpha_{Es}A_s + \alpha_{Ep}A_p)} = \frac{N_{pⅡ}}{A_0} \tag{9-20}$$

式中:$N_{pⅡ} = (\sigma_{con} - \sigma_l)A_p - \sigma_{l5}A_s$,即为预应力钢筋完成全部预应力损失后预应力钢筋和非预应力钢筋的合力。

2. 后张法轴心受拉构件的应力分析

后张法预应力混凝土轴心受拉构件各阶段的应力状态和先张法轴心受拉构件相比有许多相同之处。但是由于张拉工艺及过程不同,又具有某些特点。

(1)从浇筑混凝土开始至穿入预应力钢筋后,构件不受任何外力作用,所以构件截面上不存在任何应力。

(2)张拉钢筋并锚固。

待混凝土强度达到设计值的 75% 以上时,张拉预应力钢筋至控制应力 σ_{con},与此同时混凝土受到与张拉力反向的压力作用,并发生了弹性压缩变形。在张拉钢筋的同时,张拉设备(千斤顶)的反作用力作用在构件端部,使混凝土受到预压应力,这是后张法不同于先张法的主要特点。在张拉过程中预应力钢筋与孔壁之间的摩擦引起预应力损失 σ_{l2},锚固预应力钢筋后,锚具的变形和预应力钢筋的回缩引起预应力损失 σ_{l1},从而完成了第一批损失 σ_{lI}。此时,混凝土受到的压应力为 σ_{pcI},非预应力钢筋所受到的压应力为 σ_{pcI}。预应力钢筋的有效拉应力 σ_{peI} 为

$$\sigma_{peI} = \sigma_{con} - \sigma_{lI} \tag{9-21}$$

由构件截面的内力平衡条件 $\sigma_{peI} A_p = \sigma_{pcI} A_c + \alpha_{Es} \sigma_{pcI} A_s$,可得到

$$\sigma_{pcI} = \frac{(\sigma_{con} - \sigma_{lI}) A_p}{A_c + \alpha_{Es} A_s} = \frac{N_{pI}}{A_n} \tag{9-22}$$

式中:N_{pI}——完成第一批预应力损失后,预应力钢筋的合力;

A_n——构件的净截面面积,即扣除孔道后混凝土的截面面积与非预应力钢筋换算成混凝土的截面面积之和,$A_0 = A_c + \alpha_{Es} A_s$。

(3)第二批预应力损失。

在预应力张拉全部完成之后,构件中混凝土受到预压应力的作用而发生了收缩和徐变、预应力钢筋松弛以及预应力钢筋对孔壁混凝土的挤压,从而完成了第二批预应力损失 $\sigma_{lII} = \sigma_{l4} + \sigma_{l5}$,此时混凝土的应力由 σ_{pcI} 降低为 σ_{pcII},非预应力钢筋的预压应力由 $\alpha_{Es} \sigma_{pcI}$ 降低为 $\alpha_{Es} \sigma_{pcI} + \sigma_{l5}$,预应力钢筋的有效应力 σ_{peII} 为

$$\begin{aligned}\sigma_{peII} &= \sigma_{peI} - \sigma_{lII} \\ &= \sigma_{con} - \sigma_{lII} - \sigma_{lII} \\ &= \sigma_{con} - \sigma_l \end{aligned} \tag{9-23}$$

由力的平衡条件 $\sigma_{peII} A_p = \sigma_{pcII} A_c + (\alpha_{Es} \sigma_{pcII} + \sigma_{l5}) A_s$ 可得

$$\sigma_{pcII} = \frac{(\sigma_{con} - \sigma_l) A_p - \sigma_{l5} A_s}{A_c + \alpha_{Es} A_s} = \frac{N_{pII}}{A_n} \tag{9-24}$$

式中:$N_{pII} = (\sigma_{con} - \sigma_l) A_p - \sigma_{l5} A_s$,即为预应力钢筋完成全部预应力损失后预应力钢筋和非预应力钢筋的合力。

9.5.2　正常使用阶段应力分析

预应力混凝土轴心受拉构件在正常使用荷载作用下,其整个受力特征点可划分为消压极限状态、抗裂极限状态和带裂缝工作状态。

1. 消压极限状态

对构件施加的轴心拉力 N_0 在该构件截面上产生的拉应力 $\sigma_{c0} = \dfrac{N_0}{A_0}$ 与混凝土的预压应力 σ_{pcII} 相等,即 $|\sigma_{c0}| = |\sigma_{pcII}|$,称 N_0 为消压轴力。

对于先张法预应力混凝土轴心受拉构件,预应力钢筋的应力 σ_{p0} 为

$$\sigma_{p0} = \sigma_{con} - \sigma_l \tag{9-25}$$

对于后张法预应力混凝土轴心受拉构件,预应力钢筋的有效应力 σ_{p0} 为

$$\sigma_{p0} = \sigma_{con} - \sigma_l + \alpha_{Ep} \sigma_{pcII} \tag{9-26}$$

预应力混凝土轴心受拉构件的消压状态,相当于普通混凝土轴心受拉构件承受荷载的初始状态,混凝土不参与受拉,轴心拉力 N_0 由预应力钢筋和非预应力钢筋承受,则

$$N_0 = \sigma_{p0} A_p - \sigma_s A_s \tag{9-27}$$

此时 $\sigma_{pc} = 0, \sigma_s = \sigma_{l5}$。

先张法预应力混凝土轴心受拉构件的消压轴力 N_0 为

$$N_0 = (\sigma_{con} - \sigma_l) A_p - \sigma_{l5} A_s$$
$$= \sigma_{pc\,II} A_0 \tag{9-28}$$

后张法预应力混凝土轴心受拉构件的消压轴力 N_0 为

$$N_0 = (\sigma_{con} - \sigma_l + \alpha_{Ep} \sigma_{pc\,II}) A_p - \sigma_{l5} A_s$$
$$= \sigma_{pc\,II} (A_n + \alpha_{Ep} A_p)$$
$$= \sigma_{pc\,II} A_0 \tag{9-29}$$

2. 开裂极限状态

在消压轴力 N_0 基础上,继续施加足够的轴心拉力使得构件中混凝土的拉应力达到其抗拉强度 f_{tk},混凝土处于受拉即将开裂但尚未开裂的极限状态,称该轴心拉力为开裂轴力 N_{cr}。

此时构件所承受的轴心拉力为

$$N_{cr} = N_0 + f_{tk} A_c + \alpha_{es} f_{tk} A_s + \alpha_{Ep} f_{tk} A_p$$
$$= N_0 + (A_c + \alpha_{Es} A_s + \alpha_{Ep} A_p) f_{tk}$$
$$= (\sigma_{pc\,II} + f_{tk}) A_0 \tag{9-30}$$

上式可作为使用阶段对构件进行抗裂度验算的依据。

3. 带裂缝工作阶段

当构件所承受的轴心拉力 N 过开裂轴力 N_{cr} 后,构件受拉开裂,并出现多道大致垂直于构件轴线的裂缝,裂缝所在截面处的混凝土退出工作,不参与受拉。预应力钢筋的拉应力 σ_p 和非预应力钢筋的拉应力 σ_s 分别为

$$\sigma_p = \sigma_{p0} + \frac{(N - N_0)}{A_p + A_s} \tag{9-31}$$

$$\sigma_s = \sigma_{s0} + \frac{(N - N_0)}{A_p + A_s} \tag{9-32}$$

由上述分析可得出如下重要结论。

(1)无论是先张法还是后张法,消压轴力 N_0、开裂轴力 N_{cr} 的计算公式具有对应相同的形式。

(2)要使预应力混凝土轴心受拉构件开裂,需要施加比普通混凝土构件更大的轴心拉力,显然在同等荷载水平下,预应力构件具有较高的抗裂能力。

9.5.3 预应力混凝土轴心受拉构件的计算与验算

1. 正截面承载力计算

预应力混凝土轴心受拉构件达到承载力极限状态时,轴心拉力全部由预应力钢筋 A_p 和非预应力钢筋 A_s 共同承受,并且两者均达到其屈服强度,如图 9-11 所示。设计计算时,取用它们各自相应的抗拉强度设计值。

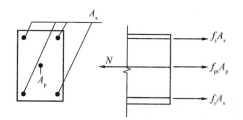

图 9-11 轴心受拉构件正截面受拉承载力计算

预应力混凝土轴心受拉构件正截面承载力计算公式为

$$N \leqslant N_u = f_{py}A_p + f_yA_s \tag{9-33}$$

式中：N——构件轴向拉力设计值；

A_p、A_s——分别为全部预应力钢筋和非预应力钢筋的截面面积；

f_{py}、f_y——分别为与 A_p 和 A_s 相对应的钢筋的抗拉强度设计值。

2. 正常使用极限状态验算

1）抗裂验算

对预应力轴心受拉构件的抗裂验算，通过对构件受拉边缘应力大小按两个控制等级进行验算，计算简图如图 9-12 所示。

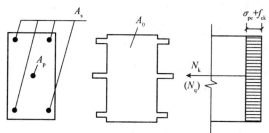

图 9-12 预应力混凝土轴心受拉构件抗裂度验算简图

严格要求不出现裂缝（一级裂缝控制等级）的构件，在荷载效应标准组合下，受拉边缘应力应符合下列规定：

$$\sigma_{ck} - \sigma_{pcⅡ} \leqslant 0 \tag{9-34}$$

一般要求不出现裂缝（二级裂缝控制等级）的构件，在荷载效应标准组合下，受拉边缘应力应符合下列规定：

$$\sigma_{ck} - \sigma_{pcⅡ} \leqslant f_{tk} \tag{9-35}$$

对环境类别为二 a 类的预应力混凝土构件，在荷载效应的准永久组合下，受拉边缘应力应符合下列规定：

$$\sigma_{cq} - \sigma_{pcⅡ} \leqslant f_{tk} \tag{9-36}$$

式中：σ_{ck}，σ_{cq}——分别为荷载效应的标准组合、准永久组合下抗裂验算边缘混凝土的法向
应力，$\sigma_{ck} = N_k/A_0$，$\sigma_{cq} = N_q/A_0$

N_k、N_q——分别为荷载效应的标准组合及准永久组合计算的轴向拉力值。

2）裂缝宽度验算

$$w_{max} \leqslant w_{lim} \tag{9-37}$$

式中：w_{max}——按荷载效应的标准组合或准永久组合并考虑长期作用影响的最大裂缝

宽度；

$w_{\lim}$——裂缝宽度限值。

最大裂缝宽度 $w_{\max}$ 计算见式(8-23)。

3. 施工阶段承载力验算

预应力混凝土构件在放张预应力钢筋（先张法）或张拉预应力钢筋完毕（后张法）时，混凝土受到的预压应力最大，而这时混凝土的强度通常仅达到设计强度的 75%，构件强度是否足够，应予验算。验算包括两个方面。

(1)张拉（或放张）预应力钢筋时，构件承载力验算：

$$\sigma_{cc} \leqslant 0.8 f'_c \qquad (9-38)$$

式中：σ_{cc}——放松预应力钢筋或张拉完毕时混凝土所受的预压应力；

f'_c——放张预应力钢筋或张拉完毕时混凝土的轴心抗压强度设计值。

先张法构件按第一批损失出现后计算 σ_a，即

$$\sigma_{cc} = \frac{(\sigma_{con} - \sigma_{l1}) A_p}{A_0} \qquad (9-39)$$

后张法构件按不考虑损失计算，即

$$\sigma_{cc} = \frac{\sigma_{con} A_p}{A_n} \qquad (9-40)$$

(2)施工阶段后张法构件端部局部承压验算。

对于后张法预应力混凝土构件，垫板与混凝土的接触面非常有限，导致锚具下的混凝土将承受较大的局部压应力，并且这种压应力需要经过一定的距离方能较均匀地扩散到混凝土的全截面上，如图 9-13 所示。

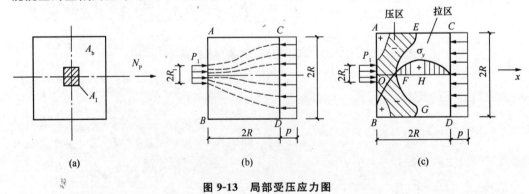

图 9-13　局部受压应力图

为了改善预应力构件端部混凝土的抗压性能，提高其局部抗压承载力，通常在锚固区段内配置一定数量的间接钢筋，配筋方式为横向方格钢筋网片或螺旋式钢筋，如图 9-14 所示，并在此基础上进行局部受压承载力验算，验算内容包括两个部分：局部承压面积的验算和局部受压承载力的验算。

(1)局部承压面积验算。

为防止垫板下混凝土的局部压应力过大，而出现沿构件长度方向的裂缝，局部受压面积应符合下式的要求，即

$$F_l \leqslant 1.35 \beta_c \beta_l f_c A_h \qquad (9-41)$$

式中：F_l——局部受压面上作用的局部压力设计值，取 $F_l = 1.2 \sigma_{con} A_p$；

β_{c}——混凝土强度影响系数,当 $f_{cu,k} \leqslant 50$ MPa 时,取 $\beta_{c} = 1.0$;当 $f_{cu,k} = 80$ MPa 时,取 $\beta_{c} = 0.8$;当 50 MPa $< f_{cu,k} < 80$ MPa 时,按直线内插法取值;

β_{l}——混凝土局部受压的强度提高系数,按下式计算,即

$$\beta_{l} = \sqrt{\frac{A_{b}}{A_{l}}} \tag{9-42}$$

A_{b}——局部受压时的计算底面积,按毛面积计算,可根据局部受压面积与计算底面积按同心、对称的原则来确定,具体计算可参照图 9-14 中所示的局部受压情形来计算,且不扣除孔道的面积;

A_{l}——混凝土局部受压面积,取毛面积计算,具体计算方法与下述的 A_{ln} 相同,只是计算中 A_{l} 的面积包含孔道的面积;

f_{c}——在承受预压时,混凝土的轴心抗压强度设计值;

A_{h}——扣除孔道和凹槽面积的混凝土局部受压净面积,当锚具下有垫板时,考虑到预压力沿锚具边缘在垫板中以 $45°$ 角扩散,传到混凝土的受压面积计算。

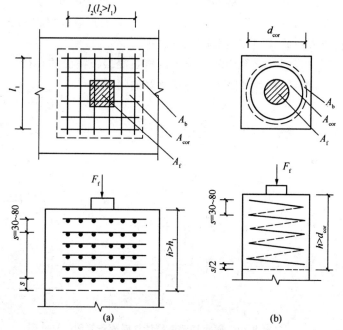

图 9-14　局部受压配筋简图

(a)横向钢筋网;(b)螺旋钢筋

(2)局部受压承载力验算。

后张法预应力混凝土构件,对于配置有间接钢筋(如图 9-15 所示)的锚固区段,当混凝土局部受压面积 A_{l} 不大于间接钢筋所在的核心面积 A_{cor} 时,预应力混凝土的局部受压承载力应满足下式的要求,即

$$F_{l} \leqslant 0.9(\beta_{c}\beta_{l}f_{c} + 2\alpha\rho_{v}\beta_{cor}f_{yv})A_{ln} \tag{9-43}$$

式中:β_{cor}——配置有间接钢筋的混凝土局部受压承载力提高系数。按下式计算:

$$\beta_{cor} = \sqrt{\frac{A_{cor}}{A_{l}}} \tag{9-44}$$

式中：A_{cor}——配置有方格网片或螺旋式间接钢筋核心区的表面范围以内的混凝土面积，根据其形心与 A_l 形心重叠和对称的原则，按毛面积计算，且不扣除孔道面积，并且要求 $A_{cor} \leqslant A_b$；

f_{yv}——间接钢筋的抗拉强度设计值；

ρ_v——间接钢筋的体积配筋率。即配置间接钢筋的核心范围内，混凝土单位体积所含有间接钢筋的体积，并且要求 $\rho_v \geqslant 0.5\%$，具体计算与钢筋配置形式有关。

当采用方格钢筋网片配筋时，如图 9-15(a)所示，那么

$$\rho_v = \frac{(n_1 A_{s1} l_1 + n_2 A_{s2} l_2)}{A_{cor} s} \tag{9-45}$$

并且要求分别在钢筋网片两个方向上单位长度内的钢筋截面面积的比值不宜大于 1.5；当采用螺旋式配筋时，如图 9-15(b)所示，则

$$\rho_v = \frac{4 A_{ss1}}{d_{cor} s} \tag{9-46}$$

式中：n_1、A_{s1}——分别为方格式钢筋网片在 l_1 方向的钢筋根数和单根钢筋的截面面积；

n_2、A_{s2}——分别为方格式钢筋网片在 l_2 方向的钢筋根数和单根钢筋的截面面积；

A_{ss1}——单根螺旋式间接钢筋的截面面积。

d_{cor}——螺旋式间接钢筋内表面范围内核心混凝土截面的直径。

s——方格钢筋网片或螺旋式间接钢筋的间距。

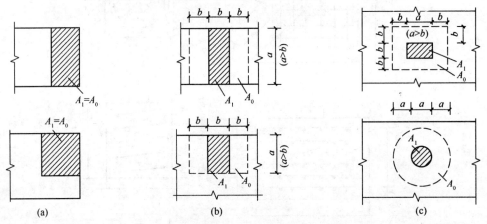

图 9-15 确定局部受压计算底面积简图

由式(9-45)验算，满足要求的间接钢筋尚应配置在规定的高度 h 范围内，对于方格式间接钢筋网片不应少于 4 片；对于螺旋式间接钢筋不应少于 4 圈。

习题与思考

9-1 根据所建立的预应力值的方式不同，可以将预应力混凝土结构划分为几种？各自的特征是什么？

9-2 简述全预应力混凝土的优缺点？

9-3 影响收缩、徐变预应力损失的主要因素是什么？如何计算这种损失？

9-4 确定预应力混凝土构件正截面承载力的界限受压区高度有何工程意义？

9-5 为何张拉控制应力不宜过高？

9-6　为什么会产生温差损失 σ_{l3}？什么情况下加热养护时可以不考虑此项损失？

9-7　某预应力屋架下弦杆，长 15 m，受轴心拉力，混凝土采用 C40，预应力筋采用 $10\phi^l 10$，$A_p = 785\ \text{m}^2$，非预应力钢筋 $4\phi 10$，$A_s = 314\ \text{m}^2$，拉杆截面尺寸如图 9-16 所示，后张法施工，采用充压橡皮管抽芯成孔，孔道直径 50 mm，在混凝土达到设计强度后张拉钢筋一端张拉，采用超张拉方法，用 JM12 锚具。计算预应力筋的预应力损失值 σ_l。

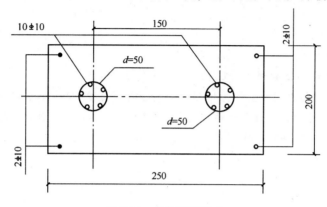

图 9-16　拉杆截面尺寸

10 钢筋混凝土楼盖设计

内容提要

掌握：现浇单向板肋梁楼盖、双向板肋梁楼盖的构造要求。

熟悉：现浇单向板肋梁楼盖按弹性理论的内力计算方法；现浇单向板肋梁楼盖、双向板肋梁楼盖按塑性理论的内力计算方法；现浇板式楼梯的设计计算。现浇雨篷的设计计算。

了解：现浇梁式楼梯的设计计算。

10.1 概述

10.1.1 楼盖结构的类型

钢筋混凝土楼盖是由梁和板组成的梁板结构体系或是无梁平板结构体系，其支承体系为承重墙体或柱。梁板结构是土木工程中应用最为广泛的一种结构形式，除房屋结构中的楼盖和屋盖之外，此种结构形式还广泛应用于楼梯、阳台、雨篷、挑檐，车间的工作平台，桥梁的桥面，大型矩形水池的池盖，地下室底板，扶壁式挡土墙等结构中，如图 10-1 所示。

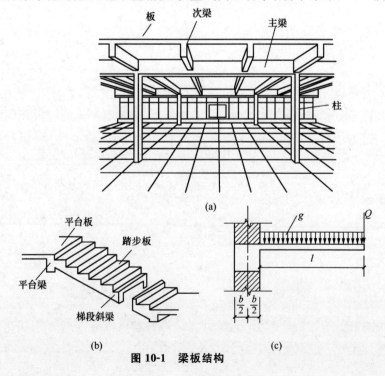

图 10-1 梁板结构

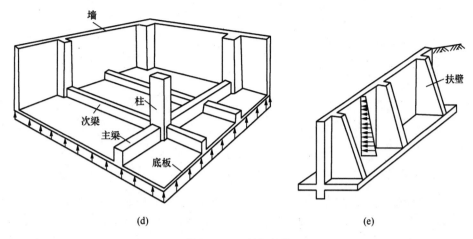

续图 10-1　梁板结构

楼盖结构按施工方法分类如下。

1）现浇整体式楼盖

混凝土为现场浇筑,具有整体性好,刚度大,抗震、抗渗性能好等优点。另外,现浇整体式楼盖结构布置灵活,可适应各种特殊的情况,例如:平面形状不规则、有较重的集中设备荷载,或者需要开设较复杂的孔洞等情况下宜采用现浇式楼盖,但是现浇结构需要在现场支模、铺设钢筋、浇筑和养护混凝土,所以现场工作量大,且施工受季节、温度影响大,工期长。随着施工机械的发展,现浇楼盖的上述缺点正在被克服,其应用日益增多。

2）装配式楼盖

装配式楼盖是由一系列预制构件组成,有预制梁和预制板结合而成的,也有现浇梁和预制板结合而成的。其整体性差,刚度小,抗震、抗渗性能差,不便于楼板开洞。但装配式楼盖的构件是在现场安装连接而成的,能节约劳动力、加快施工速度,便于实现机械化施工和工业化生产,在多层民用建筑和多层工业厂房中得到广泛应用。

3）装配整体式楼盖

装配整体式楼盖是将预制构件在现场吊装就位后采用整结措施将混凝土构件连接在一起。整结措施包括叠合梁、叠合板、施加预应力、焊接连接或者在板面现浇混凝土配筋面层。这种楼盖兼有现浇式和装配式楼盖的优点,既有比装配式楼盖整体性好的优点,又比现浇整体式节约模板和支撑。但这种楼盖往往需要二次浇筑,有时还须增加焊接工作量,故对施工进度和造价带来一些不利影响。

现浇钢筋混凝土楼盖按结构形式分类如下。

1）肋梁楼盖（如图 10-2 所示）

肋梁楼盖由板和支承板的梁组成。板的四周支承在梁上,一般四周由梁支承的板称为一个板区格。根据板区格的长边与短边比值的不同,它又分为单向板肋梁楼盖、双向板肋梁楼盖、密肋楼盖和井式楼盖。

单、双向板肋梁楼盖由板、次梁和主梁组成,板的四周支承在次梁和主梁上。楼盖上荷载的传递路线为:板的竖向荷载全部沿短跨方向传给次梁,且荷载→板→次梁→主梁→主梁支承。其特点是用钢量较低,板上留洞方便,但支模较复杂。这种方法是应用最广泛的一种。

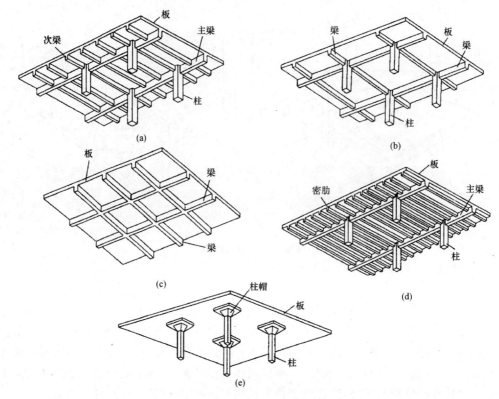

图 10-2　楼盖结构

(a)单向板肋梁楼盖;(b)双向板肋梁楼盖;(c)井式楼盖;(d)密肋楼盖;(e)无梁楼盖

当楼盖肋间距较小(其肋间距约为 0.5～1.0 m),这种楼盖称为密肋楼盖,如图 10-3 所示。其特点是在相同条件下,板厚较小、梁高较小,这样可以减轻结构自重、增大楼层净空或降低层高。密肋楼盖也分为单向和双向肋梁楼盖两种。由于近年来采用预制塑料模壳,克服了支模复杂的缺点而使其应用增多。

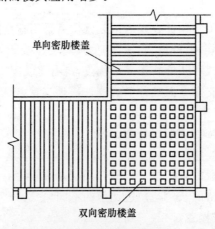

图 10-3　密肋楼盖

井式楼盖中梁的布置呈"井"字形,且两个方向的柱网和梁截面相同,如图 10-4 所示,而且梁的间距比密肋楼盖间距大很多。井字形楼盖的次梁支承在主梁或墙上,次梁可以平行于主梁或墙(如图 10-4(a)所示)也可以按 45°对角线布置(如图 10-4(b)所示)。其适应于跨度较大且柱网呈方形的结构。

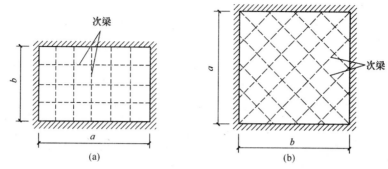

图 10-4　井字楼盖结构布置

2）无梁楼盖

在楼盖中不设梁，而将板直接支承在柱上。当柱网较小时（4～4 m），采用无柱帽平板（如图 10-5（a）所示），柱网较大（6～8 m）且荷载较大时，采用有柱帽平板以提高板的抗冲切能力（如图 10-5（b）所示）。其特点是结构传力体系简单，荷载由板传到柱或墙，楼层净空高，架设模板方便，且穿管、开孔比较方便，但用钢量大，常用于仓库、商店等柱网布置接近方形的建筑。

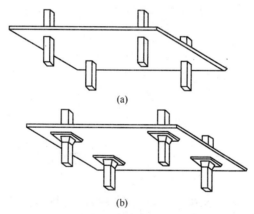

图 10-5　无梁楼盖

10.1.2　单向板和双向板的划分

梁板结构中的每一区格板，都承受竖向荷载，一般四周都有梁或墙支承。对于两边支承板，竖向荷载将通过板的受弯传递到两边的梁或墙上。而四边支承的板一般在两个方向上受弯，竖向荷载将通过两个方向板的受弯传递到四边的梁或墙上。荷载向两个方向传递的多少，和板的长边计算跨度 l_{02} 与短边计算跨度 l_{01} 之比有关。

对于四边支承的板（见图 10-6），设总荷载为 p，沿短向和长向传递的荷载分别为 p_1 和 p_2，则

$$p = p_1 + p_2$$

$$f_{\mathrm{A}} = \frac{5 p_1 l_{01}^4}{384 E_{\mathrm{c}} I_1} = \frac{5 p_2 l_{02}^4}{384 E_{\mathrm{c}} I_2} \quad \frac{p_1}{p_2} = \left(\frac{l_{02}}{l_{01}}\right)^4$$

当 $\dfrac{l_{02}}{l_{01}} = 1$ 时：

$$p_1 = p_2 = \frac{p}{2}$$

当 $\dfrac{l_{02}}{l_{01}}=2$ 时：

$$p_2=\frac{p}{17} \quad p_1=\frac{16p}{17}$$

当 $\dfrac{l_{02}}{l_{01}}=3$ 时：

$$p_2=\frac{p}{81} \quad p_1=\frac{80p}{81}$$

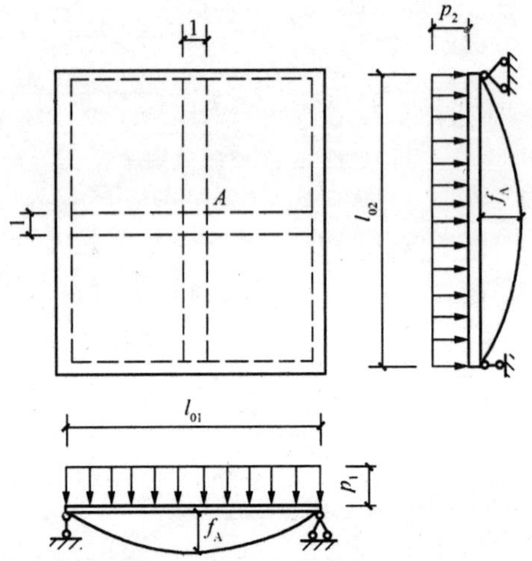

图 10-6　四边支承板的荷载传递（单位：mm）

由此，当 $l_{02}/l_{01}>2$ 时，板上 94% 以上的均布荷载沿短跨 l_{01} 方向传递，使板主要在短跨度方向弯曲，沿长跨方向传递的荷载及板在长跨方向的弯曲都比较小，可以忽略不计，故称为单向板。当 $l_{02}/l_{01}\leqslant2$ 时，沿长跨方向传递的荷载及板在长跨方向的弯曲都比较大，不能忽略，故称为双向板。

《混凝土结构设计规范》规定：混凝土板应按下列原则进行计算。

(1)两对边支承的板和单边嵌固的悬臂板，应按单向板计算。

(2)四边支承的板(或邻边支承或三边支承)应按下列规定计算。

①当长边与短边长度之比大于或等于 3 时，可按沿短边方向受力的单向板计算。

②当长边与短边长度之比小于或等于 2 时，应按双向板计算。

③当长边与短边长度之比介于 2 和 3 之间时，宜按双向板计算；当按沿短边方向受力的单向板计算时，应沿长边方向布置足够数量的构造钢筋。

10.2　整体现浇式单向板肋梁楼盖

10.2.1　整体式单向板肋梁楼盖的设计步骤

整体式单向板肋梁楼盖的设计步骤如下。

(1)选择结构布置方案，对梁板进行分类编号并初步拟定板厚和主、次梁的截面尺寸。

(2)确定主梁、次梁、板的计算简图。

(3)荷载计算。

(4)主梁、次梁、板的内力分析。

（5）主梁、次梁、板的截面配筋及构造措施。

（6）根据配筋计算及构造要求绘制施工图。

10.2.2　单向板肋梁楼盖的结构布置

进行单向板肋梁楼盖计算之前，首先应该进行结构平面布置，单向板肋梁楼盖结构平面布置通常有以下三种方案。

（1）主梁沿横向布置，次梁沿纵向布置，如图 10-7（a）所示。其优点是主梁和柱可形成横向框架，横向抗侧移刚度大，各榀横向框架间由纵向的次梁相连，房屋的整体性较好。此外，由于外纵墙处仅设次梁，故窗户高度可开得大些，对采光有利。

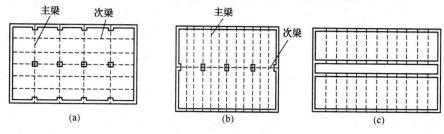

图 10-7　楼盖的结构布置

（a）主梁沿横向布置；（b）主梁沿纵向布置；（c）有中间走道

（2）主梁沿纵向布置，次梁沿横向布置，如图 10-7（b）所示。这种布置适用于横向柱距比纵向柱距大得多的情况。它的优点是减小了主梁的截面高度，增加了室内净高。

（3）只布置次梁，不设主梁，如图 10-7（c）所示。它仅适用于有中间走道的砌体墙承重的混合结构房屋。

在单向板肋梁楼盖中，板支承在次梁上，次梁支承在主梁上，主梁则支承在柱、墙等竖向承重构件上。其中，次梁的间距决定了板的跨度；主梁的间距决定了次梁的跨度；柱或墙的间距决定了主梁的跨度。工程实践表明，单向板、次梁、主梁的常用跨度如下。

单向板：（1.7～2.7）m，荷载较大时取较小值，一般不宜超过 3 m。

次梁：（4～6）m。

主梁：（5～8）m。

为了使结构布置合理，应遵循下述原则。

（1）受力合理。梁格的布置宜规则、整齐，荷载传力直接。梁宜在整个建筑平面范围内拉通、对直。主梁跨间最好不要只布置一根次梁，以减小主梁跨间弯矩的不均匀；尽量避免把梁，特别是主梁搁置在门、窗过梁上，否则应进行加强；在楼、屋面上有隔墙、机器设备、冷却塔、悬挂装置等荷载比较大的地方，宜设梁来支承；楼板上开有较大尺寸（大于800 mm）的洞口时，应在洞口周边设置加劲的小梁。

（2）满足建筑要求。例如，不封闭的阳台、厨房间和卫生间的板面标高宜低于其他部位 30～50 mm（现时，有室内地面装修的，也常做平）；当不做吊顶时，一个房间平面内不宜只放一根梁。

（3）方便施工。为了方便模板的设置，梁的截面种类不宜过多，且梁的布置应尽可能规则。

（4）应考虑节约材料、降低造价的要求。在楼盖结构中，板的混凝土用量约占整个楼盖混凝土用量的 50%～70%,因此板的跨度宜取较小值。

10.2.3　单向板肋梁楼盖的计算简图

进行内力分析前,必须先把实际的楼盖结构抽象成为一个计算模型,在抽象过程中要忽略一些次要因素,并做如下假定。

1. 支座的简化原则

板的竖向荷载全部沿短跨方向传给次梁,在荷载→板→次梁→主梁→主梁支承的传递过程中,支承条件简化为集中于一点的支承链杆,忽略支承构件的竖向变形,即按简支考虑,支座可以自由转动,但没有竖向位移。所以,板、次梁、主梁的计算模型为连续板或连续梁。

(1)一般不考虑板与主梁、次梁的整体连接,将连续板和次梁的支座视为铰支座;当其支承在砌体上时,也可将支座简化成集中于一点的支承连杆。

(2)当主梁支承在砖墙上时,简化为铰支座;当主梁支承在混凝土柱上时,应根据柱与梁的线刚度比值而定。若柱与梁的线刚度之比大于 1/4 时,应按框架分析梁、柱内力;若柱与梁的线刚度之比小于或等于 1/4 时,主梁可按铰支于钢筋混凝土柱上的连续梁进行计算。一般认为,当主梁的线刚度与柱子的线刚度之比大于 5 时,按连续梁模型计算主梁,否则应按梁、柱刚接的框架模型计算。

上述将支座简化为铰支承忽略约束所引起的误差,可以通过折算荷载的方式来弥补,见下述。

2. 跨数

跨数超过 5 跨的等截面连续梁(板),中间各跨的内力与第三跨非常接近,为了减少计算工作量,当各跨荷载基本相同,且跨度相差不超过 10%时,可按 5 跨连续梁(板)计算(如图 10-8 所示),所有中间跨的内力和配筋均按第三跨处理。当梁板实际跨数小于 5 跨时,按实际跨数计算。

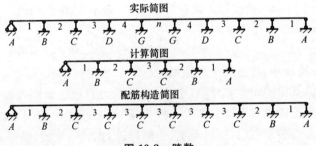

图 10-8　跨数

3. 计算单元及从属面积

为减少计算工作量,进行结构内力分析时,常常不是对整个结构进行分析,而是从实际结构中选取有代表性的一部分作为计算对象,称为计算单元,在图 10-9 中用阴影线表示。

对于单向板,可取 1 m 宽度的板带作为其计算单元,在此范围内,楼面均布荷载便是该板带承受的线荷载值,这一负荷范围称为从属面积。主、次梁的计算宽度取梁两侧各延伸 1/2 梁间距的范围。一根次梁的负荷范围以及次梁传给主梁的集中荷载范围如

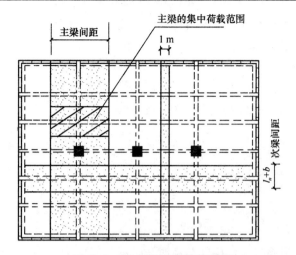

图 10-9　梁、板的荷载计算范围

图 10-9 所示。板承受楼面均布荷载,次梁承受板传来的均布线荷载,主梁承受次梁传来的集中荷载。在确定板、次梁以及主梁间的荷载传递时,为了简化计算,分别忽略板、次梁的连续性,按简支构件传力。

4.计算跨度(如图 10-10 所示)

梁、板的计算跨度 l_0 是指在内力计算时所采用的跨间长度,在实用计算中,计算跨度可按下式取值。

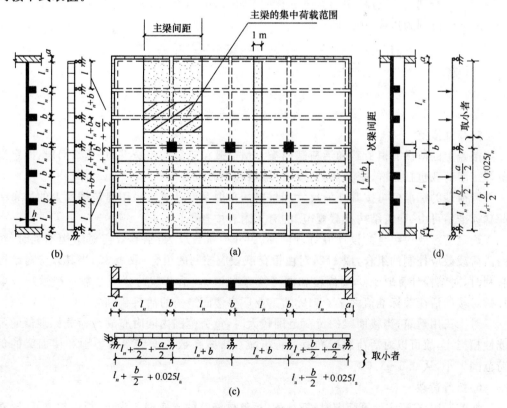

图 10-10　按弹性理论计算的计算跨度

1）当板、梁边跨端部搁置在支承构件上

中间跨：

$$l_0 = l_n + b \quad （板和梁） \tag{10-1}$$

边跨：

板
$$\left.\begin{array}{l} l_{01} = l_{n1} + \dfrac{b}{2} + \dfrac{a}{2} \\[2mm] l_{n1} + \dfrac{b}{2} + \dfrac{h}{2} \end{array}\right\} （取较小值） \tag{10-2}$$

梁
$$\left.\begin{array}{l} l_{01} = l_{n1} + \dfrac{b}{2} + \dfrac{a}{2} \\[2mm] 1.025 l_{n1} + \dfrac{b}{2} \end{array}\right\} （取较小值） \tag{10-3}$$

2）当板、梁边跨端部与支承构件整浇时

中间跨：

$$l_0 = l_n + b（板和梁） \tag{10-4}$$

边跨：

$$l_{01} = l_{n1} + \frac{b}{2} + \frac{a}{2}（板和梁） \tag{10-5}$$

式中：h——板厚；

a、b——分别为边支座、中间支座的长度（如图 10-11 所示）；

l_{n1}、l_n——分别为边跨、中跨的净跨。

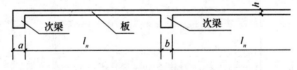

图 10-11　支座长度

5. 荷载取值

楼盖上的荷载有恒荷载和活荷载两类。恒荷载包括结构自身重力、建筑面层、固定设备等。活荷载包括人群、家具、办公设备、堆料和临时设备等。

恒荷载的标准值可按其几何尺寸和材料的重力密度计算。民用建筑楼面上的均布活荷载标准值可由《建筑结构荷载规范》的有关附表中查得。

确定荷载效应组合的设计值时，恒荷载的分项系数取为：当其效应对结构不利时，对由活荷载效应控制的组合，取 1.2，对由恒荷载效应控制的组合，取 1.35；当其效应对结构有利时，对结构计算取 1.0，对倾覆和滑移验算取 0.9。活荷载的分项系数一般情况下取 1.4，对楼面活荷载标准值大于 4 kPa 的工业厂房楼面结构的活荷载，取 1.3。

对于民用建筑，当楼面梁的负荷范围较大时，负荷范围内同时布满活荷载标准值的可能性相当小，故可以对活荷载标准值进行折减。折减系数依据房屋的类别和楼面梁的负荷范围大小，从 0.6～1.0 不等。

6. 折算荷载

如前所述，在确定计算简图时，把与梁、板整体浇筑的支座假定为梁、板的铰支承，这对等跨连续梁、板在恒荷载作用下带来的误差是不大的，但在活荷载不利布置下，次梁的转动将减小板的内力。为了使计算结果比较符合实际情况,且为了简单方便,采取增大恒荷载、相应减小活荷载,保持总荷载不变的方法来计算内力,以考虑这种有利影响。同理,主梁的转动势必也将减小次梁的内力,故对次梁也采用折算荷载计算次梁的内力,但折算得少些。

连续板 $\qquad\qquad\qquad g'=g+\dfrac{q}{2} \quad q'=\dfrac{q}{2}$ $\qquad\qquad$ (10-6)

连续次梁 $\qquad\qquad g'=g+\dfrac{q}{4} \quad q'=\dfrac{3q}{4}$ $\qquad\qquad$ (10-7)

式中:g、q——单位长度上恒荷载、活荷载设计值;

$\quad\quad g'$、q'——单位长度上折算恒荷载、折算活荷载设计值。

当板、次梁搁置在砌体或钢结构上时,荷载不作调整,按实际荷载进行计算。

由于主梁的重要性高于板和次梁,且它的抗弯刚度通常比柱的大,故对主梁一般不作调整。

10.2.4　连续梁板按弹性理论的内力计算

1. 活荷载的最不利布置

连续梁活荷载的最不利布置原则。

活荷载是按一整跨为单元来改变其位置的,因此在设计连续梁、板时,应研究活荷载布置在哪几跨将使梁、板内支座截面或跨内截面的内力绝对值最大,这种布置称为活荷载的最不利布置。

图 10-12 为五跨连续梁分别于不同跨单独布置活荷载后的弯矩图和剪力图。由图 10-13 可知,当活荷载布置在连续梁的一、三、五跨时,这些活荷载各自在梁的一、三、五跨中所产生的弯矩都是正弯矩,从而使梁在一、三、五跨跨中出现正弯矩最大值。如果活荷载布置在二、四跨,就会在一、三、五跨跨中产生负弯矩,使跨中正弯矩减小,由此可知,活荷载在连续梁各跨满布时,并不是梁最不利的布置。

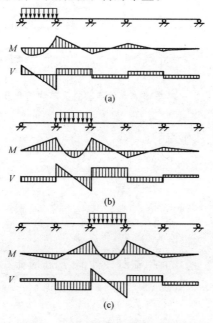

图 10-12　单跨承载时连续梁的内力图

　　通过分析图 10-12 中的弯矩和剪力分布规律,不难得出控制截面最不利活荷载布置的规律。

　　(1)欲求某跨跨中最大正弯矩时,除将活荷载布置在该跨以外,两边应每隔一跨布置活荷载。

　　(2)欲求某支座截面最大负弯矩时,除该支座两侧应布置活荷载外,两侧每隔一跨还应布置活荷载。

　　(3)欲求梁支座截面(左侧或右侧)最大剪力时,活荷载布置与求该截面最大负弯矩时的布置相同。

　　(4)欲求某跨跨中最小弯矩时,该跨应不布置活荷载,而在两相邻跨布置活荷载,然后再每隔一跨布置活荷载。

　　恒荷载应按实际情况分布。

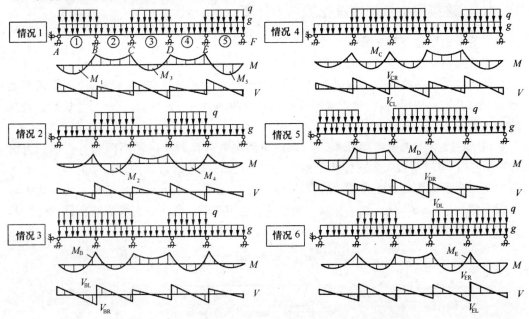

图 10-13　五跨连续梁六种荷载的最不利组合及内力图

2. 内力计算

(1)在均布及三角形荷载作用下:

$$\left.\begin{array}{l} M = k_1 g l_0^2 + k_2 q l_0^2 \\ V = k_3 g l_0 + k_4 q l_0 \end{array}\right\} \tag{10-8}$$

(2)在集中荷载作用下:

$$\left.\begin{array}{l} M = k_5 G l_0 + k_6 Q l_0 \\ V = k_7 G + k_8 Q \end{array}\right\} \tag{10-9}$$

式中:　g、q——单位长度上的均布恒荷载设计值、均布活荷载设计值;

　　　　G、P——集中恒荷载设计值、集中活荷载设计值;

　　　　l_0——计算跨度;

k_1、k_2、k_5、k_6——附录 4 中相应栏中的弯矩系数;

k_3、k_4、k_7、k_8——附录 4 中相应栏中的剪力系数。

3. 内力包络图

内力包络图为连续梁各截面在不同的荷载组合作用下可能产生的最大内力值（绝对值）的外包线。现以承受均布荷载的五跨连续梁来说明弯矩包络图的画法。根据活荷载的不同布置情况，每一跨都可以画出四个弯矩图形，分别对应于跨内最大正弯矩、跨内最小正弯矩（或最大负弯矩）和左、右支座截面的最大负弯矩。当端支座为简支时，边跨只能画出三个弯矩图形。把这些弯矩图形以同一比例全部叠画在一起，其外包线所构成的图形即为弯矩包络图，如图 10-14(a)中用粗实线表示。

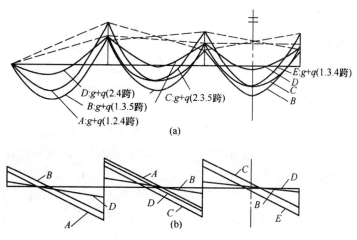

图 10-14　均布荷载下连续梁的内力包罗图

(a) 弯矩包罗图；(b) 剪力包罗图

4. 支座弯矩和剪力设计值

按弹性理论计算连续梁内力时，中间跨的计算跨度取为支座中心线间的距离，忽略了支座宽度，这样求得的支座截面负弯矩和剪力值都是支座中心位置的。实际上，正截面受弯承载力和斜截面受剪承载力的控制截面应在支座边缘，内力设计值应按支座边缘截面确定，如图 10-15 所示，并按下列公式计算。

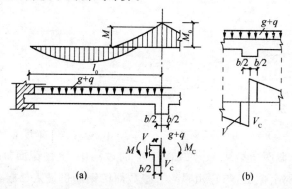

图 10-15　支座弯矩和剪力

支座边缘截面的弯矩设计值：

$$M = M_c - V_0 \frac{b}{2} \tag{10-10}$$

支座边缘截面的剪力设计值。

均布荷载：

$$V = V_c - (g+q)\frac{b}{2} \tag{10-11}$$

集中荷载：

$$V = V_c \tag{10-12}$$

式中：M_c、V_c——支承中心处的弯矩、剪力设计值；

　　　　V_0——按简支梁计算的支座中心处的剪力设计值，取绝对值；

　　　　b——支座宽度。

10.2.5 连续梁板塑性内力重分布

1. 塑性铰的概念

图 10-16(b)、(c)分别给出了梁从加载到破坏的 M 图和 $M-\phi$ 关系曲线。图中，M_y 为受拉钢筋屈服时的截面弯矩，对应的截面曲率为 ϕ_y；M_u 为破坏时截面的极限弯矩，对应的截面曲率为 ϕ_u。在破坏阶段，由于受拉钢筋已屈服，塑性应变增大而钢筋应力维持不变。随着截面受压区高度的减小，中和轴上升，内力臂略有增大，截面的弯矩也有所增加，但弯矩的增量(M_u-M_y)不大，而截面的曲率增值($\phi_u-\phi_y$)却很大，在 $M-\phi$ 图上基本是一条水平线。这样，在弯矩基本维持不变的情况下，截面"屈服"，曲率急剧增加，产生很大转动，表现得犹如一个能够转动的"铰"，这种铰称为塑性铰。

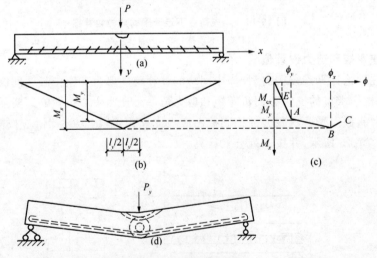

图 10-16　塑性铰的形成

(a)跨中作用集中荷载的简支梁；(b) 弯矩图；(c) $M-\phi$ 关系曲线；(d)塑性铰

试验表明，跨中截面弯矩从 M_y 增加到 M_u 的过程中，上述截面"屈服"并不仅限于受拉钢筋首先屈服的那个截面，与它相邻的一些截面的钢筋也进入屈服，受压区混凝土的塑性变形也在一定区域内发展。通常将这一非弹性变形集中发展的区域理想化为集中于一个截面上的塑性铰，该区域的长度称为塑性铰长度 l_y。

钢筋混凝土塑性铰与理想铰不同。

(1)理想铰不能承受任何弯矩，而塑性铰则能承受一定的弯矩($M_y \leqslant M \leqslant M_u$)。

（2）理想铰集中于一点，塑性铰有一定的长度。

（3）理想铰在两个方向都可产生无限的转动，而塑性铰是只能在弯矩作用方向作有限转动的单向铰。

2. 超静定结构的塑性内力重分布

超静定结构的内力不仅与荷载大小有关，而且还与结构的计算简图以及各部分抗弯刚度的比值有关。由于钢筋混凝土结构材料的非线性，其截面的受力全过程一般有三个工作阶段：开裂前的弹性阶段、开裂后的带裂缝阶段和钢筋屈服后的破坏阶段。在弹性阶段，刚度不变，内力和荷载成正比。进入带裂缝阶段后，各截面的刚度比值发生了变化，故各截面间内力的比值也将随之改变。内力最大的截面受拉钢筋屈服后进入破坏阶段而形成塑性铰，引起结构计算简图改变（如图 10-17 所示），从而导致各截面内力变化规律发生改变。混凝土结构由于刚度比值改变或出现塑性铰引起结构计算简图变化，从而引起结构各截面内力之间的关系不再服从线弹性规律的现象，称为内力重分布或塑性内力重分布。只有超静定结构才有内力重分布现象，静定结构是不存在内力重分布的。因为静定结构的内力与截面刚度无关，而且出现一个塑性铰就意味着结构的破坏。

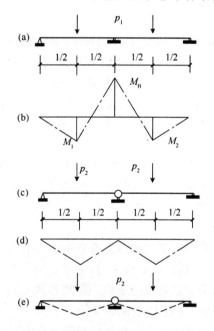

图 10-17 连续梁的塑性内力重分布

为了保证结构有足够的变形能力，塑性铰应设计成转动能力大，延性好的铰。

现以一两跨连续梁从开始加载直到破坏的全过程为例说明钢筋混凝土连续梁的塑性内力重分布，设此两跨梁跨中和支座的抗弯承载力相同，梁的受力全过程大致可分为三个阶段。

（1）当集中力 P_1 很小时，混凝土尚未开裂，梁各部分截面抗弯刚度的比值未改变，结构接近弹性体系，由弹性计算公式：跨中，$M_1 = M_2 = 0.156pl$；支座，$M_b = -0.188pl$，如图 10-17（b）所示。

（2）随着荷载增大，中间支座（截面 B）受拉区混凝土首先开裂，截面弯曲刚度降低。

但跨内截面 1 尚未开裂,由于支座与跨内截面弯曲刚度的比值降低,导致支座截面弯矩 M_b 的增长率低于跨内弯矩 M_1 的增长率。继续加载,当截面 1 也开裂时,截面弯曲刚度的比值回升,M_b 的增长率加快。图 10-18 为支座和跨内截面在混凝土开裂前后弯矩 M_1 和 M_b 的变化情况。

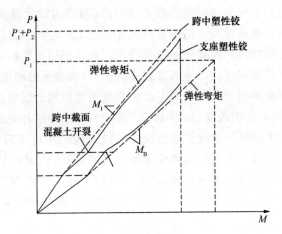

图 10-18　支座与跨中截面的弯矩变化过程

(3)当荷载增加到支座截面 B 的受拉钢筋屈服,支座塑性铰形成,塑性铰能承担的弯矩为 M_{uB},相应的荷载值为 P_1。再继续增加荷载,梁从一次超静定连续梁转变为两根简支梁。由于跨内截面承载力尚未耗尽,因此还可以继续增加荷载,直至跨内截面 l 也出现塑性铰,梁成为几何可变体系而破坏。设后加的那部分荷载为 P_2,则梁承受的总荷载为 $P = P_1 + P_2$。

在 P_2 的作用下,应按简支梁来计算跨内弯矩,此时,其支座弯矩不增加,故图 10-17 中 M_b 出现了竖直段;若按弹性理论进行计算,M_b 和 M_1 的大小始终与外荷载呈线性关系,在 $M-P$ 图上应为两条虚直线,但梁的实际弯矩分布却如图 10-18 实线所示,即出现了内力重分布。

由此可知,钢筋混凝土超静定结构的内力重分布可概括为两个过程:第一过程发生在受拉混凝土裂缝出现到第一个塑性铰形成之前,主要是由于结构各部分弯曲刚度比值的改变而引起的内力重分布;第二过程发生于第一个塑性铰形成以后直到结构破坏;显然,第二过程的内力重分布比第一过程大得多。

所以,钢筋混凝土超静定结构一个截面达到极限承载力时,即形成了一个塑性铰。塑性铰的转动使结构产生内力重分布,整个结构相当于减少了一个约束,结构可继续承载。在结构形成破坏机构时,结构的内力分布规律和塑性铰出现前按弹性理论计算的内力分布规律不同,按弹性理论方法计算时,截面间内力的分布规律是不变的,任一截面内力达到其内力设计值时,认为整个结构达到其承载能力。实际上,截面间内力的分布规律是变化的,任一截面内力达到其内力设计值时,只是该截面达到其承载能力,出现了塑性铰。只要整个结构还是几何不变的,结构还能继续承受荷载。

几点结论如下。

(1)超静定结构达到承载力极限状态的标志不是一个截面达到屈服,而是出现足够多的塑性铰,使结构成为几何可变体系。

(2)塑性铰出现后,梁中的内力发生了重分布,重新考虑塑性内力重分布,找出更符合实际内力的分布规律。

(3)按塑性方法计算的极限承载力大于按弹性方法计算的极限承载力,因此按弹性方法计算是偏于安全的。

(4)考虑塑性内力重分布,按塑性理论计算时,可以充分发挥各截面的承载力,以达到简化构造、节约配筋的目的。

(5)内力计算方法与截面设计方法相协调。

(6)可以人为调整截面的内力分布情况,调整支座配筋,方便施工。

3. 影响内力重分布的因素

若超静定结构中各塑性铰都具有足够的转动能力,能够保证结构加载后按照预期的顺序,先后形成足够数目的塑性铰,以致最后形成机动体系而被破坏,称为充分的内力重分布。但是,塑性铰的转动能力受到截面配筋率和材料极限应变值的限制,如果完成充分的内力重分布过程所需要的转角超过了塑性铰的转动能力,则在尚未形成预期的破坏机构以前,早出现的塑性铰已经因为受压区混凝土达到极限压应变而"过早"被压碎,这种情况属于不充分的内力重分布。例如上述连续梁,若支座截面 B 的塑性铰缺乏足够的转动能力,混凝土发生"过早"压碎致使结构破坏,这时跨内截面 l 的承载能力尚未被完全利用,这就是不充分的内力重分布;另外,如果在形成破坏机构之前,截面因受剪承载力不足而破坏,也不可能实现充分的内力重分布。因此,要实现充分的内力重分布,除了塑性铰要有足够的转动能力外,还要求塑性铰出现的先后顺序不会导致结构的局部破坏以及要求足够的斜截面受剪承载力。

由上述可知,内力重分布需考虑以下三个因素。

(1)塑性铰的转动能力。塑性铰的转动能力主要取决于纵筋的配筋率、钢材的品种和混凝土的极限压应变值。

塑性铰转角 θ_p 随配筋率的提高而降低。混凝土的极限压应变值 ε_{cu} 越大,塑性铰转动能力越大;混凝土强度等级高时,极限压应变值 ε_{cu} 减小,转动能力降低;普通热轧钢筋具有明显的屈服台阶,延伸率也较大。

(2)斜截面承载能力。为了保证连续梁内力重分布能充分发展,结构构件必须要有足够的受剪承载能力,不能发生因斜截面承载能力不足而引起结构构件破坏。

(3)结构正常使用条件。如果最初出现的塑性铰转动幅度过大,塑性铰附近截面的裂缝开展过宽,结构的挠度过大,以致不能满足正常使用阶段对裂缝宽度和变形的要求,因此,在考虑内力重分布时,应对塑性铰的允许转动量予以控制,即控制内力重分布的幅度。

4. 内力重分布的意义和应用

在混凝土超静定结构设计中,构件的截面设计按极限状态设计原则,而结构内力分析采用弹性理论,但是混凝土超静定结构在承受荷载的过程中,由于混凝土的非弹性变形、裂缝的出现和开展、钢筋的滑移和屈服以及塑性铰的形成和转动等因素的影响,结构构件的刚度在各受力阶段不断变化,从而使结构的实际内力与变形明显地不同于按弹性理论的计算结果。所以在混凝土连续梁板的设计中,考虑结构的内力重分布,建立弹塑性的内力计算方法,不仅可以使结构的内力分析与截面设计相协调,而且使设计更加合理。

考虑内力重分布的计算方法是以形成塑性铰为前提的,因此下列情况不宜采用。

(1)直接承受动力荷载的结构。

(2)要求有较高承载力储备的结构。

(3)在使用阶段不允许出现裂缝或对裂缝有较严格限制的结构。

(4)处于严重侵蚀性环境中的混凝土结构。

(5)处于三 a、三 b 类环境情况下的结构。

10.2.6 连续梁板按塑性理论的内力计算

1.弯矩调幅法

弯矩调幅法简称调幅法,它是在弹性弯矩的基础上,根据需要,适当调整某些截面弯矩值。通常对那些弯矩绝对值较大的截面进行调整,然后按调整后的内力进行截面设计和配筋构造,是一种适用的设计方法(见图 10-19)。

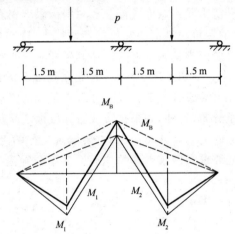

图 10-19 弯矩调幅法

截面弯矩调整的幅度用调幅系数 β 表示:

$$\beta = \frac{|M_e| - |M_a|}{|M_e|} \tag{10-13}$$

式中:M_e——按弹性理论计算的弯矩值;

M_a——调幅后的弯矩值;

弯矩调幅设计方法具有实用、计算方便等特点,且为工程设计人员所熟悉。仍以前述的一两跨连续梁为例,在跨度中点作用有集中荷载 P。按弹性理论计算,支座弯矩 $M_b = -0.188pl$,跨中弯矩 $M_1 = M_2 = 0.156pl$。将支座弯矩调低 20%,则支座弯矩调幅系数 $\beta = 0.2$,调幅之后,$M_b' = (1-0.2)M_b = M_b - 0.2M_b = -0.15\ pl = M_b - \Delta M$,根据静力平衡条件,跨中,$M_1' = M_2' = pl/4 - M_b'/2 = pl/4 - M_b/2 + \Delta M/2 = M_1 + \Delta M/2 = 0.175\ pl$,可见,调幅后,支座弯矩调低了 ΔM,跨中弯矩调高了 $\Delta M/2$。

2.考虑塑性内力重分布计算的一般原则

(1)弯矩调幅后应满足正常使用极限状态要求且采取有效的构造措施。

(2)受力钢筋宜采用 HRB335 级和 HRB400 级热轧钢筋,混凝土强度等级宜在 C20~C45 范围;同时截面相对受压区高度 ξ 应满足 $0.10 \leqslant \xi \leqslant 0.35$。

(3)为了避免塑性铰过早出现,转动幅度过大,致使梁的裂缝过宽及变形过大,应控制弯矩的调整幅度,梁支座或节点边缘截面的负弯矩调幅系数不宜大于 25%;板的负弯矩调幅系数不宜大于 20%。

弯矩调幅法按下列步骤进行。

(1)用线弹性方法计算内力,并确定荷载最不利布置下的结构控制截面上的弯矩最大值。

(2)采用调幅系数 β 降低各支座截面弯矩,即设计值按下式计算:

$$M=(1-\beta)M_e \tag{10-14}$$

(3)结构的跨中截面弯矩值,应取弹性分析所得的最不利弯矩值和按下式计算值中之较大值:

$$M=1.02M_0-\frac{1}{2}(M^l+M^r) \tag{10-15}$$

式中:M_0——按简支梁计算的跨中弯矩设计值;

M^l、M^r——连续梁或连续单向板的左、右支座截面弯矩调幅后的设计值。

(4)调幅后,支座和跨中截面的弯矩值均应不小于 $M_0/3$。

(5)各控制截面的剪力设计值按荷载最不利布置和调幅后的支座弯矩,由静力平衡条件计算确定。

3. 用调幅法计算等跨连续梁与板

1) 等跨连续梁、板弯矩设计值

在相等均布荷载和间距相同、大小相等的集中荷载作用下,等跨连续梁各跨跨中和支座截面的弯矩设计值 M 可分别按下列公式计算。

承受均布荷载时:

$$M=\alpha_{mb}(g+q)l_0^2 \tag{10-16}$$

承受集中荷载时:

$$M=\eta\alpha_m(G+Q)l_0 \tag{10-17}$$

式中:M——弯矩设计值;

　　g——沿梁单位长度上的恒荷载设计值;

　　q——沿梁单位长度上的活荷载设计值;

　　G——一个集中恒荷载设计值;

　　Q——一个集中活荷载设计值;

　　α_m——连续梁和板考虑塑性内力重分布的弯矩计算系数,见表 10-1;

　　η——集中荷载修正系数,见表 10-2;

　　l_0——计算跨度,见表 10-3。

2) 等跨连续梁、板剪力设计值

在均布荷载和间距相同、大小相等的集中荷载作用下的剪力设计值 V 可分别按下列公式计算。

均布荷载:

$$V=\alpha_v(g+q)l_n \tag{10-18}$$

集中荷载:

$$V=\alpha_v n(G+Q) \tag{10-19}$$

表 10-1　连续梁和板考虑塑性内力重分布的弯矩系数 α_m

		A	Ⅰ	B	Ⅱ	C	Ⅲ
梁、板搁置在墙上		0	1/11	−1/10(两跨)	1/16	−1/14	1/16
与梁整体连接	梁	−1/24	1/14	−1/11(多跨)			
	板	−1/16					
与柱整体连接		−1/16	1/14				

注:①表中弯矩系数适用于荷载比 $q/g > 0.3$ 的连续板。

②表中 A、B、C 和 Ⅰ、Ⅱ、Ⅲ 分别为从两端支座截面和边跨跨中截面算起的截面代码。

表 10-2　集中荷载修正系数

荷载情况	截　　面					
	A	Ⅰ	B	Ⅱ	C	Ⅲ
当在跨中中点作用一个集中荷载时	1.5	2.2	1.5	2.7	1.6	2.7
当在跨中三等份点作用两个集中荷载时	2.7	3.0	2.7	3.0	2.9	3.0
当在跨中四等份点作用三个集中荷载时	3.8	4.1	3.8	4.5	4.0	4.8

表 10-3　连续梁、板的计算跨度 l_0

支承情况	计算跨度	
	梁	板
两端与梁整体连接	l_n	l_n
两端搁置在墙上	$1.05l_n \leqslant l_n + b$	$l_n + h \leqslant l_n + a$
一端与梁(柱)整体连接, 另一端支承在砖墙上	$1.025l_n \leqslant l_n + b/2$	$l_n + h/2 \leqslant l_n + a/2$

注:表中 b 为梁的支承宽度,a 为板的搁置长度,h 为板厚。

式中:α_v——考虑塑性内力重分布梁的剪力计算系数,按表 10-4 采用;

l_n——净跨度;

n——跨内集中荷载的个数。

表 10-4　连续梁考虑塑性内力重分布的剪力系数 v

支承情况	截面位置				
	A 支座内侧	离端第二支座		中间支座	
	A_{in}	外侧 B_{ex}	内侧 B_{in}	外侧 C_{ex}	内侧 C_{in}
搁置在墙上	0.45	0.6	0.55	0.55	0.55
与梁或柱整体连接	0.5	0.55			

10.2.7 单向板肋梁楼盖的截面设计与构造要求

1. 单向板的截面设计与构造要求

1)截面设计要点

(1)板的计算单元通常取为 1 m,按单筋矩形截面设计。

(2)板一般能满足斜截面受剪承载力要求,设计时可不进行受剪承载力计算。

(3)板的内拱作用。

连续板的内区格就属于这种情况,支座处因承受负弯矩,板面开裂;跨内则承受正弯矩,板底开裂,这使板内各正截面的实际中和轴连线为拱形,如图 10-20 所示。拱是有水平推力的,周边有梁约束的板,梁能对板提供这种水平推力,从而减少了弯矩值。所以,为了考虑四边与梁整体连接的中间区格单向板拱作用的有利因素,其中间跨的跨中截面及中间支座截面的计算弯矩可减少 20%,其他截面则不予降低(如板的角区格、边跨的跨中截面及第一内支座截面的计算弯矩则不折减),如图 10-21 所示。

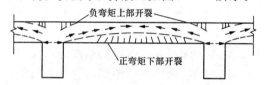

图 10-20 内拱卸荷作用

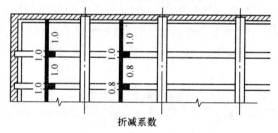

图 10-21 板的弯矩折减系数

(4)支承在次梁或砖墙上的连续板,一般可按塑性内力重分布的方法计算。

(5)板的厚度。

现浇钢筋混凝土单向板的厚度 h 除应满足建筑功能外,还应符合表 10-5 条件要求。

表 10-5 现浇钢筋混凝土单向肋梁楼盖中板的最小厚度   (单位:mm)

板的类别		最小厚度
单向板	屋面板	60
	民用建筑楼板	60
	工业建筑楼板	70
	行车道下的楼板	80
悬臂板(根部)	悬臂长度不大于 500 mm	60
	悬臂长度大于 1200 mm	100

为了保证板具有足够的刚度,钢筋混凝土单向板的厚度不大于跨度的 1/30。

(6)板的支承长度。

现浇板在砌体墙上的支承长度不宜小于 120 mm。

2)配筋构造

(1)板中受力钢筋。

配置在板中的钢筋有承受正弯矩的板底筋和承受负弯矩的板面负筋两种。设计中需要解决的内容有:选择受力纵筋的直径、间距、明确配筋方式并确定弯起钢筋的数量,以及钢筋的弯起和截断位置。

钢筋直径:钢筋一般采用 HPB300 或 HRB335、HRB400 级钢筋,常用直径为 $\phi6$、$\phi8$、$\phi10$、$\phi12$ 等。为了便于钢筋施工架立和不易被踩下,板面负筋宜采用较大直径的钢筋,一般不小于 $\phi8$。

钢筋间距:钢筋间距不宜小于 70 mm;当板厚 $h\leqslant150$ mm 时,间距不宜大于 200 mm,当板厚 $h>150$ mm 时,间距不宜大于 1.5 h,且不宜大于 250 mm。下部伸入支座的钢筋,其间距不应大于 400 mm,且截面不得少于跨内受力钢筋的 1/3。简支板或连续板下部纵向受力钢筋伸入支座的锚固长度不应小于 5d,且宜伸过支座中心线。

为了施工方便,选择板内正、负钢筋时,一般宜使它们的间距相同而直径不同,直径不宜多于两种。

配筋方式:连续板受力钢筋的配筋方式有弯起式和分离式两种,如图 10-22 所示。弯起式配筋可先按跨内正弯矩的需要,确定所需钢筋的直径和间距,然后考虑在支座附近弯起 1/3～2/3,如果钢筋面积不满足支座截面负钢筋需要,可另加设负钢筋;确定连续板的钢筋时,应注意相邻两跨跨内钢筋和中间支座钢筋直径和间距的匹配。

分离式配筋的钢筋锚固稍差,耗钢量比弯起式配筋略高。但设计和施工都比较方便,是目前常用的配筋方式。当板厚超过 120 mm,且承受的动荷载较大时,不宜采用分离式配筋。

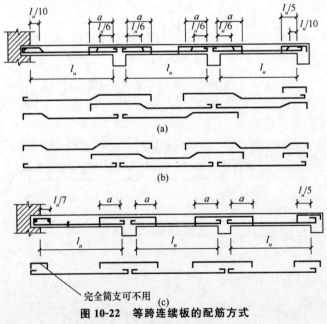

图 10-22　等跨连续板的配筋方式

(a)、(b)弯起式;(c)分离式

钢筋的弯起和截断:连续板受力钢筋的弯起与截断,一般可不按弯矩包罗图确定,而按图 10-22 所示进行布置。但是,当板的相邻跨度相差超过 20% 时,或各跨荷载相差较大时,仍按弯矩包罗图配置。承受正弯矩的受力钢筋,弯起角度一般为 30°,当 $h >$ 120 mm 时,可采用 45°,弯起式配筋的钢筋锚固较好,可节省钢材,但施工较复杂;采用分离式配筋的多跨板,板底钢筋宜全部伸入支座;承受负弯矩的钢筋,可在距支座边 a 处截断。如图 10-22 所示,图中 a 的取值为:

当 $\dfrac{q}{g} \leqslant 3$ 时:

$$a = \frac{1}{4} l_0$$

当 $\dfrac{q}{g} > 3$ 时:

$$a = \frac{1}{3} l_0$$

(2)板中构造钢筋。

连续单向板除了沿短跨方向布置受力钢筋外,通常还应布置以下四种构造钢筋。

分布钢筋:它是与受力钢筋方向垂直布置的钢筋,分布钢筋应配置在受力钢筋的内侧,单位长度上分布钢筋的截面面积不宜小于单位宽度上受力钢筋截面面积的 15%,且配筋率不宜小于 0.15%;且不宜小于该方向板截面面积的 0.15%;分布钢筋的间距不宜大于 250 mm,直径不宜小于 6 mm;对集中荷载较大的情况,分布钢筋的截面面积应适当增加,其间距不宜大于 200 mm。

分布钢筋的作用是:①浇筑混凝土时固定受力钢筋的位置;②承担混凝土收缩和温度变化所产生的内力;③承担并分布板上局部荷载产生的内力;④对四边支承的单向板,可承担在长跨方向内实际存在的弯矩。

在温度、收缩应力较大的现浇板区域,应在板的表面双向配置防裂构造钢筋。沿纵、横两个方向的配筋率均不宜小于 0.1%,间距不宜大于 200 mm。防裂构造钢筋可利用原有钢筋贯通布置,也可另行设置钢筋并与原有钢筋按受拉钢筋的要求搭接或在周边构件中锚固。

嵌入承重墙内的板面附加负筋:嵌入承重墙内的单向板,内力计算时按简支考虑,但实际上由于承重墙的嵌固作用,板内将产生一定的负弯矩,使板面受拉开裂。为此,在板的上部沿承重砌体墙配置间距不大于 200 mm(包括弯起钢筋),直径不小于 8 mm 的附加短负筋,伸出墙边缘的长度不应小于 $l_0/7$,其中 l_0 为单向板的计算跨度,如图 10-23 所示。

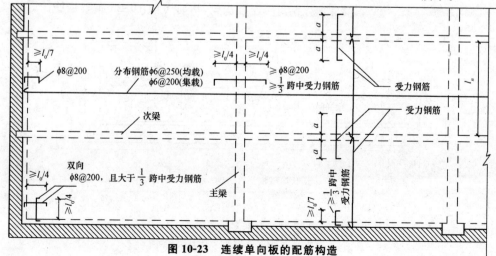

图 10-23 连续单向板的配筋构造

垂直于主梁的板面附加负筋：考虑到靠近主梁梁肋附近的板面荷载直接传递给主梁，因而在主梁梁肋附近的板面产生了一定的负弯矩，这样将使板与梁相接的板面产生裂缝。因此，应在板面沿主梁方向配置不小于 $\phi 8@200$ 的构造负筋，且单位长度内的总截面面积应不小于板跨中单位长度内受力钢筋截面面积的 $1/3$，伸出主梁梁边的长度不小于 $l_0/4$，l_0 取值同上，如图 10-23 及 10-24 所示。

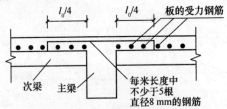

图 10-24 与主梁垂直的附加负筋

板角附加短钢筋：对于两边嵌固在墙内的板角部分，应在板面双向配置附加的短负钢筋，其数量不少于 $\phi 8@200$，伸出墙边缘的长度不小于 $l_0/4$，如图 10-23 所示。

2. 次梁的计算和构造要点

1）截面设计要点

（1）次梁的跨度一般为 $(4\sim6)$ m，梁高为跨度的 $1/18\sim1/12$；梁宽为梁高的 $1/3\sim1/2$。纵向钢筋的配筋率一般为 $0.6\%\sim1.5\%$。

（2）在现浇肋梁楼盖中，板可作为次梁的上翼缘，在跨内正弯矩区段，板位于受压区，故次梁的跨内截面应按 T 形截面计算；在支座附近的负弯矩区段，板处于受拉区，应按矩形截面计算纵向受拉钢筋。

（3）用塑性方法计算内力，此时，调幅截面的相对受压区高度应满足 $\xi\leqslant0.35h_0$ 的限制，此外在斜截面受剪承载力计算中，为避免梁因出现剪切破坏而影响其内力重分布，在下列区段内应将计算所需的箍筋面积增大 20%：对集中荷载，取支座边至最近一个集中荷载之间的区段；对均布荷载，取支座边至距支座边为 $1.05h_0$ 的区段，h_0 为梁截面有效高度。

2）构造要求

当梁各跨中和支座处截面分别按最大弯矩确定配筋后，沿梁长纵向钢筋的弯起和截断，原则上应按弯矩及剪力包络图确定。但根据工程经验总结，对于相邻跨跨度相差不超过 20%，活荷载与恒荷载的比值 $q/g\leqslant3$ 的连续次梁，可参考图 10-25 布置钢筋。

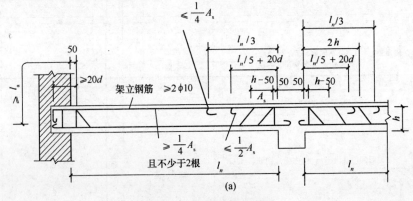

图 10-25 次梁配筋示意图

(a)设弯起钢筋 (b)不设弯起钢筋

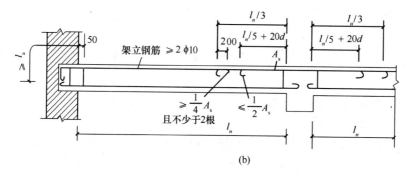

(b)

续图 10-25　次梁配筋示意图

按图 10-25(a)所示,中间支座钢筋的弯起,第一排的上弯点距支座边缘为 50 mm,第二排、第三排上弯点距支座边缘分别为 h 和 $2h$。

支座处上部受力钢筋总面积为 A_s,第一次截断的钢筋面积不得超过 A_s 的 50%,截断点在距支座边缘 $l_n/5+20d$ 处,第二次截断的钢筋面积不得超过 A_s 的 25%,截断点在距支座边缘 $l_n/3$ 处。余下的纵筋面积不小于 $A_s/4$,且不得少于两根,可用来承担部分负弯矩并兼做架立钢筋,其伸入边支座的锚固长度不得小于 l_a。

位于连续次梁下部弯起后剩余的纵向钢筋,应全部伸入支座,不得在跨间截断。下部纵向钢筋伸入边支座和中间支座的锚固长度详见第 4 章。

连续次梁因截面上、下均配置有受力纵筋,所以一般均沿梁全长配置封闭式箍筋,第一根箍筋可从距支座边 50 mm 处开始布置,同时在简支端的支座范围内,一般宜布置一根箍筋。

3. 主梁的计算和构造要点

1)截面设计要点

(1)主梁支座截面的有效高度 h_0。

在主梁支座处,由于次梁和主梁承受负弯矩的钢筋相互交叉重叠(如图 10-26 所示),主梁的纵筋须放在次梁的下面,则主梁的截面高度有所减小。

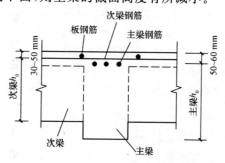

图 10-26　主梁支座截面钢筋位置

单排钢筋　　　　　　　　　　$h_0 = h - (50 \sim 60)$ mm

双排钢筋　　　　　　　　　　$h_0 = h - (70 \sim 80)$ mm

(2)因梁板整体浇筑,正弯矩作用按 T 形截面计算,负弯矩作用按矩形截面计算。

(3)主梁的内力计算通常采用弹性理论方法,不考虑塑性内力重分布。

(4)主梁的自重等效成集中荷载,其作用点与次梁的位置相同。

2)构造要求

(1)截面尺寸。

主梁跨度一般在 5~8 m 为宜,梁高为跨度的 1/15~1/10,$b=(1/3~1/2)h$,配筋率在(0.6%~1.5%)内。

(2)主梁纵筋的弯起和截断按弯矩包络图确定。

(3)主梁的附加横向钢筋。

主梁和次梁相交处,在主梁高度范围内受到次梁传来的集中荷载的作用,此集中力作用于主梁的腹部。所以,在主梁局部长度上将引起主拉应力,主拉应力会在梁腹部产生斜裂缝而引起局部破坏。为此,应在次梁两侧设置附加横向钢筋,把集中力传递到主梁顶部受压区。

附加横向钢筋应布置在长度为 $s=2h_1+3b$ 的范围内,以便能充分发挥作用。横向钢筋可以是附加箍筋和吊筋,宜优先采用附加箍筋,附加箍筋和吊筋应设置在 s 范围中,s 与集中力的位置有关,如图 10-27 所示。

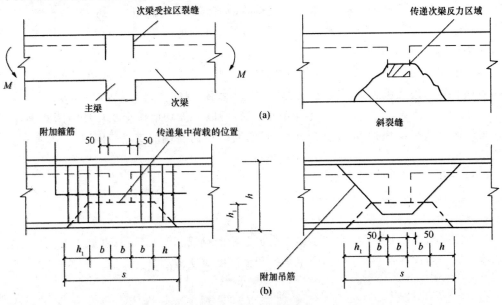

图 10-27 附加横向钢筋的布置

(a)次梁和主梁相交处的裂缝情况;(b)承受集中荷载处附加横向钢筋的布置

附加箍筋和吊筋的总截面面积按下式计算:

$$F_l \leqslant 2f_y A_{sb} \sin \alpha + mn f_{yv} A_{sv1} \qquad (10\text{-}20)$$

式中:F_l——由次梁传递的集中力设计值;

f_y——吊筋的抗拉强度设计值;

f_{yv}——附加箍筋的抗拉强度设计值;

A_{sb}——单根吊筋的截面面积;

A_{sv1}——单肢箍筋的截面面积;

n——在同一截面内附加箍筋的肢数;

m——附加箍筋的排数;

α——吊筋与梁轴线间的夹角。

10.2.8 单向板肋梁楼盖设计例题

某多层工业建筑采用混合结构方案,其标准层楼面布置如图 10-28 所示,楼面拟采用现浇钢筋混凝土单向板肋梁楼盖,试对此楼面进行设计。

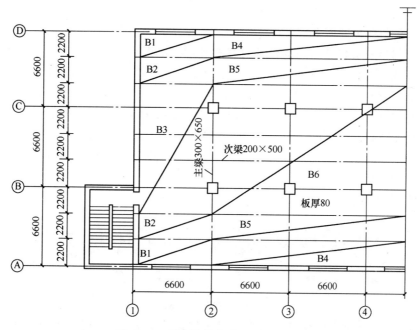

图 10-28 楼面结构布置图(单位:mm)

1. 设计资料

(1)楼面做法:水磨石面层;钢筋混凝土现浇板;20 mm 石灰砂浆抹底。

(2)材料:混凝土强度等级 C30;梁、板受力钢筋 HPB400 级钢筋,梁、板箍筋、板构造筋 HRB335。

2. 楼盖的结构平面布置

主梁沿横向布置,次梁沿纵向布置。主梁的跨度为 6.6 m,次梁的跨度为 6.6 m,主梁每跨内布置两根次梁,板的跨度为 2.2 m,$l_{01}/l_{02}=3$,因此按单向板设计。

按跨高比条件要求板 $h \geqslant \dfrac{l_0}{30} = \dfrac{2200}{30} = 73$mm,对工业建筑的楼盖板,要求 $h \geqslant 80$ mm,则可取板厚 $h=80$ mm。

次梁截面高度应满足 $h=\left(\dfrac{1}{12} \sim \dfrac{1}{18}\right) l_0 = (376 \sim 550)$ mm,考虑到楼面可变荷载比较大,取 $h=500$ mm,截面宽度取 $b=200$ mm。

主梁截面高度应满足 $h=\left(\dfrac{1}{15} \sim \dfrac{1}{10}\right) l_0 = (440 \sim 660)$ mm,则取 $h=650$ mm,截面宽度取 $b=300$ mm。

3. 板的设计

1)荷载

板的永久荷载标准值。

水磨石面层　　　　0.65 kPa

80 mm 厚混凝土板　0.08×25＝2(kPa)

20 mm 厚石灰砂浆　0.02×17＝0.34(kPa)

小计　　　　　　　　　　　2.29 kPa

板的可变荷载标准值 8 kPa。

永久荷载分项系数取 1.2；因楼面可变荷载标准值大于 4.0 kPa，所以可变荷载分项系数应取 1.3。

板的永久荷载设计值：

$$g=2.9 \times 1.2=3.59(\text{kPa})$$

板的可变荷载设计值：

$$q=8 \times 1.3=10.4(\text{kPa})$$

荷载总设计值 $g+q=14.0$ kPa。

2）计算简图（如图 10-29 所示）

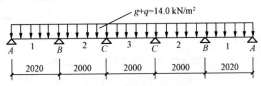

图 10-29　板的计算简图

次梁截面为 $b=200$ mm，$h=500$ mm，现浇板在墙上的支撑长度小于 100 mm，取板在墙上的支撑长度为 120 mm。按塑性内力重分布设计，板的计算跨度如下。

边跨：$l_0=l_n+h/2=2200-100-120+80/2=2020$ (mm)$<1.025l_n=2255$ mm，取 $l_0=2020$ mm。

中间跨：$l_0=l_n=2200-200=2000$ (mm)。

因跨度相差小于 10%，可按等跨连续板计算。取 1 m 板带作为计算单元。

3）弯矩设计值

由表 10-1 查得，板的弯矩计算系数分别为边跨中，1/11；离端第二支座，−1/11；中跨中，1/16；中间支座，1/14；故

$$M_1=-M_b=(g+q)l_{01}^2/11=14.0 \times 2.02^2/11=5.19(\text{kN·m})$$

$$M_c=-(g+q)l_{01}^2/14=-14.0 \times 2.0^2/14=-4.0(\text{kN·m})$$

$$M_2=-(g+q)l_{01}^2/16=14.0 \times 2.0^2/16=3.5(\text{kN·m})$$

这是对端区格单向板而言的，对于中间区格单向板，其中 M_c 和 M_2 应乘以 0.8，分别为

$$M_c=0.8 \times (-4.0)=-3.2 (g+q)l_{01}^2$$

$$M_2=0.8 \times 3.5=2.8(g+q)l_{01}^2$$

4）正截面受弯承载力计算

环境类别一类，C30 混凝土，板的最小保护层厚度 $c=15$ mm。板厚 80 mm，$h_0=80-20=60$ (mm)；板宽 $b=1000$ mm。C30 混凝土，$\alpha_1=1.0$，$f_c=14.3$ kN/mm²；HRB400 钢筋，$f_y=360$ MPa。板配筋计算的过程列于表 10-6。

表 10-6 板的配筋计算

截　面		1	B	2	C
弯矩设计值/(kN·m)		5.19	−5.19	3.5	−4.0
$\alpha_s = M/(\alpha 1 f_c b h_0^2)$		0.101	0.101	0.068	0.078
$\xi = 1 - \sqrt{1 - 2\alpha_s}$		0.106	0.106	0.070	0.081
轴线 ①—② ⑤—⑥	计算配筋/mm² $A_s = \alpha_1 f_c b \xi h_0 / f_y$	253.8	253.8	168.0	193.0
	实际配筋/mm²	$\Phi 8@190$ $A_s = 265$	$8\Phi@190$ $A_s = 265$	$\Phi 6/8@190$ $A_s = 256.9$	$\Phi 6/8@190$ $A_s = 207$
轴线 ②—⑤	计算配筋/mm² $A_s = \alpha_1 f_c b \xi h_0 / f_y$	256.9	256.9	0.8×169.3 $= 135.4$	0.8×194.7 $= 155.8$
	实际配筋/mm²	$\Phi 6/8@150$ $A_s = 262$	$\Phi 6/8@150$ $A_s = 262$	$\Phi 6@150$ $A_s = 189$	$\Phi 6@150$ $A_s = 189$

对轴线②—④间的板带,其跨内截面 2、3 和支座截面的弯矩设计值都可折减 20%。为了方便,近似对钢筋面积乘以 0.8。

计算结果表明,支座截面的 ξ 均小于 0.35,符合塑性内力重分布的原则;$A_s/bh = 189/(1000 \times 80) = 0.24\%$,满足最小配筋率的要求。

4. 次梁设计

按考虑塑性内力重分布设计。根据本车间楼盖的实际使用情况,楼盖的次梁和主梁的可变荷载不考虑梁从属面积的荷载折减。

1)荷载设计值

永久荷载设计值

板传来永久荷载

$$3.59 \times 2.2 = 7.90 (\text{kN/m})$$

次梁自重

$$0.2 \times (0.5 - 0.08) \times 25 \times 1.2 = 2.52 (\text{kN/m})$$

次梁粉刷

$$0.02 \times (0.5 - 0.08) \times 2 \times 17 \times 1.2 = 0.34 (\text{kN/m})$$

小计　　　　　　　　　$g = 10.76$ kN/m

可变荷载设计值

$$q = 10.4 \times 2.2 = 22.88 (\text{kN/m})$$

荷载总设计值

$$g + q = 33.64 \text{ kN/m}$$

2)计算简图(如图 10-30 所示)

次梁在砖墙上的支承长度为 240 mm。主梁截面为 300 mm×650 mm。计算跨度:边跨 $l_0 = l_n + a/2 = 6600 - 120 - 300/2 + 240/2 = 6450$ mm $< 1.025 l_n = 1.025 \times 6330 = 6488$ mm,取 $l_0 = 6450$ mm。

中间跨 $l_0 = l_n = 6600 - 300 = 6300 \text{(mm)}$

因跨度相差小于10%,可按等跨连续梁计算。

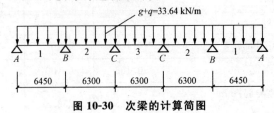

图 10-30　次梁的计算简图

3)内力计算

由表10-1、表10-4可分别查得弯矩系数和剪力系数。

弯矩设计值:

$$M_1 = -M_b = (g+q)l_{01}^2/11 = 33.64 \times 6.45^2/11 = 127.23 \ \text{(kN·m)}$$

$$M_c = -(g+q)l_{01}^2/14 = 33.64 \times 6.45^2/14 = 95.37 \ \text{(kN·m)}$$

$$M_2 = (g+q)l_{01}^2/16 = 33.64 \times 6.45^2/16 = 83.46 \ \text{(kN·m)}$$

剪力设计值:

$$V_A = 0.45(g+q)l_{n1} = 0.45 \times 33.64 \times 6.33 = 95.82 \ \text{(kN)}$$

$$V_{Bl} = 0.60(g+q)l_{n1} = 0.60 \times 33.64 \times 6.33 = 127.76 \ \text{(kN)}$$

$$V_{Br} = V_c 0.55(g+q)l_{n2} = 0.55 \times 33.64 \times 6.3 = 116.56 \ \text{(kN)}$$

4)承载力计算

(1)正截面受弯承载力。

正截面受弯承载力计算时,跨内按 T 形截面计算,翼缘宽度取 $b'_f = l/3 = 6600/3 = 2200 \text{(mm)}$。

又 $b'_f = b + s = 200 + 2000 = 2200 \text{(mm)}$,故取 2200 mm,除支座 B 截面纵向钢筋按两排布置外,其余均布置一排。

环境类别一类,C30 混凝土,取梁的保护层厚度 $c = 25$ mm,一排纵筋 $h_0 = 500 - 35 = 465 \text{(mm)}$。

二排纵筋 $h_0 = 500 - 60 = 440 \text{(mm)}$。

C30 混凝土,$\alpha_1 = 1.0$,$\beta_c = 1$,$f_c = 14.3$,$f_t = 1.43$,纵向钢筋采用 HRB400,$f_y = 360$ MPa,箍筋采用 HRB335,$f_{yv} = 300$ MPa,正截面承载力计算过程列于表10-7。经判别跨内截面均属于第一类 T 形截面。

表 10-7　次梁正截面受弯承载力计算

截　　面	1	B	2	C
弯矩设计值/(kN·m)	127.23	−127.23	83.45	−95.37
$\alpha_s = M/\alpha_1 f_c b h_0^2$ 或 $\alpha_s = M/\alpha_1 f_c b'_f h_0^2$	0.019	0.230	0.012	0.154
$\xi = 1 - \sqrt{1-2\alpha_s}$ 0.019	0.265<0.35	0.012	0.168<0.35	
$A_s = \alpha_1 f_c b \xi h_0/f_y$ 或 $A_s = \alpha_1 f_c b'_f \xi h_0/f_y$	767.3	925.8	501.6	622.1

截面	1	B	2	C
选配钢筋/mm²	2 ⏀ 18＋1 ⏀ 18 （弯）A_s＝763	3 ⏀ 18＋1 ⏀ 16 （弯）A_s＝964	2 ⏀ 14＋1 ⏀ 16 （弯）A_s＝509	2 ⏀ 16＋1 ⏀ 16 （弯）A_s＝603

计算结果表明，支座截面的 ξ 均小于 0.35，符合塑性内力重分布的原则，A_s/bh＝509/(200×500)＝0.15%，此值大于 $0.45f_t/f_y$＝0.45×1.43/360＝0.18%，同时大于 0.2%，满足最小配筋率的要求。

（2）斜截面受剪承载力。

斜截面受剪承载力计算包括：截面尺寸的复核、腹筋的计算和最小配箍率的验算。截面尺寸验算：$h_w＝h_0－h_f'＝440－80＝360(mm)$，因 $h_w/b＝360/200＝1.8<4$，截面尺寸按下式验算：$0.25\beta_c f_c bh_0＝0.25×1×14.3×200×400＝314.6×10^3>130.19$ kN，满足受剪承载力的要求。

计算腹筋：⏀6 双肢箍筋，计算支座 B 左侧截面，$V_{CS}＝0.7f_t bh_0＋f_{yv}\dfrac{A_{sv}}{s}h_0$

可得箍筋的间距：

$$s＝\frac{f_{yv}A_{sv}h_0}{V_{Bl}－0.7f_t bh_0}＝188.3(mm)$$

取箍筋间距 $s＝180$ mm。为方便施工，沿梁长不变。

验算最小配箍率：$0.24f_t/f_{yv}＝0.114\%$。

实际的配箍率为 $\rho_{sv}＝A_{sv}/bs＝56.6/200×180＝0.16\%>0.114\%$，满足要求。

5. 主梁设计

主梁按弹性方法设计。

1）荷载设计值

为简化计算，将主梁自重等效为集中荷载。

次梁传来的永久荷载：
$$10.75×6.6＝71.02 (kN)$$

主梁自重（含粉刷）：
$$[(0.65-0.08)×0.3×2.2×25＋2×(0.65-0.08)×2×2.2×34]×1.2＝12.31 (kN)$$

永久荷载设计值：
$$G＝71.02＋12.31＝83.26 (kN)$$

取 $G＝83$ kN。

可变荷载设计值：
$$Q＝22.88×6.6＝151 (kN)$$

2）计算简图（如图 10-31 所示）

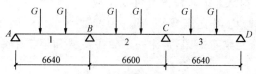

图 10-31 主梁的计算简图

主梁按连续梁计算，端部支承在砖墙上，支承长度为 370 mm；中间支承在 400 mm×400 mm 的混凝土柱上，计算其跨度。

边跨：
$$l_n = 6600 - 200 - 120 = 6280 \text{ (mm)}$$

因 $0.025 l_n = 157$ mm $< a/2 = 185$ mm 取 $l_0 = 1.025 l_n + b/2 = 6637$ mm 近似取 $l_0 = 6640$ mm；中间跨：$l_0 = 6600$ mm。

因跨度相差不超过 10%，故可利用附录 4 计算内力。

3)内力设计值及包络图

(1)弯矩包络图。

弯矩：
$$M = k_1 G l_0 + k_2 Q l_0$$

式中：k_1、k_2——由附录 4 相应表内查得。

$$M_{1max} = 0.224 \times 83 \times 6.64 + 0.289 \times 151 \times 6.64 = 424.23 \text{ (kN · m)}$$

$$M_{Bmax} = -0.267 \times 83 \times 6.64 - 0.311 \times 151 \times 6.64 = -458.97 \text{ (kN · m)}$$

$$M_{2max} = -0.067 \times 83 \times 6.64 + 0.200 \times 151 \times 6.64 = 237.23 \text{ (kN · m)}$$

(2)剪力设计值。

剪力：
$$V = k_3 G + k_4 Q$$

式中：k_3、k_4——由附录 4 相应表内查得。

$$V_{Amax} = 0.733 \times 83 + 0.866 \times 151 = 191.61 \text{ (kN)}$$

$$V_{Blmax} = -1.267 \times 83 + 1.311 \times 151 = -303.12 \text{ (kN)}$$

$$V_{Brmax} = 1.000 \times 83 + 1.222 \times 151 = 267.52 \text{ (kN)}$$

(3)弯矩、剪力包络图(如图 10-32 所示)。

①弯矩包络图。

a. 第 1、3 跨有可变荷载，第 2 跨没有可变荷载，由附录 4 知，支座 B 或 C 的弯矩值为

$$M_b = M_c = -0.267 \times 83 \times 6.64 - 0.133 \times 151 \times 6.64 = -280.50 \text{ (kN · m)}$$

在第 1 跨内以支座弯矩 $M_A = 0$，$M_b = -280.50$ kN/m 的连线为基线作 $G = 83$ kN，$Q = 151$ kN，得第一个集中荷载和第二个集中荷载作用点处的弯矩分别为

$$1/3 \times (G+Q)l_0 + M_b/3 = 1/3 \times (83+151) \times 6.64 - 280.50/3 = 424.42 \text{(kN/m)}$$

（与前面计算的 $M_{1max} = 424.23$ kN · m 相近）

$$1/3 \times (G+Q)l_0 + 2 \times M_b/3 = 1/3 \times (83+151) \times 6.64 - 2 \times 280.50/3 = 330.92 \text{(kN/m)}$$

在第 2 跨内以支座弯矩 $M_b = -280.50$ kN/m，$M_c = -280.50$ kN/m 的连线为基线作 $G = 85$ kN，$Q = 0$ 的简支弯矩图，得集中荷载作用点处的弯矩值为

$$1/3 \times G l_0 + M_b = 1/3 \times 83 \times 6.60 - 280.5 = -97.90 \text{(kN · m)}$$

b. 第 1、2 跨有可变荷载，第 3 跨没有可变荷载。

第 1 跨内：在第 1 跨内以支座弯矩 $M_A = 0$，$M_b = -458.97$ 的连线为基线作 $G = 83$ kN，$Q = 151$ kN 的简支梁弯矩图，得第一个集中荷载和第二个集中荷载作用点处的弯矩分别为

$$1/3 \times (85+151) \times 6.64 - 458.97/3 = 364.93 \text{(kN/m)}$$

$$1/3 \times (85+151) \times 6.64 - 2 \times 458.97/3 = 211.94 \text{(kN/m)}$$

第 2 跨内：$M_c = -0.267 \times 83 \times 6.64 - 0.089 \times 151 \times 6.64 = -236.38 \text{(kN · m)}$，以支

座弯矩 $M_b = -458.97$。

$M_c = -236.38$ kN·m 的连线为基线作 $G=83$ kN, $Q=151$ kN 的简支梁弯矩图,得

$$1/3 \times (G+Q)l_0 + M_c + 2/3 \times (M_c + M_b)$$

$$= 1/3 \times (83+151) \times 6.64 - 236.38 + 2/3 \times (-458.97 + 236.38) = 133.15 \text{(kN/m)}$$

$$1/3 \times (G+Q)l_0 + M_c + 1/3 \times (M_c + M_b)$$

$$= 1/3 \times (83+151) \times 6.64 - 236.38 + 1/3 \times (-458.97 + 236.38) = 207.34 \text{(kN/m)}$$

c. 第 2 跨有可变荷载,第 1、3 跨没有可变荷载。

$$M_b = M_c = -0.267 \times 83 \times 6.64 - 0.133 \times 151 \times 6.64 = -280.50 \text{(kN·m)}$$

在第二跨两个集中荷载作用点处的弯矩为

$$1/3 \times (G+Q)l_0 + M_b = 1/3 \times (83+151) \times 6.64 - 280.50 = 237.42 \text{(kN/m)}$$

(与前面计算的 $M_{2\max} = 237.23$ kN·m 相近)

$$1/3 \times Gl_0 + M_b/3 = 1/3 \times 83 \times 6.64 - 280.50/3 = 90.21 \text{(kN/m)}$$

$$1/3 \times Gl_0 + 2/3 M_b = 1/3 \times 83 \times 6.64 - 280.50 \times 2/3 = -3.29 \text{(kN/m)}$$

② 剪力包络图。

a. 第 1 跨:

$V_{A,\max} = 191.61$ kN;过第一集中荷载后为 $191.61 - 83 - 151 = -42.39$(kN);过第二集中荷载后为 $-42.39 - 83 - 151 = -276.39$(kN)。

$V_{Bl,\max} = -303.12$ kN;过第一集中荷载后为 $-303.12 + 83 + 151 = -69.12$(kN);过第二集中荷载后为 $-69.12 + 83 + 151 = 164.88$(kN)。

b. 第 2 跨:

$V_{Br,\max} = 267.52$ kN;过第一集中荷载后为 $267.52 - 83 = 184.52$(kN)。

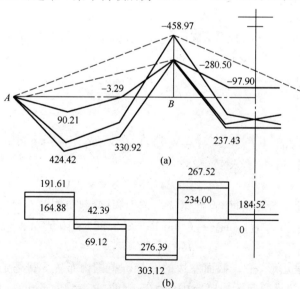

图 10-32 主梁的内力包络图

(a)弯矩包络图;(b)剪力包络图

当可变荷载仅作用在第 2 跨时:

$V_{Br} = 1.0 \times 83 + 1.0 \times 151 = 234$(kN);过第一集中荷载后为 $234 - 83 - 151 = 0$(kN)。

4)承载力计算

(1)正截面受弯承载力。

跨内按 T 形截面计算,因 $b_f'/h_0=80/615=0.13>0.1$,翼缘计算宽度按 $1/3=6.6/3=2.2(m)$ 和 $b+s_n=6(m)$ 中较小值确定,取 $b_f'=2.2$ m。

B 支座边的弯矩设计值 $M_b=M_{Bmax}-V_0b/2=-458.97+234×0.40/2=-412.17(kN·m)$。纵向受力钢筋除 B 支座截面为 2 排外,其余均为 1 排。跨内截面经判别都属于第一类 T 形截面。正截面受弯承载力的计算过程列于表 10-8。

表 10-8 主梁正截面承载力计算

截 面	1	B	2	
弯矩设计值(kN·m)	424.23	−458.97	237.23	−97.90
$\alpha_s=M/\alpha_1 f_c bh_0^2$ 或 $\alpha_s=M/\alpha_1 f_c b_f' h_0^2$	424.23×106/(1×14.3×2200×6152)=0.036	458.97×106/(1×14.3×300×5802)=0.318	237.23×106/(1×14.3×2200×6152)=0.020	97.90×106/(1×14.3×300×6152)=0.060
$\gamma_s=(1+\sqrt{1-2\alpha_s})/2$	0.982	2742.1	1082.4	456.4
$A_s=M/(\gamma_s f_y h_0)$	1951.6	2742.1	1082.4	456.4
选配钢筋/mm²	2 Φ 22＋3 Φ 25(弯) $A_s=2233$	3 Φ 25＋3 Φ 25(弯) $A_s=2945$	2 Φ 22＋1 Φ 25(弯) $A_s=1251$	2 Φ 25 $A_s=982$

主梁纵向钢筋的弯起和切断按弯矩包络图确定。

(2)斜截面受剪承载力。

验算截面尺寸:

$h_w=h_0-h_f'=580-80=500(mm)$,因 $h_w/b=500/300=1.67<4$,截面尺寸按下式验算:

$0.25\beta_c f_c bh_0=0.25×1×14.3×300×580=622.05×10^3(kN)>V_{max}=303.12$ kN

截面尺寸满足要求。

计算所需腹筋。

采用 Φ 8＠200 双肢箍筋:

$$V_{cs}=0.7f_t bh+f_{yv}A_{sv}h_0/s=0.7×1.43×300×580+300×100.6/200×580$$
$$=283.58×10^3(kN)=283.58 \text{ kN}$$

$V_{A,mas}=184.96$ kN$<V_{cs}$,$V_{Br,max}=267.52$ kN$<V_{cs}$,$V_{Bl,max}=303.12$ kN$>V_{cs}$,支座 B 截面左边尚需配置弯起钢筋,弯起钢筋所需面积(弯起角取 $\alpha_s=45°$)为

$$A_{sb}=(V_{Bl,max}-V_{cs})/(0.8f_y\sin\alpha_s)=(303.12-283.58)×10^3/(0.8×360×0.707)$$
$$=96 \text{ (mm}^2\text{)}$$

主梁剪力图呈矩形,在 B 截面左边的 2.2 m 范围内布置 3 排弯起钢筋才能覆盖此最大剪力区段,现分 3 批弯起第一跨跨中的 Φ 25 钢筋,$A_{sb}=491$ mm²>96 mm²。

验算最小配箍率:

$$\rho_{sv}=A_{sv}/bs=100.6/(300×200)=0.17\%>0.24f_t/f_{yv}=0.114\%$$

满足要求。

5)次梁两侧附加横向钢筋的计算

次梁传来的集中力 $F_1=71.02+151\approx222$(kN)，$h_1=650-500=150$(mm)，附加箍筋布置范围 $s=2h_1+3b=2\times150+3\times200=900$(mm)。取附加箍筋$\Phi 8@200$双肢，则在长度 s 内可布置附加箍筋的排数，$m=900/200+1=6$(排)，次梁两侧各布置 3 排。另加吊筋$1\Phi 18$，$A_{sb}=254.5$ mm^2，由式(10-20)，$2f_yA_{sb}\sin\alpha+mnf_{yv}A_{sv1}=2\times360\times254.5\times0.707+6\times2\times300\times50.3=310.6\times103(kN)>F_l$，满足要求。

因主梁的腹板高度大于 450 mm，需在梁侧设置纵向构造钢筋，每侧纵向构造钢筋的截面面积不小于腹板面积的 0.1%，且其间距不大于 200 mm。现每侧配置 $2\Phi 14$，则 $308/(300\times570)=0.18\%>0.1\%$，满足要求。

6. 绘制施工图

板配筋、次梁配筋和主梁配筋图分别见图 10-33～图 10-35。

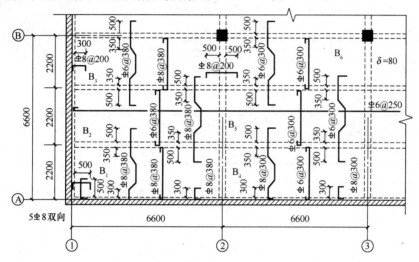

图 10-33　板配筋图（单位：mm）

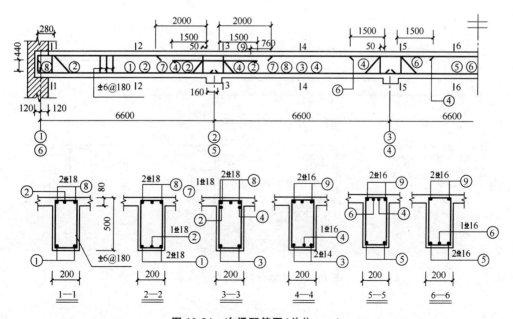

图 10-34　次梁配筋图（单位：mm）

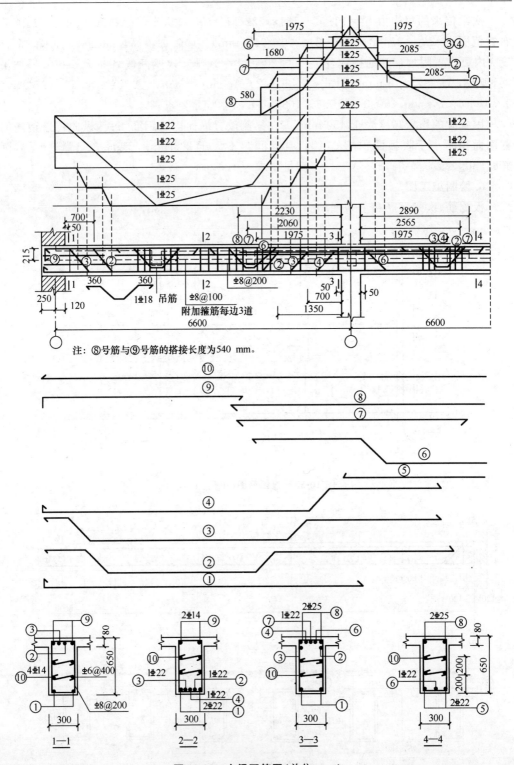

注：⑧号筋与⑨号筋的搭接长度为540 mm。

图 10-35　主梁配筋图（单位:mm）

10.3 整体现浇式双向板肋梁楼盖

10.3.1 双向板的受力特点

在纵横两个方向的弯曲都不能忽略的板称为双向板。双向板的支承形式可以是四边支承、三边支承、两相邻边支承或四点支承；承受的荷载可以是均布荷载、三角形分布荷载或局部荷载；板的平面形状可以是矩形、正方形、圆形、三角形或其他形状。在楼盖设计中，最常见的是均布荷载作用下的四边支承正方形和矩形板。

试验研究表明：均布荷载作用下，两个方向配筋相同的四边简支正方形板，由于跨中的正弯矩最大，首先在板底中间部分出现第一批裂缝，随着荷载的增加，这些裂缝沿着对角线方向向四角扩展，如图 10-36 所示。当接近破坏时，板顶面靠近四角附近，出现垂直于对角线方向、大体上呈圆形的裂缝，这些裂缝的出现，又促进了板底对角线方向裂缝的进一步扩展，直至板的底部钢筋屈服而破坏。

均布荷载作用下，两个方向配筋相同的四边简支矩形板板底的第一批裂缝，出现在中部，平行于长边方向，这是由于短跨跨中的正弯矩大于长跨跨中的正弯矩所致。随着荷载进一步增加，这些板底的跨中裂缝逐渐延长，并沿 45°角向板的四角扩展，如图 10-36(a)所示。板顶四角也出现大体呈圆形的裂缝，如图 10-36(b)所示。最终因板底裂缝处受力钢筋屈服而破坏。

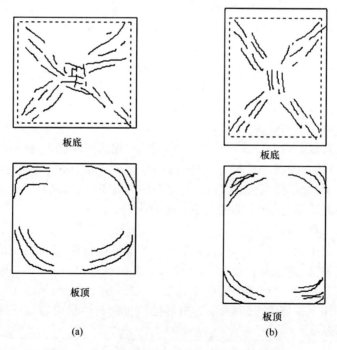

(a) (b)

图 10-36 均布荷载下四边简支双向板的裂缝分布

10.3.2 双向板按弹性理论的内力计算

1. 单区格双向板

当板厚远小于板短边边长的 1/30,且板的挠度远小于板的厚度时,双向板可按弹性薄板理论计算,但比较复杂。在实际设计中,可以采用查表计算。对于常用的荷载分布及支承条件的单区格双向板,设计手册中已给出了弹性理论的计算结果,并制成图表,可方便地查用。

四边支承的板,有六种边界条件。

(1)四边简支。

(2)一边固定,三边简支。

(3)两对边固定,两对边简支。

(4)四边固定。

(5)两邻边固定,两邻边简支。

(6)三边固定,一边简支。

单位板宽内的弯矩设计值为

$$m = \alpha q l^2 \tag{10-21}$$

式中:m——跨中或支座单位板宽内的弯矩设计值,kN·m/m;

q——板上作用的均布荷载设计值,kN/m²;

l——短跨方向的计算跨度,m;

α——由附录 5 查得的弯矩系数。

需指出:附录 5 中的弯矩系数是根据材料的波桑比 $\nu=0$ 制定的。当 $\nu \neq 0$ 时,可按下式计算跨中弯矩:

$$m_x^{(\nu)} = m_x + \nu m_y \tag{10-22}$$

$$m_y^{(\nu)} = m_y + \nu m_x \tag{10-23}$$

对钢筋混凝土,$\nu = 0.2$

2. 连续双向板的内力计算

多跨连续双向板的内力计算比单跨板更为复杂,在实用计算中,将多跨连续板化为单跨板,然后利用上述单跨板的计算方法进行计算,此法实用方便,又能较好的符合实际。此方法假定支承梁的抗弯刚度很大,不产生竖向位移且不受扭;同时还规定双向板沿同一方向相邻跨度相差不超过 20%,以免计算误差过大。

1)跨中最大正弯矩的计算

当求某区格跨中最大弯矩时,活荷载不利位置为棋盘布置,实际各板沿周边为弹性嵌固,为利用已有的单区格板的计算表格,将活载 p 与恒载 g 分成 $g+q/2$ 与 $\pm q/2$ 两部分,分别作用于相应区格,叠加后即为恒载 g 满布,活载 q 棋盘布置,如图 10-37 所示。最后将两部分荷载作用下的跨中弯矩叠加,即得各区格板的跨中最大弯矩。活荷载的不利布置如图 10-37 所示。

在正对称荷载 $g+q/2$ 作用下:中间支座近似的看作固定支座;中间区格均可视为四边固定的双向板;边区格沿楼盖周边的支承条件可按实际情况确定。

在反对称荷载 $\pm q/2$ 作用下:中间支座视为简支,中间各区格板均可视为四边简支板的双向板;边区格的边界条件同上。

2）支座最大弯矩的计算

为简化计算，不考虑活荷载的最不利布置，可假定在所有区格板上满布均布活荷载 g $+q$，以求支座最大弯矩。这样，内区格可按四边固定双向板计算支座弯矩。边区格沿楼盖周边的支承条件可按实际情况确定。

当相邻两区格板的支承条件不同或跨度不等，但相差不到 20% 时，同一支座处的弯矩可偏安全地取相邻两区格板得出的较大值。

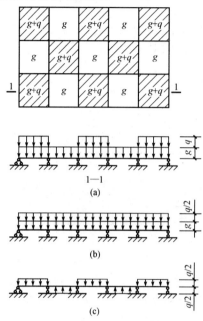

图 10-37　连续双向板的计算图式

10.3.3　双向板支承梁的设计

双向板上的荷载，必定向最近的支承梁传递。因此，支承梁承受的荷载范围可用从每一区格板的四角作 45°等分角线的方法确定。如正方形，四条分角线将汇交于一点，双向板支承梁的荷载均为三角形分布。如矩形板，四条分角线分别汇交于两点，该两点的连线平行于长边方向，这样将板上的荷载分成四部分，短跨支承梁上的荷载为三角形分布，长跨支承梁上的荷载为梯形分布，如图 10-38 所示。

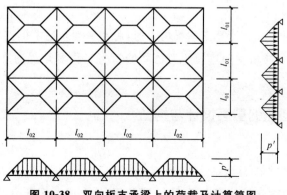

图 10-38　双向板支承梁上的荷载及计算简图

支承梁的内力可按弹性理论或考虑塑性内力重分布的调幅法进行计算。

1. 按弹性理论计算

对于等跨或近似等跨（跨度相差不超过 10%）的连续梁，可采用支座弯矩等效的原则，先将支承梁的三角形和梯形分布荷载转化为等效均布荷载，再利用均布荷载作用下等跨连续梁的表格计算支承梁的支座弯矩，如图 10-39 所示。

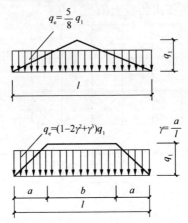

图 10-39 三角形荷载和梯形荷载转化为等效均布荷载

q_e 的取值如下。

当三角形荷载作用时：

$$q_e = \frac{5}{8}q' \tag{10-24}$$

当梯形荷载作用时：

$$q_e = (1 - 2\gamma^2 + \gamma^3)q' \tag{10-25}$$

$$q_e = (g + q) \times \frac{l_{01}}{2}' \tag{10-26}$$

式中：g、q——板面的均布恒荷载和均布活荷载；

l_{01}、l_{02}——短跨与长跨的计算跨度。

在按等效均布荷载求出支座弯矩后（需考虑各跨活荷载的最不利布置），然后根据所求出的支座弯矩和梁的实际荷载分布，由平衡条件计算梁的跨中弯矩和支座剪力。

2. 按调幅法计算

当考虑塑性内力重分布计算支承梁内力时，可在弹性理论求得支座弯矩的基础上，对支座弯矩进行调幅（通常取支座弯短绝对值降低 25%），再利用静力平衡条件按实际荷载分布求出跨中弯矩。

10.3.4 双向板楼盖的截面设计与构造

1. 截面设计

1）截面的弯矩设计值

对于周边与梁整体连接的双向板，在正常使用时，支座上部开裂，跨中下部开裂，板的有效截面实际为拱形，板中存在穹顶作用，无论按弹性方法还是塑性方法计算，与单向板类似，板中弯矩值可以减少。

(1)中间跨的跨中截面及中间支座处截面。

(2)边跨的跨中截面及自楼板边缘算起的第二支座截面。

当 $l_b/l_0<1.5$ 时，折减系数为0.8。

当 $1.5 \leqslant l_b/l_0 < 2.0$ 时，折减系数为0.9。

其中：l_0——垂直于楼板边缘方向板的计算跨度；

l_b——平行于楼板边缘方向板的计算跨度。

(3)角区格的各截面不折减。

2)截面有效高度

双向板跨中钢筋纵横叠置，考虑到短跨方向的弯矩比长跨方向的大，故应将短跨方向的受拉钢筋放在长跨方向受拉钢筋的外侧，以达到较大的截面有效高度。纵横两个方向应分别取各自的有效高度：短跨 l_{01} 方向 $h_{01}=h-20$ mm；长跨 l_{02} 方向 $h_{02}=h-30$ mm。

3)配筋计算

取 1 m 板带，按单筋矩形截面设计。

2.双向板的构造要求

1)板厚

双向板厚一般为 $80\sim160$ mm，任何情况下不得小于 80 mm，为了保证有足够的刚度，双向板的短跨跨长与板厚的比值不大于40。

2)钢筋的配置(弯起式和分离式)

按弹性理论计算时，所求得的钢筋数量是板的中间板带部分所需要的量，靠近边缘的板带，弯矩已减小很多，可将整个板按纵横两个方向划分成两个宽为 $l/4(l$ 为短跨)的边缘板带和一个中间板带，如图 10-40 所示。在中间板带均匀布置按最大正弯矩求得的板底钢筋，边缘板带内则减少一半，但每米宽度内不得少于 3 根。按最大支座负弯矩求得的配筋，在边缘板带内不减少。

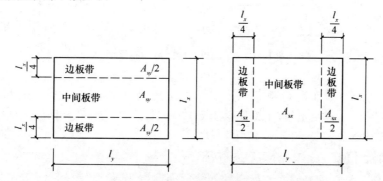

图 10-40   板带的划分

板中受力钢筋的直径、间距及弯起点、切断点的位置等规定，与单向板相同，沿墙边及墙角处的板内构造钢筋，也与单向板相同，板中的构造要求如图 10-41 所示。

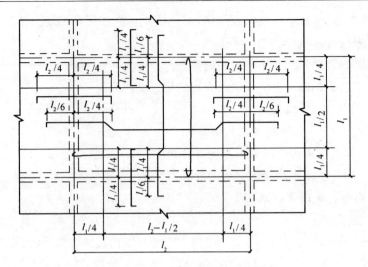

图 10-41　双向板受力钢筋构造要求

10.3.5　双向板设计

【例题】　某厂房拟采用双向板肋梁楼盖,结构平面布置如图 10-42 所示,支承梁截面尺寸取为 200 mm×500 mm,板厚取为 100 mm。

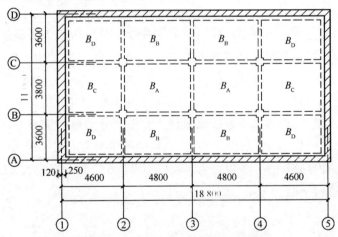

图 10-42　双向板肋梁盖结构布置图

【解】

设计资料如下:楼面活荷载 $q_k = 6$ kPa,板自重加上面层、粉刷层等,恒荷载 $g_k = 3.06$ kPa;采用 C20 混凝土,板中钢筋采用 HPB300($f_y = 270$ MPa)钢筋。试按弹性理论进行板的设计。

(1)荷载设计值。

$$q = 1.3 \times 6 = 7.8 \text{(kPa)}$$

$$g = 1.2 \times 3.06 = 3.672 \text{(kPa)}$$

$$q/2 = 3.9 \text{ kPa}$$

$$g + q = 3.672 + 7.8/2 = 7.572 \text{(kPa)}$$

(2)计算跨度。

内跨:$l_0 = l_c$(轴线间距离),边跨:$l_0 = l_c - 250 + 100/2$。

各区格板的计算跨度列于表 10-9。

表 10-9　按弹性理论计算的弯矩值

项目	区格			
	A	B	C	D
l_{01}/m	3.8	3.4	3.8	3.4
l_{01}/m	4.8	4.8	4.4	4.4
l_{01}/l_{02}	0.79	0.71	0.86	0.77
m_1	$(0.0276+0.2\times0.0141)\times7.572\times3.8^2+(0.0537+0.2\times0.0337)\times3.9\times3.8^2=6.932$	$(0.0368+0.2\times0.0197)\times7.572\times3.4^2+(0.0673+0.2\times0.03)\times3.9\times3.4^2=6.871$	$(0.0285+0.2\times0.0134)\times7.572\times3.8^2+(0.0496+0.2\times0.035)\times3.9\times3.8^2=6.596$	$(0.0376+0.2\times0.0195)\times7.572\times3.4^2+(0.0596+0.2\times0.0327)\times3.9\times3.4^2=6.615$
m_2	$(0.0141+0.2\times0.0276)\times7.572\times3.8^2+(0.0337+0.2\times0.0537)\times3.9\times3.8^2=4.688$	$(0.0197+0.2\times0.0368)\times7.572\times3.4^2+(0.03+0.2\times0.0673)\times3.9\times3.4^2=4.328$	$(0.0134+0.2\times0.0285)\times7.572\times3.8^2+(0.035+0.2\times0.0496)\times3.9\times3.8^2=4.618$	$(0.0195+0.2\times0.0376)\times7.572\times3.4^2+(0.0327+0.2\times0.0596)\times3.9\times3.4^2=4.377$
m_1'	$-0.0671\times11.472\times3.8^2=-11.115$	$-0.0893\times11.472\times3.4^2=-11.843$	$-0.0681\times11.472\times3.8^2=-11.282$	$-0.0916\times11.472\times3.4^2=-12.148$
m_1''	-11.115	0	-11.282	0
m_2'	$-0.056\times11.472\times3.8^2=-9.277$	$-0.0744\times11.472\times3.4^2=-9.867$	0	0
m_2''	-9.277	-9.867	$-0.0566\times11.472\times3.4^2=-9.376$	$-0.0755\times11.472\times3.4^2=-10.013$

(3)弯矩计算。

跨中最大弯矩为:当内支座固定时,在 $g+q/2$ 作用下的跨中弯矩值与内支座铰接时在 $\pm q/2$ 作用下的跨中弯矩值之和。本题计算时混凝土的泊松比取 0.2;支座最大负弯矩为:当内支座固定时,$g+q$ 作用下的支座弯矩。

根据不同的支承情况,整个楼盖可以分为 A、B、C、D 四种区格板。

A 区格板:$l_{01}/l_{02}=0.79$,查表得

$$m_1 = (0.0276+0.2\times0.0141)(g+q/2)l_{01}^2 + (0.0573+0.2\times0.0337)ql_{01}^2/2$$

$$=3.326+3.606=6.932(\text{kN}\cdot\text{m})$$
$$m_2=(0.0141+0.2\times0.0276)(g+q/2)l_{01}^2+(0.0337+0.32\times0.0573)ql_{01}^2/2$$
$$=2.145+2.543=4.688(\text{kN}\cdot\text{m})$$
$$m_1'=m_1''=0.0671(g+q)l_{01}^2=-11.115(\text{kN}\cdot\text{m})$$
$$m_2'=m_2''=-0.056(g+q)l_{02}^2=-9.227(\text{kN}\cdot\text{m})$$

对边区格板的简支边,取 m' 或 $m''=0$。各区格板分别算得的弯矩值,列于表 10-9。

(4)截面设计。

截面有效高度:假定选用 $\phi8$ 钢筋,则 l_{01} 方向跨中截面的 $h_{01}=81$ mm,l_{02} 方向跨中截面的 $h_{02}=73$ mm,支座截面的 $h_0=81$ mm。

截面设计用的弯矩:楼盖周边未设圈梁,故只能将区格 A 的跨中弯矩及 A—A 支座弯矩减少 20%,其余均不折减。为便于计算,近似取 $\gamma=0.95$,$A_s=m/(0.95h_0f_y)$。截面配筋计算结果及实际配筋列于表 10-10。

表 10-10 按弹性理论设计的截面配筋

项目				h_0 /mm	m /(kN·m)	A_s /mm²	配筋 /mm²
跨中	A 区格	l_{01} 方向	81	6.936×0.8=5.546	266.93	$\phi8@180$	279.0
		l_{02} 方向	73	4.688×0.8=3.750	200.27	$\phi8@180$	279.0
	B 区格	l_{01} 方向	81	6.871	330.71	$\phi8@130$	387.0
		l_{02} 方向	73	4.328	231.14	$\phi8@180$	279.0
	C 区格	l_{01} 方向	81	6.596	317.47	$\phi8@150$	335.0
		l_{02} 方向	73	4.618	246.63	$\phi8@180$	279.0
	D 区格	l_{01} 方向	81	6.615	318.39	$\phi8@150$	335.0
		l_{02} 方向	73	4.377	233.76	$\phi8@180$	279.0
支座	A—A		81	−9.277×0.8=−7.426	−357.42	$\phi8@140$	359.0
	A—B		81	−11.115	−534.98	$\phi10@140$	561.0
	A—C		81	−9.376	−451.28	$\phi10@170$	462.0
	C—D		81	−12.148	−584.70	$\phi10@130$	604.0
	B—B		81	−9.867	−474.91	$\phi10@160$	491.0
	B—D		81	−10.013	−481.93	$\phi10@160$	491.0

10.4 楼梯和雨篷

10.4.1 钢筋混凝土楼梯

楼梯是多层及高层房屋建筑的重要组成部分,钢筋混凝土楼梯由于经济耐用而被广泛采用。

1. 楼梯的结构类型

楼梯的类型较多,按施工方法的不同可分为现浇式和装配式;按结构受力状态可分为板式(如图 10-43 所示)、梁式(如图 10-44 所示)、螺旋式、悬挑式和剪刀式楼梯(如图 10-45 所示)。

板式楼梯由梯段板、平台板和平台梁组成,梯段板是一块斜放的齿形板,板端支承在平台梁和楼层梁上,最下端的梯段可支承在地垄墙上。其荷载传递路线如下。

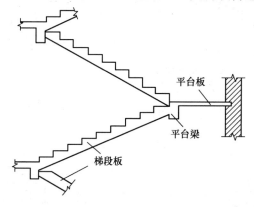

图 10-43　板式楼梯

板式楼梯的下表面平整,施工支模方便,外观比较轻巧,一般适用于梯段板的水平投影在 3 m 以内的楼梯。其缺点是斜板较厚,约为水平长度的 1/25～1/30;当跨度较大时,材料用量较多。

$$楼梯上的荷载 \xrightarrow{\text{均布荷载}} 梯段板 \xrightarrow{\text{均布荷载}} 平台梁 \xrightarrow{\text{集中荷载}} 侧墙(或框架梁)$$

$$平台板 \xrightarrow{\text{均布荷载}} \uparrow$$

梁式楼梯由踏步板、斜梁、平台板和平台梁组成,梁式楼梯的踏步板支承在斜梁上,斜梁再支承于平台梁上,其荷载传递路线为:

$$楼梯上的荷载 \xrightarrow{\text{均布荷载}} 踏步板 \xrightarrow{\text{均布荷载}} 斜边梁 \xrightarrow{\text{集中荷载}} 平台梁 \xrightarrow{\text{集中荷载}} 侧墙(或框架梁)$$

$$平台板 \xrightarrow{\text{均布荷载}} \uparrow$$

梁式楼梯的优点是当梯段较长时较为经济,但支模和施工都较板式楼梯复杂,外观也显得笨重。

根据梯段宽度大小,梁式楼梯的梯段可以采用双梁式(如图 10-44(a)、(b)所示)或单梁式(如图 10-44(c)所示)。

当房屋层高较大,楼梯间进深不够时,可做成三折楼梯(如图 10-46 所示),该楼梯由板式楼梯和梁式楼梯组成。

楼梯的结构设计包括以下内容。

(1)根据使用要求和施工条件,确定楼梯的结构形式和结构布置。

(2)根据建筑类别,按《荷载规范》确定楼梯的活荷载标准值。

(3)根据楼梯的组成和传力路线,进行楼梯各部件的内力计算和截面设计。

(4)处理好连接部位的配筋构造,绘制施工图。

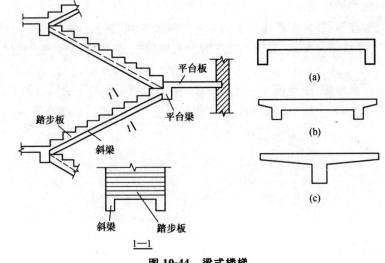

图 10-44　梁式楼梯

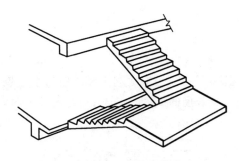

图 10-45　剪刀式楼梯

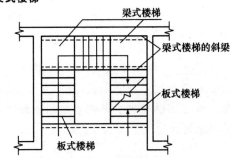

图 10-46　三折式楼梯的结构布置

2. 板式楼梯的内力计算和构造要求

1)内力计算

(1)梯段板。

板式楼梯的梯段斜板可简化为两端支承在平台梁的简支板,一般由平台梁支承,取 1 m 板宽作为计算单元,计算简图如图 10-47 所示。

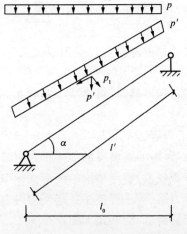

图 10-47　板式楼梯梯段板计算简图

作用于斜板上的水平长度上的竖向均布线荷载为 $p=g+q$，跨中最大弯矩和剪力的计算公式为

$$pl_0 = p'l'$$

$$p' = \frac{pl_0}{l'} = \frac{pl_0}{\dfrac{l_0}{\cos \alpha}}$$

$$p_1 = p' \cos \alpha = \frac{pl_0 \cos \alpha}{\dfrac{l_0}{\cos \alpha}} = p\cos^2 \alpha$$

式中：l_0——斜板水平投影长度。

$$M_{max} = \frac{1}{8} p_1 l'^2 = \frac{1}{8} p\cos^2 \alpha (l_0/\cos \alpha)^2 = \frac{1}{8} pl_0^2 \tag{11-27}$$

$$V_{max} = \frac{1}{2} p_1 l' = \frac{1}{2} p\cos^2 \alpha (l_0/\cos \alpha) = \frac{1}{2} pl_0 \cos \alpha \tag{10-28}$$

考虑到梯段板与平台梁非理想铰接，平台板、平台梁对梯段板有一定的约束作用，可取跨中弯矩为

$$M_{max} = \frac{1}{10} pl_0^2 \tag{10-29}$$

显然，简支斜板或梁在跨中最大弯矩等于跨度为其投影长度的简支梁在均布荷载 p 作用下的最大弯矩；简支斜板或梁在竖向均布荷载 p 作用下的最大剪力等于跨度为其水平投影长度的简支水平梁在均布荷载 p 作用下的最大剪力乘以 $\cos \alpha$。

在截面承载力计算时，板的厚度应取齿形的最薄处。

（2）平台板。

平台板一般设计成单向板，可取 1 m 宽板进行计算。当平台板两边都与梁整浇时，考虑梁对板的约束，板跨中弯矩可按 $pl_0^2/10$ 计算；当平台板的一端与平台梁整体连接，另一端支承在砖墙上时，板跨中弯矩可按 $pl_0^2/8$ 计算，l_0 为净跨加 $l/2$ 平台板厚；考虑到板支座的转动会受到一定约束，一般应将板下部钢筋在支座附近弯起一半，或在板面支座处另配短钢筋，伸出支承边缘长度为 $l_0/4$，如图 10-48 所示。

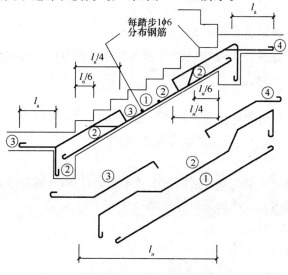

图 10-48 板式楼梯梯段板配筋

(3)平台梁。

平台梁承受由梯段板,平台板传来的荷载和平台梁自重,荷载沿梁长按均布考虑,计算简图如图 10-49 所示。

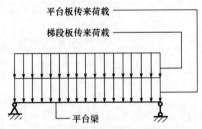

图 10-49　板式楼梯平台梁计算简图

2)构造要求

梯段板厚度不小于梯段跨度的 1/25～1/30,一般可取 $h=80～120$ mm。梯段板配筋应满足图 10-48 的各项要求,可采用分离式和弯起式配筋。平台板、平台梁的构造与一般现浇式整体梁板结构的构造完全相同。

对于折线形斜板,折角处不应按图 10-50(a)所示形式配筋,而应将钢筋断开,并伸至受压区锚固,如图 10-50 所示。

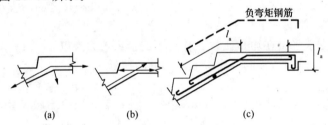

图 10-50　板内折角处配筋

3.梁式楼梯的内力计算和构造要求

1)内力计算

(1)梯段板。

梁式楼梯梯段板可视为铰支于两侧斜向梯段梁上的简支单向板。为了方便计算,一般取一个踏步板作为计算单元,如图 10-51 所示。承受的荷载包括:踏步自重、面层自重、活荷载。

(2)斜梁。

计算公式和方法同板式楼梯的梯段板计算,斜梁计算跨度 $l_0=l_n+b;l_0$ 为斜梁计算跨度的水平投影长度,l_n 为斜梁净跨度的水平投影长度。

(3)平台梁和平台板。

平台梁承受由平台板和斜梁传来的荷载及平台梁自重,计算简图如图 10-52 所示。平台板内力计算与板式楼梯平台板相同。

2)截面设计要点

一个踏步板计算高度如图 10-53 所示,即

$$h=\frac{h_1}{2}+\frac{h_2}{2}=\frac{c}{2}+\frac{h_p}{\cos\alpha} \tag{10-30}$$

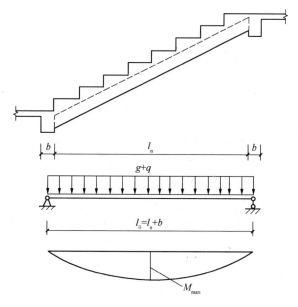

图 10-51 梁式楼梯梯段板计算简图

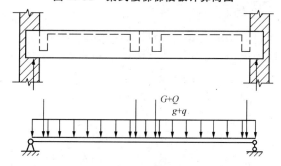

图 10-52 梁式楼梯平台梁计算简图

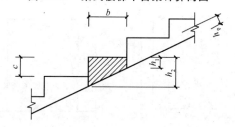

图 10-53 梁式楼梯一个踏步板计算高度

斜梁与平台梁应考虑整浇踏步板与平台梁,按 T 形截面尺寸计算配筋。

3)构造要求

梯段板的最小厚度一般为 30~40 mm,为了使斜梁与平台梁具有足够的刚度,斜梁截面高度一般大于其跨度水平投影长度的 1/20,平台梁的截面高度一般应大于其跨度的 1/12。

每个踏步板范围内的受力钢筋应不少于 2 根,同时,沿垂直于受力钢筋的方向布置分布钢筋,其间距不大于 300 mm,如图 10-54(a)所示。斜梁的纵向受力钢筋在平台梁中应具有足够的锚固长度,如图 10-54(b)所示。

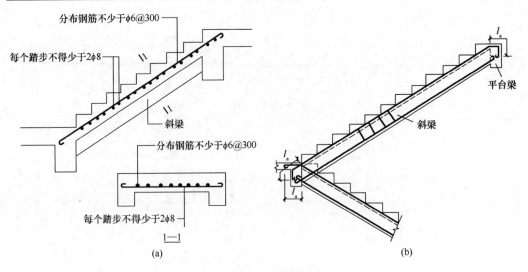

图 10-54　梁式楼梯配筋

(a)踏步板配筋；(b)斜梁配筋

10.4.2　钢筋混凝土雨篷

雨篷一般由雨篷板和雨篷梁组成，一般的雨篷梁除支承雨篷板外还兼作门窗过梁，承受上部墙体的重量和楼盖梁、板或楼梯平台传来的荷载，如图 10-55 所示。其他悬挑构件，如挑檐、外阳台等的计算方法与之类似。

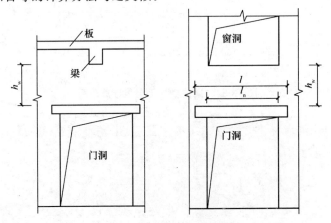

图 10-55　雨篷梁上的荷载

1.雨篷的计算

雨篷是悬挑结构，除了需要按梁的结构进行计算外还需要进行抗倾覆验算。

1)雨篷板的计算

雨篷梁承受的荷载有恒荷载(板自重、粉刷重等)以及雪荷载、活荷载等。此外，还必须考虑施工或检修的集中荷载 Q(在板端部沿板宽每隔 1.0 m 作用一个 1.0 kN 的集中荷载)。雨篷承受的活荷载可按不上人的钢筋混凝土屋面考虑，取 0.7 kPa。

必须注意，活荷载与雪荷载不同时考虑，应取较大值。施工集中荷载和活荷载也不同时考虑，雨篷板取 1 m 宽进行计算。

2)雨篷梁的计算

雨篷梁除了承受雨篷板传来的恒荷载与活荷载外,还承受雨篷梁上的墙体重量及楼盖的梁板传来的恒荷载和活荷载。

楼盖的梁板传来的荷载与墙体自重按下列规定采用,如图 10-55 所示。

(1)梁、板荷载。

对砖砌体和小型砌块砌体,当梁、板下墙体高度 $h_w<l_n$ 时,应计入梁、板传来的荷载;当 $h_w>l_n$ 时,可不考虑梁、板传来的荷载。

(2)墙体荷载。

对砖砌体,当梁、板下墙体高度 $h_w<l_n/3$ 时,应按全部墙体的均布自重采用;当时,应按高度为 $l_n/3$ 的墙体的均布自重采用。

雨篷梁不仅受弯矩和剪力的荷载,而且还承担扭矩的荷载,因此雨篷梁计算应按弯剪扭构件进行设计。

雨篷板上均布荷载在雨篷梁上产生的单位长度的扭矩(如图 10-56 所示)t 为

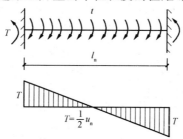

图 10-56　雨篷梁上的扭矩

$$t=pl_p\frac{(l_p+b)}{2} \tag{10-31}$$

式中:l_p——雨篷板的悬臂长度;

b——雨篷板的截面宽度。

由 t 在雨篷梁端产生的最大扭矩 T_{max} 为

$$T_{max}=\frac{1}{2}tl_n \tag{10-32}$$

3)抗倾覆验算

为了保证雨篷的稳定性,其抗倾覆验算应满足以下条件:

$$M_{ov}\leqslant M_r \tag{10-33}$$

$$M_r=0.8G_r(l_2-x_0) \tag{10-34}$$

式中:M_{ov}——按雨篷板上最不利荷载组合计算绕 o 点的倾覆力矩,对恒荷载和活荷载应分别乘以荷载分项系数;

　　M_r——按恒荷载计算的抗倾覆力矩设计值;

　　G_r——雨篷梁的抗倾覆荷载,可按图 10-57(b)中阴影所示范围内的恒荷载进行计算;

　　l_2——G_r 作用点至墙外边缘的距离,一般取 $l_2=l_1/2$(l_1 为雨篷梁上墙体的厚度),如图 10-57(a)所示;

　　x_0——计算倾覆点至墙外边缘的距离,mm,一般取 $x_0=0.13l_1$。

当不满足式(10-29)的要求时,可采取增加雨篷梁的支承长度 a 等措施以加大抗倾覆力矩 M_r。

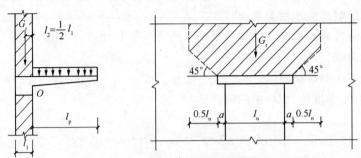

图 10-57　雨篷的抗倾覆荷载及计算简图

2. 构造要求

根据雨篷板为悬臂板的受力特点,可以将其设计成渐变厚度的板,具体如图 10-58 所示。受力钢筋按悬臂板确定,并不得小于 HPB300 级钢筋,直径 $d \geqslant 8$ mm,间距为 200 mm,且要有一定的锚固长度;分布钢筋一般不得小于 HPB300 级钢筋,直径 $d \geqslant 6$ mm,间距为 250 mm。

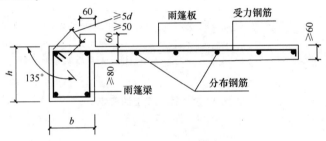

图 10-58　板式雨篷配筋

习题与思考

10-1　什么是单向板?什么是双向板?它们是如何划分的?它们的变形和受力特点有何主要区别?

10-2　试说明单向板肋梁楼盖和双向板肋梁楼盖各自的传力途径?

10-3　为什么连续梁内力计算时要进行活荷载最不利布置?连续梁活荷载最不利布置的原则是什么?

10-4　什么是塑性铰?试比较钢筋混凝土塑性铰与结构力学中的理想铰的区别。

10-5　什么是钢筋混凝土连续梁的塑性内力重分布?

10-6　考虑塑性内力重分布计算的一般原则是什么?

10-7　什么是弯矩调幅法?

10-8　板内拱的作用是怎样产生的?它对弯矩值有什么影响?如何考虑这种影响?

10-9　楼梯的常用类型有哪些?如何确定楼梯各组成构件的计算简图?

10-10　作用于雨篷梁上的荷载有哪些?进行雨篷梁计算时为什么除考虑受弯外,还需考虑受扭?

10-11　雨篷梁和雨篷板的计算要点及构造要求?

11 钢　结　构

内容提要

　　掌握：钢结构对钢材性能的要求。

　　熟悉：钢结构常用的连接方法。

　　了解：轴心受力构件计算方法。

11.1　钢结构的材料

11.1.1　结构钢材的破坏形式

　　钢材有两种性质完全不同的破坏形式，即塑性破坏和脆性破坏。钢结构所用材料虽然具有较高的塑性和韧性，但是一般有发生塑性破坏的可能，在一定条件下，也具有脆性破坏的可能。

　　塑性破坏是由于变形过大，超过了材料或构件可能的应变能力而产生的，而且仅在构件的应力达到了钢材的抗拉强度 f_u 后才发生。破坏前构件产生较大的塑性变形，断裂后的断口呈纤维状，色泽发暗。在塑性破坏前，有较大的塑性变形，且变形持续时间长，容易及时发现并采取有效补救措施，因而不易引起严重后果。另外，塑性变形后出现内力重分布，使结构中原先受力不等的部分趋于均匀，因而提高了结构的承重能力。

　　脆性破坏前塑性变形很小，甚至没有塑性变形，断裂从应力集中处开始。冶金和机械加工过程中产生的缺陷，特别是缺口和裂纹，常是断裂的发源地。破坏前没有任何征兆，破坏是突然发生的，断口平直并呈有光泽的晶粒状。由于脆性破坏前没有明显的征兆，无法及时察觉和采取补救措施，而且个别构件的断裂常会引起整体结构的塌毁，导致后果严重，损失较大。因此，在设计、施工和使用过程中，应特别注意防止钢结构的脆性破坏。

11.1.2　钢材的主要性能

1. 强度

　　建筑结构的使用条件和受力情况是多种多样的，显然不可能对每种情况都进行试验并测定其力学性能指标，而通过钢材的单向拉伸试验则可获得最基本、最主要的力学性能指标。如图1-2所示的应力-应变曲线是典型的建筑结构钢材在常温静载条件下的单向拉伸试验的结果，从这条曲线中可得到许多有关钢材性能的指标。

　　1)屈服强度

　　由图中可看出，当钢材进入塑性变形阶段后，曲线波动较大，以后逐渐趋于平稳，其最高点和最低点分别称为屈服强度上限和屈服强度下限。屈服强度下限较稳定，设计中取屈服强度下限作为钢筋强度的设计依据,用符号 f_y 表示。

2)极限抗拉强度

极限抗拉强度是应力-应变曲线图中最大应力值,它是钢材力学性能中必不可少的一项指标。钢结构设计准则是以构件最大应力达到材料屈服点作为极限状态,而把钢材的极限抗拉强度视为局部应力高峰的强度储备,这样能同时满足构件的强度和刚度要求。因而对承重结构的钢材,要求同时保证极限抗拉强度和屈服点的强度指标。

2. 钢材的其他性能

1)伸长率

衡量钢材塑性的主要指标是伸长率,参见本书 1.1.2 节。

2)冷弯性能

钢材的冷弯性能由冷弯试验确定。试验时,根据钢材的牌号和不同的板厚,按国家相关标准规定的弯心直径,在试验机上把试件弯曲 180°(见图 11-1),以试件表面和侧面不出现裂纹和分层为合格。冷弯试验不仅能检验材料承受规定的弯曲变形能力的大小,还能显示其内部的冶金缺陷,因此是判断钢材塑性变形能力和冶金质量的综合指标。焊接承重结构以及重要的非焊接承重结构采用的钢材,均应具有冷弯试验的合格保证。

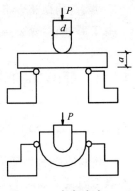

图 11-1　冷弯试验

3)冲击韧性

由单调拉伸试验获得的韧性没有考虑应力集中和动荷作用的影响,只能用来比较不同钢材在正常情况下的韧性好坏。冲击韧性也称缺口韧性,是评定带有缺口的钢材在冲击荷载作用下抵抗脆性破坏能力的指标,通常用带有夏比 V 型缺口的标准试件做冲击试验(见图 11-2),以击断试件所消耗的冲击功大小来衡量钢材抵抗脆性破坏的能力。冲击韧性也叫冲击功,用 A_{KV} 或 C_V 表示,单位为 J(焦耳)(1J＝1 N·m)。

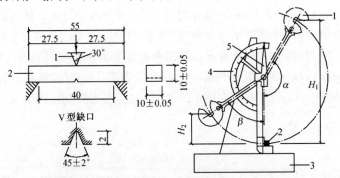

图 11-2　夏比 V 型缺口冲击试验和标准试件

1—摆锤;2—试件;3—试验机台座;4—刻度盘;5—指针

试验表明,钢材的冲击韧性值随温度的降低而降低,但不同牌号和质量等级钢材的降低规律又有很大的不同。因此,在寒冷地区承受动力作用的重要承重结构,应根据其工作温度和所用钢材牌号,对钢材提出相当温度下的冲击韧性指标的要求,以防止脆性破坏发生。

4)焊接性

焊接性是指在一定的焊接工艺和结构条件下,不因焊接而对钢材性能产生较大的有害影响。可分为工艺焊接性和使用焊接性。工艺焊接性好是指在一定的焊接工艺下,焊缝金属及其附近金属均不产生裂纹;使用焊接性好是指焊接构件在施焊后的力学性能不低于母材的力学性能。

用焊接方法连接结构,所用钢材必须具有良好的可焊性,或者采取特殊的焊接工艺,确保焊接的质量。焊接结构的破坏,往往是由于材料的可焊性不良,而在低温或动荷载作用下发生脆性断裂。钢材的可焊性除与钢材所含的化学成分有关外,还与材料的塑性及冲击韧性有着密切的关系,一般冲击性能好的钢材其可焊性能也好,容易保证焊接的质量。因此,钢材的可焊性能还可直接用钢材的冲击韧性来鉴定。工程上对于重要的承重结构不但要对其焊接性能进行质量鉴定,还要对焊接区的塑性和韧性进行测定。

11.1.3 影响钢材性能的主要因素

1. 化学成分的影响

钢是以铁和碳为主要成分的合金,虽然碳和其他元素所占比例甚少,但却左右着钢材的性能。

碳是各种钢中的重要元素之一,在碳素结构钢中则是铁以外的最主要元素。碳是形成钢材强度的主要成分,随着含碳量的提高,钢材的强度逐渐增高,而塑性、韧性和焊接性能等下降,碳素钢按碳的含量区分,小于 0.25% 的为低碳钢,介于 0.25% 至 0.6% 之间的为中碳钢,大于 0.6% 的为高碳钢。含碳量超过 0.3% 时,钢材的抗拉强度很高,但却没有明显的屈服点,且塑性很小。含碳量超过 0.2% 时,钢材的焊接性能开始恶化。因此,相关规范推荐的钢材,含碳量均不超过 0.22%,对于焊接结构则严格控制在 0.2% 以内。

硫是有害元素,常以硫化铁形式夹杂于钢中。当温度达到 800~1000 ℃ 时,硫化铁会熔化使钢材变脆,因而在进行焊接或热加工时,有可能引发热裂纹,称为热脆。此外,硫还会降低钢材的冲击韧性、疲劳强度、抗锈蚀性能和焊接性能等。非金属硫化物夹杂经热轧加工后还会在厚钢板中形成局部分层现象,在采用焊接连接的节点中,沿板厚方向承受拉力时,会发生层状撕裂破坏。因而应严格限制钢材中的含硫量,随着钢材牌号和质量等级的提高,含硫量的限值由 0.05% 依次降至 0.025%,厚度方向性能钢板(抗层状撕裂钢板)的含硫量更限制在 0.01% 以下。

磷可提高钢材的强度和抗锈蚀能力,但却严重地降低钢材的塑性、韧性、冷弯性能和焊接性能,特别是在温度较低时促使钢材变脆,称为冷脆。因此,磷的含量也要严格控制,随着钢材牌号和质量等级的提高,含磷量的限值由 0.045% 依次降至 0.025%。但是当采取特殊的冶炼工艺时,磷可作为一种合金元素来制造含磷的低合金钢,此时其含量可达 0.11%~0.13%。

锰是有益元素,在普通碳素钢中,它是一种弱脱氧剂,可提高钢材强度,消除硫对钢的热脆影响,改善钢材的冷脆倾向,同时不显著降低塑性和韧性。锰还是我国低合金钢的主要合金元素,其含量为 0.8%~1.8%。但锰对焊接性能不利,因此含量也不宜过多。

硅是有益元素,在普通碳素钢中,它是一种强脱氧剂,常与锰共同除氧,生产镇静钢。适量的硅,可以细化晶粒,提高钢材的强度,而对塑性、韧性、冷弯性能和焊接性能无显著不良影响。硅的含量在一般镇静钢中为 0.12%～0.30%，在低合金钢中为 0.2%～0.55%。过量的硅会恶化焊接性能和抗锈蚀性能。

铝是强脱氧剂，还能细化晶粒，可提高钢材的强度和低温韧性，在要求低温冲击韧性合格保证的低合金钢中，其含量不小于 0.015%。

氧和氮属于有害元素。氧与硫类似使钢热脆，氮的影响和磷类似，因此其含量均应严格控制。但当采用特殊的合金组分匹配时，氮可作为一种合金元素来提高低合金钢的强度。

氢是有害元素，呈极不稳定的原子状态溶解在钢中，其溶解度随温度的降低而降低，常在结构疏松区域、孔洞、晶格错位和晶界处富集，生成氢分子，产生巨大的内压力，使钢材开裂，称为氢脆。氢脆属于延迟性破坏，在有拉应力作用下，常需要经过一定孕育发展期才会发生。在破裂面上常可见到白点，称为氢白点。含碳量较低且硫、磷含量较少的钢，氢脆敏感性低。钢的强度等级越高，对氢脆越敏感。

2. 钢材的焊接性能

钢材的焊接性能受含碳量和合金元素含量的影响，当含碳量在 0.12%～0.20% 范围内时，碳素钢的焊接性能最好；含碳量超过上述范围时，焊缝及热影响区容易变脆。钢材焊接性能的优劣除了与钢材的碳当量有直接关系之外，还与母材厚度、焊接方法、焊接工艺参数以及结构形式等条件有关。目前，国内外都采用可焊性试验的方法来检验钢材的焊接性能，从而制定出重要结构和构件的焊接制度和工艺。

3. 钢材的硬化

钢材的硬化有三种情况：时效硬化、冷作硬化和应变时效硬化。

在高温时溶于铁中的少量氮和碳，随着时间的增长逐渐由固溶体中析出，生成氮化物和碳化物，散存在铁素体晶粒的滑动界面上，对晶粒的塑性滑移起到遏制作用，从而使钢材的强度提高，塑性和韧性下降。这种现象称为时效硬化。

在冷加工（或一次加载）使钢材产生较大的塑性变形的情况下，卸荷后再重新加载，钢材的屈服点提高，塑性和韧性降低的现象称为冷作硬化。

在钢材产生一定数量的塑性变形后，铁素体晶体中的固溶氮和碳将更容易析出，从而使已经冷作硬化的钢材又发生时效硬化现象，称为应变时效硬化。这种硬化在高温作用下会快速发展，方法是：先使钢材产生 10% 左右的塑性变形，卸载后再加热至 250 ℃，保温 1 h 后在空气中冷却。

对于比较重要的钢结构，要尽量避免局部冷作硬化现象的发生。

4. 应力集中的影响

由单调拉伸试验所获得的钢材性能，只能反映钢材在标准试验条件下的性能，即应力均匀分布且是单向的。实际结构中不可避免的存在孔洞、槽口、截面突然改变以及钢材内部缺陷等，此时截面中的应力分布不再保持均匀，由于主应力线在绕过孔口等缺陷时发生弯转，不仅在孔口边缘处会产生沿力作用方向的应力高峰，而且会在孔口附近产生垂直于力的作用方向的横向应力，甚至会产生三向拉应力（如图 11-3 所示）而且厚度越厚的钢板，在其缺口中心部位的三向拉应力也越大，这是因为在轴向拉力作用下，缺口中心沿板厚方向的收缩变形受到较大的限制，形成所谓平面应变状态所致。应力集中的严重程度用应力集中系数衡量，缺口边缘沿受力方向的最大应力 σ_{max} 和按净截面的平均应力 $\sigma_0 =$

N/A_n(A_n 为净截面面积)的比值称为应力集中系数,即 $k = \sigma_{max}/\sigma_0$。

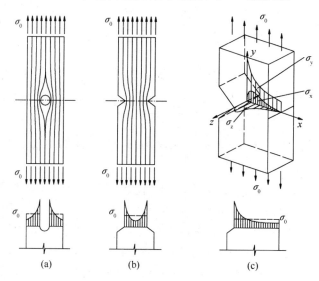

图 11-3　板件在孔口处的应力集中

(a)薄板圆孔处的应力分布;(b)薄板缺口处的应力分布;(c)厚板缺口处的应力分布

应力集中现象还可能由内应力产生。内应力的特点是力在钢材内自相平衡,而与外力无关,其在浇筑、轧制和焊接加工过程中,因不同部位钢材的冷却速度不同,或因不均匀加热和冷却而产生。其中焊接残余应力的量值往往很高,在焊缝附近的残余拉应力常达到屈服点,当外力引起的应力与内应力处于不利组合时,会引发脆性破坏。

因此,在进行钢结构设计时,应尽量使构件和连接节点的形状和构造合理,防止截面的突然改变。在进行钢结构的焊接构造设计和施工时,应尽量减少焊接残余应力。

5. 荷载类型的影响

荷载分为静载和动载两大类。静力荷载中的永久荷载属于一次加载,活荷载可看作重复加载。动力荷载中的冲击荷载属于一次性快速加载,吊车梁所受的吊车荷载以及建筑结构所承受的地震作用则属于连续交变荷载,或称循环荷载。

1)加载速度的影响

在冲击荷载作用下,加载速度很高,由于钢材的塑性滑移在加载瞬间跟不上应变速率,因而反映出屈服点提高的倾向。但是,试验研究表明,在 20 ℃左右的室温环境下,虽然钢材的屈服点和抗拉强度随应变速率的增加而提高,但塑性变形能力却没有下降,反而有所提高,即处于常温下的钢材在冲击荷载作用下仍保持良好的强度和塑性变形能力。

应变速率在温度较低时对钢材性能的影响要比常温下大得多。图 11-4 给出了三条不同应变速率下的缺口韧性试验结果与温度的关系曲线,图中中等加载速率相当于应变速率 $\dot{\varepsilon} = 10^{-3} s^{-1}$,即每秒施加应变 $\varepsilon = 0.1\%$,若以 100 mm 为标定长度,其加载速度相当于 0.1 mm/s。由图中可以看出,随着加载速率的减小,曲线向温度较低侧移动。在温度较高和较低两侧,三条曲线趋于接近,应变速率的影响变得不十分明显,但在常用温度范围内其对应变速率的影响十分敏感,即在此温度范围内,加荷速率越高,缺口试件断裂时吸收的能量越低,变得越脆。因此钢结构在防止低温脆性破坏设计中,应考虑加荷速率的影响。

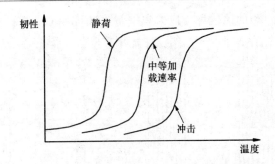

图 11-4　不同应变速率下钢材断裂吸收能量随温度的变化

2)循环荷载的影响

钢材在连续交变荷载作用下,会逐渐累积损伤、产生裂纹及裂纹逐渐扩展,直到最后破坏,这种现象称为疲劳。按照断裂寿命和应力高低的不同,疲劳可分为高周疲劳和低周疲劳两类。高周疲劳的断裂寿命较长,断裂前的应力循环次数 $n \geqslant 5 \times 10^4$,断裂应力水平较低,因此也称低应力疲劳或疲劳,一般常见的疲劳多属于这一类。低周疲劳的断裂寿命较短,破坏前的循环次数 $n = 10^2 \sim 5 \times 10^4$,断裂应力水平较高,伴有塑性应变发生,因此也称为应变疲劳或高应力疲劳。

试验研究发现,当钢材承受拉力至产生塑性变形,卸载后,再使其受拉,其受拉的屈服强度将提高至卸载点(冷作硬化现象);而当卸载后使其受压,其受压的屈服强度将低于一次受压时所获得的值。这种经预拉后抗拉强度提高、抗压强度降低的现象称为包辛格效应,如图 11-5(a)所示。在交变荷载作用下,随着应变幅值的增加,钢材的应力-应变曲线将形成滞回环线,如图 11-5(b)所示。低碳钢的滞回环丰满而稳定,滞回环所围的面积代表荷载循环一次单位体积的钢材所吸收的能量,在多次循环荷载下,将吸收大量的能量,十分有利于抗震。

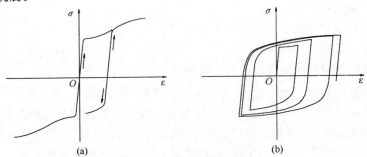

(a)　　　　　　　　　　　　　　　　　(b)

图 11-5　钢材的包辛格效应和滞回曲线

钢结构在地震作用下的低周疲劳破坏,大部分是由于构件或节点的应力集中区域产生了宏观的塑性变形,由循环塑性应变累积损伤到一定程度后发生的。其疲劳寿命取决于塑性应变幅值的大小,塑性应变幅值大的疲劳寿命就低。目前,有关低周疲劳问题的研究还在发展和完善过程中。

6.温度的影响

钢材的性能受温度的影响十分明显,在 150 ℃以内,钢材的强度、弹性模量和塑性均与常温相近,变化不大。但在 250 ℃左右,抗拉强度有局部性提高,伸长率和断面收缩率均降至最低,出现了所谓的蓝脆现象(钢材表面氧化膜呈蓝色)。显然钢材的热加工应避开这一温度区段。在 300 ℃ 以后,强度和弹性模量均开始显著下降,塑性显著上升,达到 600 ℃ 时,强度几乎为零,塑性急剧上升,钢材处于热塑性状态。

由上述可知,钢材具有一定的抗热性能,但不耐火,一旦钢结构的温度达到 600 ℃ 及以上时,会在瞬间因热塑而倒塌。因此受高温作用的钢结构,应根据不同情况采取防护措施:当结构可能受到炽热熔化金属的侵害时,应采用砖或耐热材料做成的隔热层加以保护;当结构表面长期受辐射热达 150 ℃ 以上或在短时间内可能受到火焰作用时,应采取有效的防护措施(如加隔热层或水套等)。防火是钢结构设计中应考虑的一个重要问题,通常按国家有关的防火规范或标准,根据建筑物的防火等级对不同构件所要求的耐火极限进行设计,选择合适的防火保护层(包括防火涂料等的种类、涂层或防火层的厚度及质量要求等)。

当温度低于常温时,随着温度的降低,钢材强度的提高,塑性和韧性的降低,钢材逐渐变脆,称为钢材的低温冷脆。

11.1.4　建筑用钢的种类、规格和选用

1. 建筑用钢的种类

我国的建筑用钢主要为碳素结构钢和低合金高强度结构钢两种,优质碳素结构钢在冷拔碳素钢丝和连接用紧固件中也有应用。

1)碳素结构钢

按照国家标准《碳素结构钢》(GB/T 700—2006)生产的钢材共有 Q195、Q215、Q235、Q255 和 Q275 等,板材厚度不大于 16 mm 的相应牌号钢材的屈服点分别为 195、215、235、255 和 275 MPa。其中 Q235 含碳量在 0.22% 以下,属于低碳钢,钢材的强度适中,塑性、韧性均较好。该牌号钢材又根据化学成分和冲击韧性的不同划分为 A、B、C、D 共 4 个质量等级,按字母顺序由 A 到 D,表示质量等级由低到高。除 A 级外,其他三个级别的含碳量均在 0.20% 以下,焊接性能也很好。因此,本规范将 Q235 牌号的钢材选为承重结构用钢。

碳素结构钢的钢号由代表屈服点的字母 Q、屈服点数值(MPa)、质量等级符号、脱氧方法符号等四个部分组成。符号"F"代表沸腾钢,"b"代表半镇静钢,符号"Z"和"TZ"分别代表镇静钢和特种镇静钢。在具体标注时"Z"和"TZ"可以省略。例如 Q235B 代表屈服点为 235 MPa 的 B 级镇静碳素结构钢;Q235C 代表屈服点为 235 MPa 的 C 级镇静碳素结构钢。碳素结构钢的化学成分和脱氧方法、拉伸和冲击试验以及冷弯试验结果符合表 11-1～表 11-3 的规定。

表 11-1　Q235 钢的化学成分和脱氧方法

牌号	等级	化学成分/(%)						脱氧方法
		C	Mn	Si	S	P		
				不大于				
Q235	A	0.14—0.22	0.30～0.55	0.30	0.040	0.045	F、b、Z
	B	0.12—0.20	0.30～0.70		0.045		
	C	≤0.18	0.35～0.80		0.040	0.040	Z
	D	≤0.17			0.035	0.035	TZ

表 11-2　Q235 的拉伸试验和冲击试验结果要求

牌号	等级	拉伸试验														冲击试验	
		屈服点 σ_s/MPa						抗拉强度 σ_b/MPa	伸长率 σ_s/(%)						温度/℃	V型冲击功(纵向) J
		钢板厚度/mm							钢板厚度/mm							
		≤16	>16~40	>40~60	>60~100	>100~150	>150		≤16	>16~40	>40~60	>60~100	>100~150	>150		
		不小于							不小于							不小于
Q235	A	235	225	215	205	195	185	375~460	26	25	24	23	22	21	—	
	B														20	27
	C														0	
	D														−20	

表 11-3　Q235 钢的冷弯试验结果要求

牌号	试样方向	冷弯试验　B=2a　180°		
		a,钢材厚度/mm		
		60	>60~100	>100~200
		弯心直径 d		
Q235	纵向	a	2a	2.5a
	横向	1.5a	2.5a	3a

2)低合金高强度结构钢

按照国家标准《低合金高强度结构钢》(GB/T 1591—2008)生产的钢材共有 Q345、Q390、Q420、Q460、Q500、Q550、Q620 和 Q690 等 8 种牌号,板材厚度不大于 16 mm 的相应牌号钢材的屈服点分别为 345、390、420、460、500、550、620 和 690 MPa。这些钢的含碳量均不大于 0.20%,强度的提高主要依靠添加少量几种合金元素,合金元素的总量低于 5%,故称为低合金高强度钢。其中 Q345、Q390 和 Q420 均按化学成分和冲击韧性各划分为 A、B、C、D、E 共 5 个质量等级,字母顺序越靠后的钢材质量越高。这三种牌号的钢材均有较高的强度和较好的塑性、韧性、焊接性能,被本规范选为承重结构用钢。这三种低合金高强度钢的牌号命名与碳素结构钢的类似,只是前者的 A、B 级为镇静钢,C、D、E 级为特种镇静钢,故可不加脱氧方法的符号。低合金高强度钢的化学成分和拉伸、冲击、冷弯试验结果以及可焊性指标均应符合《低合金高强度结构钢》的有关规定,此处不再赘述。

3)优质碳素结构钢

优质碳素结构钢与碳素结构钢的主要区别在于钢材中含杂质元素较少,磷、硫等有害元素的含量均不大于 0.035%,其他缺陷的限制也较严格,具有较好的综合性能。按照国家标准《优质碳素结构钢》(GB/T 699—1999)生产的钢材共有两大类,一类为普通含锰量的钢,另一类为较高含锰量的钢,两类的钢号均用两位数字表示,它表示钢中的平均含碳量的万分数,前者数字后不加 Mn,后者数字后加 Mn,如 45 号钢,表示平均含碳量为 0.45% 的优质碳素钢;45Mn 号钢,则表示同样含碳量、但锰的含量也较高的优质碳素钢。

4)其他建筑用钢

在某些情况下,要采用一些有别于上述牌号的钢材时,其材质应符合国家的相关标准。例如,当焊接承重结构为防止钢材的层状撕裂而采用 Z 向钢时,应符合《厚度方向性能钢板》(GB/T 5313－2010)的规定;处于外露环境对耐腐蚀有特殊要求或在腐蚀性气、固态介质作用下的承重结构采用耐候钢时,应满足《焊接结构用耐候钢》(GB/T 4172－2008)的规定;当在钢结构中采用铸钢件时,应满足《一般工程用铸造碳钢件》(GB/T 11352－2009)的规定等。

2. 钢材的规格

钢结构所用钢材主要为热轧成型的钢板和型钢,以及冷加工成型的冷轧薄钢板和冷弯薄壁型钢等。为了减少制作工作量和降低造价,钢结构的设计和制作者应对钢材的规格有较全面的了解。

1)钢板

钢板有厚钢板、薄钢板、扁钢(或带钢)之分。厚钢板常用作大型梁、柱等实腹式构件的翼缘和腹板,以及节点板等;薄钢板主要用来制造冷弯薄壁型钢;扁钢可用作焊接组合梁、柱的翼缘板、各种连接板、加劲肋等,钢板截面的表示方法为在符号"**—**"后加"宽度×厚度",如— 200 mm×20 mm 等。钢板的供应规格如下。

厚钢板:厚度 4.5～60 mm,宽度 600～3000 mm,长度 4～12 m。

薄钢板:厚度 0.35～4 mm,宽度 500～1500 mm,长度 0.5～4 m。

扁钢:厚度 4～60 mm,宽度 12～200 mm,长度 3～9 m。

2)热轧型钢

常用的有角钢、工字钢、槽钢等,如图 11-6(a-f)所示。

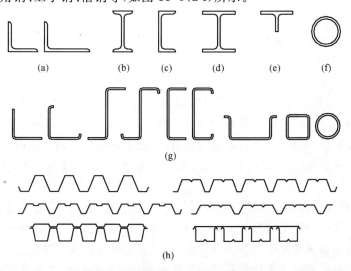

图 11-6 热轧型钢及冷弯薄壁型钢

(a)角钢;(b)工字钢;(c)槽钢;(d)H 型钢;(e)T 字钢;(f)钢管;(g)冷弯薄壁型钢;(h)压型钢板

角钢分为等边(也称等肢)的和不等边(也称不等肢)的两种,主要用来制作桁架等格构式结构的杆件和支撑等连接杆件。角钢型号的表示方法是在符号"L"后加"长边宽×短边宽×厚度"(对不等边角钢,如L 125 mm×80 mm×8 mm),或加"边长×厚度"(对等边角钢,如L 125 mm×8 mm)。目前我国生产的角钢最大边长为 200 mm,角钢的供应长度一般为 4～19 m。

工字钢有普通工字钢、轻型工字钢和 H 型钢三种。普通工字钢和轻型工字钢的两个主轴方向的惯性矩相差较大,不宜单独用作受压构件,宜用作腹板平面内受弯的构件,或由工字钢和其他型钢组成的组合构件或格构式构件。宽翼缘 H 型钢平面内外的回转半径较接近,可单独用作受压构件。

普通工字钢的型号用符号"I"后加截面高度的厘米数来表示,20 号以上的工字钢,按腹板的厚度不同,分为 a、b 或 a、b、c 等类别,例如 I20a 表示高度为 200 mm,腹板厚度为 a 类的工字钢。轻型工字钢的翼缘要比普通工字钢的翼缘宽而薄,回转半径较大。普通工字钢的型号为 10～63 号,轻型工字钢为 10～70 号,供应长度均为 5～19 m。

H 型钢与普通工字钢相比,其翼缘板的内外表面平行,便于与其他构件连接。H 型钢的基本类型可分为宽翼缘(HW)、中翼缘(HM)及窄翼缘(HN)三类。H 型钢的型号为代号后加"高度 H×宽度 B×腹板厚度 t_1×翼缘厚度 t_2",例如 HW400×400×13×21 等。宽翼缘和中翼缘 H 型钢可用于钢柱等受压构件,窄翼缘 H 型钢则适用于钢梁等受弯构件。目前国内生产的最大型号 H 型钢为 HN700×300×13×24。供货长度可与生产厂家协商。

槽钢有普通槽钢和轻型槽钢二种。适于作檩条等双向受弯的构件,也可用其组成组合或格构式构件。槽钢的型号与工字钢相似,例如 32a 指截面高度 320 mm,腹板较薄的槽钢。目前国内生产的最大型号为 40c,供货长度为 5～19 m。

钢管有无缝钢管和焊接钢管两种。由于回转半径较大,常用作桁架、网架、网壳等平面和空间格构式结构的杆件;在钢管混凝土柱中也有广泛的应用。型号可用代号"D"后加"外径 d×壁厚 t"表示,如 D180×8 等。国产热轧无缝钢管的最大外径可达 630 mm。供货长度为 3～12 m。焊接钢管的外径可以做的更大。

3)冷弯薄壁型钢

采用 1.5～6 mm 厚的钢板经冷弯和辊压成型的型材(如图 11-6(g)所示),和采用 0.4～1.6 mm 的薄钢板经辊压成型的压型钢板(如图 11-6(h)所示),其截面形式和尺寸均可按受力特点合理设计,能充分利用钢材的强度,节约钢材,在国内外轻钢建筑结构中被广泛地应用。近年来,冷弯高频焊接圆管和方、矩形管的生产和应用在国内有了很大的进展,冷弯型钢的壁厚已达 12.5 mm(部分生产厂可达 22 mm,国外为 25.4 mm)。

3. 钢材的选择

钢材的选用既要确保结构物的安全可靠,又要经济合理。为了保证承重结构的承载能力,防止在一定条件下出现脆性破坏,应根据结构的重要性、荷载特征、连接方法、工作环境、应力状态和钢材厚度等因素综合考虑,选用合适牌号和质量等级的钢材。

一般而言,对于直接承受动力荷载的构件和结构(如吊车梁、工作平台梁或直接承受车辆荷载的栈桥构件等)、重要的构件或结构(如桁架、屋面楼面大梁、框架横梁及其他受拉力较大的类似结构和构件等)、采用焊接连接的结构以及处于低温下工作的结构,应采用质量较高的钢材。对承受静力荷载的受拉及受弯的重要焊接构件和结构,宜选用较薄的型钢和板材构成;当选用的型材或板材的厚度较大时,宜采用质量较高的钢材,以防钢材中较大的残余拉应力和缺陷等与外力共同作用形成三向拉应力场,引起脆性破坏。

承重结构采用的钢材应具有抗拉强度、伸长率、屈服强度和硫、磷含量的合格保证,对焊接结构尚应具有含碳量的合格保证。焊接承重结构以及重要的非焊接承重结构采用的钢材,还应具有冷弯试验的合格保证。

根据多年的实践经验总结,并适当参考了有关国外规范的规定,《钢结构设计规范》(GB 50017—2003)具体给出了需要验算疲劳的钢结构钢材应具有的冲击韧性合格保证的建议,见表 11-4。

表 11-4 需验算疲劳的钢材选择表

结构类别	结构工作温度 *	要求下列低温冲击韧性合格保证		
		0 ℃	−20 ℃	−40 ℃
要求验算疲劳的焊接结构或构件	0 ℃≥t>−20 ℃	Q235C Q345C	Q390D Q420D	—
	t≤−20 ℃	—	Q235D Q345D	Q390E Q420E
要求验算疲劳的非焊接结构或构件	t≤−20 ℃	Q235C Q345C	Q390D Q420D	—

注:结构工作温度,对露天和非采暖房屋的结构,取建筑物所在地区室外最低日平均温度;对采暖房屋内的结构,考虑到采暖设备可能发生临时故障,使室内的结构暂时处于室外的温度中,偏于安全,可按室外最低日平均温度提高 10 ℃取用,也可经合理研究后确定。

为了简化订货,选择钢材时要尽量统一规格,减少钢材牌号和型材的种类,还要考虑市场的供应情况和制造厂的工艺可能性。对于某些拼接组合结构(如焊接组合梁、桁架等)可以选用两种不同牌号的钢材,受力大、由强度控制的部分(如组合梁的翼缘、桁架的弦杆等),用强度高的钢材;受力小、由稳定控制的部分(如组合梁的腹板、桁架的腹杆等),用强度低的钢材,可达到经济合理的目的。

11.2 钢结构的连接

在钢结构工程中,钢结构的构件是由型钢、钢板等通过连接构成的,各构件再通过安装连接架构成整个结构。可见,"连接"是钢结构中的重要组成部分。无论是连接的方法,还是连接的工艺都会影响钢结构工程的施工速度、工程造价,而连接的质量更是直接影响着钢结构工程的质量。因此,在进行连接的设计时,必须遵循安全可靠、传力明确、构造简单、制造方便和节约钢材的原则。

钢结构的连接方法可分为焊接连接、铆钉连接、螺栓连接等,如图 11-7 所示。

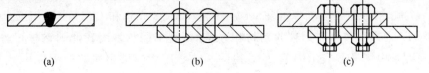

(a)   (b)   (c)

图 11-7 钢结构的连接方法

(a)焊缝连接;(b)铆钉连接;(c)螺栓连接

11.2.1 焊缝连接

1.焊缝连接的特点

焊接连接是通过电弧产生热量,使焊条和焊件局部熔化,然后冷却凝结形成焊缝,使焊件连成一体,是现代钢结构最主要的连接方法。其优点是:构造简单,任何形式的构件都可直接相连;用料经济,不削弱截面;制作、加工方便,可实现自动化操作;连接的密闭性好,结构刚度大。其缺点是:在焊缝附近的热影响区内,钢材的机械性能发生改变,导致局部材质变脆;钢材受到不均匀的加热和冷却,结构产生焊接残余应力和残余变形,使受压构件承载力降低;焊接连接的刚度大,因此对裂纹很敏感,局部裂纹一旦发生,就容易扩展到整体,低温冷脆问题较为突出。

2.钢结构常用的焊接方法

焊接的方法可分为熔化焊和压力焊两大类。我们常用的电弧焊属于熔化焊,而电阻焊属于压力焊。

电弧焊又分为手工电弧焊、自动(半自动)埋弧焊和气体保护焊等。

1)手工电弧焊

这是最常用的一种焊接方法,如图 11-8 所示。通电后,在涂有药皮的焊条和焊件间产生电弧。电弧提供热源,使焊条中的焊丝熔化,滴落在焊件上被电弧所吹成的小凹槽熔池中。由电焊条药皮形成的熔渣和气体覆盖着熔池,防止空气中的氧、氮等气体与熔化的液体金属接触,避免形成脆性易裂的化合物。焊缝金属冷却后把被连接件连成一体。

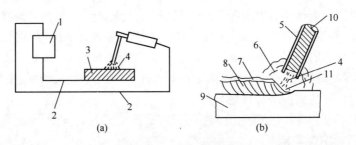

图 11-8 手工电弧焊

(a)电路;(b)施焊过程;

1—电焊机;2—导线;3—焊件;4—电弧;5—药皮;

6—起保护作用的气体;7—熔渣;8—焊缝金属;9—主体金属;10—焊丝;11—熔池

手工电弧焊设备简单,操作灵活方便,适于任意空间位置的焊接,特别适用于工地安装焊缝、短焊缝和弯折焊缝。但生产效率低,劳动强度大,焊接质量与焊工的技术水平和精神状态有很大的关系。

手工电弧焊所用焊条应与焊件钢材相适应,例如:Q235 钢采用 E43 型焊条(E4300-E4328);Q345 钢采用 E50 型焊条(E5000-E5048);Q390 钢和 Q420 钢采用 E55 型焊条(E5500-E5518)。当不同钢种的钢材相连接时,宜采用与强度较低的钢材相适应的焊条。焊条型号中字母 E 表示焊条,E 后边的两位数字为熔敷金属的最小抗拉强度(单位为 kgf/mm^2)(1 kgf/mm^2=9.8 MPa,下同),第三、四位数字表示适用焊接位置、电流以及药皮类型等。

2)自动(或半自动)埋弧焊

埋弧焊是电弧在焊剂层下燃烧的一种电弧焊方法。焊丝送进和焊接方向的移动有专门机构控制的称埋弧自动电弧焊,如图 11-9 所示;焊丝送进有专门机构控制,而焊接方向的移动靠工人操作的称为埋弧半自动电弧焊。电弧焊的焊丝不涂药皮,但施焊端靠由焊剂漏头自动流下的颗粒状焊剂所覆盖,电弧完全被埋在焊剂之内,电弧热量集中,熔深大,适用于厚板的焊接,具有很高的生产率。由于采用了自动或半自动化操作,焊接时的工艺条件稳定,焊缝的化学成分均匀,故焊成的焊缝质量好,焊件变形小;但埋弧焊对焊件边缘的装配精度(如间隙)要求比手工焊高。

埋弧焊所用焊丝和焊剂应与主体金属的力学性能相适应,并应符合现行国家标准的规定。

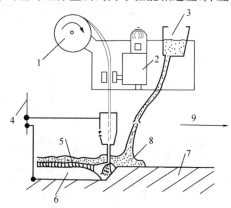

图 11-9 埋弧自动电弧焊

1—焊丝转盘;2—转动焊丝的电动机;3—焊剂漏斗;4—电源;5—熔化的焊剂;

6—焊缝金属;7—焊件;8—焊剂;9—移动方向

3)气体保护焊

气体保护焊是利用二氧化碳气体或其他惰性气体作为保护介质的一种电弧熔焊方法。它直接依靠保护气体在电弧周围造成局部的保护层,以防止有害气体的侵入并保证焊接过程的稳定性。

气体保护焊的焊缝熔化区没有熔渣,焊工能够清楚地看到焊缝成型的过程;由于保护气体是喷射的,有助于熔滴的过渡;由于热量集中,焊接速度快,焊件熔深大,所形成的焊缝强度比手工电弧焊高,塑性和抗腐蚀性好,适用于全位置的焊接。但不适用于在风较大的地方施焊。

4)电阻焊

电阻焊是利用电流通过焊件接触点表面电阻所产生的热量熔化金属,再通过加压使其焊合。电阻焊与其他方法相比,接头质量高、辅助工序少,易于机械化和自动化。适用于板叠厚度不大于 12 mm 的焊接。对冷弯薄壁型钢构件,电阻焊可用来缀合壁厚不超过 3.5 mm 的构件,如将两个冷弯槽钢或 C 型钢组合成 I 型截面构件等。

3. 焊接连接形式及焊缝形式

1)焊缝连接形式

焊缝连接形式按被连接钢材的相互位置可分为对接、搭接、T 型连接和角部连接,如图 11-10 所示。

对接连接主要用于厚度相同或接近相同的两构件的相互连接,图 11-10(a)所示为采用对接焊缝的对接连接,相互连接的两构件在同一平面内,传力均匀平缓,没有明显的应力集中,且用料经济,但是焊件边缘需要加工,被连接两板的间隙和坡口尺寸有严格的要求。

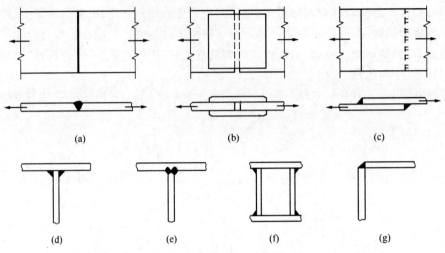

图 11-10 焊缝连接的形式

(a)对接连接;(b)用拼接盖板的对接连接;(c)搭接连接;

(d)、(e)T 型连接;(f)、(g)角部连接

图 11-10(b)所示为用双层盖板和角焊缝的对接连接,这种连接传力不均匀、费料,但施工简便,所连接两板的间隙大小无需严格控制。

图 11-10(c)所示为用角焊缝的搭接连接,特别适用于不同厚度构件的连接。传力不均匀,较费材料,但构造简单,施工方便,目前还广泛应用。

T 型连接省工省料,常用于制作组合截面。当采用角焊缝连接时,如图 11-10(d)所示,焊件间存在缝隙、截面突变、应力集中现象严重,疲劳强度较低,可用于不直接承受动力荷载结构的连接中。对于直接承受动力荷载的结构,如重级工作制吊车梁,其上翼缘与腹板的连接,应采用如图 11-10(e)所示的焊透的 T 形对接与角接组合焊缝进行连接。

角部连接,如图 11-10(f)、(g)所示,主要用于制作箱形截面。

2)焊缝形式

对接焊缝按所受力的方向分为正对接焊缝(如图 11-11(a)所示)和斜对接焊缝(如图 11-11(b)所示);角焊缝(如图 11-11(c)所示)可分为正面角焊缝、侧面角焊缝和斜焊缝。

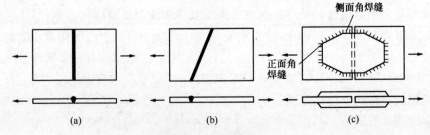

图 11-11 焊缝形式

(a)正对接焊缝;(b)斜对接焊缝;(c)角焊缝

焊缝沿长度方向的布置分为连续角焊缝和间断角焊缝二种,如图 11-12 所示。连续角焊缝的受力性能较好,为主要的角焊缝形式。间断角焊缝的起、灭弧处容易引起应力集中,重要结构应避免采用,只能用于一些次要构件的连接或受力很小的连接中。间断角焊缝的间断距离 l 不宜过长,以免连接不紧密,潮气侵入引起构件锈蚀。一般在受压构件中应满足 $l \leqslant 15t$;在受拉构件中 $l \leqslant 30t$, t 为较薄焊件的厚度。

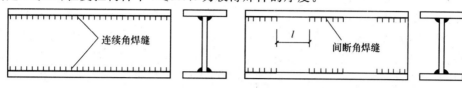

图 11-12 连续角焊缝和间断角焊缝

焊缝按施焊位置分为平焊、横焊、立焊及仰焊,如图 11-13 所示。平焊(又称俯焊)施焊方便。立焊和横焊要求焊工的操作水平比平较高。仰焊的操作条件最差,焊缝质量不易保证,因此应尽量避免采用仰焊。

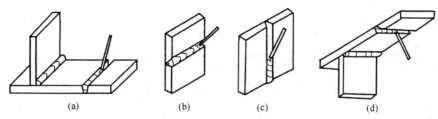

图 11-13 焊缝施焊位置

(a)平焊;(b)横焊;(c)立焊;(d)仰焊

4. 焊缝缺陷及焊缝质量检验

1)焊缝缺陷

焊缝缺陷是指焊接过程中产生于焊缝金属或附近热影响区钢材表面或内部的缺陷。常见的缺陷有裂纹、焊瘤、烧穿、弧坑、气孔、夹渣、咬边、未熔合、未焊透(如图 11-14 所示)以及焊缝尺寸不符合要求、焊缝成形不良等。裂纹是焊缝连接中最危险的缺陷。产生裂纹的原因很多,如钢材的化学成分不当;焊接工艺条件(如电流、电压、焊速、施焊次序等)选择不合适;焊件表面油污未清除干净等。

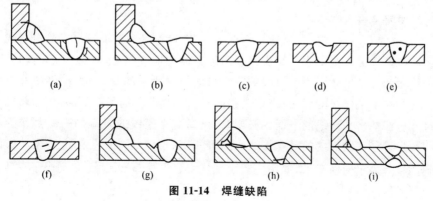

图 11-14 焊缝缺陷

(a)裂纹;(b)焊瘤;(c)烧穿;(d)弧坑;(e)气孔;(f)夹渣;
(g)咬边;(h)未熔合;(i)未焊透

2）焊缝质量检验

焊缝缺陷的存在将削弱焊缝的受力面积，在缺陷处引起应力集中，故对连接的强度、冲击韧性及冷弯性能等均有不利影响。因此，焊缝质量检验极为重要。

焊缝质量检验一般可用外观检查及内部无损检验，前者检查外观缺陷和几何尺寸，后者检查内部缺陷。内部无损检验目前广泛采用超声波检验。该方法使用灵活、经济，对内部缺陷反应灵敏，但不易识别缺陷性质。此外还可采用 X 射线或 r 射线透照或拍片。

《钢结构工程施工质量验收规范》（GB 50205－2001）规定焊缝按其检验方法和质量要求分为一级、二级和三级。三级焊缝只要求对全部焊缝做外观检查且符合三级质量标准；设计要求全焊透的一级、二级焊缝则除外观检查外，还要求用超声波探伤进行内部缺陷的检验，超声波探伤不能对缺陷做出判断时，应采用射线探伤检验，并应符合国家相应质量标准的要求。

3）焊缝质量等级的规定

相关规范规定，焊缝应根据结构的重要性、荷载特性、焊缝形式、工作环境以及应力状态等情况，按下述原则分别选用不同的质量等级。

（1）在需要进行疲劳计算的构件中，凡对接焊缝均应焊透，其质量等级如下。

①作用力垂直于焊缝长度方向的横向对接焊缝或 T 型对接与角接组合焊缝，受拉时应为一级，受压时应为二级。

②作用力平行于焊缝长度方向的纵向对接焊缝应为二级。

（2）不需要计算疲劳的构件中，凡要求与母材等强的对接焊缝应予焊透，其质量等级受拉时应不低于二级，受压时宜为二级。

（3）重级工作制和起重量 $Q \geqslant 50$ t 的中级工作制吊车梁的腹板与上翼缘之间以及吊车桁架上弦杆与节点板之间的 T 形接头焊缝均要求焊透。焊缝形式一般为对接与角接的组合焊缝，其质量等级不应低于二级。

（4）不要求焊透的 T 形接头采用的角焊缝或部分焊透的对接与角接组合焊缝，以及搭接连接采用的角焊缝，其质量等级如下。

①对直接承受动力荷载且需要验算疲劳的结构和吊车起重量大于或等于 50 t 的中级工作制吊车梁，焊缝的外观质量标准应符合二级。

②对其他结构，焊缝的外观质量标准可为三级。

5. 焊缝符号及表示方法

《焊缝符号表示法》规定：焊缝代号由引出线、图形符号和辅助符号三部分组成。引出线由横线和带箭头的斜线组成。箭头指到图形上的相应焊缝处，横线的上面和下面用来标注图形符号和焊缝尺寸。当引出线的箭头指向焊缝所在的一面时，应将图形符号和焊缝尺寸等标注在水平横线的上面；当箭头指向对应焊缝所在的另一面时，则应将图形符号和焊缝尺寸标注在水平横线的下面。必要时，可在水平横线的末端加一尾部作为其他说明之用。图形符号表示焊缝的基本形式，如用 ▶ 表示角焊缝，用 Ｖ 表示 Ｖ 型坡口的对接焊缝。辅助符号表示辅助要求，如用 △ 表示现场安装焊缝等。表 11-5 列出了一些常用焊缝代号，可供设计时参考。

表 11-5　焊缝代号

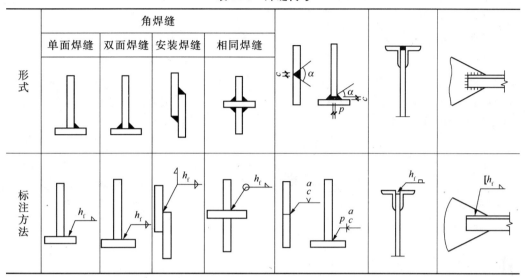

11.2.2　对接焊缝的构造和计算

1. 对接焊缝的构造

1)坡口形式

对接焊缝的焊件常需做成坡口,故又叫坡口焊缝。坡口形式与焊件厚度有关。当焊件厚度很小(手工焊 $t \leqslant 6$ mm,埋弧焊 $t \leqslant 10$ mm)时,可用直边缝。对于一般厚度的焊件可采用具有斜坡口的单边 V 形或 V 形焊缝。斜坡口和根部间隙 c 共同组成一个焊条能够运转的施焊空间,使焊缝易于焊透,钝边 p 有托住熔化金属的作用。对于较厚的焊件($t > 20$ mm),则采用 U 形、K 形和 X 形坡口,如图 11-15 所示。对于 V 形缝和 U 形缝需对焊缝根部进行补焊。对接焊缝坡口形式的选用,应根据板厚和施工条件按现行标准《手工电弧焊焊接接头的基本形式与尺寸》和《埋弧焊焊接接头的基本形式与尺寸》的要求进行。

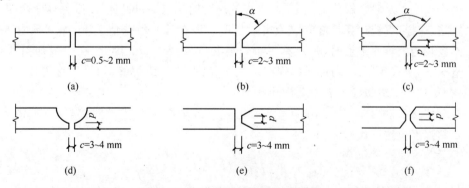

图 11-15　对接焊缝的坡口形式

(a)直边缝;(b)单边 V 形坡口;(c)V 形坡口;(d)U 形坡口;(e)K 形坡口;(f)X 形坡口

2)宽度或厚度不同的焊件连接

在对接焊缝的拼接处,当焊件的宽度不同或厚度相差 4 mm 以上时,应分别在宽度方向或厚度方向从一侧或两侧做成坡度不大于 1：2.5 的斜角(如图 11-16 所示),以使截面过渡和缓,减小应力集中。

3)引弧(出)板设置

在焊缝的起灭弧处,常会出现弧坑等缺陷,这些缺陷对承载力影响极大,故焊接时一般应设置引弧板和引出板(如图 11-17 所示),焊后将它割除。对受静力荷载的结构设置引弧(出)板有困难时,允许不设置引弧(出)板,此时,可令焊缝计算长度等于实际长度减 $2t$(此处 t 为较薄焊件厚度)。

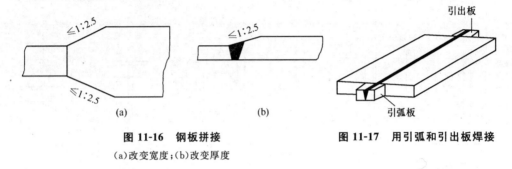

图 11-16　钢板拼接

(a)改变宽度;(b)改变厚度

图 11-17　用引弧和引出板焊接

2. 对接焊缝的计算

对接焊缝的强度与所用钢材的牌号、焊条型号及焊缝质量的检验标准等因素有关。

如果焊缝中不存在任何缺陷,焊缝金属的强度应高于母材的强度。但由于焊接技术问题,焊缝中可能有气孔、夹渣、咬边、未焊透等缺陷。试验证明,焊接缺陷对受压、受剪的对接焊缝影响不大,故可认为在对接焊缝计算中,对接焊缝受压、受剪时的强度与母材强度相等,但受拉的对接焊缝对缺陷甚为敏感。当缺陷面积与焊件截面积之比超过 5％时,对接焊缝的抗拉强度将明显下降。由于三级检验的焊缝允许存在的缺陷较多,故其抗拉强度为母材强度的 85％,而一、二级检验的焊缝的抗拉强度可认为与母材强度相等。

由于对接焊缝是焊件截面的组成部分,焊缝中的应力分布情况基本上与焊件原来的情况相同,故计算方法与构件的强度计算一样。

1)轴心受力的对接焊缝

按相关施工及验收规范的规定,对接焊缝施焊时均应加引弧板,以避免焊缝两端的起落弧缺陷,这样,焊缝计算长度应取为实际长度。但在某些特殊情况下,如 T 形接头,当加引弧板较为困难而未加时,则计算每条焊缝长度应减去 $2t$。因此,在一般加引弧板施焊的情况下,所有受压、受剪的对接焊缝以及受拉的一、二级焊缝,均与母材等强,不用计算,只有受拉的三级焊缝才需要进行计算。

在对接接头和 T 形接头中,垂直于轴心拉力或轴心压力 N 的对接焊缝(如图 11-18 所示),其强度应按下式计算:

$$\sigma = \frac{N}{l_w t} \leqslant f_t^w \text{ 或 } f_c^w \tag{11-1}$$

式中:l_w—— 焊缝计算长度,无引弧板时,取实长减去 $2t$,有引弧板时,取实长;

t——连接件的较小厚度,对 T 形接头为腹板厚度;

f_t^w、f_c^w——对接焊缝的抗拉、抗压强度设计值。

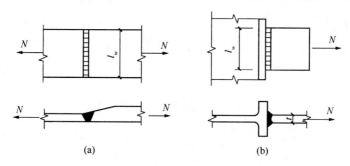

图 11-18 直对接焊缝

当直焊缝不能满足强度要求时，可采用斜对接焊缝。如图 11-19 所示的轴心受拉斜焊缝，可按下列公式计算：

$$\sigma = \frac{N\sin\theta}{l_w t} \leqslant f_t^w \tag{11-2}$$

$$\tau = \frac{N\cos\theta}{l_w t} \leqslant f_v^w \tag{11-3}$$

式中：l_w——焊缝的计算长度，加引弧板时，$l_w = b/\sin\theta$，不加引弧板时，$l_w = b/\sin\theta - 2t$；

f_v^w——对接焊缝抗剪强度设计值。

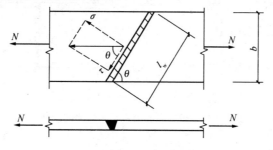

图 11-19 斜对接焊缝

当斜焊缝倾角 $\theta \leqslant 56.3°$，即 $\tan\theta \leqslant 1.5$ 时，可认为与母材等强，不用计算。

【例题 11-1】 试验算如图 11-20 所示钢板的对接焊缝的强度。图中 $a = 540$ mm，$t = 22$ mm，轴心力的设计值为 $N = 2500$ kN。钢材为 Q235－B，手工焊，焊条为 E43 型，三级检验标准的焊缝，施焊时加引弧板。

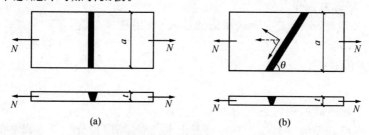

图 11-20 例题 11-1 图

【解】

直缝连接其计算长度 $l_w = 540$ mm。焊缝正应力为

$$\sigma = \frac{N}{l_w t} = \frac{2500 \times 10^3}{540 \times 22} = 210 \text{ (MPa)} > f_t^w = 175 \text{ MPa}$$

不满足要求,改用斜对接焊缝,取截割斜度为 1.5∶1,即 $\theta = 56°$,焊缝长度 $l_w = \dfrac{a}{\sin\theta} = \dfrac{54}{\sin 56°} = 65$ cm。

故此时焊缝的正应力为

$$\sigma = \frac{N\sin\theta}{l_w t} = \frac{2500\times 10^3 \times \sin 56°}{650\times 22} = 145(\text{MPa}) < f_t^w = 175 \text{ MPa}$$

剪应力为

$$\tau = \frac{N\cos\theta}{l_w t} = \frac{2500\times 10^3 \times \cos 56°}{650\times 22} = 98(\text{MPa}) < f_v^w = 120 \text{ MPa}$$

说明当 $\tan\theta \leqslant 1.5$ 时,焊缝强度能够保证,可不必验算。

2) 承受弯矩和剪力共同作用的对接焊缝

如图 11-21(a)所示对接接头受弯矩和剪力的共同作用,由于焊缝截面是矩形,正应力与剪应力图形分别为三角形与抛物线形,其最大值应分别满足下列强度条件。

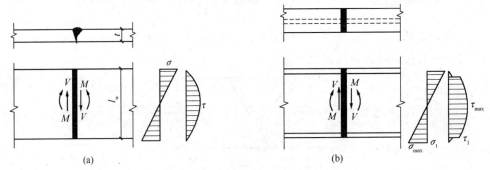

图 11-21 对接焊缝受弯矩和剪力共同作用

$$\sigma_{max} = \frac{M}{W_w} = \frac{6M}{l_w^2 t} \leqslant f_t^w \tag{11-4}$$

$$\tau_{max} = \frac{VS_w}{I_w t} = \frac{3}{2}\frac{V}{l_w t} \leqslant f_v^w \tag{11-5}$$

式中:W_w——焊缝截面模量;

S_w——焊缝截面面积矩;

I_w——焊缝截面惯性矩。

如图 11-21(b)所示是工字形截面梁的接头,采用对接焊缝,除应分别验算最大正应力和剪应力外,对于同时作用有较大正应力和较大剪应力处,例如腹板与翼缘的交接点处,还应按下式验算折算应力:

$$\sqrt{\sigma_1^2 + 3\tau_1^2} \leqslant 1.1 f_t^w \tag{11-6}$$

式中:τ_1——验算点处的焊缝正应力和剪应力;

1.1——考虑到最大折算应力只在局部出现,而将强度设计值适当提高的系数。

3) 承受轴心力、弯矩和剪力共同作用的对接焊缝

当轴心力与弯矩、剪力联合作用时,轴心力和弯矩在焊缝中引起的正应力应进行叠加,剪应力仍按式(11-5)验算,折算应力仍按式(11-6)验算。

除考虑焊缝长度是否减少,焊缝强度是否折减外,对接焊缝的计算方法与母材的强度计算完全相同。

【例题11-2**】** 试验算如图 11-22 所示钢板的对接焊缝的强度。钢板宽度为200 mm,
板厚为 14 mm,轴心拉力设计值为 $N=490$ kN,钢材为 Q235 ,手工焊,焊条为 E43 型,焊
缝质量标准为三级,施焊时不加引弧板。

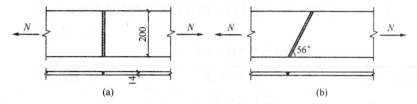

图 11-22   例题 11-2 图

(a)正缝;(b)斜缝

【解】

焊缝计算长度为

$$l_w=200-2\times14=172\ (\mathrm{mm})$$

焊缝正应力为

$$\sigma=\frac{490\times10^3}{172\times14}=203.5\ (\mathrm{MPa})>f_t^w=185\ \mathrm{MPa}$$

不满足要求,改为斜对接焊缝。取焊缝斜度为 1.5∶1,相应的倾角 $\theta=56°$,焊缝长度为

$$l'_w=\frac{200}{\sin56°}-2\times14=213.2(\mathrm{mm})$$

此时焊缝正应力为

$$\sigma=\frac{N\sin\theta}{l'_w t}=\frac{490\times10^3\times\sin56°}{213.2\times14}=136.1(\mathrm{MPa})<f_t^w=185\ \mathrm{MPa}$$

剪应力为

$$\tau=\frac{N\cos\theta}{l'_w t}=\frac{490\times10^3\times\cos56°}{213.2\times14}=91.80(\mathrm{MPa})<f_v^w=125\ \mathrm{MPa}$$

斜焊缝满足要求。$\tan56°=1.48$,这也说明当 $\tan\theta\leqslant1.5$ 时,焊缝强度能够保证,可
不必计算。

11.2.3 对接焊缝的计算

1.角焊缝的构造

1)角焊缝的形式和强度

角焊缝是最常用的焊缝。角焊缝按其与作用力的关系可分为:焊缝长度方向与作用
力垂直的正面角焊缝;焊缝长度方向与作用力平行的侧面角焊缝以及斜焊缝。按其截面
形式可分为直角角焊缝(如图 11-23 所示)和斜角角焊缝(如图 11-24 所示)。

直角角焊缝通常做成表面微凸的等腰直角三角形截面,如图 11-23(a)所示。在直接
承受动力荷载的结构中,正面角焊缝的截面常采用如图 11-23(b)所示的形式,侧面角焊
缝的截面则作成凹面式,如图 11-23(c)所示。图中的 h_f 为焊角尺寸。

两焊脚边的夹角 $a>90°$ 或 $a<90°$ 的焊缝称为斜角角焊缝(如图 11-24 所示)。斜角
角焊缝常用于钢漏斗和钢管结构中。对于夹角 $a>135°$ 或 $a<60°$ 的斜角角焊缝,除钢管
结构外,不宜用作受力焊缝。

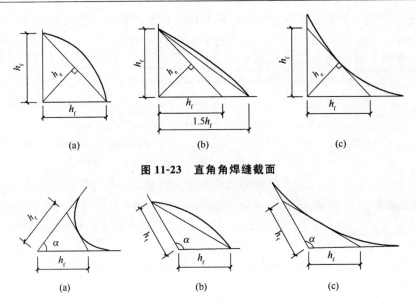

图 11-23　直角角焊缝截面

图 11-24　斜角角焊缝截面

大量试验结果表明,侧面角焊缝(如图 11-25(a)所示)主要承受剪应力,塑性较好,弹性模量低($E=7$ MPa$\times$104 MPa),强度也较低。传力线通过侧面角焊缝时产生弯折,应力沿焊缝长度方向的分布不均匀,呈两端大而中间小的状态。焊缝越长,应力分布越不均匀,但在进入塑性工作阶段时产生应力重分布,可使应力分布的不均匀现象渐趋缓和。

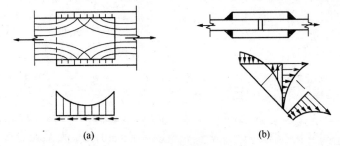

图 11-25　角焊缝的应力状态

正面角焊缝(如图 11-25(b)所示)受力较复杂,截面的各面均存在正应力和剪应力,焊根处有很大的应力集中。一方面由于力线的弯折,另一方面焊根处正好是两焊件接触间隙的端部,相当于裂缝的尖端。经试验表明,正面角焊缝的静力强度高于侧面角焊缝。国内外试验结果表明,相当于 Q235 钢和 E43 型焊条焊成的正面角焊缝的平均破坏强度比侧面角焊缝要高出 35% 以上。低合金钢的试验结果也有类似情况;斜焊缝的受力性能和强度介于正面角焊缝和侧面角焊缝之间。

2)角焊缝的构造要求

(1)最大焊脚尺寸:为了焊接时避免烧穿较薄的焊件,减少焊接应力和焊接变形,角焊缝的焊脚尺寸不宜太大。相关规范规定:除了直接焊接钢管结构的焊脚尺寸 h_f 不宜大于支管壁厚的 2 倍以外,h_f 不宜大于较薄焊件厚度的 1.2 倍。

在板件边缘的角焊缝,当板件厚度 $t>6$ mm 时,$h_f\leqslant t$;当 $t>6$ mm 时,$h_f\leqslant t-(1\sim 2)$ mm。圆孔或槽孔内的角焊缝尺寸尚不宜大于圆孔直径或槽孔短径的 1/3。

（2）最小焊脚尺寸：焊脚尺寸不宜太小，以保证焊缝的最小承载能力，并防止焊缝因冷却过快而产生裂纹。相关规范规定：角焊缝的焊脚尺寸 h_f 不得小于 $1.5\sqrt{t}$，t 为较厚焊件厚度（单位：mm）；对 T 形连接的单面角焊缝，应增加 1 mm。当焊件厚度小于或等于 4 mm 时，则最小焊脚尺寸应与焊件厚度相同。

3）侧面角焊缝的最大计算长度

侧面角焊缝的计算长度不宜大于 $60h_f$，当大于上述数值时，其超过部分在计算中不予考虑。这是因为侧焊缝应力沿长度分布不均匀，两端较大中间较小，且焊缝越长差别越大。当焊缝太长时，虽然仍有因塑性变形产生的内力重分布，但两端应力可能首先达到强度极限而破坏。若内力沿测面角焊缝全长分布时，比如焊接梁翼缘板与腹板的连接焊缝，计算长度可不受上述限制。

4）角焊缝的最小计算长度

角焊缝的焊脚尺寸大而长度较小时，焊件的局部加热严重，焊缝起灭弧所引起的缺陷相距太近，以及焊缝中可能产生的其他缺陷，使焊缝不够可靠。对搭接连接的侧面角焊缝而言，如果焊缝长度过小，由于力线弯折大，也会造成严重应力集中。因此，为了使焊缝能够有一定的承载能力，根据使用经验，侧面角焊缝或正面角焊缝的计算长度均不得小于 $8h_f$ 和 40 mm。考虑焊缝两端的缺陷，其最小实际焊接长度还应加大 $2h_f$。

5）搭接连接的构造要求

当板件端部仅有两条侧面角焊缝连接时（如图 11-26 所示），试验结果表明，连接的承载力与 b/l_w 有关。b 为两侧焊缝的距离，l_w 为侧焊缝长度。当 $b/l_w>1$ 时，连接的承载力随着 b/l_w 比值的增大而明显下降。这主要是因应力传递的过分弯折使构件中应力分布不均匀造成的。为使连接强度不致过分降低，应使每条侧焊缝的长度不宜小于两侧面角焊缝之间的距离，即 $b/l_w\leqslant1$。为免因焊缝横向收缩，引起板件发生较大拱曲，两侧面角焊缝之间的距离 b 也不宜大于 $16t$（$t>12$ mm）或 200 mm（$t\leqslant12$ mm），t 为较薄焊件的厚度。

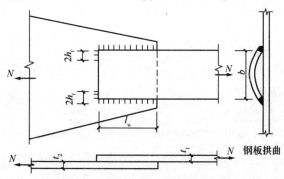

图 11-26 焊缝长度及两侧焊缝间距

在搭接连接中，当仅采用正面角焊缝时（如图 11-27 所示），其搭接长度不得小于焊件较小厚度的 5 倍，也不得小于 25 mm，以免焊缝受偏心弯矩影响太大而破坏。

图 11-27 搭接连接

杆件端部搭接采用三面围焊时,在转角处截面突变,会产生应力集中,如在此处起灭弧,可能出现弧坑或咬肉等缺陷,从而加大应力集中的影响。故所有围焊的转角处必须连续施焊。对于非围焊情况,当角焊缝的端部在构件转角处时,可连续做长度为 $2h_f$ 的绕角焊,如图 11-28 所示。

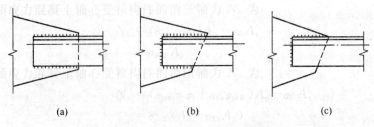

(a)　　　　　　　　　　(b)　　　　　　　　　　(c)

图 11-28　杆件与节点板的焊缝连接

(a)两面侧焊;(b)三面围焊;(c)L 形围焊

杆件与节点板的连接焊缝宜采用两面侧焊,也可用三面围焊,对角钢杆件可采用 L 形围焊(如图 11-28 所示),所有围焊的转角处也必须连续施焊。

2.直角角焊缝的基本计算公式

当角焊缝的两焊脚边夹角为 90°时,称为直角角焊缝,即一般所指的角焊缝。

角焊缝的有效截面为焊缝有效厚度(喉部尺寸)与计算长度的乘积,而有效厚度 $h_e=0.7h_f$ 为焊缝横截面的内接等腰三角形的最短距离,即不考虑熔深和凸度,如图 11-29 所示。试验表明,直角角焊缝的破坏常发生在喉部,故长期以来对角焊缝的研究均着重于这一部位。通常认为直角角焊缝是以 45°方向的最小截面(即有效厚度也称计算厚度与焊缝计算长度的乘积)作为有效计算截面,如图 11-30 所示。

作用于焊缝有效截面上的应力,如图 11-30 所示,这些应力包括:垂直于焊缝有效截面的正应力 $\sigma_\perp$,垂直于焊缝长度方向的剪应力 $\tau_\perp$,以及沿焊缝长度方向的剪应力 $\tau_{//}$。

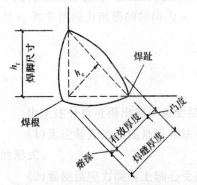

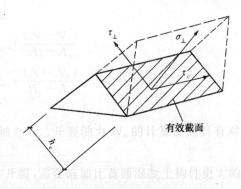

图 11-29　直角角焊缝截面　　　　　　**图 11-30　角焊缝有效截面上的应力**

由于角焊缝的受力状态复杂,精确计算比较困难。为便于计算,如图 11-31(a)所示,垂直于焊缝长度方向的轴心力 N_y 在焊缝有效截面上引起垂直于焊缝一个直角边的应力 σ_f,该应力对有效截面既不是正应力,也不是剪应力,而是 $\sigma_\perp$ 和 $\tau_\perp$ 的合应力。

$$\sigma_f = \frac{N_y}{\sum h_e l_w} \tag{11-7}$$

式中: N_y——垂直于焊缝长度方向的轴心力;

h_e——垂直角焊缝的有效厚度,$h_e=0.7h_f$;

l_w——焊缝的计算长度,考虑起灭弧缺陷,按各条焊缝的实际长度减去 $2h_f$ 计算。

由图 11-31(b)知,对直角角焊缝:

$$\sigma_\perp=\tau_\perp=\sigma_f/\sqrt{2} \tag{11-8}$$

沿焊缝长度方向的分力 N_x 在焊缝有效截面上引起平行于焊缝长度方向的剪应力 $\tau_f=\tau_{//}$:

$$\sigma_f=\tau_{//}=\frac{N_x}{h_e l_w} \tag{11-9}$$

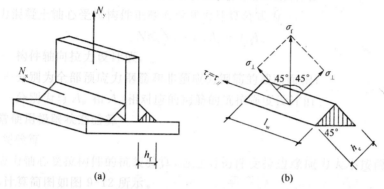

图 11-31 直角角焊缝的计算

则得直角角焊缝在各种应力综合作用下,σ_f 和 τ_f 共同作用处的计算公式为

$$\sqrt{\left(\frac{\sigma_f}{\beta_f}\right)^2+\tau_f^2}\leqslant f_f^w \tag{11-10}$$

式中:β_f——正面角焊缝的强度增大系数,$\beta_f=\sqrt{\dfrac{3}{2}}=1.22$;

    f_f^w——角焊缝的强度设计值。

对正面角焊缝,此时 $\tau_f=0$,得

$$\sigma_f=\frac{N}{h_e l_w}\leqslant\beta_f f_f^w \tag{11-11}$$

对侧面角焊缝,此时 $\sigma_f=0$,得

$$\tau_f=\frac{N}{h_e l_w}\leqslant f_f^w \tag{11-12}$$

式(11-10)~式(11-12)即为角焊缝的基本计算公式。只要将焊缝应力分解为垂直于焊缝长度方向的应力 σ_f 和平行于焊缝长度方向的应力 τ_f,上述基本公式就可适用于任何受力状态。

对于直接承受动力荷载结构中的焊缝,由于正面角焊缝的刚度大,韧性差,应将其强度降低使用,取 $\beta_f=1.0$,相当于按 σ_f 和 τ_f 的合应力进行计算,即 $\sqrt{\sigma_f^2+\tau_f^2}\leqslant f_f^w$。

角焊缝的强度与熔深有关。埋弧自动焊熔深较大,若在确定焊缝有效厚度时考虑熔深对焊缝强度的影响,可带来较大的经济效益。如美国、前苏联等均予以考虑。我国相关规范不分手工焊和埋弧焊,均统一取有效厚度 $h_e=0.7h_f$,对自动焊来说,是偏于保守的。

3. 角焊缝的计算

1)承受轴心力作用时角焊缝连接的计算

(1)用盖板的对接连接。

当焊件受轴心力影响,且轴心力通过连接焊缝中心时,可认为焊缝应力是均匀分布的。如图 11-32 所示,用盖板的对接连接中,当只有侧面角焊缝时,按式(11-12)计算;当只有正面角焊缝时,按式(11-11)计算;当采用三面围焊时,可假设焊缝破坏时全截面达到承载力极限状态,因此应先求出正面角焊缝承担的极限内力:

$$N' = \beta_f f_f^w \sum h_e l_w \tag{11-13(a)}$$

式中:$\sum h_e l_w$——为连接一侧的正面角焊缝计算长度的总和。

然后由$(N-N')$计算侧面角焊缝的强度:

$$\tau_f = \frac{N - N'}{\sum h_e l_w} \leqslant f_f^w \tag{11-13(b)}$$

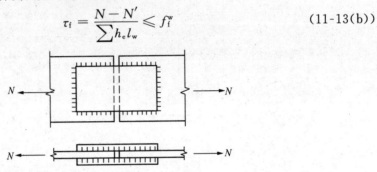

图 11-32　承受轴心力的盖板连接

(2)承受斜向轴心力的角焊缝连接计算。

如图 11-33 所示,承受斜向轴心力的角焊缝连接,计算时,将 N 分解为垂直于焊缝方向的分力 N_x 和平行于焊缝长度方向的分力 N_y,则

$$\sigma_f = \frac{N_x}{\sum h_e l_w} = \frac{N\sin\theta}{\sum h_e l_w}$$
$$\tau_f = \frac{N_y}{\sum h_e l_w} = \frac{N\cos\theta}{\sum h_e l_w} \tag{11-14}$$

代入式(11-10)计算角焊缝的强度。

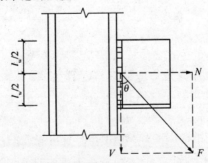

图 11-33　斜向轴心力的盖板连接

(3)承受轴心力的角钢角焊缝连接计算。

在钢桁架中,角钢杆件与节点板的连接焊缝一般采用两面侧焊,也可采用三面围焊,特殊情况也可采用 L 形焊缝,如图 11-34 所示。为避免节点偏心受力,各焊缝所承担内力的合力作用线应与角钢杆件的轴线重合。

①对于三面围焊,认为焊缝破坏时全截面达到极限状态,因此先求出端部正面角焊缝

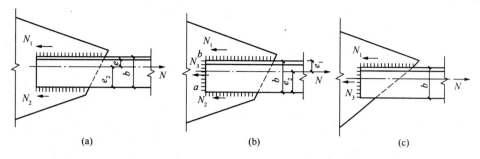

图 11-34　角钢与节点板的连接

(a)二面侧焊；(b)三面围焊；(c)L形围焊

的极限承载力：

$$N_3 = \beta_f f_f^w \sum h_{e3} l_{w3} = 2 \times 0.7 h_{f3} b \beta_f f_f^w \qquad (11\text{-}15(a))$$

由平衡条件 $\sum M = 0$，可得

$$N_1 = \frac{(b-e)}{b} N - \frac{N_3}{2} = \alpha_1 N - \frac{N_3}{2} \qquad (11\text{-}15(b))$$

$$N_2 = \frac{e}{b} N - \frac{N_3}{2} = \alpha_2 N - \frac{N_3}{2} \qquad (11\text{-}15(c))$$

式中：N_1, N_2——角钢肢背和肢尖的侧面角焊缝所分担的轴力；

e——角钢肢背的形心距；

α_1, α_2——角钢肢背和肢尖焊缝的内力分配系数，设计时近似取 $\alpha_1 = \dfrac{2}{3}$，$\alpha_2 = \dfrac{1}{3}$。

②对于两侧焊缝，由于 $N_3 = 0$，所以：

$$N_1 = \alpha_1 N \qquad (11\text{-}16(a))$$

$$N_2 = \alpha_2 N \qquad (11\text{-}16(b))$$

求出各焊缝所承担的内力后，按构造要求假定肢背和肢尖焊缝的焊角尺寸，即可求出焊缝所需的计算长度：

$$l_{w1} \geqslant \frac{N_1}{2 \times 0.7 h_{f1} f_f^w} \qquad (11\text{-}17(a))$$

$$l_{w2} \geqslant \frac{N_2}{2 \times 0.7 h_{f2} f_f^w} \qquad (11\text{-}17(b))$$

式中：h_{f1}, l_{w1}——一个角钢肢背上的侧面角焊缝的焊脚尺寸及计算长度；

h_{f2}, l_{w2}——一个角钢肢尖上的侧面角焊缝的焊脚尺寸及计算长度。

考虑到每条焊缝两端的起灭弧缺陷，焊缝实际长度应为计算长度加 $2h_f$。对于三面围焊，每条焊缝只有一个缺陷，故焊缝实际长度为计算长度加 h_f；对于采用绕角焊的侧面角焊缝实际长度等于计算长度。

(4)对 L 行围焊，由于只有正面角焊缝和角钢肢背上的侧面角焊缝，可令式(11-15(c))中 $N_2 = 0$，得

$$N_3 = 2\alpha_2 N \qquad (11\text{-}18(a))$$

$$N_1 = N - N_3 \qquad (11\text{-}18(b))$$

角钢肢背上的角焊缝计算长度可按式(11-17(a))计算，角钢端部正面角焊缝的长度

已知,可按下式计算其焊脚尺寸：

$$h_{f3} \geq \frac{N_3}{2 \times 0.7 l_{w3} \beta_f f_f^w} \tag{11-19}$$

【例题 11-3】 如图 11-35 所示是用双拼接盖板的角焊缝连接,钢板宽度为 240 mm,厚度为 12 mm,承受轴心力设计值 $N = 600$ kN。钢材为 Q235,采用 E43 型焊条。分别按①仅用侧面角焊缝;②采用三面围焊,确定盖板尺寸并设计此连接。

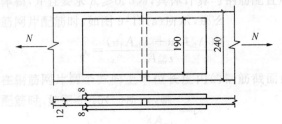

图 11-35 例题 11-3 图

【解】

根据拼接盖板和主板承载力相等的原则,确定盖板截面尺寸。和主板相同,盖板采用 Q235 钢,两块盖板截面面积之和应大于或等于钢板截面面积。因要在盖板两侧面施焊,取盖板宽度为 190 mm,则盖板厚度 $t = 240 \times 12/(2 \times 190) = 7.6$ (mm),取 8 mm,则每块盖板的截面积为 190 mm×8 mm。

角焊缝的焊脚尺寸 h_f 由盖板厚度确定。焊缝在盖板边缘施焊,盖板厚度 8 mm > 6 mm,盖板厚度 < 主板厚度,则

$$h_{fmax} = 8 - (1 \sim 2) \text{ mm} = 7 \sim 6 \text{ mm}$$

$$h_{fmin} = 1.5\sqrt{t} = 1.5\sqrt{12} = 5.2 \text{ mm}$$

取 $h_f = 6$ mm,$h_{fmin} < h_f \leqslant h_{fmax}$。

由附表 6-3 查得直角角焊缝的强度设计值 $f_f^w = 160$ MPa。

(1)仅用侧面角焊缝。

连接一侧所需焊缝总计算长度为

$$\sum l_w = \frac{N}{h_e f_f^w} = \frac{600 \times 10^3}{0.7 \times 6 \times 160} = 893 \text{ (mm)}$$

因为有上、下两块拼接盖板,共有 4 条侧面角焊缝,每条焊缝的实际长度为

$$l = \frac{1}{4} \sum l_w + 2h_f = \frac{1}{4} \times 893 + 2 \times 6 = 235.25 \text{ (mm)} < 60 \times h_f = 60 \times 6 = 360 \text{ (mm)}$$

取 $l = 240$ mm。

两块被拼接钢板留出 10 mm 间隙,所需拼接盖板长度为

$$L = 2l + 10 = 2 \times 240 + 10 = 490 \text{ (mm)}$$

检查盖板宽度是否符合构造要求。

盖板厚度为 8 mm < 12 mm,宽度 $b = 190$ mm,且 $b < l = 240$ mm,满足要求。

(2)采用三面围焊。

采用三面围焊可以缩短两侧面角焊缝的长度,从而减小拼接盖板的尺寸。已知正面角焊缝的长度 $l'_w = 190$ mm,两条正面角焊缝所能承受的内力为

$$N' = 0.7h_f \sum l'_w \beta_f f_f^w = 0.7 \times 6 \times 2 \times 190 \times 1.22 \times 160 = 311.5 \text{ (kN)}$$

连接一侧所需焊缝总计算长度为

$$\sum l_w = \frac{N - N'}{h_e f_f^w} = \frac{(600 - 311.5) \times 10^3}{0.7 \times 6 \times 160} = 429 \text{ (mm)}$$

连接一侧共有 4 条侧面角焊缝,每条焊缝的实际长度为

$$l = \frac{1}{4} \sum l_w + h_f = \frac{1}{4} \times 429 + 6 = 113.3 \text{ (mm)}$$

采用 120 mm。

所需拼接盖板的长度为

$$L = 2l + 10 = 2 \times 120 + 10 = 250 \text{ (mm)}$$

【例题 11-4】　试设计如图 11-36 所示某桁架腹杆与节点板的连接。腹杆为 2∟ 110 mm× 10 mm,节点板厚度为 12 mm,承受静荷载设计值 $N = 640$ kN,钢材为 Q235,焊条为 E43 型,手工焊。

【解】

(1)采用两边侧面角焊缝。

按构造要求确定焊脚尺寸:

$$h_{f\min} = 1.5\sqrt{t} = 1.5\sqrt{12} = 5.2 \text{(mm)}$$

肢尖焊脚尺寸 $h_{f\max} = 10 - (1 \sim 2) = 9 \sim 8$ (mm),采用 $h_f = 8$ mm。

肢背焊脚尺寸 $h_{f\max} = 1.2t = 1.2 \times 10 = 12$ (mm),同肢尖一样采用 $h_f = 8$ mm。

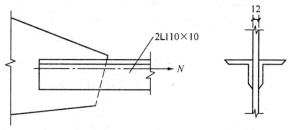

图 11-36　例题 11-4 图

肢背、肢尖焊缝受力:

$$N_1 = k_1 N = 0.7 \times 640 = 448 \text{ (kN)}$$

$$N_2 = k_2 N = 0.3 \times 640 = 192 \text{ (kN)}$$

肢背、肢尖所需焊缝计算长度:

$$l_{w1} = \frac{N_1}{2h_e f_f^w} = \frac{448 \times 10^3}{2 \times 0.7 \times 8 \times 160} = 250 \text{ (mm)} < 60h_f = 60 \times 8 = 480 \text{ (mm)}$$

$$l_{w2} = \frac{N_2}{2h_e f_f^w} = \frac{192 \times 10^3}{2 \times 0.7 \times 8 \times 160} = 107 \text{ (mm)}$$

肢背、肢尖的实际焊缝长度:

$$l_1 = l_{w1} + 2h_f = 250 + 2 \times 8 = 266 \text{ (mm)}$$

取 270 mm。

$$l_2 = l_{w2} + 2h_f = 107 + 2 \times 8 = 123 \text{ (mm)}$$

取 130 mm。

(2)采用三面围焊。

取 $h_{f3}=8$ mm,求端焊缝承载力：

$$N_3 = h_e \sum l_{w3}\beta_f f_f^w = 0.7 \times 8 \times 2 \times 110 \times 1.22 \times 160 = 240.5(\text{kN})$$

此时肢背、肢尖焊缝受力：

$$N_1 = k_1 N - \frac{N_3}{2} = 448 - \frac{240.5}{2} = 327.8 \text{ (kN)}$$

$$N_2 = k_2 N - \frac{N_3}{2} = 192 - \frac{240.5}{2} = 71.8 \text{ (kN)}$$

则肢背、肢尖所需焊缝计算长度：

$$l_{w1} = \frac{N_1}{2h_e f_f^w} = \frac{327.8 \times 10^3}{2 \times 0.7 \times 8 \times 160} = 182.9 \text{ (mm)}$$

$$l_{w2} = \frac{N_2}{2h_e f_f^w} = \frac{71.8 \times 10^3}{2 \times 0.7 \times 8 \times 160} = 40 \text{ (mm)}$$

肢背、肢尖的实际焊缝长度：

$$l_1 = l_{w1} + h_f = 182.9 + 8 = 190.9 \text{ (mm)}$$

取 200 mm。

$$l_2 = l_{w2} + h_f = 40 + 8 = 48 \text{ (mm)}$$

取 50 mm。

2)承受弯矩、轴力和剪力共同作用时角焊缝连接的计算

如图 11-37(a)所示的双面角焊缝连接承受偏心拉力 N 作用,计算时将 N 分解为 N_x 和 N_y 两个力。则角焊缝同时承受垂直于焊缝长度方向的轴心力 N_x、平行于焊缝长度方向的轴心力(剪力)N_y 和弯矩 $M = N_x e$ 的共同作用。焊缝有效截面上的应力分布如图 11-37(b)所示,焊缝下端 A 点的应力最大,故取 A 为控制点。此处垂直于焊缝长度方向的应力 σ_f 包括由轴心拉力 N_x 产生的应力 σ_N 和弯矩 M 产生的应力 σ_M：

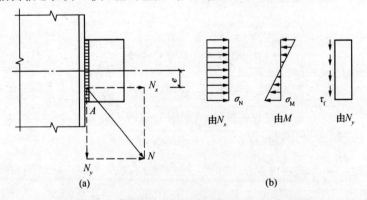

图 11-37 承受弯矩、轴力和剪力共同作用的角焊缝

$$\sigma_N = \frac{N_x}{A_e} = \frac{N_x}{2h_e l_w} \tag{11-20(a)}$$

$$\sigma_M = \frac{M}{W_e} = \frac{6M}{2h_e l_w^2} \tag{11-20(b)}$$

σ_N、σ_M 在 A 点的方向相同,可直接叠加,故 A 点垂直于焊缝长度方向的应力为

$$\sigma_f = \frac{N_x}{2h_e l_w} + \frac{6M}{2h_e l_w^2} \tag{11-21}$$

平行于焊缝长度方向的应力 τ_f 由 N_y 产生，即

$$\tau_f = \frac{N_y}{A_e} = \frac{N_y}{2h_e l_w} \tag{11-22}$$

式中：l_w——焊缝的计算长度，为实际长度减去 $2h_f$。

焊缝的强度计算公式为

$$\sqrt{\left(\frac{\sigma_f}{\beta_f}\right)^2 + \tau_f^2} \leqslant f_f^w \tag{11-23}$$

当连接直接承受动力荷载作用时，取 $\beta_f = 1.0$。

对于工字形梁与钢柱翼缘角焊缝连接，如图 11-38 所示焊缝通常受弯矩和剪力的联合作用。由于翼缘的竖向刚度小，计算时通常假设腹板焊缝承受全部剪力，而弯矩则由全部焊缝承受。

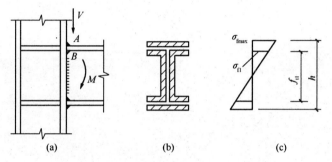

(a)　　　　　　　　(b)　　　　　　　　(c)

图 11-38　工字形梁(或牛腿)的角焊缝连接

在弯矩 M 的作用下，焊缝产生了垂直于焊缝长度方向的弯曲正应力 σ_f，呈三角形分布，应力 $\sigma_{f\min}$ 发生在翼缘焊缝的最外纤维处 A 点：

$$\sigma_{f\min} = \frac{M}{W_e} \tag{11-24}$$

式中：W_e——全部焊缝有效截面模量。

对 A 点，由于翼缘焊缝不承受剪力，为保证焊缝正常工作，此处的应力应满足：

$$\sigma_{f\min} = \frac{M}{W_e} \leqslant \beta_1 f_f^w \tag{11-25}$$

腹板焊缝承受两种应力的联合作用，即垂直于焊缝长度方向的 σ_f 和平行于焊缝长度方向的 τ_f。离焊缝形心越远，σ_f 越大，而 τ_f 则是均匀分布。所以腹板焊缝上受力最大的点为翼缘焊缝与腹板焊缝的交点 B。B 点的焊缝应力：

$$\sigma_{f1} = \frac{Mh_1}{I_e 2} \tag{11-26}$$

或

$$\sigma_{f1} = \sigma_{f\max} \frac{h_1}{h} \tag{11-27(a)}$$

$$\tau_f = \frac{V}{\sum h_e l_w} \tag{11-27(b)}$$

式中：I_e——整个焊缝的有效截面对中和轴的惯性矩；

$\sum h_e l_w$——竖向腹板焊缝的有效面积之和。

因此，B 点的焊缝强度验算式为

$$\sqrt{\left(\frac{\sigma_{fl}}{\beta_f}\right)^2+\tau_f^2}\leqslant f_f^w \tag{11-28}$$

【例题 11-5】 如图 11-39 所示为牛腿与钢柱的连接，承受偏心荷载设计值 $V=400$ kN，$e=25$ cm，钢材为 Q235，焊条为 E43 型，手工焊。试验算角焊缝的强度。

【解】

偏心荷载使焊缝承受剪力 $V=400$ kN，弯矩 $M=Ve=400\times0.25=100$（kN·m）。

设焊缝为周边围焊，转角处连续施焊，没有起落弧所引起的焊口缺陷，计算时忽略工字形翼缘端部绕角部分的焊缝。取 $h_f=8$ mm，假定剪力仅由牛腿腹板焊缝承受。

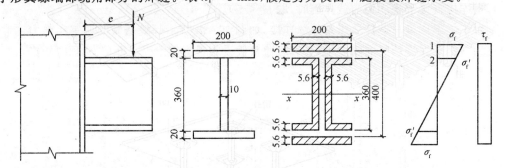

图 11-39　例题 11-5 图

牛腿腹板上角焊缝的有效面积为

$$A_w=2\times0.7\times0.8\times36=40.32 \ (\text{cm}^2)$$

全部焊缝对 x 轴的惯性矩为

$$I_x=2\times0.7\times0.8\times20\times(20+0.28)^2+4\times0.7\times0.8\times(9.5-0.56)\times(18-0.28)^2+$$
$$2\times\frac{1}{12}\times0.7\times0.8\times36^3=19\ 855.2 \ (\text{cm}^4)$$

翼缘焊缝最外边缘的截面模量：

$$W_{w1}=\frac{19\ 855.2}{20.56}=965.7 \ (\text{cm}^3)$$

翼缘和腹板连接处的截面模量：

$$W_{w2}=\frac{19\ 855.2}{18}=1103 \ (\text{cm}^3)$$

在弯矩作用下角焊缝最大应力在翼缘焊缝最外边缘，其数值为

$$\sigma_f=\frac{M}{W_{w1}}=\frac{100\times10^6}{965.7\times10^3}=103.6 \ (\text{MPa})<\beta_f f_f^w=1.22\times160=195.2 \ (\text{MPa})$$

由剪力引起的剪应力在腹板焊缝上均匀分布，其值为

$$\tau_f=\frac{V}{A_w}=\frac{400\times10^3}{40.32\times10^2}=99.2 \ (\text{MPa})<f_f^w=160 \ \text{MPa}$$

在牛腿翼缘和腹板交界处，存在弯矩引起的正应力和剪力引起的剪应力，其正应力为

$$\sigma_f'=\frac{M}{W_{w2}}=\frac{100\times10^6}{1103\times10^3}=90.66 \ (\text{MPa})$$

此处焊缝应满足。

$$\sqrt{\left(\frac{\sigma_f'}{\beta_f}\right)^2+\tau_f^2}=\sqrt{\left(\frac{90.66}{1.22}\right)^2+99.2^2}=123.9\,(\text{MPa})<f_f^w=160\,\text{MPa}$$

3)扭矩、剪力和轴心力共同作用下角焊缝的计算

如图 11-40 所示,在扭矩作用下,角焊缝上任何一点的应力方向垂直于该点和形心 O 的连线,且应力的大小与其距离 r 的大小成正比。A 点距角焊缝有效截面形心最远。

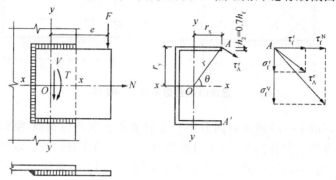

图 11-40 角焊缝受扭矩作用

扭矩单独作用时角焊缝 A 点的应力计算公式为

$$\tau_T=\frac{Tr_A}{I_p} \tag{11-29}$$

式中:I_p——角焊缝有效截面的极惯性矩,$I_p=I_x+I_y$;

r_A——A 点至形心 O 点的距离。

将 τ_A^T 分解到 x 轴上和 y 轴上的分应力为

$$\tau_{Tx}=\tau_T\sin\theta=\frac{Tr}{I_p}\frac{r_y}{r}=\frac{Tr_y}{I_p} \tag{11-30(a)}$$

$$\tau_{Ty}=\tau_T\cos\theta=\frac{Tr}{I_p}\frac{r_x}{r}=\frac{Tr_x}{I_p} \tag{11-30(b)}$$

剪力 V 在焊缝群产生的平均剪应力为

$$\tau_{Vy}=\frac{V}{\sum h_e l_w} \tag{11-31}$$

A 点受到的垂直于焊缝长度方向的应力为

$$\sigma_f=\tau_{Ty}+\tau_{Vy}$$

A 点受到的垂直于焊缝长度方向的应力为

$$\sqrt{\left(\frac{\sigma_f}{\beta_f}\right)^2+\tau_f^2}=\sqrt{\left(\frac{\tau_{Ty}+\tau_{Vy}}{\beta_f}\right)^2+\tau_{Tx}^2}\leqslant f_f^w \tag{11-32}$$

4. 斜角焊缝的计算

两焊脚边的夹角不是 90°的角焊缝为斜角角焊缝,如图 11-41 所示。此种焊缝适用于料仓壁板、管形构件等的端部 T 形接头连接中。

考虑到对角焊缝的试验研究都是针对直角角焊缝进行的,对斜角角焊缝研究较少,并且我国采用的计算公式也是根据直角角焊缝简化得出的,因此对斜角角焊缝不论其有效截面上的应力状态如何,均不考虑焊缝的方向,均取 β_f(或 $\beta_{f\theta}$)=1.0。

斜角角焊缝的计算方法与直角焊缝相同,仅做出如下调整。

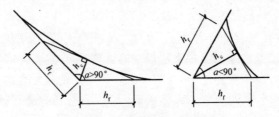

图 11-41　斜角角焊缝的有效厚度

(1)焊脚边夹角小于 60°或大于 135°的焊缝,不推荐用作受力焊缝。

(2)对两焊脚边夹角 $60°≤α≤135°$的 T 形接头,当根部间隙(b_1、b_2、b_3)不大于1.5 mm时,焊缝的有效厚度为 $h_e=h_f\cos\dfrac{α}{2}$。

当根部间隙大于 1.5 mm 时,焊缝的有效厚度为 $h_e=(h_f-\dfrac{根部间隙}{\cosα})\cos\dfrac{α}{2}$。

11.2.4　螺栓连接

1.螺栓连接的分类

螺栓连接分普通螺栓连接和高强度螺栓连接两种。

1)普通螺栓连接

普通螺栓分为 A、B、C 三级。A 级与 B 级为精制螺栓,C 级为粗制螺栓。C 级螺栓材料性能等级为 4.6 级或 4.8 级。小数点前的数字表示螺栓成品的抗拉强度不小于400 MPa,小数点及小数点以后数字表示其屈强比(屈服点与抗拉强度之比)为 0.6 或0.8。A 级和 B 级螺栓材料性能等级则为 5.6 级和 8.8 级,其抗拉强度不小于500 MPa 和800 MPa,屈强比分别为 0.6 和 0.8。

C 级螺栓由未经加工的圆钢压制而成。螺栓孔的直径比螺栓杆的直径大 1.5～3 mm。对于采用 C 级螺栓的连接,由于螺杆与栓孔之间有较大的间隙,受剪力作用时,将会产生较大的剪切滑移,连接的变形大。但安装方便,且能有效地传递拉力,故一般可用于沿螺栓杆轴受拉的连接中,以及次要结构的抗剪连接或安装时的临时固定。

A、B 级精制螺栓是由毛坯在车床上经过切削加工精制而成的。表面光滑,尺寸准确,螺杆直径与螺栓孔径相同,但螺杆直径仅允许负公差,螺栓孔直径仅允许正公差,对成孔质量要求高。由于有较高的精度,因而受剪性能较好。但制作和安装复杂,价格较高,已很少在钢结构中采用。

2)高强度螺栓连接

高强度螺栓用高强度的钢材制作,安装时通过特制的扳手,以较大的扭矩拧紧螺母,使螺栓杆产生很大的预应力,由于螺母的挤压力把欲连接的部件夹紧,可依靠接触面间的摩擦力来阻止部件相对滑移,达到传递外力的目的。按受力特征的不同,高强度螺栓连接可分为摩擦型和承压型两种。

(1)摩擦型连接:外力仅依靠部件接触面间的摩擦力来传递。孔径比螺栓公称直径大 1.5～ 2.0 mm。其特点是连接紧密,变形小,传力可靠,抗疲劳性能好,主要用于直接承受动力荷载的结构、构件的连接。

（2）承压型连接：起初由摩擦传力，后期同普通螺栓连接一样，依靠螺杆和螺孔之间的抗剪和承压来传力。孔径比螺栓公称直径大$1.0\sim1.5\,mm$。其连接承载力一般比摩擦型连接高，可节约钢材。但在摩擦力被克服后变形较大，故仅适用于承受静力荷载或间接承受动力荷载的结构、构件的连接。

2.螺栓的排列和构造要求

螺栓在构件上的排列应简单、统一、整齐而紧凑，通常分为并列或错列两种形式，如图11-42所示。并列较为简单整齐，所用的连接板尺寸小，但由于螺栓孔的存在，对构件截面削弱较大。错列可减小螺栓孔对截面的削弱，但螺栓孔排列不如并列紧凑，使连接板尺寸较大。

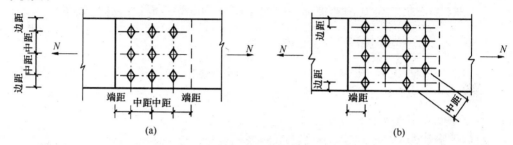

图 11-42 螺栓的排列

（a）并列；（b）错列

构件上排列成行的螺栓孔中心连线称为螺栓线，相邻两条螺栓线的间距称为中距。连接中最末一个螺栓孔中心沿连接的受力方向至构件端部的距离称为端距，螺栓孔中心在垂直于受力方向至构件端部的距离称为边距，如图11-42所示。

螺栓在构件上排列时，应考虑下列要求。

（1）受力要求：对于受拉构件，螺栓的栓距和线距不应过小，否则对钢板截面削弱太多，构件有可能沿直线或折线发生净截面破坏。对于受压构件，沿作用力方向螺栓间距不应过大，否则被连接的板件间容易发生凸曲现象。

（2）构造要求：若栓距和线距过大，则构件接触面不够紧密，潮气易于侵入缝隙而产生腐蚀，所以，构造上要规定螺栓的最大容许距离。

（3）施工要求：为便于转动螺栓扳手，就要保证一定的作业空间。所以，施工上要规定螺栓的最小容许距离。

根据以上要求，在钢板及型钢上螺栓的排列应满足表11-6中的要求。

表 11-6 螺栓或铆钉的最大、最小容许距离

名　称	位置和方向			最大容许距离 （取两者的较小值）	最小容许 距离
中心间距	外排（垂直内方向或顺内力方向）			$8d_n$ 或 $24t$	$3d_n$
	中间排	垂直内方向		$16d_n$ 或 $24t$	
		顺内力方向	压力	$12d_n$ 或 $18t$	
			拉力	$16d_n$ 或 $24t$	

续表

名　称	位置和方向		最大容许距离 (取两者的较小值)	最小容许 距离
中心至 构件边 缘距离	顺内力方向		4d_n 或 8t	2d_n
	垂直 内力 方向	剪切边或手工气割边		1.5d_n
		轧制边自动精密气割 或锯割边	高强度螺栓	1.2d_n
			其他螺栓或铆钉	

注:①d_n为螺栓孔径,t为外层薄板件厚度。
　　②钢板边缘与刚性构件(如角钢、槽钢)相连的螺栓最大间距,可按中间排的数值采用。

11.2.5　普通螺栓连接的性能和计算

普通螺栓连接按螺栓传力方式,可分为抗剪螺栓连接、抗拉螺栓连接以及同时抗剪和抗拉螺栓连接。抗剪螺栓依靠螺栓杆的抗剪和螺栓杆对孔壁的承压传递垂直于螺栓杆方向的剪力,如图 11-43 所示;抗拉螺栓则是螺栓杆承受沿杆长方向的拉力。

1. 抗剪螺栓

1)抗剪螺栓的工作性能

普通螺栓拧紧后有少量的初拉力,把被连接件夹紧。当外剪力较小时,外力由构件间的摩擦力承受,此时被连接件之间无相对滑移,螺栓杆和孔壁间保持原有的空隙。当外力增大超过摩擦力时,构件间发生相对滑移,螺杆一侧开始接触孔壁,产生承压应力,螺栓杆则受剪切和弯曲。当连接的变形处于弹性阶段时,螺栓群中各个螺栓受力不均,两端大、中间小。随着外力的增大,连接进入弹塑性阶段后,各螺栓受力趋于相等,直到破坏。故当外力作用于螺栓群中心时,可认为各螺栓受力相等。

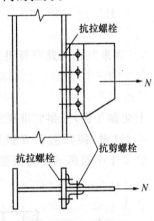

图 11-43　螺栓连接

抗剪螺栓连接达到极限承载力时,可能有四种破坏形式。

(1)当栓杆直径较小而板件较厚时,栓杆可能先被剪坏,如图 11-44(a)所示。

(2)当栓杆直径较大而板件较薄时,孔壁可能先被挤压坏,如图 11-44(b)所示。

(3)构件可能因螺栓孔削弱过多而被拉断,如图 11-44(c)所示。

(4)板件端部螺栓孔端距太小,端距范围内的板件有可能被栓杆冲剪破坏,如图 11-44(d)所示。

上述四种破坏形式中,第(4)种破坏形式可通过构造措施加以防止。如使端距 $e \geqslant 2d_0$(d_0 为孔径),则可避免板端被剪坏。第(3)种破坏形式属于构件的强度计算。因此,抗剪螺栓连接的计算只考虑第(1)、(2)种破坏形式:杆身被剪断和板件的孔壁被挤压坏。

2)一个螺栓的设计承载力

普通螺栓抗剪连接的承载力,应考虑栓杆受剪和孔壁承压两种情况。

假定螺栓受剪面上的剪应力是均匀分布,则一个螺栓的抗剪设计承载力为

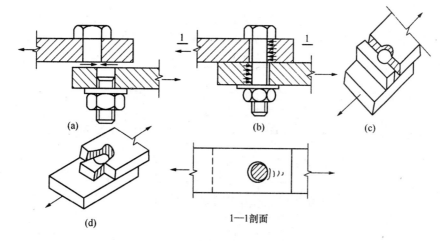

图 11-44　抗剪螺栓连接的破坏形式

$$N_v^b = n_v \frac{\pi d^2}{4} f_v^b \qquad (11\text{-}33)$$

式中：n_v——受剪面数目，单剪取 $n_v = 1$，双剪取 $n_v = 2$，如图 11-45 所示；

　　　d——螺栓杆直径；

　　　f_v^b——螺栓抗剪强度设计值，取决于螺栓钢材。

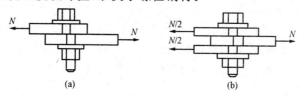

图 11-45　螺栓受剪

(a)单剪；(b)双剪

螺栓的实际承压面积为半个圆柱面面积，如图 11-46 所示。为简化计算，假定螺栓承压应力分布于螺栓直径截面 dt 上，并且假定该承压面上的应力为均匀分布，则一个螺栓的承压设计承载力为

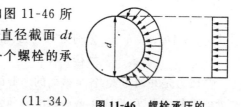

$$N_c^b = d \sum t f_c^b \qquad (11\text{-}34)$$

图 11-46　螺栓承压的计算承压面积

式中：$\sum t$——同一方向的承压构件的较小总厚度；

　　　f_c^b——螺栓承压强度设计值，取决于构件钢材。

按公式计算 N_v^b、N_c^b 后，取其较小值以 $N_{\min}^b$ 表示，该值为一个螺栓设计承载力。

3)普通螺栓的抗剪连接计算

(1)螺栓群轴心受剪计算。

如图 11-47 所示，外力作用线通过了螺栓群的形心，假定外力由每个螺栓平均分担，各个螺栓受力相等，所需的螺栓数目为

$$n \geqslant \frac{N}{N_{\min}^b} \qquad (11\text{-}35)$$

当钢板平接时，n 为连接一侧螺栓的数目；当钢板搭接时，n 为总的螺栓数目。按构

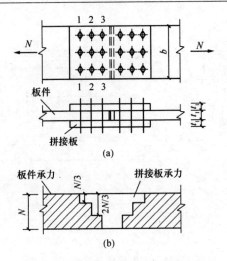

图 11-47　螺栓并列布置钢板受力

造要求进行螺栓布置后,由于螺栓孔削弱了构件的截面,因此需验算构件的净截面强度:

$$\sigma = \frac{N}{A_n} \leqslant f \tag{11-36}$$

式中:f——钢材的抗拉设计强度;

　　　A_n——构件的净截面面积。

如图 11-47 所示的并列螺栓连接中,左边板件所承担的力 N 通过九个螺栓传至两块拼接板,每个螺栓传递 $N/9$,然后两块拼接板通过右边九个螺栓把力传给右边板件,如此左右板件的内力达到平衡。从力的传递过程中可算出各截面受力的大小,对于板件,1-1 截面受力为 N,2-2 截面受力为 $N - \frac{n_1}{n}N$,截面受力为 $N - \frac{n_1 + n_2}{n}N$,1-1 截面受力最大,其净截面面积为

$$A_n = t(b - n_1 d_0) \tag{11-37}$$

式中:n_1、n_2、n_3、n——分别为第一列、第二列、第三列及总的螺栓数目;

　　　d_0——螺栓孔径。

因为是并列布置,各个截面的净截面面积相同,所以只需验算受力最大的第一列螺栓处的净截面强度,即 1-1 截面的净截面强度。

对于拼接盖板,3-3 截面受力最大,数值为 N,其净截面面积为

$$A_n = 2t(b - n_3 d_0) \tag{11-38}$$

当螺栓错列布置且列距 a 较小时,板件有可能沿直线 1-1 截面或锯齿形 2-2 截面破坏,如图 11-48 所示,除按式(11-37)计算第一列 1-1 截面净截面面积外,还需计算锯齿形 2-2 的净截面面积为

$$A_n = \left[2e_1 + (n_2 - 1)\sqrt{a^2 + e^2} - n_2 d_0 \right] t \tag{11-39}$$

式中:n_2——锯齿形 2-2 截面上的螺栓数目。

应同时算出两个可能破坏的净截面面积,然后取其较小者代入式(11-35)验算。

应当指出,在构件的节点处或拼接接头的一端,若螺栓沿受力方向的连接长度 l_1 过大时,各螺栓受力严重不均匀。端部螺栓会因受力过大而首先破坏,随后依次向内发展,

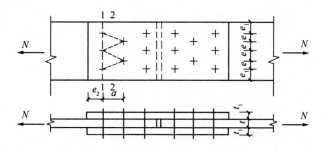

图 11-48 螺栓错列布置钢板净截面面积

逐个破坏,最后使整个接头失效,为防止这种现象,相关规范规定:当 $l_1 > 15d_0$ 时,螺栓的设计承载力应按下式予以折减,折减系数为

$$\beta = 1.1 - \frac{l_1}{150d_0} \geqslant 0.7 \tag{11-40}$$

当 $l_1 > 60d_0$ 时,取 $\beta = 0.7$。

式中:l_1——第一个螺栓至最末螺栓的距离;

$\quad\quad d_0$——孔径。

【例题 11-6】 设计图 11-49 所示的角钢拼接节点,采用 C 级普通螺栓连接。角钢为 $\llcorner 100 \text{ mm} \times 8 \text{ mm}$,材料为 Q235 钢,承受轴心拉力设计值 $N = 250 \text{ kN}$。采用同型号角钢做拼接角钢,螺栓直径 $d = 22 \text{ mm}$,孔径 $d_0 = 23.5 \text{ mm}$。

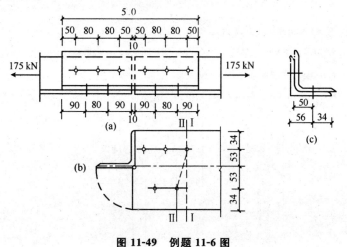

图 11-49 例题 11-6 图

【解】

由附表 6-4 查得 $f_v^b = 140 \text{ MPa}$,$f_c^b = 305 \text{ MPa}$。

(1)螺栓计算。

一个螺栓的抗剪承载力设计值为

$$N_v^b = n_v \frac{\pi d^2}{4} f_v^b = 1 \times \frac{\pi \times 22^2}{4} \times 140 = 53.22 \text{ (kN)}$$

一个螺栓的承压承载力设计值为

$$N_c^b = d \sum t f_c^b = 22 \times 8 \times 305 = 53.68 \text{ (kN)}$$

$$N_{min}^b = 53.22 \text{ kN}$$

构件一侧所需的螺栓数

$$n=\frac{N}{N_{\min}^{b}}=\frac{250}{53.22}=4.70(个)$$

取 $n=5$。

每侧用 5 个螺栓,在角钢两肢上交错排列。

(2)构件净截面强度计算。

将角钢沿中线展开(如图 11-49(b)所示),角钢的毛截面面积为 15.6 cm^2。

直线截面 I-I 的净面积为

$$A_{n1}=A-n_1 d_0 t=15.6-1\times2.35\times0.8=13.72\ (cm^2)$$

折线截面 II-II 的净面积为

$$\begin{aligned}A_{n2}&=t[2e_4+(n_2-1)\sqrt{e_1^2+e_2^2}-n_2 d_0]\\&=0.8\times[2\times3.5+(2-1)\times\sqrt{12.2^2+4^2}-2\times2.35]\\&=12.11\ (cm^2)\end{aligned}$$

$$\sigma=\frac{N}{A_{\min}}=\frac{250\times10^3}{12.11\times10^2}=206.4\ (MPa)<f=215\ MPa$$

净截面强度满足要求。

(2)螺栓群在扭矩作用下的计算。

螺栓群在扭矩 T 作用下,每个螺栓都受剪,最常用的方法是弹性分析法,计算时假定。

①连接板件是绝对刚性,螺栓为弹性。

②各个螺栓绕螺栓群形心旋转(如图 11-50 所示),各螺栓所受剪力大小与该螺栓至形心距离 r 成正比,其方向则与 r 连线垂直。

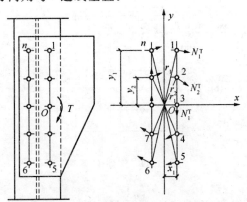

图 11-50　螺栓群受扭矩作用

设 O 为螺栓群形心,各螺栓至 O 的距离为 r_i,每个螺栓在扭矩作用下的剪力为 N_i^T,根据平衡条件,各螺栓的剪力对形心 O 的力矩之和等于外扭矩 T

$$N_1^T r_1+N_2^T r_2+\cdots+N_n^T r_n=T \qquad (a)$$

根据假定 b,有

$$\frac{N_1^T}{r_1}=\frac{N_2^T}{r_2}=\cdots=\frac{N_n^T}{r_n} \qquad (b)$$

则
$$N_2^T = N_1^T \frac{r_2}{r_1}, N_n^T = N_1^T \frac{r_n}{r_1}$$

将上式代入式(a),得

$$\frac{N_1^T}{r_1}(r_1^2 + r_2^2 + \cdots + r_n^2) = \frac{N_1^T}{r_1} \sum r_i^2 = T$$

螺栓 1 距形心 O 最远,所受剪力 N_1^T 最大的是

$$N_1^T = \frac{Tr_1}{\sum r_i^2} = \frac{Tr_1}{\sum x_i^2 + \sum y_i^2} \tag{11-41}$$

设计时,通常根据构造要求先排好螺栓,再用式(11-39)计算受力最大螺栓所受剪力 N_1^T 值,并应满足 $N_1^T \leqslant N_{min}^b$ 的要求。

当螺栓群布置在一个狭长带,如图 11-50 中的 $y_1 > 3x_1$ 时,x_i 可忽略不计,公式简化为

$$N_1^T = \frac{Tr_1}{\sum y_i^2} \tag{11-42}$$

同理,当 $x_1 > 3y_1$ 时,y_i 可忽略不计,公式简化为

$$N_1^T = \frac{Tr_1}{\sum x_i^2} \tag{11-43}$$

③螺栓群偏心受剪计算

如图 11-51 所示的牛腿与柱翼缘的连接,通常先布置好螺栓,再验算。验算时,将偏心力 N 向螺栓群形心简化,得作用于形心的剪力 $V = N$ 及扭矩 $T = Ne$。

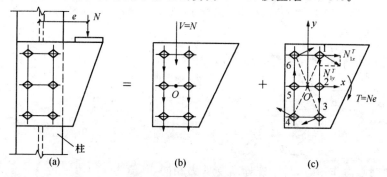

图 11-51 螺栓群偏心受剪

在 V 作用下,每个螺栓平均受力为

$$N_{1y}^v = \frac{V}{n} \tag{11-44}$$

在扭矩 T 作用下,可求得受力最大的螺栓所承受的剪力为 N_1^T,将 N_1^T 分解为沿 x 轴水平分力 N_{1x}^T 和沿 y 轴垂直分力 N_{1y}^T:

$$N_{1x}^T = N_1^T \frac{y_1}{r_1} = \frac{Ty_1}{\sum r_i^2} = \frac{Ty_1}{\sum x_i^2 + \sum y_i^2} \tag{11-45}$$

$$N_{1y}^T = N_1^T \frac{y_1}{r_1} = \frac{Tx_1}{\sum r_i^2} = \frac{Tx_1}{\sum x_i^2 + \sum y_i^2} \tag{11-46}$$

利用叠加原理,可得受力最大的螺栓 1 所受合力为

$$N_1 = \sqrt{(N_{1y}^V + N_{1y}^T)^2 + (N_{1x}^T)^2} \leqslant N_{min}^b \tag{11-47}$$

【例题 11-7】　设计双盖板拼接的普通螺栓连接,被拼接的钢板为 $370 \text{ mm} \times 14 \text{ mm}$,钢材为 Q235。承受设计值扭矩 $T = 25 \text{ kN} \cdot \text{m}$,剪力 $V = 300 \text{ kN}$,轴心力 $N = 300 \text{ kN}$。螺栓直径 $d = 20 \text{ mm}$,孔径 $d_0 = 21.5 \text{ mm}$。

【解】

螺栓布置及盖板尺寸见图 11-52,盖板截面积大于被拼接钢板截面积。螺栓间距均在容许距离范围内。

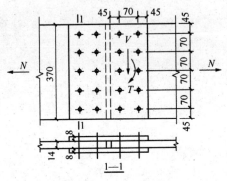

图 11-52　例题 11-7 图

一个抗剪螺栓的承载力设计值为

$$N_v^b = n_v \frac{\pi d^2}{4} f_v^b = 2 \times \frac{\pi \times 20^2}{4} \times 140 = 87.97 \text{ (kN)}$$

$$N_c^b = d \sum t f_c^b = 20 \times 14 \times 305 = 85.4 \text{ (kN)}$$

$$N_{min}^b = 85.4 \text{ kN}$$

扭矩作用时,最外螺栓受剪力最大,其值为

$$N_{1x}^T = \frac{Ty_1}{(\sum x_i^2 + \sum y_i^2)} = \frac{25 \times 10^6 \times 140}{[10 \times 35^2 + 4 \times (70^2 + 140^2)]} = 31.75 \text{ (kN)}$$

$$N_{1y}^T = \frac{Tx_1}{\sum x_i^2 + \sum y_i^2} = \frac{25 \times 10^6 \times 35}{110\,250} = 7.94 \text{ (kN)}$$

剪力和轴心力作用时,每个螺栓所受剪力相同,其值为

$$N_{1x}^N = \frac{N}{n} = \frac{300 \times 10^3}{10} = 30 \text{ (kN)}$$

$$N_{1y}^V = \frac{V}{n} = \frac{300 \times 10^3}{10} = 30 \text{ (kN)}$$

受力最大螺栓所受的剪力合力为

$$N_1 = \sqrt{(N_{1x}^T + N_{1x}^N)^2 + (N_{1y}^T + N_{1y}^V)^2} = \sqrt{(31.75 + 30)^2 + (7.94 + 30)^2}$$
$$= 72.47 \text{ (kN)} < N_{min}^b = 85.4 \text{ kN}$$

钢板净截面强度验算,首先计算 1-1 截面几何性质:

$$A_n = (37 - 2.15 \times 5) \times 1.4 = 36.75 \text{ (cm}^2)$$

$$I_n = \frac{1.4 \times 37^3}{12} - 2 \times 1.4 \times 2.15 \times (7^2 + 14^2) = 4435 \text{ (cm}^2)$$

$$W_n = \frac{4435}{18.5} = 240 \text{ (cm}^3\text{)}$$

$$S_n = \frac{1}{8} \times 1.4 \times 37^2 - 1.4 \times 2.15 \times (14+7) = 176.4 \text{ (cm}^3\text{)}$$

钢板截面最外边缘正应力为

$$\sigma = \frac{T}{W_n} + \frac{N}{A_n} = \frac{25 \times 10^6}{240 \times 10^3} + \frac{300 \times 10^3}{36.75 \times 10^2} = 185.8 \text{ (MPa)} < f = 215 \text{ MPa}$$

钢板截面形心处的剪应力为

$$\tau = \frac{300 \times 10^3 \times 176.4 \times 10^3}{4435 \times 10^4 \times 14} = 85.23 \text{ (MPa)} < f_v = 125 \text{ MPa}$$

螺栓受力及净截面强度均满足要求。

2. 抗拉螺栓

1）抗拉螺栓连接的受力性能

抗拉螺栓连接在外力作用下构件的接触面有脱开趋势时，螺栓受到沿杆轴方向的拉力作用，栓杆被拉断作为抗拉螺栓连接的破坏极限。

螺栓受拉时，通常拉力不可能正好作用在螺栓的轴线上，而是常常通过连接角钢或 T 形钢传递，如图 11-53 所示的连接。如果连接件的刚度小，受力后与螺栓杆垂直的板件会有变形，此时螺栓有撬开的趋势，犹如杠杆一样，会使端板外角点附近产生杠杆力（也称撬力），使螺栓拉力增加。图中螺杆实际所受拉力为

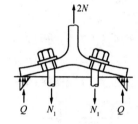

图 11-53 受拉螺栓的撬力

$$N_t = N + Q$$

撬力 Q 的大小与连接件的刚度有关，刚度小，则撬力大。由于确定撬力值比较复杂，为了简化计算，把普通螺栓的抗拉强度设计值 f_t^b 取为螺栓钢材抗拉强度设计值 f 的 0.8 倍，以考虑撬力的不利影响。对 Q235 钢，螺栓的 $f_t^b = 0.8f = 0.8 \times 215 \text{ (MPa)} = 170 \text{ MPa}$。

螺栓受拉时，其最不利的截面在螺母下螺纹削弱处。破坏时，这里被拉断，应根据螺纹削弱处的有效直径或有效面积计算。

单个螺栓的抗拉设计承载力为

$$N_t^b = \frac{\pi d_e^2}{4} f_t^b = A_e f_t^b \tag{11-48}$$

式中：d_e——普通螺栓螺纹处的有效直径；

A_e——普通螺栓的有效面积；

f_t^b——普通螺栓抗拉强度设计值。

由于螺纹是斜方向的，所以螺栓抗拉时采用的直径既不是栓杆的外径 d，也不是净直径 d_n 或平均直径 d_m，如图 11-54 所示。根据现行国家标准：

$$d_e = d - \frac{13}{24}\sqrt{3t} \tag{11-49}$$

式中：t——螺距。

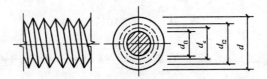

图 11-54　螺栓螺纹处的直径

2）螺栓群轴心受拉

如图 11-55 所示，螺栓群在轴心力 N 作用下的抗拉连接，假定每个螺栓平均受力，则一个螺栓所受拉力为

$$N_t^N = \frac{N}{n} \leqslant N_t^b \qquad (11\text{-}50)$$

式中：n——螺栓总数。

3）螺栓群受弯矩作用

如图 11-56 所示，螺栓群在弯矩 M 作用下的抗拉连接，剪力 V 通过承托板传递，按常规的弹性设计法计算螺栓内力。在 M 作用下，连接中的中和轴以上部分螺栓受拉力，中和轴以下的端板受压力。弯曲拉应力和压应力按三角形直线分布，离中

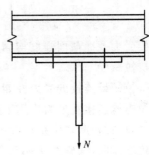

图 11-55　螺栓群轴心受拉

和轴越远的螺栓受拉力越大。设中和轴至端板边缘距离为 C。这种连接受力有以下特点：螺栓间距很大，受拉螺栓只是孤立的几个螺栓点，而钢板受压区则是宽度很大的实体矩形面积。

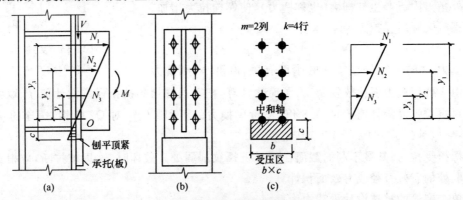

图 11-56　普通螺栓弯矩受拉

实际计算时可近似并偏于安全地取中和轴位于最下排螺栓处，即认为连接变形为绕 O 处水平轴转动，O 点为旋转中心，螺栓拉力与 O 点算起的纵坐标 y 成正比。O 处水平轴的弯矩平衡方程为

$$M = m(N_1 y_1 + N_2 y_2 + \cdots N_n y_n) \qquad (a)$$

因为

$$\frac{N_1}{y_1} = \frac{N_2}{y_2} = \cdots = \frac{N_n}{y_n} \qquad (b)$$

有

$$N_2 = N_1 \frac{y_2}{y_1}, N_n = N_1 \frac{y_n}{y_1} \qquad (c)$$

得

$$N_i^M = \frac{M y_1}{m \sum y_i^2} \leqslant N_t^b \qquad (11\text{-}51)$$

式中：m——螺栓的列数；

N_i^M——由 M 引起的顶排受力最大螺栓的轴心拉力。

设计时要求受力最大的最外排螺栓 1 的拉力 $N_1 \leqslant N_t^b$。

4)螺栓群偏心受拉

如图 11-57 所示,螺栓群偏心受拉相当于连接承受轴心拉力 N 和弯矩 $M = Ne$ 的联合作用。N 由 n 个螺栓平均承受,则一个螺栓受力为

$$N^N = \frac{N}{n}$$

在弯矩 M 的作用下,连接板有顺 M 方向旋转的趋势,假定假转中心在最下排螺栓轴线 O' 点上,各螺栓受力的大小与其至 O 点的距离成正比,所以最上一排螺栓受力 N_1^M 最大,由平衡条件得

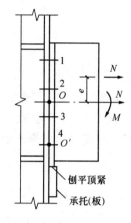

图 11-57 螺栓群偏心受拉

$$M = m(N_1^M y_1 + N_2^M y_2 + \cdots N_n^M y_n) \tag{a}$$

由于

$$\frac{N_2^M}{y_1} = \frac{N_2^M}{y_2} = \cdots = \frac{N_n^M}{y_n} \tag{b}$$

有

$$N_2^M = N_1^M \frac{y_2}{y_1}, N_n^M = N_1^M \frac{y_n}{y_1} \tag{c}$$

得

$$N_1^M = \frac{My_1}{m \sum y_i^2} \tag{11-52}$$

式中:m——螺栓的列数;

N_1^M——由 M 引起的顶排受力最大螺栓的轴心拉力;

y_1——离旋转中心最远螺栓的距离。

这样,在 N 和 M 的共同作用下,受力最大螺栓承受的总拉力应满足强度条件:

$$N_1 = N^N + N_1^M \leqslant N_t^b \tag{11-53}$$

【例题 11-8】 如图 11-58 所示为某一屋架下弦节点,C 级螺栓,M20,Q235B·F 钢。偏心拉力值 $N = 200$ kN,偏心距 $e = 80$ mm。试验算此连接。

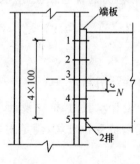

图 11-58 例题 11-8 图

【解】

螺栓的抗拉设计承载力为

$$N_t^b = A_e f_t^b = 244.8 \times 170 \times 10^{-3} = 41.6 \text{ (kN)}$$

$$M = Ne = 200 \times 0.08 = 16 \text{ (kN·m)}$$

在 N 作用下,每个螺栓受拉力相等:

$$N^N = \frac{N}{n} = \frac{200}{10} = 20 \text{ (kN)}$$

在 M 作用下,端板绕最上排螺栓 1 旋转,螺栓 5 受拉力最大:

$$N_{5t}^M = \frac{My_5}{m\sum y_i^2} = \frac{16\times 10^3 \times 400}{2\times(400^2+300^2+200^2+100)} = 10.6 \text{ (kN)}$$

$$N_5 = N^N + N_{5t}^M = 20+10.6 = 30.6 \text{ (kN)} < N_t^b = 41.6 \text{ kN}$$

所以,连接安全。

5)螺栓同时受拉和受剪

如图 11-59 所示是螺栓同时受拉、受剪的常用形式。由于未用承托,连接承受剪力 $V = N_y$。通常假定剪力由全部螺栓均匀分担,则每个螺栓承受的剪力:

$$N_v = \frac{V}{n}$$

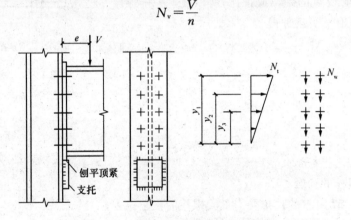

图 11-59　螺栓群同时承受剪力和拉力

弯矩 M 使各个螺栓不均匀受拉,应先求出最大受拉螺栓所受拉力 N_t:

$$N_t = N_1^M = \frac{My_1}{m\sum y_i^2}$$

相关规范规定同时承受剪力和拉力的普通螺栓,应满足下列公式:

$$\sqrt{\left(\frac{N_v}{N_v^b}\right)^2 + \left(\frac{N_t}{N_t^b}\right)^2} \leqslant 1.0 \tag{11-54}$$

$$N_v \leqslant N_c^b \tag{11-55}$$

式中:N_v、N_t——一个螺栓所承受的剪力和拉力;

N_v^b、N_t^b、N_c^b——一个螺栓的抗剪设计承载力、抗拉设计承载力和承压设计承载力。

满足式(11-52)可防止螺杆受剪或受拉破坏,满足式(11-53)可防止孔壁承压破坏。

3. 高强度螺栓连接的计算

高强度螺栓连接按设计和受力要求可分为摩擦型连接和承压型连接两种。高强度螺栓的摩擦型连接在受剪时,以外剪力达到板件间的摩擦力为极限状态,当超过时,板件间产生相对滑移即认为连接失效破坏。高强度螺栓的承压型连接在受剪时允许摩擦力被克服并发生板件间相对滑移,外力继续增加直至螺栓杆剪切或孔壁承压的最终破坏为极限状态。由于判断承载力极限状态失效破坏标准的不同,承压型连接的抗剪承载力将高于摩擦型。两种形式连接在受拉时没有区别。

工程上广泛采用的是高强度螺栓摩擦型连接,它有较高的传力可靠性和连接整体性,承受动力荷载和疲劳的性能较好。高强度螺栓承压型连接只允许用在承受静力或间接动力荷载结构中,并且允许发生一定的滑移变形的连接中,由于它的承载力高于摩擦型,所以可减少螺栓数量。

1)高强度螺栓的预拉力

(1)预拉力的大小。

高强度螺栓的预拉力值希望尽量高一些,以抗拉强度 f_u 为准,但需保证螺栓不会在拧紧过程中屈服或断裂。

相关规范规定预拉力设计值按下式确定:

$$P=\frac{0.9\times0.9\times0.9}{1.2}A_e f_u \tag{11-56}$$

式中:A_e——螺栓螺纹处的有效面积;

f_u——螺栓经热处理后的最低抗拉强度,对 8.8 级取 $f_u=830$ MPa,对 10.9 级取 $f_u=1040$ MPa。

在拧紧螺栓时,除使螺杆产生预拉力外,还有因施加扭矩而产生的剪应力,式中分母系数 1.2 是为了考虑剪应力产生的不利影响。分子中的第一个 0.9 是考虑螺栓材质的不均匀性而引进的一个折减系数,第二个 0.9 是考虑施工时的超张拉影响,第三个 0.9 是考虑以抗拉强度为准的附加安全系数。

各种规格高强度螺栓预拉力取值见表 11-7。

表 11-7　一个高强度螺栓的设计预拉力值　　　　　　（单位:kN）

性能等级	螺栓规格					
	M16	M20	M22	M24	M27	M30
8.8 级	80	125	150	175	230	280
10.9 级	100	155	190	225	290	355

(2)预拉力的控制方法。

高强度螺栓分为大六角头型和扭剪型两种,如图 11-60 所示。这两种高强度螺栓预拉力的具体控制方法各不相同,但它们都是通过拧紧螺帽,使螺杆受到拉伸作用,产生预拉力,从而被连接件间产生夹紧力。

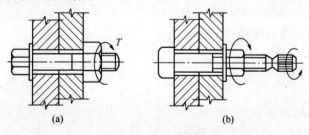

(a)　　　　　　　　　　　　(b)

图 11-60　高强度螺栓

(a)大六角型;(b)扭剪型

对大六角头型螺栓的预拉力的控制方法有力矩法和转角法。力矩法是用可直接显示或控制扭矩的特制扳手,利用事先测定的扭矩与螺栓预拉力的对应关系施加扭矩,达到预定扭矩时自动或人工停拧;转角法是先用人工扳手初拧螺母直到拧不动为止,使被连接件紧密贴合,终拧时以初拧位置为起点,自动或人工控制继续旋拧螺母的一个角度,即达到预定的预拉力值。

扭剪型高强度螺栓是我国 20 世纪 80 年代研制的新型连接件之一。它具有强度高、安装简便、质量易保证、对安装人员无特殊要求等优点。它与普通大六角形高强度螺栓不同,它的尾部连有一个截面较小的沟槽和梅花头,终拧时梅花头沿沟槽被拧断即达到规定的预拉力值,此法也称为扭剪法。

2)接触面的处理和抗滑移系数

使用高强度螺栓时,构件的接触面通常应经特殊处理,使其洁净并粗糙,以提高其抗滑移系数 μ。μ 的大小与构件接触面的处理方法和构件的钢号有关,常用的处理方法及对应的 μ 值详见表 11-8。高强度螺栓在潮湿环境中,将严重降低抗滑移系数,故应严格避免雨季施工,并应保证连接表面干燥。

表 11-8　摩擦面的抗滑移系数 μ 值

连接处构件接触面的处理方法	构件的钢号		
	Q235 级	Q345~Q390 级	Q420 级
喷砂(丸)	0.45	0.50	0.50
喷砂(丸)后涂无机富锌漆	0.35	0.40	0.40
喷砂(丸)后生赤锈	0.45	0.50	0.50
钢丝刷清除浮锈或未经处理的干净轧制表面	0.30	0.35	0.40

3)高强度螺栓摩擦型连接的计算

(1)承受剪力的计算。

高强度螺栓摩擦型连接受剪时的设计准则是外剪力不超过接触面的摩擦力,而摩擦力的大小与预拉力、抗滑移系数及摩擦面数目有关。考虑到连接中螺栓受力未必均匀等不利因素,一个摩擦型连接的高强度螺栓的抗剪设计承载力为

$$N_v^b = 0.9 n_f \mu P \tag{11-57}$$

式中:0.9——抗力分项系数 γ_R 的倒数;

$\quad\quad n_f$——传力摩擦面数目,单剪时取 1,双剪时取 2;

$\quad\quad \mu$——摩擦面抗滑移系数,见表 11-4;

$\quad\quad P$——每个高强度螺栓的预拉力。

传递剪力 N 所需的螺栓数为

$$n = \frac{N}{N_v^b}$$

板件净截面强度的验算与普通螺栓略有不同,板件最危险截面是在第一排螺栓孔处,该截面上传递的力是 N' 而不是 N,如图 11-61 所示。这是由于摩擦阻力的作用,一部分力由孔前接触面传递。试验表明:孔前接触面传力占高强度螺栓传力的一半。设连接一侧的螺栓数为 n,每个螺栓承受的力为 N/n,所计算截面 1-1 上的螺栓数为 n_1,则 1-1 截面上高强度螺栓传力为 $n_1 \dfrac{N}{n}$;1-1 截面上高强度螺栓孔前传力为 $0.5 n_1 \dfrac{N}{n}$;板件 1-1 截面

所传力为

$$N'=N-0.5n_1\frac{N}{n}=N(1-0.5\frac{n_1}{n}) \tag{11-58}$$

式中：n_1——1—1 截面上的螺栓数；

$\qquad$ n——连接一侧的螺栓总数。

净截面强度应满足：

$$\sigma=\frac{N'}{A_n}\leqslant f \tag{11-59}$$

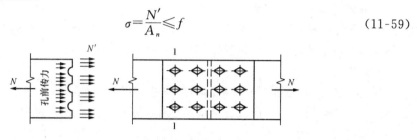

图 11-61　轴心力作用下高强度螺栓的摩擦型连接

（2）承受拉力的计算。

高强度螺栓在承受外拉力前，螺杆间已有很高的预拉力 P，板层间已有较大的预压力 C，$C=P$，如图 11-62 所示。当螺栓受外拉力 N 时，栓杆被拉长，此时螺杆中的拉力增量为 ΔP，夹紧的板件被拉松，压力 C 减少了 ΔC。由试验知：当外拉力大于预拉力时，板件间发生松弛现象；当外拉力小于预拉力 80% 时，板件间仍保证一定的夹紧力，无松弛现象发生，连接有一定的整体性。因此相关规范规定，一个螺栓的抗拉设计承载力为

$$N_t^b=0.8P \tag{11-60}$$

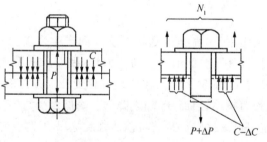

（a）　　　　　　　（b）

图 11-62　高强度螺栓受拉

式（11-58）只适用于摩擦型连接，承压型连接的 N_t^b 应按普通螺栓公式计算。

4）同时受剪和受拉的计算

高强度螺栓摩擦型连接同时承受外剪力 N_v 和杆轴方向的外拉力 N_t 时，摩擦面间的预压力从 P 减小到 $P-N_t$，摩擦面的抗滑移系数也随板件间挤压力的减小而降低。考虑这些影响，同时承受剪力和拉力的高强度螺栓摩擦型连接应满足下式：

$$\frac{N_v}{N_v^b}+\frac{N_t}{N_t^b}\leqslant 1 \tag{11-61}$$

式中：N_v、N_t——某个高强度螺栓承受的剪力、拉力；

$\qquad$ N_v^b、N_t^b——一个高强度螺栓的抗剪、抗拉承载力设计值。

将 $N_v^b=0.9n_f\mu P$，$N_t^b=0.8P$ 代入上式得

$$N_v^b = 0.9n_f\mu(P - 1.25N_t) \tag{11-62}$$

式(11-60)中的 N_v 是同时作用剪力和拉力时,单个螺栓所承受的最大剪力设计值,式(11-60)与式(11-59)是等价的。当螺栓群中各螺栓的拉力 N_t 不相同时,剪力的验算应满足下式:

$$V \leqslant \sum 0.9n_f\mu(P - 1.25N_{ti}) \tag{11-63}$$

4. 高强度螺栓承压型连接的计算

承压型连接的高强度螺栓的设计预拉力 P 与摩擦型连接的高强度螺栓相同,连接处构件接触面除应清除油污和浮锈外,不要求做其他处理。

1)抗剪连接计算

在抗剪连接中,承压型连接的高强度螺栓是以栓杆被剪坏或孔壁被挤压破坏为承载力极限,与普通螺栓相同,所以每个承压型连接的高强度螺栓的抗剪设计承载力的计算方法与普通螺栓的计算方法相同,因而仍可用普通螺栓的计算公式计算单个螺栓的设计承载力值,只是 f_v^b、f_c^b 应采用承压型连接的高强度螺栓的相应设计强度。另外,当剪切面在螺纹处,公式中的 d 应改用螺纹处的有效直径 d_e 进行计算。

2)抗拉连接计算

在栓杆轴向受拉连接中,一个承压型连接的高强度螺栓的抗拉设计承载力计算方法与普通螺栓相同,用式(11-46)计算。

3)同时受剪和受拉的连接计算

同时受剪和杆轴方向有拉力的承压型连接的高强度螺栓的计算方法与普通螺栓相同,除应满足相关公式外,还应满足:

$$N_v \leqslant N_c^b/1.2 \tag{11-64}$$

由于在剪应力单独作用下,高强度螺栓对板层间产生强大的夹紧力,当摩擦力被克服,螺杆与孔壁接触时,板件孔前区形成三向应力场,因而承压型连接的高强度螺栓的承压强度 f_c^b 比普通螺栓的 f_c^b 高50%。当高强度螺栓受杆轴方向的拉力作用时,板层间的压紧力随外拉力的增加而减小,因而 f_c^b 随之降低。降低多少与外拉力的大小有关。为计算简便,相关规范规定:只要受外拉力,就将承压强度除以1.2,以考虑承压强度设计值因拉力而降低的影响。

【**例题 11-9**】 如图 11-63 所示为双拼接板拼接的轴心受力构件,截面为 20 mm × 280 mm,承受轴心拉力设计值 $N = 850$ kN,钢材为 Q235 钢,采用8.8级的 M22 高强度螺栓,连接处构件接触面经喷砂处理,试分别采用高强度螺栓摩擦型和承压型设计此连接。

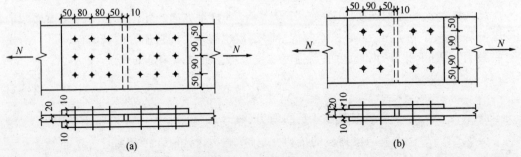

图 11-63　　例题 11-9 图

【解】

(1)采用高强度螺栓摩擦型连接。

一个螺栓抗剪承载力设计值为

$$N_v^b = 0.9 n_f \mu P = 0.9 \times 2 \times 0.45 \times 150 = 121.5 \text{ (kN)}$$

连接一侧所需螺栓数为

$$n = \frac{N}{N_v^b} = \frac{850}{121.5} = 7 \text{（个）}$$

用 9 个,螺栓排列如图 11-63(a)所示。

构件净截面强度验算,钢板在边列螺栓处的截面最危险,取螺栓孔径比螺栓杆径大 2.0 mm。

$$N' = N\left(1 - 0.5 \frac{n_1}{n}\right) = 850 \times \left(1 - 0.5 \times \frac{3}{9}\right) = 708.3 \text{ (kN)}$$

$$A_n = t(b - n_1 d_0) = 2 \times (28 - 3 \times 2.4) = 41.6 \text{ (cm}^2)$$

$$\sigma = \frac{N'}{A_n} = \frac{708.3 \times 10^3}{41.6 \times 10^2} = 170.3 \text{ (MPa)} < f = 205 \text{ MPa}$$

构件毛截面验算:

$$\sigma = \frac{N}{A} = \frac{850 \times 10^3}{280 \times 20} = 151.8 \text{ (MPa)} < f$$

(2)采用高强度螺栓承压型连接。

一个螺栓的抗剪承载力设计值为

$$N_v^b = n_v \frac{\pi d_e^2}{4} f_v^b = 2 \times \frac{\pi \times 22^2}{4} \times 250 = 190.1 \text{ (kN)}$$

$$N_c^b = d \sum t f_c^b = 22 \times 20 \times 470 = 206.8 \text{ (kN)}$$

$$N_{min}^b = 190.1 \text{ kN}$$

连接一侧所需螺栓数为

$$n = \frac{N}{N_{min}^b} = \frac{850}{190.1} = 4.47 \text{（个）}$$

用 6 个,排列如图 11-63 所示。

构件净截面验算,钢板在边列螺栓处的截面最危险。取螺栓孔径比螺栓杆径大1.5 mm。

$$A_n = t(b - n_1 d_0) = 2 \times (28 - 3 \times 2.35) = 41.9 \text{ (cm}^2)$$

$$\sigma = \frac{N}{A_n} = \frac{850 \times 10^3}{41.9 \times 10^2} = 202.9 \text{ (MPa)} < f = 205 \text{ MPa}$$

11.2.6 铆钉连接

铆钉连接的制造有热铆和冷铆两种方法。热铆是由烧红的钉坯插入构件的钉孔中,用铆钉枪或压铆机铆合而成。冷铆是在常温下铆合而成。在建筑结构中一般都采用热铆。

铆钉的材料应有良好的塑性,通常采用专用钢材 BL2 和 BL3 号钢制成。

铆钉连接的质量和受力性能与钉孔的制法有很大关系。钉孔的制法分为 Ⅰ、Ⅱ 两类。Ⅰ类孔是用钻模钻成,或先冲成较小的孔,装配时再扩钻而成,质量较好。Ⅱ类孔是冲成或不用钻模钻成,虽然制法简单,但构件拼装时钉孔不易对齐,故质量较差。重要的结构应该采用Ⅰ类孔。

铆钉打好后,钉杆由高温逐渐冷却而发生收缩,但被钉头之间的钢板阻止住,所以钉杆中产生了收缩拉应力,对钢板则产生压缩系紧力。这种系紧力使连接十分紧密。当构件受剪力作用时,钢板接触面上产生很大的摩擦力,因而能大大提高连接的工作性能。

铆钉连接由于构造复杂,费钢费工,现已很少采用。但是铆钉连接的塑性和韧性较好,传力可靠,质量易于检查,在一些重型和直接承受动力荷载的结构中,有时仍然采用。

11.3 轴心受力构件

11.3.1 轴心受力构件的应用和截面形式

轴心受力构件是指承受通过构件截面形心轴线的轴向力作用的构件,当这种轴向力为拉力时,称为轴心受拉构件,简称轴心拉杆;当这种轴向力为压力时,称为轴心受压构件,简称轴心压杆。轴心受力构件广泛应用于屋架、托架、塔架、网架和网壳等各种类型的平面或空间格构式体系以及支撑系统中。支承屋盖、楼盖或工作平台的竖向受压构件通常称为柱,包括轴心受压柱。柱通常由柱头、柱身和柱脚三部分组成,如图11-64所示。柱头支承上部结构并将其荷载传给柱身,柱脚则把荷载由柱身传给基础。

轴心受力构件(包括轴心受压柱),按其截面组成形式,可分为实腹式构件和格构式构件两种,如图11-64所示。实腹式构件具有整体连通的截面,常见的有三种截面形式。第一种是热轧型钢截面,如圆钢、圆管、方管、角钢、工字钢、T型钢、宽翼缘H型钢和槽钢等,其中最常用的是工字形或H形截面;第二种是冷弯型钢截面,如卷边和不卷边的角钢或槽钢与方管;第三种是型钢或钢板连接而成的组合截面。在普通桁架中,受拉或受压杆件常采用两个等边或不等边角钢组成的T形截面或十字形截面,也可采用单角钢、圆管、方管、工字钢或T型钢等截面,如图11-65(a)所示。轻型桁架的杆件则采用小角钢、圆钢或冷弯薄壁型钢等截面,如图11-65(b)所示。受力较大的轴心受力构件(如轴心受压柱),通常采用实腹式或格构式双轴对称截面;实腹式构件一般是组合截面,有时也采用轧制H型钢或圆管截面,如图11-65(c)所示。格构式构件一般由两个或多个分肢用缀件联系组成,如图11-65(d)所示,采用较多的是两分肢格构式构件。在格构式构件截面中,通过分肢腹板的主轴叫作实轴,通过分肢缀件的主轴叫作虚轴。分肢通常采用轧制槽钢或工字钢,承受荷载较大时可采用焊接工字形或槽形组合截面。缀件有缀条或缀板两种,一般设置在分肢翼缘两侧平面内,其作用是将各分肢连成整体,使其共同受力,并承受绕虚轴弯曲时产生的剪力。缀条用斜杆组成或斜杆与横杆共同组成,缀条常采用单角钢,与分肢翼缘组成桁架体系,使承受横向剪力时有较大的刚度。缀板常采用钢板,与分肢翼缘组成刚架体系。在构件产生绕虚轴弯曲而承受横向剪力时,刚度比缀条格构式构件略低,所以通常用于受拉构件或压力较小的受压构件。实腹式构件比格构式构件构造简单,制造方便,整体受力和抗剪性能好,但截面尺寸较大时钢材用量较多;而格构式构件容易实现两主轴方向的等稳定性,刚度较大,抗扭性能较好,用料较省。

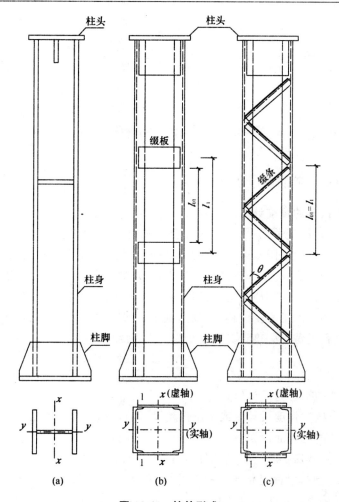

图 11-64 柱的形式

(a)实腹式柱;(b)格构式缀板柱;(c)格构式缀条柱

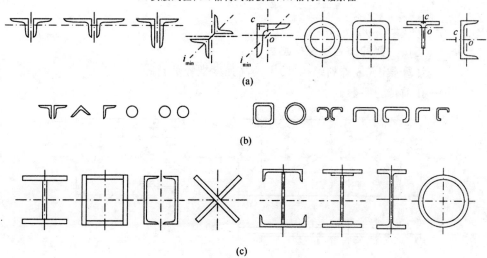

图 11-65 轴心受力构件的截面形式

(a)普通桁架杆件截面;(b)轻型桁架杆件截面;(c)实腹式构件截面;(d)格构式构件截面

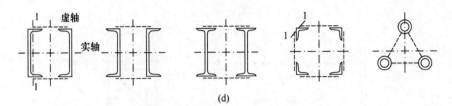

(d)

续图 11-65　轴心受力构件的截面形式

11.3.2　轴心受力构件的强度和刚度

1. 轴心受力构件的强度计算

从钢材的应力-应变关系可知,当轴心受力构件的截面平均应力达到钢材的抗拉强度 f_u 时,构件达到强度极限承载力。但当构件的平均应力达到钢材的屈服强度 f_y 时,由于构件塑性变形的发展,将使构件的变形过大以致达到不适于继续承载的状态。因此,轴心受力构件是以截面的平均应力达到钢材的屈服强度作为强度计算准则的。

对无孔洞等削弱的轴心受力构件,以全截面平均应力达到屈服强度为强度极限状态,应按下式进行毛截面强度计算:

$$\sigma=\frac{N}{A}\leqslant f \tag{11-65}$$

式中：N——构件的轴心力设计值；

$\quad f$——钢材抗拉强度设计值或抗压强度设计值；

$\quad A$——构件的毛截面面积。

对于高强度螺栓摩擦型连接的构件,可以认为连接传力所依靠的摩擦力均匀分布于螺孔四周,故在孔前接触面已传递了一半的力,如图 11-66 所示。因此,最外列螺栓处危险截面的净截面强度应按下式计算:

$$\sigma=\frac{N'}{A_n}\leqslant f \tag{11-66}$$

式中：N'——$N(1-0.5n_1/n)$；

$\quad n$——连接一侧的高强度螺栓总数；

$\quad n_1$——计算截面(最外列螺栓处)上的高强度螺栓数目；

$\quad 0.5$——孔前传力系数。

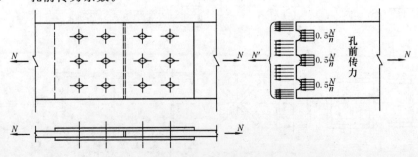

图 11-66　轴心力作用下的摩擦型高强度螺栓连接

对于单面连接的单角钢轴心受力构件,实际处于双向偏心受力状态(如图 11-67 所示),试验表明其极限承载力约为轴心受力构件极限承载力的 85% 左右。因此单面连接的单角钢按轴心受力计算强度时,钢材的强度设计值 f 应乘以折减系数 0.85。

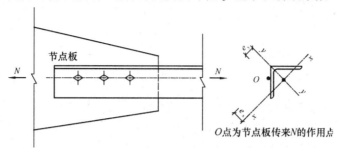

图 11-67 单面连接的单角钢轴心受压构件

焊接构件和轧制型钢构件均会产生残余应力,但残余应力在构件内是自相平衡的内应力,在轴力作用下,除了使构件部分截面较早地进入塑性状态外,并不影响构件的极限承载力。所以,在验算轴心受力构件强度时,不必考虑残余应力的影响。

2. 轴心受力构件的刚度计算

按正常使用极限状态的要求,轴心受力构件均应具有一定的刚度。轴心受力构件的刚度通常用长细来衡量,长细比愈小,表示构件刚度愈大,反之刚度愈小。

当轴心受力构件刚度不足时,在本身自重作用下容易产生过大的挠度,在动力荷载作用下容易产生振动,在运输和安装过程中容易产生弯曲。因此,设计时应对轴心受力构件的长细比进行控制。构件的容许长细比$[\lambda]$,是按构件的受力性质、构件类别和荷载性质确定的。对于受压构件,长细比更为重要。受压构件因刚度不足,一旦发生弯曲变形后,因变形而增加的附加弯矩影响远比受拉构件严重,长细比过大,会使稳定承载力降低太多,因而其容许长细比$[\lambda]$限制应更严;直接承受动力荷载的受拉构件也比承受静力荷载或间接承受动力荷载的受拉构件不利,其容许长细比$[\lambda]$限制也较严;构件的容许长细比$[\lambda]$按表 11-9、表 11-10 采用。轴心受力构件对主轴 x 轴、y 轴的长细比 λ_x 和 λ_y 应满足下式要求:

$$\lambda_x = \frac{l_{0x}}{i_x} \leqslant [\lambda] \quad \lambda_y = \frac{l_{0y}}{i_y} \leqslant [\lambda] \tag{11-67}$$

式中:l_{0x}、l_{0y}——构件对主轴 x 轴、y 轴的计算长度;

i_x、i_y——截面对主轴 x 轴、y 轴的回转半径。构件计算长度 l_0(l_{0x} 或 l_{0y})取决于其两端支承情况,桁架和框架构件的计算长度与其两端相连构件的刚度有关。

设计轴心受拉构件时,应根据结构用途、构件受力大小和材料供应情况选用合理的截面形式,并对所选截面进行强度和刚度计算。设计轴心受压构件时,除使截面满足强度和刚度要求外尚应满足构件整体稳定和局部稳定要求。实际上,只有长细比很小及有孔洞削弱的轴心受压构件,才可能发生强度破坏。一般情况下,由整体稳定控制其承载力。轴心受压构件丧失整体稳定常常是突发性的,容易造成严重后果,应予以特别重视。

表 11-9 受压构件的容许长细比

项次	构件名称	容许长细比
1	柱、桁架和天窗架中的杆件	150
	柱的缀条、吊车梁或吊车桁架以下的柱间支撑	

项次	构件名称	容许长细比
2	支撑(吊车梁或吊车桁架以下的柱间支撑除外)	200
	用以减少受压构件长细比的杆件	

注:①桁架(包括空间桁架)的受压腹杆,当其内力小于或等于承载能力的50%时,容许长细比值可取为200。

②计算单角钢受压构件的长细比时,应采用角钢的最小回转半径;但在计算单角钢交叉受压杆件平面外的长细比时,应采用与角钢肢边平行轴的回转半径。

③跨度大于或等于60 m的桁架,其受压弦杆和端压杆的长细比宜取为100,其他受压腹杆可取为150(承受静力荷载)或120(承受动力荷载)。

表 11-10 受拉构件的容许长细比

项次	构件名称	承受静力荷载或间接承受动力荷载的结构		直接承受动力荷载的结构
		一般建筑结构	有重级工作制吊车的厂房	
1	桁架的杆件	350	250	250
2	吊车梁或吊车桁架以下的柱间支撑	300	200	—
3	其他拉杆、支撑、系杆等(张紧的圆钢除外)	400	350	—

注:①承受静力荷载的结构中,可仅计算受拉构件在竖向平面内的长细比。

②中、重级工作制吊车桁架下弦杆的长细比不宜超过200。

③在设有夹钳吊车或刚性料耙吊车的厂房中,支撑(表中第2项除外)的长细比不宜超过300。

④受拉构件在永久荷载与风荷载组合作用下受压时,其长细比不宜超过250。

⑤跨度大于或等于60 m的桁架,其受拉弦杆和腹杆的长细比不宜超过300(承受静力荷载)或250(承受动力荷载)。

11.3.3 实腹式轴心受压构件的整体稳定

1. 轴心受压构件的整体失稳现象

无缺陷的轴心受压构件,当轴心压力 N 较小时,构件只产生轴向压缩变形,保持直线平衡状态。此时如有干扰力使构件产生微小弯曲,当干扰力移去后,构件将恢复到原来的直线平衡状态,这种直线平衡状态下构件的外力和内力间的平衡是稳定的。当轴心压力 N 逐渐增加到一定大小,如有干扰力使构件发生微弯,但当干扰力移去后,构件仍保持微弯状态而不能恢复到原来的直线平衡状态,这种从直线平衡状态过渡到微弯曲平衡状态的现象称为平衡状态的分枝,此时构件的外力和内力间的平衡是随遇的,称为随遇平衡或中性平衡。如轴心压力 N 再稍微增加,则弯曲变形迅速增大而使构件丧失承载能力,这种现象称为构件的弯曲屈曲或弯曲失稳,如图 11-68(a)所示。中性平衡是从稳定平衡过渡到不稳定平衡的临界状态,中性平衡时的轴心压力称为临界力 N_{cr},相应的截面应力称为临界应力 σ_{cr};σ_{cr} 常低于钢材屈服强度 f_y,即构件在到达强度极限状态前就会丧失整体稳定性。无缺陷的轴心受压构件发生弯曲屈曲时,构件的变形发生了性质上的变化,即构件由直线形式改变为弯曲形式,且这种变化带有突然性。结构丧失稳定时,平衡形式发生改变的,称为丧失了第一类稳定性或称为平衡分枝失稳。除丧失第一类稳定性外,还有第二类稳定性问题。丧失第二类稳定性的特征是结构丧失稳定时其弯曲平衡形式不发生改变,只是由于结构原来的弯曲变形增大将不能正常工作。丧失第二类稳定性也称为极值点失稳。

对某些抗扭刚度较差的轴心受压构件(如十字形截面),当轴心压力 N 达到临界值时,稳定平衡状态不再保持而发生微扭转。当 N 再稍微增加,则扭转变形迅速增大而使构件丧失承载能力,这种现象称为扭转屈曲或扭转失稳,如图 11-68(b)所示。

截面为单轴对称(如 T 形截面)的轴心受压构件绕对称轴失稳时,由于截面形心与截面剪切中心

图 11-68 两端铰接轴心
受压构件的屈曲状态
(a)弯曲屈曲;(b)扭转屈曲;
(c)弯扭屈曲

(或称扭转中心与弯曲中心,即构件弯曲时截面剪应力合力作用点通过的位置)不重合,在发生弯曲变形的同时必然伴随有扭转变形,故称为弯扭屈曲或弯扭失稳,如图 11-68(c)所示。同理,截面没有对称轴的轴心受压构件,其屈曲形态也属弯扭屈曲。

2. 轴心受压构件的整体稳定计算

相关规范对轴心受压构件的整体稳定计算采用下列形式:

$$\frac{N}{\varphi\,A} \leqslant f \tag{11-68}$$

式中:N——轴心压力设计值;

A——构件的毛截面面积;

f——钢材的抗压强度设计值,见附表 7-1;

φ——轴心受压构件的整体稳定系数,可参考表 11-11 和表 11-12 的截面分类和构件的长细比,见附表 7-1～附表 7-4。

表 11-11　轴心受压构件的截面分类(板厚 $t<40$ mm)

截面形式		对 x 轴	对 y 轴
⊕ 轧制		a 类	a 类
⌶ 轧制,$b/h\leqslant 0.8$		a 类	b 类

续表

截面形式	对 x 轴	对 y 轴
轧制,$b/h>0.8$　　焊接,翼缘为焰切边　　焊接		
轧制　　轧制,等边角钢		
轧制,焊接(板件宽厚比大于20)　　　　轧制或焊接	b 类	b 类
焊接　　　　轧制截面和翼缘为焰切边的焊接截面		
格构式　　　　焊接,板件边缘焰切		
焊接,翼缘为轧制或剪切边	b 类	a 类
焊接,板件边缘轧制或剪切　　焊接,板件宽厚比≤20	c 类	c 类

表 11-12　轴心受压构件的截面分类（板厚 $t\geqslant40$ mm）

截面形式		对 x 轴	对 y 轴
轧制工字形或 H 形截面	$t<80$ mm	b 类	c 类
	$t\geqslant80$ mm	c 类	d 类

截面形式		对 x 轴	对 y 轴
焊接工字形截面	翼缘为焰切边	b 类	b 类
	翼缘为轧制或剪切边	c 类	d 类
焊接箱形截面	板件宽厚比＞20	b 类	b 类
	板件宽厚比≤20	c 类	c 类

3. 轴心受压构件整体稳定计算的构件长细比

1）截面为双轴对称或极对称的构件

计算轴心受压构件的整体稳定时,构件长细比 λ 应按照下列规定确定：

$$\lambda_x = \frac{l_{0x}}{i_x} \quad \lambda_y = \frac{l_{0y}}{i_y} \tag{11-69}$$

式中：l_{0x}、l_{0y}——构件对主轴 x 轴、y 轴的计算长度；

i_x、i_y——构件毛截面对主轴 x 轴、y 轴的回转半径。

为了避免发生扭转屈曲,对双轴对称十字形截面构件,λ_x 或 λ_y 取值不得小于 $5.07b/t$（其中 b/t 为悬伸板件宽厚比）。

2）截面为单轴对称的构件

以上讨论轴心受压构件的整体稳定时,假定构件失稳时只发生弯曲而没有扭转,即所谓弯曲屈曲。对于单轴对称截面,除绕非对称轴 x 轴发生弯曲屈曲外,也有可能发生绕对称轴 y 轴的弯扭屈曲。这是因为,当构件绕 y 轴发生弯曲屈曲时,轴力 N 由于截面的转动会产生作用于形心处沿 x 轴方向的水平剪力 V（如图 11-69（a）所示）,该剪力不通过剪心 s,将发生绕 s 的扭矩。在对 T 形和槽形等单轴对称截面进行弯扭屈曲分析后,认为绕对称轴（设为 y 轴）的稳定应取考虑扭转效应的下列换算长细比 λ_{yz} 代替 λ_y：

$$\lambda_{yz} = \frac{1}{\sqrt{2}} \left[(\lambda_y^2 + \lambda_z^2) + \sqrt{(\lambda_y^2 + \lambda_z^2)^2 - 4\left(1 - \frac{e_0^2}{i_0^2}\right)\lambda_y^2\lambda_z^2} \right]^{\frac{1}{2}} \tag{11-70}$$

$$\lambda_z^2 = \frac{i_0^2 A}{\left(\dfrac{I_t}{25.7} + \dfrac{I_\omega}{l_\omega^2}\right)} \tag{11-71}$$

$$i_0^2 = e_0^2 + i_x^2 + i_y^2 \tag{11-72}$$

式中：e_0——截面形心至剪心的距离；

i_0——截面对剪心的极回转半径；

λ_y——构件对对称轴的长细比；

λ_z——扭转屈曲的换算长细比；

I_t——毛截面抗扭惯性矩；

I_ω——毛截面扇性惯性矩,对 T 形截面（轧制、双板焊接、双角钢组合）、十字形截面和角形截面可近似取 $I_\omega = 0$；

A——毛截面面积;

l_ω——扭转屈曲的计算长度,对两端铰接、端部截面可自由翘曲或两端嵌固、端部截面的翘曲完全受到约束的构件,取 $l_\omega = l_{0y}$。

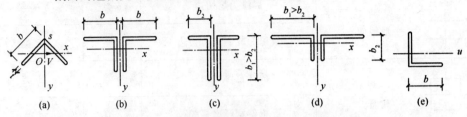

图 11-69 单角钢截面和双角钢 T 形组合截面

3)角钢组成的单轴对称截面构件

公式(11-68)比较复杂,对于常用的单角钢和双角钢组合 T 形截面(如图 11-69 所示),可按下述简化公式计算换算长细比 λ_{yz}。

(1)等边单角钢截面,如图 11-69(a)所示。

当 $b/t \leqslant 0.54 l_{0y}/b$ 时:

$$\lambda_{yz} = \lambda_y \left(1 + \frac{0.85 b^4}{l_{0y}^2 t^2}\right) \tag{11-73}$$

当 $b/t > 0.54 l_{0y}/b$ 时:

$$\lambda_{yz} = 4.78 \frac{b}{t}\left(1 + \frac{l_{0y}^2 t^2}{13.5 b^4}\right) \tag{11-74}$$

式中:b、t——分别为角钢肢宽度和厚度。

(2)等边双角钢截面,如图 11-69(b)所示。

当 $b/t \leqslant 0.58 l_{0y}/b$ 时:

$$\lambda_{yz} = \lambda_y \left(1 + \frac{0.475 b^4}{l_{0y}^2 t^2}\right) \tag{11-75}$$

当 $b/t > 0.58 l_{0y}/b$ 时:

$$\lambda_{yz} = 3.9 \frac{b}{t}\left(1 + \frac{l_{0y}^2 t^2}{18.6 b^4}\right) \tag{11-76}$$

(3)长肢相并的不等边双角钢截面,如图 11-69(c)所示。

当 $b_2/t \leqslant 0.48 l_{0y}/b_2$ 时:

$$\lambda_{yz} = \lambda_y \left(1 + \frac{1.09 b_2^4}{l_{0y}^2 t^2}\right) \tag{11-77}$$

当 $b_2/t > 0.48 l_{0y}/b_2$ 时:

$$\lambda_{yz} = 5.1 \frac{b_2}{t}\left(1 + \frac{l_{0y}^2 t^2}{17.4 b_2^4}\right) \tag{11-78}$$

(4)短肢相并的不等边双角钢截面,如图 11-69(d)所示。

当 $b_1/t \leqslant 0.56 l_{0y}$ 时:

$$\lambda_{yz} = \lambda_y \tag{11-79}$$

当 $b_1/t > 0.56 l_{0y}$ 时:

$$\lambda_{yz} = 3.7 \frac{b_1}{t}\left(1 + \frac{l_{0y}^2 t^2}{52.7 b_1^4}\right) \tag{11-80}$$

(5)单轴对称的轴心受压构件在绕非对称主轴以外的任一轴失稳时应按照弯扭屈曲计算其稳定性。当计算等边单角钢构件绕平行轴(如图 11-69(e)的 u 轴所示)的稳定时,可用下式计算其换算长细比 λ_{uz},并按 b 类截面确定 φ 值。

当 $b/t \leqslant 0.69 l_{0u}/b$ 时:

$$\lambda_{uz} = \lambda_u \left(1 + \frac{0.25 b^4}{l_{0u}^2 t^2}\right) \tag{11-81}$$

当 $b/t > 0.69 l_{0u}/b$ 时:

$$\lambda_{uz} = 5.4 b/t \tag{11-82}$$

式中:$\lambda_u = l_{0u}/i_u$。

无任何对称轴且又非极对称的截面(单面连接的不等边单角钢除外)不宜用作轴心受压构件。对单面连接的单角钢轴心受压构件,考虑强度设计值折减系数 γ_R 后,可不考虑弯扭效应的影响。《钢结构设计规范》规定:计算稳定时,等边角钢取 $\gamma_R = 0.6 + 0.0015\lambda$,但不大于 1.0;短边相连的不等边角钢取 $\gamma_R = 0.5 + 0.0025\lambda$,但不大于 1.0;式中 $\lambda = l_0/i_0$,计算长度 l_0 取节点中心距离,i_0 为角钢的最小回转半径,当 $\lambda < 20$ 时,取 $\lambda = 20$。长边相连的不等边角钢取 $\gamma_R = 0.70$。当槽形截面用于格构式构件的分肢,计算分肢绕对称轴(y 轴)的稳定性时,不必考虑扭转效应,直接用 λ_y 查出 φ_y 值。

11.3.4 轴心受压构件的局部稳定

1. 确定板件宽(高)厚比限值的准则

为了保证实腹式轴心受压构件的局部稳定,通常采用限制其板件宽(高)厚比的办法来实现。确定板件宽(高)厚比限值所采用的原则有两种:一种是使构件应力达到屈服前其板件不发生局部屈曲,即局部屈曲临界应力不低于屈服应力;另一种是使构件整体屈曲前其板件不发生局部屈曲,即局部屈曲临界应力不低于整体屈曲临界应力,常称作等稳定性准则。后一准则与构件长细比发生关系,对中等或较长构件似乎更合理,前一准则对短柱比较适合。《钢结构设计规范》在规定轴心受压构件宽(高)厚比限值时,主要采用后一准则,当长细比很小时参照前一准则,予以调整。

2. 轴心受压构件板件宽(高)厚比的限值

轧制型钢(工字钢、H 型钢、槽钢、T 形钢、角钢等)的翼缘和腹板一般都有较大厚度,宽(高)厚比相对较小,都能满足局部稳定要求,可不作验算。对焊接组合截面构件(如图 11-70 所示),一般采用限制板件宽(高)厚比办法来保证局部稳定。

1)工字形截面

由于工字形截面(如图 11-70(a)所示)的腹板一般较翼缘板薄,腹板对翼缘板几乎没有嵌固作用,因此翼缘可视为三边简支一边自由的均匀受压板,取屈曲系数 $k = 0.425$,弹性嵌固系数 $x = 1.0$。而腹板可视为四边支承板,此时屈曲系数 $k = 4$。当腹板发生屈曲时,翼缘板作为腹板纵向边的支承,对腹板将起一定的弹性嵌固作用,根据试验可取弹性嵌固系数 $x = 1.3$。在弹塑性阶段,为了便于应用,当 $\lambda = 30 \sim 100$ 时,《钢结构设计规范》采用下列简化公式:

翼缘

$$\frac{b'}{t} \leqslant (10 + 0.1\lambda) \sqrt{\frac{235}{f_y}} \tag{11-83}$$

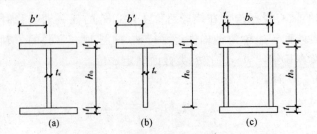

图 11-70 轴心受压构件板件宽厚比

腹板

$$\frac{h_0}{t_w} \leqslant (25+0.5\lambda)\sqrt{\frac{235}{f_y}} \qquad (11-84)$$

式中:λ——构件两方向长细比的较大值。当 $\lambda \leqslant 30$ 时,取 $\lambda = 30$;当 $\lambda \geqslant 100$ 时,取 $\lambda = 100$。

2)T 形截面

T 形截面(如图 11-70(b)所示)轴心受压构件的翼缘板悬伸部分的宽厚比 b'/t 限值与工字形截面一样,按式(11-81)计算。

T 形截面的腹板也是三边支承一边自由的板,但其宽厚比比翼缘大得多,它的屈曲受到翼缘一定程度的弹性嵌固作用,故腹板的宽厚比限值可适当放宽。即:

热轧 T 形钢

$$\frac{h_0}{t_w} \leqslant (15+0.2\lambda)\sqrt{\frac{235}{f_y}} \qquad (11-85)$$

焊接 T 形钢

$$\frac{h_0}{t_w} \leqslant (13+0.17\lambda)\sqrt{\frac{235}{f_y}} \qquad (11-86)$$

3)箱形截面

箱形截面轴心受压构件的翼缘和腹板均为四边支承板(如图 11-70(c)所示),但翼缘和腹板一般用单侧焊缝连接,嵌固程度较低,可取 $x=1$。《钢结构设计规范》采用局部屈曲临界应力不低于屈服应力的准则,得到的宽厚比限值与构件的长细比无关,按下式计算:

$$\frac{b_0}{t} \text{或} \frac{h_0}{t_w} \leqslant 40\sqrt{\frac{235}{f_y}} \qquad (11-87)$$

3. 加强局部稳定的措施

当所选截面不满足板件宽(高)厚比规定要求时,一般应调整板件厚度或宽(高)度使其满足要求。但对工字形截面的腹板也可采用设置纵向加劲肋的方法予以加强,以缩减腹板计算高度,如图 11-71 所示。纵向加劲肋宜在腹板两侧成对配置,其一侧外伸宽度 $b_z \geqslant 10t_w$,厚度 $t_z \geqslant 0.75t_w$。纵向加劲肋通常在横向加劲肋间设置,横向加劲肋的尺寸应满足外伸宽度 $b_s \geqslant (h_0/30) + 40$ mm,厚度 $t_s \geqslant b_s/15$。

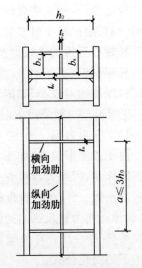

图 11-71 纵向加劲肋加强腹板

4. 腹板的有效截面

大型工字形截面的腹板,由于高厚比 h_0/t_w 较大,在满足高厚比限值的要求时,需采用较厚的腹板,往往显得很不经济。为节省材料,仍然可采用较薄的腹板,任腹板屈曲,考虑其屈曲后强度的利用,采用有效截面进行计算。在计算构件的强度和稳定性时,认为腹板中间部分退出工作,仅考虑腹板计算高度边缘范围内两侧宽度各为 $20t_w\sqrt{235/f_y}$ 的部分和翼缘作为有效截面,如图 11-72 所示。但在计算构件的长细比和整体稳定系数 φ 时,仍用全部截面。

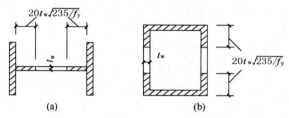

图 11-72 纵向加劲肋腹板有效截面

11.3.5 实腹式轴心受压构件的截面设计

1. 截面设计原则

为了避免弯扭失稳,实腹式轴心受压构件一般采用双轴对称截面,常用截面形式如图 11-65 所示。

为了获得经济与合理的设计效果,选择实腹式轴心受压构件的截面时,应考虑以下几个原则。

(1)等稳定性:使构件两个主轴方向的稳定承载力相同,即 $\varphi_x=\varphi_y$,以达到经济效果。

(2)宽肢薄壁:在满足板件宽(高)厚比限值的条件下,截面面积的分布应尽量开展,以增加截面的惯性矩和回转半径,提高构件的整体稳定性和刚度,达到用料合理。

(3)连接方便:一般选择开敞式截面,便于与其他构件进行连接;在格构式结构中,也常采用管形截面构件,此时的连接方法常采用螺栓球或焊接球节点,或直接相贯焊接节点等。

(4)制造省工:尽可能构造简单,加工方便,取材容易。如选择型钢或便于采用自动焊的工字形截面,这样做有时用钢量可能会增加一点,但因制造省工和型钢价格便宜,可能仍然比较经济。

2. 截面选择

截面设计时,首先应根据上述截面设计原则、轴力大小和两方向的计算长度等情况综合考虑后,初步选择截面尺寸,然后进行强度、刚度、整体稳定和局部稳定验算。具体步骤如下。

(1)确定所需要的截面积:假定构件的长细比 $\lambda=50\sim100$,当压力大而计算长度小时取较小值,反之取较大值。根据 λ、截面分类和钢材级别可查得整体稳定系数 φ 值,则所需要的截面面积为

$$A_{req}=\frac{N}{\varphi f}$$

(11-88)

对焊接工字形截面,按下式计算 φ:

$$\varphi=(0.4175+0.004\ 919\lambda_y)\lambda_y^2\frac{N}{l_{oy}^2 f}\sqrt{\frac{235}{f_y}} \tag{11-89}$$

截面设计时,只需任意假设一个满足刚度要求的 λ_y,然后由式(11-87)求出对应的 φ 值。若能从 φ 值表中找到这一对 λ_y 和 φ,则所假设的 λ_y 就是正确的,否则要重新假设 λ_y。

(2)确定两个主轴所需要的回转半径: $i_{xreq}=l_{0x}/\lambda$, $i_{yreq}=l_{0y}/\lambda$。对于焊接组合截面,根据所需回转半径 i_{req} 与截面高度 h、宽度 b 之间的近似关系,即 $i_x\approx\alpha_1 h$ 和 $i_y\approx\alpha_2 b$(系数 α_1、α_2 的近似值可以查表,例如由三块钢板焊成的工字形截面,$\alpha_1=0.43$,$\alpha_2=0.24$),求出所需截面的轮廓尺寸,即

$$h=\frac{i_{xreq}}{\alpha_1} \quad b=\frac{i_{yreq}}{\alpha_2} \tag{11-90}$$

对于型钢截面,根据所需要的截面积 A_{req} 和所需要的回转半径 i_{req} 选择型钢的型号(见附录8)。

(3)确定截面各板件尺寸:对于焊接组合截面,根据所需的 A_{req}、h、b,并考虑局部稳定和构造要求(例如自动焊工字形截面 $h\approx b$)初选截面尺寸。由于假定的 λ 值不一定恰当,完全按照所需要的 A_{req}、h、b 配置的截面可能会使板件厚度太大或太小,这时可适当调整 h 或 b,h 和 b 宜取 10 mm 的倍数,t 和 t_w 宜取 2 mm 的倍数且应符合钢板规格,t_w 应比 t 小,但一般不小于 4 mm。

3. 截面验算

按照上述步骤初选截面后,应进行刚度、整体稳定和局部稳定验算。如有孔洞削弱,还应进行强度验算。如验算结果不完全满足要求,应调整截面尺寸后重新验算,直到满足要求为止。

11.3.6　构造要求

当实腹式构件的腹板高厚比 $h_0/t_w>80$ 时,为防止腹板在施工和运输过程中发生扭转变形、提高构件的抗扭刚度,应设置横向加劲肋,其间距不得大于 $3h_0$,在腹板两侧成对配置,如图 11-71 所示。

为了保证构件截面几何形状不变、提高构件抗扭刚度,以及传递必要的内力,对大型实腹式构件,在受有较大横向力处和每个运送单元的两端,还应设置横隔,如图 11-73 所示。构件较长时并应设置中间横隔,横隔的间距不得大于构件截面较大宽度的 9 倍或 8 m。

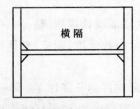

图 11-73　横隔

轴心受压实腹式构件的翼缘与腹板的纵向连接焊缝受力很小,不必计算,可按构造要求确定焊缝尺寸 $h_f=4\sim8$ mm。

【例题 11-10】 如图 11-74(a)所示为一管道支架,其支柱的轴心压力(包括自重)设计值为 $N=1450$ kN,柱两端铰接,钢材为 Q345 钢,截面无孔洞削弱。试设计此支柱的截面:①用轧制普通工字钢;②用轧制 H 型钢;③用焊接工字形截面,翼缘板为焰切边;④钢材改为 Q235 钢,以上所选截面是否可以安全承载?

【解】

设截面的强轴为 x 轴,弱轴为 y 轴,柱在两个方向的计算长度分别为:$l_{0x}=600$ cm;$l_{0y}=300$ cm。

1. 轧制工字钢(如图 11-74(b)所示)

(1)试选截面。

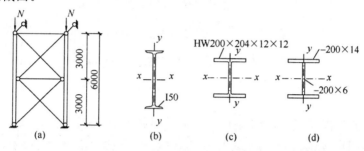

图 11-74 例题 11-10 图

假定 $\lambda=100$,对于 $b/h\leqslant0.8$ 的轧制工字钢,当绕 x 轴屈曲时属于 a 类截面,绕 y 轴屈曲时属于 b 类截面,由表查得 $\varphi_{\min}=\varphi_y=0.431$。当计算点钢材厚度 $t<16$ mm 时,取 $f=310$ MPa,则所需截面面积和回转半径为

$$A_{\text{req}}=\frac{N}{\varphi_{\min}f}=\frac{1450\times10^3}{0.431\times310\times10^2}=108.52\ (\text{cm}^2)$$

$$i_{x\text{req}}=\frac{l_{0x}}{\lambda}=\frac{600}{100}=6\ (\text{cm})$$

$$i_{y\text{req}}=\frac{l_{0y}}{\lambda}=\frac{300}{100}=3\ (\text{cm})$$

由于不可能选出同时满足 A_{req}、$i_{x\text{req}}$ 和 $i_{y\text{req}}$ 的型号,可以 A_{req} 和 $i_{y\text{req}}$ 为主,适当考虑 $i_{x\text{req}}$ 进行选择。现试选 I50a,$A=119$ cm²,$i_x=19.7$ cm,$i_y=3.07$ cm。

(2)截面验算。

因截面无孔洞削弱,可不验算强度。又因轧制工字钢的翼缘和腹板均较厚,可不验算局部稳定,只需进行刚度和整体稳定验算。

$$\lambda_x=\frac{l_{0x}}{i_x}=\frac{600}{19.7}=30.46<[\lambda]=150$$

满足刚度要求。

$$\lambda_y=\frac{l_{0y}}{i_y}=\frac{300}{3.07}=97.72<[\lambda]=150$$

满足刚度要求。

λ_y 远大于 λ_x,绕 y 轴屈曲时属于 b 类截面,故由 λ_y 查表得 $\varphi=0.445$。

$$\frac{N}{\varphi A}=\frac{1450\times10^3}{0.445\times119\times10^2}=274\ (\text{MPa})<f=310\ \text{MPa}$$

满足整体稳定要求。

2. 轧制 H 型钢(如图 11-74(c)所示)

(1)试选截面。

由于轧制 H 型钢可以选用宽翼缘的形式,截面宽度较大,因此长细比的假设值可适当减小,假设 $\lambda=70$。对宽翼缘 H 型钢,因 $b/h>0.8$,所以不论对 x 轴或 y 轴都属于 b 类截面。当 $\lambda=70$ 时,由表查得 $\varphi=0.656$,所需截面面积和回转半径分别为

$$A_{req}=\frac{N}{\varphi f}=\frac{1450\times10^3}{0.656\times310\times10^2}=71.30\ (cm^2)$$

$$i_{xreq}=\frac{l_{0x}}{\lambda}=\frac{600}{70}=8.57\ (cm)$$

$$i_{yreq}=\frac{l_{0y}}{\lambda}=\frac{300}{70}=4.29\ (cm)$$

由附录 8 试选 HW200×204×12×12,$A=72.28\ cm^2$,$i_x=8.35\ cm$,$i_y=4.85\ cm$。翼缘厚度 $t=12\ mm$,取 $f=310\ MPa$。

(2)截面验算。

因截面无孔洞削弱,可不验算强度。又因是热轧型钢,亦可不验算局部稳定,只需进行刚度和整体稳定验算。

$$\lambda_x=\frac{l_{0x}}{i_x}=\frac{600}{8.35}=71.9<[\lambda]=150$$

满足刚度要求。

$$\lambda_y=\frac{l_{0y}}{i_y}=\frac{300}{4.85}=61.9<[\lambda]=150$$

满足刚度要求。

因绕 x 轴和 y 轴屈曲均属 b 类截面,故由长细比的较大值 $\lambda_x=71.9$ 查附表,得 $\varphi=0.640$。

$$\frac{N}{\varphi A}=\frac{1450\times10^3}{0.640\times72.28\times10^2}=313\ MPa\approx f=310\ MPa$$

满足整体稳定要求。

3. 焊接工字形截面(如图 11-74(d)所示)

(1)参照 H 型钢截面试选截面,翼缘 2—200×14,腹板 1—200×6,其截面面积:

$$A=2\times20\times1.4+20\times0.6=68\ (cm^2)$$

$$I_x=\frac{1}{12}(20\times22.8^3-19.4\times20^3)=6821\ (cm^4)$$

$$I_y=2\times\frac{1}{12}\times1.4\times20^3=1867\ (cm^4)$$

$$i_x=\sqrt{\frac{6821}{68}}=10.02\ (cm)$$

$$i_y=\sqrt{\frac{1867}{68}}=5.24\ (cm)$$

(2)刚度和整体稳定验算:

$$\lambda_x=\frac{l_{0x}}{i_x}=\frac{600}{10.02}=59.88<[\lambda]=150$$

满足刚度要求。

$$\lambda_y = \frac{l_{0y}}{i_y} = \frac{300}{5.24} = 57.25 < [\lambda] = 150$$

满足刚度要求。

因绕 x 轴和 y 轴屈曲均属 b 类截面,故由长细比的较大值 $\lambda_x = 59.88$ 查表,得 $\varphi = 0.735$。

$$\frac{N}{\varphi A} = \frac{1450 \times 10^3}{0.735 \times 68 \times 10^2} = 290 \text{ (MPa)} < f = 310 \text{ MPa}$$

满足整体稳定要求。

(3)局部稳定验算。

翼缘外伸部分:

$$\frac{b}{t} = \frac{9.7}{1.4} = 6.93 < (10 + 0.1\lambda_{max})\sqrt{\frac{235}{f_y}} = (10 + 0.1 \times 59.88)\sqrt{\frac{235}{345}} = 13.20$$

满足稳定要求。

腹板:

$$\frac{h_0}{t_w} = \frac{20}{0.6} = 33.33 < (25 + 0.5\lambda_{max})\sqrt{\frac{235}{f_y}} = (25 + 0.5 \times 59.88)\sqrt{\frac{235}{345}} = 45.34$$

满足稳定要求。

截面无孔洞削弱,不必验算强度。

(4)构造要求。

因腹板高厚比小于 80,故不必设置横向加劲肋。翼缘与腹板的连接焊缝最小焊脚尺寸 $h_{fmin} = 1.5\sqrt{t_{max}} = 1.5 \times \sqrt{14} = 5.6 \text{ mm}$,采用 $h_f = 6 \text{ mm}$。

4. 原截面改用 Q235 钢

(1)轧制工字钢:绕 y 轴屈曲时属于 b 类截面,由 $\lambda_y = 97.72$ 查表,得 $\varphi = 0.570$。

$$\frac{N}{\varphi A} = \frac{1450 \times 10^3}{0.570 \times 119 \times 10^2} = 214 \text{ (MPa)} < f = 215 \text{ MPa}$$

满足整体稳定要求。

(2)轧制 H 型钢:绕 x 轴和 y 轴屈曲均属 b 类截面,故由长细比的较大值 $\lambda_x = 71.9$ 查表,得 $\varphi = 0.740$。

$$\frac{N}{\varphi A} = \frac{1450 \times 10^3}{0.740 \times 72.28 \times 10^2} = 271 \text{ (MPa)} > f = 215 \text{ MPa}$$

不满足整体稳定要求。

(3)焊接工字形截面:绕 x 轴和 y 轴屈曲均属 b 类截面,故由长细比的较大值 $\lambda_x = 59.88$ 查表,得 $\varphi = 0.808$。

$$\frac{N}{\varphi A} = \frac{1450 \times 10^3}{0.808 \times 68 \times 10^2} = 264 \text{ (MPa)} > f = 215 \text{ MPa}$$

不满足整体稳定要求。

由本例计算结果可知以下内容。①轧制普通工字钢要比轧制 H 型钢和焊接工字形截面的面积大很多(在本例中大 65%~75%),这是由于普通工字钢绕弱轴的回转半径太小。尽管弱轴方向的计算长度仅为强轴方向计算长度的 1/2,但其长细比远大于后者,因而构件的承载能力是由弱轴所控制的,对强轴则有较大富裕,这显然是不经济的。若必须采用此种截面,宜再增加侧向支撑的数量。对于轧制 H 型钢和焊接工字形截面,由于其两个方向的长细比非常接近,基本上做到了等稳定性,用料更经济。焊接工字形截面更容易实现等稳定性要求,用钢量最省,但焊接工字形截面的焊接工作量大,在设计实腹式轴心受压构件时宜优先选用轧制 H 型钢。②改用 Q235 钢后,轧制普通工字钢的截面不增大时仍可安全承载,而轧制 H 型钢和焊接工字形截面却不能安全承载且相差很多,这是因为长细比大的轧制普通工字钢构件在改变钢号后,仍处于弹性工作状态,钢材强度对稳定承载力影响不大,而长细比小的轧制 H 型钢和焊接工字形截面构件,由于原设计的截面积比轧制普通工字钢就小许多,改变钢号后,钢柱中的应力已处于弹塑性工作状态,钢材强度对稳定承载力有显著影响。

习题与思考

11-1 结构钢材的破坏形式有哪几类?各有什么特征?

11-2 简述引起钢材发生脆性破坏的因素。

11-3 简述碳、硫、磷对钢材性能的影响。

11-4 简述钢结构连接的类型及特点。

11-5 摩擦型和承压型螺栓连接的区别。

11-6 为什么要规定角焊缝焊脚尺寸的最大和最小限值?

11-7 为什么要规定螺栓排列的最大和最小间距?

11-8 轴心受压构件需要验算哪些项目?

11-9 如图 11-75 所示为牛腿与钢柱的连接,承受偏心荷载设计值 $V=450$ kN,$e=25$ cm,钢材为 Q345,焊条为 E43 型,手工焊。试验算角焊缝的强度。

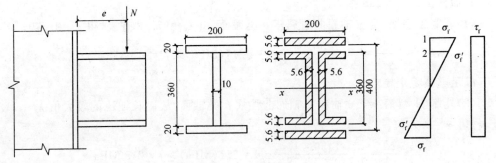

图 11-75　习题 11-9 图

附　录

附录1　《混凝土结构设计规范》（GB 50010－2010）规定的材料力学指标

附表 1-1　混凝土轴心抗拉强度标准值　　（单位：MPa）

强度	混凝土强度等级													
	C15	C20	C25	C30	C35	C40	C45	C50	C55	C60	C65	C70	C75	C80
f_{tk}	1.27	1.54	1.78	2.01	2.20	2.39	2.51	2.64	2.74	2.85	2.93	2.99	3.05	3.11

附表 1-2　混凝土轴心抗压强度设计值　　（单位：MPa）

强度	混凝土强度等级													
	C15	C20	C25	C30	C35	C40	C45	C50	C55	C60	C65	C70	C75	C80
f_c	7.2	9.6	11.9	14.3	16.7	19.1	21.1	23.1	25.3	27.5	29.7	31.8	33.8	35.9

附表 1-3　混凝土轴心抗拉强度设计值　　（单位：MPa）

强度	混凝土强度等级													
	C15	C20	C25	C30	C35	C40	C45	C50	C55	C60	C65	C70	C75	C80
f_t	0.91	1.10	1.27	1.43	1.57	1.71	1.80	1.89	1.96	2.04	2.09	2.14	2.18	2.22

附表 1-4　混凝土的弹性模量　　（单位：$\times 10^4$ MPa）

混凝土强度等级	C15	C20	C25	C30	C35	C40	C45	C50	C55	C60	C65	C70	C75	C80
E_c	2.20	2.55	2.80	3.00	3.15	3.25	3.35	3.45	3.55	3.60	3.65	3.70	3.75	3.80

注：①当有可靠试验依据时，弹性模量可根据实测数据确定。
②当混凝土中掺有大量矿物掺和料时，弹性模量可按规定龄期根据实测数据确定。

附表 1-5　普通钢筋强度标准值　　（单位：MPa）

牌号	符号	公称直径 d/mm	屈服强度标准值 f_{yk}	极限强度标准值 f_{stk}
HPB300	φ	6～22	300	420
HRB335 HRBF335	Φ Φ^F	6～50	335	455

续表

牌号	符号	公称直径 d/mm	屈服强度标准值 f_{yk}	极限强度标准值 f_{stk}
HRB400 HRBF400 RRB400	⏛ ⏛F ⏛R	6～50	400	540
HRB500 HRBF500	⏛ ⏛F	6～50	500	630

附表 1-6　预应力筋强度标准值 （单位：MPa）

种类		符号	公称直径 d/mm	屈服强度标准值 f_{pyk}	极限强度标准值 f_{ptk}
中强度预应力钢丝	光面 螺旋肋	φ^{PM} φ^{HM}	5、7、9	620	800
				780	970
				980	1270
预应力螺纹钢筋	螺纹	φ^{T}	18、25、32、40、50	785	980
				930	1080
				1080	1230
消除应力钢丝	光面 螺旋肋	φ^{P} φ^{H}	5	—	1570
				—	1860
			7	—	1570
			9	—	1470
				—	1570
钢绞线	1×3(三股)	φ^{S}	8.6、10.8、12.9	—	1570
				—	1860
				—	1960
	1×7(七股)		9.5、12.7、15.2、17.8	—	1720
				—	1860
				—	1960
			21.6	—	1860

注：极限强度标准值为 1960 MPa 的钢绞线作为后张预应力配筋时，应有可靠的工程经验。

附表 1-7　普通钢筋强度设计值 （单位：MPa）

牌号	抗拉强度设计值 f_y	抗压强度设计值 f'_y
HPB300	270	270

牌号	抗拉强度设计值 f_y	抗压强度设计值 f'_y
HRB335、HRBF335	300	300
HRB400、HRBF400、RRB400	360	360
HRB500、HRBF500	435	410

附表 1-8　预应力钢筋强度设计值　　　（单位：MPa）

种类	极限强度标准值 f_{ptk}	抗拉强度设计值 f_{py}	抗压强度设计值 f'_{py}
中强度预应力钢丝	800	510	410
	970	650	
	1270	810	
消除应力钢丝	1470	1040	410
	1570	1110	
	1860	1320	
钢绞线	1570	1110	390
	1720	1220	
	1860	1320	
	1960	1390	
预应力螺纹钢筋	980	650	410
	1080	770	
	1230	900	

注：当预应力筋的强度标准值不符合上表的规定时，其强度设计值应进行相应的比例换算。

附表 1-9　钢筋的弹性模量　　　（单位：×10⁵ MPa）

牌号或种类	弹性模量 E_s
HPB300 钢筋	2.10
HRB335、HRB400、HRB500 钢筋 HRBF335、HRBF400、HRBF500 钢筋 RRB400 钢筋 预应力螺纹钢筋	2.00
消除应力钢丝、中强度预应力钢丝	2.05
钢绞线	1.95

注：必要时可采用实测的弹性模量。

附录 2 《混凝土结构设计规范》
(GB 50010—2010)的有关规定

附表 2-1 混凝土保护层的最小厚度 c （单位：mm）

环境类别	板、墙、壳	梁、柱、杆
一	15	20
二 a	20	25
二 b	25	35
三 a	30	40
三 b	40	50

注：①混凝土强度等级不大于 C25 时，表中保护层厚度数值应增加 5 mm。

②钢筋混凝土基础宜设置混凝土垫层，基础上钢筋的混凝土保护层厚度应从垫层顶面算起，且不应小于 40 mm。

附表 2-2 混凝土结构的环境类别

环境类别	条 件
一	室内干燥环境； 无侵蚀性静水浸没环境
二 a	室内潮湿环境； 非严寒和非寒冷地区的露天环境； 非严寒和非寒冷地区与无侵蚀性的水或土壤直接接触的环境； 严寒和寒冷地区的冰冻线以下与无侵蚀性的水或土壤直接接触的环境
二 b	干湿交替环境； 水位频繁变动环境； 严寒和寒冷地区的露天环境； 严寒和寒冷地区冰冻线以上与无侵蚀性的水或土壤直接接触的环境
三 a	严寒和寒冷地区冬季水位变动区环境； 受除冰盐影响的环境； 海风环境

环境类别	条　件
三 b	盐渍土环境； 受除冰盐作用环境； 海岸环境
四	海水环境
五	受人为或自然的侵蚀性物质影响的环境

注:①室内潮湿环境是指构件表面经常处于结露或湿润状态的环境。
　　②严寒和寒冷地区的划分应符合现行国家标准《民用建筑热工设计规范》(GB 50176—1993)的
　　　有关规定。
　　③海岸环境和海风环境宜根据当地情况,考虑主导风向及结构所处迎风、背风部位等因素的影
　　　响,由调查研究和工程经验确定。
　　④受除冰盐影响环境是指受到除冰盐盐雾影响的环境;受除冰盐作用环境是指被除冰盐溶液溅
　　　射的环境以及使用除冰盐地区的洗车房、停车楼等建筑。
　　⑤暴露的环境是指混凝土结构表面所处的环境。

附表 2-3　结构混凝土材料的耐久性基本要求

环境等级	最大水胶比	最低强度等级	最大氯离子含量/(%)	最大碱含量/(kg/m^3)
一	0.60	C20	0.30	不限制
二 a	0.55	C25	0.20	
二 b	0.50(0.55)	C30(C25)	0.15	
三 a	0.45(0.50)	C35(C30)	0.15	3.0
三 b	0.40	C40	0.10	

注:①氯离子含量是指其占胶凝材料总量的百分比。
　　②预应力构件混凝土中的最大氯离子含量为 0.06%;其最低混凝土强度等级宜按表中的规定
　　　提高两个等级。
　　③素混凝土构件的水胶比及最低强度等级的要求可适当放松。
　　④有可靠工程经验时,二类环境中的最低混凝土强度等级可降低一个等级。
　　⑤处于严寒和寒冷地区二 b、三 a 类环境中的混凝土应使用引气剂,并可采用括号中的有关
　　　参数。
　　⑥当使用非碱活性骨料时,对混凝土中的碱含量可不作限制。

附表 2-4　受弯构件的挠度限值

构件类型		挠度限值
吊车梁	手动吊车	$l_0/500$
	电动吊车	$l_0/600$

构件类型		挠度限值
屋盖、楼盖及楼梯构件	当 $l_0 < 7m$ 时	$l_0/200(l_0/250)$
	当 $7 \text{ m} \leqslant l_0 \leqslant 9 \text{ m}$ 时	$l_0/250(l_0/300)$
	当 $l_0 > 9 \text{ m}$ 时	$l_0/300(l_0/400)$

注：①表中 l_0 为构件的计算跨度;计算悬臂构件的挠度限值时,其计算跨度 l_0 按实际悬臂长度的2倍取用。

②表中括号内的数值适用于使用上对挠度有较高要求的构件。

③如果构件制作时预先起拱,且使用上也允许,则在验算挠度时,可将计算所得的挠度值减去起拱值;对预应力混凝土构件,尚可减去预加力所产生的反拱值。

④构件制作时的起拱值和预加力所产生的反拱值,不宜超过构件在相应荷载组合作用下的计算挠度值。

附录3 钢筋的计算截面面积及公称质量

附表 3-1 钢筋的计算截面面积及公称质量表

直径 d /mm	不同根数钢筋的计算截面面积/mm²									单根钢筋公称质量 /(kg/m)	螺纹钢筋外径 /mm
	1	2	3	4	5	6	7	8	9		
3	7.1	14.1	21.2	28.3	35.3	42.4	49.5	56.5	63.6	0.055	
4	12.6	25.1	37.7	50.2	62.8	75.4	87.9	100.5	113	0.099	
5	19.6	39	59	79	98	118	138	157	177	0.154	
6	28.3	57	85	113	142	170	198	226	255	0.222	
6.5	33.2	66	100	133	166	199	232	265	299	0.260	
8	50.3	101	151	201	252	302	352	402	453	0.395	
8.2	52.8	106	158	211	264	317	370	423	475	0.432	
10	78.5	157	236	314	393	471	550	628	707	0.617	11.3
12	113.1	226	339	452	565	678	791	904	1017	0.888	13.5
14	153.9	308	461	615	769	923	1077	1230	1387	1.21	15.5
16	201.1	402	603	804	1005	1206	1407	1608	1809	1.58	18
18	254.5	509	763	1017	1272	1526	1780	2036	2290	2.00	20
20	314.2	628	941	1256	1570	1884	2200	2513	2827	2.47	22
22	380.1	760	1140	1520	1900	2281	2661	3041	3421	2.98	24
25	490.9	982	1473	1964	2454	2945	3436	3927	4418	3.85	27
28	615.3	1232	1847	2463	3079	3695	4310	4926	5542	4.83	30.5
32	804.3	1609	2418	3217	4021	4826	5630	6434	7238	6.31	34.5
36	1017.9	2036	3054	4072	5089	6107	7125	8143	9161	7.99	
40	1256.1	2513	3770	5027	6283	7540	8796	10 053	11 310	9.87	

注：①表中直径 $d=8.2$ mm 的计算截面面积及公称质量仅适用于有纵肋的热处理钢筋。

②公路桥中，当采用螺纹钢筋时，钢筋净距 1.25d 中的 d 是指其外径。

附表 3-2　　钢筋混凝土板每米宽的钢筋面积表　　　　（单位：mm²）

钢筋间距/mm	钢筋直径/mm											
	3	4	5	6	6/8	8	8/10	10	10/12	12	12/14	14
70	101.0	180.0	280.0	404.0	561.0	719.0	920.0	1121.0	1369.0	1616.0	1907.0	2199.0
75	94.2	168.0	262.0	377.0	524.0	671.0	859.0	1047.0	1277.0	1508.0	1780.0	2052.0
80	88.4	157.0	245.0	354.0	491.0	629.0	805.0	981.0	1198.0	1414.0	1669.0	1924.0
85	83.2	148.0	231.0	333.0	462.0	592.0	758.0	924.0	1127.0	1331.0	1571.0	1811.0
90	78.5	140.0	218.0	314.0	437.0	559.0	716.0	872.0	1064.0	1257.0	1483.0	1710.0
95	74.5	132.0	207.0	298.0	414.0	529.0	678.0	826.0	1008.0	1190.0	1405.0	1620.0
100	70.6	126.0	196.0	283.0	393.0	503.0	644.0	785.0	958.0	1131.0	1335.0	1539.0
110	64.2	114.0	178.0	257.0	357.0	457.0	585.0	714.0	871.0	1028.0	1214.0	1399.0
120	58.9	105.0	163.0	236.0	327.0	419.0	537.0	654.0	798.0	942.0	1113.0	1283.0
125	56.6	101.0	157.0	226.0	314.0	402.0	515.0	628.0	766.0	905.0	1068.0	1231.0
130	54.4	96.6	151.0	218.0	302.0	387.0	495.0	604.0	737.0	870.0	1027.0	1184.0
140	50.5	89.8	140.0	202.0	281.0	359.0	460.0	561.0	684.0	808.0	954.0	1099.0
150	47.1	83.8	131.0	189.0	262.0	335.0	429.0	523.0	639.0	754.0	890.0	1026.0
160	44.1	78.5	123.0	177.0	246.0	314.0	403.0	491.0	599.0	707.0	834.0	962.0
170	41.5	73.9	115.0	166.0	231.0	296.0	379.0	462.0	564.0	665.0	785.0	905.0
180	39.2	69.8	109.0	157.0	218.0	279.0	358.0	436.0	532.0	628.0	742.0	855.0
190	37.2	66.1	103.0	149.0	207.0	265.0	339.0	413.0	504.0	595.0	703.0	810.0
200	35.3	62.8	98.2	141.0	196.0	251.0	322.0	393.0	479.0	505.0	668.0	770.0
220	32.1	57.1	89.2	129.0	179.0	229.0	293.0	357.0	436.0	514.0	607.0	700.0
240	29.4	52.4	81.8	118.0	164.0	210.0	268.0	327.0	399.0	471.0	556.0	641.0
250	28.3	50.3	78.5	113.0	157.0	201.0	258.0	314.0	383.0	452.0	534.0	616.0
260	27.2	48.3	75.5	109.0	151.0	193.0	248.0	302.0	369.0	435.0	513.0	592.0
280	25.2	44.9	70.1	101.0	140.0	180.0	230.0	280.0	342.0	404.0	477.0	550.0
300	23.6	41.9	65.5	94.2	131.0	168.0	215.0	262.0	319.0	377.0	445.0	513.0
320	22.1	39.3	61.4	88.4	123.0	157.0	201.0	245.0	299.0	353.0	417.0	481.0

附表 3-3　　钢绞线的公称直径、截面面积及理论质量

种　类	公称直径/mm	公称截面面积/mm²	理论质量/(kg/m)
1×3	8.6	37.4	0.298
	10.8	59.3	0.465
	12.9	85.4	0.671
1×7 标准型	9.5	54.8	0.432
	11.1	74.2	0.580
	12.7	98.7	0.774
	15.2	139	1.101

附表 3-4　钢丝公称直径、截面面积及理论质量

公称直径 /mm	公称截面面积 /mm²	理论质量 /(kg/m)	公称直径 /mm	公称截面面积 /mm²	理论质量 /(kg/m)
3.0	7.07	0.055	7.0	38.48	0.302
4.0	12.57	0.099	8.0	50.26	0.394
5.0	19.63	0.154	9.0	63.62	0.499
6.0	28.27	0.222			

附录4 等截面等跨连续梁在常用荷载作用下的内力系数表

(1)在均布及三角形荷载作用下：
$$M = 表中系数 \times ql_0^2 (或 \times gl_0^2)$$
$$V = 表中系数 \times ql_0 (或 \times gl_0)$$

(2)在集中荷载作用下：
$$M = 表中系数 \times Ql_0 (或 \times Gl_0)$$
$$V = 表中系数 \times Q (或 \times Gl_0)$$

(3)内力正负号规定：

式中：M ——使截面上部受压、下部受拉为正；

V ——对邻近截面所产生的力矩沿顺时针方向者为正。

附表 4-1　两跨梁

荷载图	跨内最大弯矩		支座弯矩	剪力		
	M_1	M_2	M_B	V_A	V_{Bl} V_{Br}	V_C
	0.070	0.0703	−0.125	0.375	−0.625 0.625	−0.375
	0.096	—	−0.063	0.437	−0.563 0.063	0.063
	0.048	0.048	−0.078	0.172	−0.328 0.328	−0.172
	0.064	—	−0.039	0.211	−0.289 0.039	0.039
	0.156	0.156	−0.188	0.312	−0.688 0.688	−0.312
	0.023	—	−0.094	0.406	−0.594 0.094	0.094
	0.222	0.222	−0.333	0.667	−1.333 1.333	−0.667
	0.278	—	−0.167	0.833	−1.167 0.167	0.167

附表 4-2　三跨梁

荷载图	跨内最大弯矩		支座弯矩		剪力			
	M_1	M_2	M_B	M_C	V_A	V_{Bl} / V_{Br}	V_{Cl} / V_{Cr}	V_D
	0.080	0.025	−0.100	−0.100	0.400	−0.600 / 0.500	−0.500 / 0.600	−0.400
	0.101	—	−0.050	−0.050	0.450	−0.5500 / 0	0 / 0.550	−0.450
	—	0.075	−0.050	−0.050	0.050	−0.050 / 0.500	−0.500 / 0.050	0.050
	0.073	0.054	−0.117	−0.033	0.383	−0.617 / 0.583	−0.417 / 0.033	0.033
	0.094	—	−0.067	0.017	0.433	−0.567 / 0.083	0.083 / −0.017	−0.017
	0.054	0.021	−0.063	−0.063	0.183	−0.313 / 0.250	−0.250 / 0.313	−0.188
	0.068	—	−0.031	−0.031	0.219	−0.281 / 0	0 / 0.281	−0.219
	—	0.052	−0.031	−0.031	0.031	−0.031 / 0.250	−0.250 / 0.051	0.031
	0.050	0.038	−0.073	−0.021	0.177	−0.323 / 0.302	−0.198 / 0.021	0.021
	0.063	—	−0.042	0.010	0.208	−0.292 / 0.052	0.052 / −0.010	−0.010

荷载图	跨内最大弯矩		支座弯矩		剪力			
	M_1	M_2	M_B	M_C	V_A	V_{BI} / V_{Br}	V_{Cl} / V_{Cr}	V_D
三个 G 集中荷载	0.175	0.100	−0.150	−0.150	0.350	−0.650 / 0.500	−0.500 / 0.650	−0.350
两个 Q 集中荷载（边跨）	0.213	—	−0.075	−0.075	0.425	−0.575 / 0	0 / 0.575	−0.425
一个 Q 集中荷载（中跨）	—	0.175	−0.075	−0.075	−0.075	−0.075 / 0.500	−0.500 / 0.075	0.075
两个 Q 集中荷载	0.162	0.137	−0.175	−0.050	0.325	−0.675 / 0.625	−0.375 / 0.050	0.050
一个 Q 集中荷载	0.200	—	−0.100	0.025	0.400	−0.600 / 0.125	0.125 / −0.025	−0.025
六个 G 集中荷载	0.244	0.067	−0.267	−0.267	0.733	−1.267 / 1.000	−1.000 / 1.267	−0.733
四个 Q 集中荷载	0.289	—	−0.133	−0.133	0.866	−1.134 / 0	0 / 1.134	−0.866
两个 Q 集中荷载（中跨）	—	0.200	−0.133	−0.133	−0.133	−0.133 / 1.000	−1.000 / 0.133	0.133
四个 Q 集中荷载	0.229	0.170	−0.311	−0.089	0.689	−1.311 / 1.222	−0.778 / 0.089	0.089
两个 Q 集中荷载	0.274	—	−0.178	0.044	0.822	−1.178 / 0.222	0.222 / −0.044	−0.044

附表 4-3　四跨梁

荷载图	跨内最大弯矩 M_1	M_2	M_3	M_4	支座弯矩 M_B	M_C	M_D	剪力 V_A	V_{Bl} / V_{Br}	V_{Cl} / V_{Cr}	V_{Dl} / V_{Dr}	V_E
	0.077	0.036	0.036	0.077	−0.107	−0.071	−0.107	0.393	−0.607 / 0.536	−0.464 / 0.464	−0.536 / 0.607	−0.393
	0.100	—	0.081	—	−0.054	−0.036	−0.054	0.446	−0.554 / 0.018	0.018 / 0.482	−0.518 / 0.054	0.054
	0.072	0.061	—	0.098	−0.121	−0.018	−0.058	0.380	−0.620 / 0.603	−0.397 / −0.040	−0.040 / −0.558	−0.442
	—	0.056	0.056	—	−0.036	−0.107	−0.036	−0.036	−0.036 / 0.429	−0.571 / 0.571	−0.429 / 0.036	0.036
	0.094	—	—	—	−0.067	0.018	−0.004	0.433	−0.567 / 0.085	0.085 / −0.022	0.022 / 0.004	0.004
	—	0.071	—	—	−0.049	−0.054	0.013	−0.049	−0.049 / 0.496	−0.504 / 0.067	0.067 / 0.013	−0.013
	0.062	0.028	0.028	0.052	−0.067	−0.045	−0.067	0.183	−0.317 / 0.272	−0.228 / 0.228	−0.272 / 0.317	−0.183
	0.067	—	0.055	—	−0.084	−0.022	−0.034	0.217	−0.234 / 0.011	0.011 / 0.239	−0.261 / 0.034	0.034

续表

荷载图	跨内最大弯矩				支座弯矩			剪力				
	M_1	M_2	M_3	M_4	M_B	M_C	M_D	V_A	V_{Bl} / V_{Br}	V_{Cl} / V_{Cr}	V_{Dl} / V_{Dr}	V_E
	0.049	0.042	—	0.066	−0.075	−0.011	−0.036	0.175	−0.325 / 0.314	−0.186 / −0.025	−0.025 / 0.286	−0.214
	—	0.040	0.040	—	−0.022	−0.067	−0.022	−0.022	−0.022 / 0.205	−0.295 / 0.295	−0.205 / 0.022	0.022
	0.088	—	—	—	−0.042	0.011	−0.003	0.208	−0.292 / 0.053	0.063 / −0.014	−0.014 / 0.003	0.003
	—	0.051	—	—	−0.031	−0.034	0.008	−0.031	−0.031 / 0.247	−0.253 / 0.042	0.042 / −0.008	−0.008
	0.169	0.116	0.116	0.169	−0.161	−0.107	−0.161	0.339	−0.661 / 0.554	−0.446 / 0.446	−0.554 / 0.661	−0.330
	0.210	—	0.183	—	−0.080	−0.054	−0.080	0.420	−0.580 / 0.027	0.027 / 0.473	−0.527 / 0.080	0.080
	0.159	0.146	—	0.206	−0.181	−0.027	−0.087	0.319	−0.681 / 0.654	−0.346 / −0.060	−0.060 / 0.587	−0.413
	—	0.142	0.142	—	−0.054	−0.161	−0.054	0.054	−0.054 / 0.393	−0.607 / 0.607	−0.393 / 0.054	0.054

续表

荷载图	M₁	M₂	M₃	M₄	M_B	M_C	M_D	V_A	V_Bl / V_Br	V_Cl / V_Cr	V_Dl / V_Dr	V_E
(荷载图)	0.200	—	—	—	-0.100	-0.027	-0.007	0.400	-0.600 / 0.127	0.127 / -0.033	-0.033 / 0.007	0.007
(荷载图)	—	0.173	—	—	-0.074	-0.080	0.020	-0.074	-0.074 / 0.493	-0.507 / 0.100	0.100 / -0.020	-0.020
(荷载图)	0.238	0.111	0.111	0.238	-0.286	-0.191	-0.286	0.714	1.286 / 1.095	-0.905 / 0.905	-1.095 / 1.286	-0.714
(荷载图)	0.286	—	0.222	—	-0.143	-0.095	-0.143	0.857	-1.143 / 0.048	0.048 / 0.952	-1.048 / 0.143	0.143
(荷载图)	0.226	0.194	0.175	0.282	-0.321	-0.048	-0.155	0.679	-1.321 / 1.274	-0.726 / -0.107	-0.107 / 1.155	-0.845
(荷载图)	—	0.175	—	—	-0.095	-0.286	-0.095	-0.095	0.095 / 0.810	-1.190 / 1.190	-0.810 / 0.095	0.095
(荷载图)	0.274	—	—	—	-0.178	0.048	-0.012	0.822	-1.178 / 0.226	0.226 / -0.060	-0.060 / 0.012	0.012
(荷载图)	—	0.198	—	—	-0.131	-0.143	-0.036	-0.131	-0.131 / 0.988	-1.012 / 0.178	0.178 / -0.036	-0.036

跨内最大弯矩: M₁, M₂, M₃, M₄　支座弯矩: M_B, M_C, M_D　剪力: V_A, V_Bl/V_Br, V_Cl/V_Cr, V_Dl/V_Dr, V_E

附表 4-4　五跨梁

荷载图	跨内最大弯矩			支座弯矩				剪力					
	M_1	M_2	M_3	M_B	M_C	M_D	M_E	V_A	V_{Bl} / V_{Br}	V_{Cl} / V_{Cr}	V_{Dl} / V_{Dr}	V_{El} / V_{Er}	V_F
	0.078	0.033	0.046	−0.105	−0.079	−0.079	−0.105	0.394	−0.606 / 0.526	−0.474 / 0.500	−0.500 / 0.474	−0.526 / 0.606	−0.394
	0.100	—	0.085	−0.053	−0.040	−0.040	−0.053	0.447	−0.553 / 0.013	0.013 / 0.500	−0.500 / −0.013	−0.013 / 0.553	−0.447
	—	0.079	—	−0.053	−0.040	−0.040	−0.053	−0.053	−0.053 / 0.513	−0.487 / 0	0 / 0.487	−0.513 / 0.053	0.053
	0.073	② $\dfrac{0.059}{0.078}$	—	−0.119	−0.022	−0.044	−0.051	0.380	−0.620 / 0.598	−0.402 / −0.023	−0.023 / 0.493	−0.507 / 0.052	0.052
	① $\dfrac{-}{0.098}$	0.055	0.064	−0.035	−0.111	−0.020	−0.057	0.035	0.035 / 0.424	0.576 / 0.591	−0.409 / −0.037	−0.037 / 0.557	−0.443
	0.094	—	—	−0.067	0.018	−0.005	0.001	0.433	0.567 / 0.085	0.086 / 0.023	0.023 / 0.006	0.006 / −0.001	0.001
	—	0.074	—	−0.049	−0.054	0.014	−0.004	0.019	−0.049 / 0.496	−0.505 / 0.068	0.068 / −0.018	−0.018 / 0.004	0.004
	—	—	0.072	0.013	0.053	0.053	0.013	0.013	0.013 / −0.066	−0.066 / 0.500	−0.500 / 0.066	0.066 / −0.013	0.013

续表

荷载图	跨内最大弯矩			支座弯矩				剪力					
	M_1	M_2	M_3	M_B	M_C	M_D	M_E	V_A	V_{Bl} / V_{Br}	V_{Cl} / V_{Cr}	V_{Dl} / V_{Dr}	V_{El} / V_{Er}	V_F
	0.053	0.026	0.034	−0.066	−0.049	0.049	−0.066	0.184	−0.316 / 0.266	−0.234 / 0.250	−0.250 / 0.234	−0.266 / 0.316	0.184
	0.067	—	0.059	−0.033	−0.025	−0.025	0.033	0.217	0.283 / 0.008	0.008 / 0.250	−0.250 / −0.006	−0.008 / 0.283	0.217
	—	0.055	—	−0.033	−0.025	−0.025	−0.033	0.033	−0.033 / 0.258	−0.242 / 0	0 / 0.242	−0.258 / 0.033	0.033
	0.049	②0.041 / 0.053	—	−0.075	−0.014	−0.028	−0.032	0.175	0.325 / 0.311	−0.189 / −0.014	−0.014 / 0.246	−0.255 / 0.032	0.032
	①— / 0.066	0.039	0.044	−0.022	−0.070	−0.013	−0.036	−0.022	−0.022 / 0.202	−0.298 / 0.307	−0.198 / −0.028	−0.023 / 0.286	−0.214
	0.063	—	—	−0.042	0.011	−0.003	0.001	0.208	−0.292 / 0.053	0.053 / −0.014	−0.014 / 0.004	0.004 / −0.001	−0.001
	—	0.051	—	−0.031	−0.034	0.009	−0.002	−0.031	−0.031 / 0.247	−0.253 / 0.043	0.049 / −0.011	−0.011 / 0.002	0.002
	—	—	0.050	0.008	−0.033	−0.033	0.008	0.008	0.008 / −0.041	−0.041 / 0.250	−0.250 / 0.041	0.041 / −0.008	−0.008

续表

荷载图	跨内最大弯矩			支座弯矩				剪力					
	M_1	M_2	M_3	M_B	M_C	M_D	M_E	V_A	V_{Bl} V_{Br}	V_{Cl} V_{Cr}	V_{Dl} V_{Dr}	V_{El} V_{Er}	V_F
	0.171	0.112	0.132	−0.158	−0.118	−0.118	−0.158	0.342	−0.658 0.540	−0.460 0.500	−0.500 0.460	−0.540 0.658	−0.342
	0.211	—	0.191	−0.079	−0.059	−0.059	−0.079	0.421	−0.579 0.020	0.020 0.500	−0.500 −0.020	−0.020 0.579	−0.421
	—	0.181	—	−0.079	−0.059	−0.059	−0.079	−0.079	−0.079 0.520	−0.480 0	0 0.480	−0.520 0.079	0.079
	①— 0.207	②0.144 0.178	—	−0.179	−0.032	−0.066	−0.077	0.321	−0.679 0.647	−0.353 −0.034	−0.034 0.489	−0.511 0.077	0.077
	0.160	0.140	0.151	−0.052	−0.167	−0.031	−0.086	−0.052	−0.052 0.385	−0.615 0.637	−0.363 −0.056	−0.056 0.586	−0.414
	0.200	—	—	−0.100	0.027	−0.007	0.002	0.400	−0.600 0.127	0.127 −0.031	−0.034 0.009	0.009 −0.002	−0.002
	—	0.173	—	−0.073	−0.081	0.022	−0.005	−0.073	−0.073 0.493	−0.507 0.102	0.102 −0.027	−0.027 0.005	0.005
	—	—	0.171	0.020	−0.079	−0.079	0.020	0.020	0.020 −0.099	−0.099 0.500	−0.500 0.099	0.090 −0.020	−0.020

续表

荷载图	跨内最大弯矩			支座弯矩				剪力					
	M_1	M_2	M_3	M_B	M_C	M_D	M_E	V_A	V_{Bl} / V_{Br}	V_{Cl} / V_{Cr}	V_{Dl} / V_{Dr}	V_{El} / V_{Er}	V_F
(荷载图)	0.240	0.100	0.122	−0.281	−0.211	−0.211	−0.281	0.719	−1.281 / 1.070	−0.930 / 1.000	−1.000 / 0.930	1.070 / 1.281	−0.719
(荷载图)	0.287	0.216	0.228	−0.140	−0.105	−0.105	−0.140	0.860	−1.140 / 0.035	0.035 / 1.000	1.000 / −0.035	−0.035 / 1.140	−0.860
(荷载图)	—	—	—	−0.140	−0.105	−0.105	−0.140	−0.140	−0.140 / 0.035	−0.965 / 0	0.000 / 0.965	−1.035 / 0.140	0.140
(荷载图)	0.227	②0.189 / 0.209	—	−0.319	−0.057	−0.118	−0.137	0.681	−1.319 / 1.262	−0.738 / −0.061	−0.061 / 0.981	−1.019 / 0.137	0.137
(荷载图)	①— / 0.282	0.172	0.198	−0.093	−0.297	−0.054	−0.153	−0.093	−0.093 / 0.796	−1.204 / 1.243	−0.757 / −0.099	−0.099 / 1.153	−0.847
(荷载图)	0.274	—	—	−0.179	0.048	−0.013	0.003	0.821	−1.179 / 0.227	0.227 / −0.061	−0.061 / 0.016	0.016 / −0.003	−0.003
(荷载图)	—	0.198	—	−0.131	−0.144	0.038	−0.010	−0.131	−0.131 / 0.987	−1.013 / 0.182	0.182 / −0.048	−0.048 / 0.010	0.010
(荷载图)	—	—	0.193	0.035	−0.140	−0.140	0.035	0.035	0.035 / −0.175	−0.175 / 1.000	−1.000 / 0.175	0.175 / −0.035	−0.035

表中:①分子及分母分别为 M_1 及 M_5 的弯矩系数;②分子及分母分别为 M_2 及 M_4 的弯矩系数。

附录5 双向板弯矩、挠度计算系数

符号说明

$$B_{\mathrm{C}} = \frac{Eh^3}{12(1-v^2)} \text{ 刚度;}$$

E ——弹性模量;

h ——板厚;

v ——泊桑比。

$f, f_{\max}$ ——分别为板中心点的挠度和最大挠度;

f_{01}, f_{02} ——分别为平行于 l_{01} 和 l_{02} 方向自由边的中点挠度;

$m_{01}, m_{01,\max}$ ——分别为平行于 l_{01} 方向板中心点单位板宽内的弯矩和板跨内最大弯矩;

$m_{02}, m_{02,\max}$ ——分别为平行于 l_{02} 方向板中心点单位板宽内的弯矩和板跨内最大弯矩;

m_{01}, m_{02} ——分别为平行于 l_{01} 和 l_{02} 方向自由边的中点单位板宽内的弯矩;

m'_1 ——固定边中点沿 l_{01} 方向单位板宽内的弯矩;

m'_2 ——固定边中点沿 l_{02} 方向单位板宽内的弯矩;

└┴┴┴┴┴┘代表固定边;—————代表简支边;

正负号的规定:

弯矩——使板的受荷面受压者为正;

挠度——变位方向与荷载方向相同者为正;

附表 5-1 四边简支

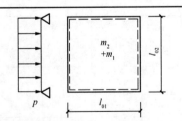

挠度 = 表中系数 $\times \dfrac{pl_{01}^4}{B_{\mathrm{C}}}$;

$v = 0$,弯矩 = 表中系数 $\times pl_{01}^2$。

这里 $l_{01} < l_{02}$。

l_{01}/l_{02}	f	m_1	m_2	l_{01}/l_{02}	f	m_1	m_2
0.50	0.01013	0.0965	0.0174	0.80	0.006 03	0.0561	0.0334
0.55	0.00940	0.0892	0.0210	0.85	0.005 47	0.0506	0.0348
0.60	0.00867	0.0820	0.0242	0.90	0.004 96	0.0456	0.0358
0.65	0.00796	0.0750	0.0271	0.95	0.004 49	0.0410	0.0364
0.70	0.00727	0.0683	0.0296	1.00	0.004 06	0.0368	0.0368
0.75	0.00663	0.0620	0.0317				

附表 5-2　三边简支一边固定

挠度 = 表中系数 $\times \dfrac{pl_{01}^4}{B_{\rm C}}\left(\text{或} \times \dfrac{p(l_{01})^4}{B_{\rm C}}\right)$；

$v = 0$，弯矩 = 表中系数 $\times pl_{01}^2$（或 $\times p(l_{01})^2$）；

这里 $l_{01} < l_{02}$，$(l_{01}) < (l_{02})$。

$\dfrac{l_{01}}{l_{02}}$	$\dfrac{(l_{01})}{(l_{02})}$	f	$f_{\max}$	m_1	$m_{1\max}$	m_2	$m_{2\max}$	m_1' 或 (m_2')
0.50		0.004 88	0.005 04	0.0583	0.0646	0.0060	0.0063	-0.1212
0.55		0.004 71	0.004 92	0.0563	0.0618	0.0081	0.0087	-0.1187
0.60		0.004 53	0.004 72	0.0539	0.0589	0.0104	0.0111	-0.1158
0.65		0.004 32	0.004 48	0.0513	0.0559	0.0126	0.0133	-0.1124
0.70		0.004 10	0.004 22	0.0485	0.0529	0.0148	0.0154	-0.1087
0.75		0.003 88	0.003 99	0.0457	0.0496	0.0168	0.0174	-0.1048
0.80		0.003 65	0.003 76	0.0428	0.0463	0.0187	0.0193	-0.1007
0.85		0.003 43	0.003 52	0.0400	0.0431	0.0204	0.0211	-0.0965
0.90		0.003 21	0.003 29	0.0372	0.0400	0.0219	0.0226	-0.0922
0.95		0.002 99	0.003 06	0.0345	0.0369	0.0232	0.0239	-0.0880
1.00	1.00	0.002 79	0.002 85	0.0319	0.0340	0.0243	0.0249	-0.0839
	0.95	0.003 16	0.003 24	0.0324	0.0345	0.0280	0.0287	-0.0882
	0.90	0.003 60	0.003 68	0.0328	0.0347	0.0322	0.0330	-0.0926
	0.85	0.004 09	0.004 17	0.0329	0.0347	0.0370	0.0378	-0.0970
	0.80	0.004 64	0.004 73	0.0326	0.0343	0.0424	0.0433	-0.1014
	0.75	0.005 26	0.005 36	0.0319	0.0335	0.0485	0.0494	-0.1056
	0.70	0.005 95	0.006 05	0.0308	0.0323	0.0553	0.0562	-0.1096
	0.65	0.006 70	0.006 80	0.0291	0.0306	0.0627	0.0637	-0.1133
	0.60	0.007 52	0.007 62	0.0268	0.0289	0.0707	0.0717	-0.1166
	0.55	0.008 38	0.008 48	0.0239	0.0271	0.0792	0.0801	-0.1193
	0.50	0.009 27	0.009 35	0.0205	0.0249	0.0880	0.0888	-0.1215

附表 5-3 对边简支、对边固定

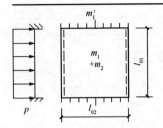

挠度 = 表中系数 $\times \dfrac{pl_{01}^4}{B_C}\left(\text{或}\times\dfrac{p(l_{01})^4}{B_C}\right)$;

$v = 0$,弯矩 = 表中系数 $\times pl_{01}^2$(或 $\times p(l_{01})^2$);

这里 $l_{01} < l_{02}$,$(l_{01}) < (l_{02})$。

$\dfrac{l_{01}}{l_{02}}$	$\dfrac{(l_{01})}{(l_{02})}$	f	m_1	m_2	m_1' 或 (m_2')
0.50		0.002 61	0.0416	0.0017	−0.0843
0.55		0.002 59	0.0410	0.0028	−0.0840
0.60		0.002 55	0.0402	0.0042	−0.0834
0.65		0.002 50	0.0392	0.0057	−0.0826
0.70		0.002 43	0.0379	0.0072	−0.0814
0.75		0.002 36	0.0366	0.0088	−0.0799
0.80		0.002 28	0.0351	0.0103	−0.0782
0.85		0.002 20	0.0335	0.0118	−0.0763
0.90		0.002 11	0.0319	0.0133	−0.0743
0.95		0.002 01	0.0302	0.0146	−0.0721
1.00	1.00	0.001 92	0.0285	0.0158	−0.0698
	0.95	0.002 23	0.0296	0.0189	−0.0746
	0.90	0.002 60	0.0306	0.0224	−0.0797
	0.85	0.003 03	0.0314	0.0266	−0.0850
	0.80	0.003 54	0.0319	0.0316	−0.0904
	0.75	0.004 13	0.0321	0.0374	−0.0959
	0.70	0.004 82	0.0318	0.0441	−0.1013
	0.65	0.005 60	0.0308	0.0518	−0.1066
	0.60	0.006 47	0.0292	0.0604	−0.1114
	0.55	0.007 43	0.0267	0.0698	−0.1156
	0.50	0.008 44	0.0234	0.0798	−0.1191

附表 5-4　四边固定

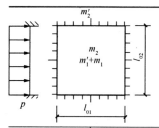

挠度 = 表中系数 $\times \dfrac{pl_{01}^4}{B_C}$; $v = 0$,

弯矩 = 表中系数 $\times pl_{01}^2$ 。这里 $l_{01} < l_{02}$ 。

$\dfrac{l_{01}}{l_{02}}$	f	m_1	m_2	m_1'	m_2'
0.50	0.002 53	0.0400	0.0038	−0.0829	−0.0570
0.55	0.002 46	0.0385	0.0056	−0.0814	−0.0571
0.60	0.002 36	0.0367	0.0076	−0.0793	−0.0571
0.65	0.002 24	0.0345	0.0095	−0.0766	−0.0571
0.70	0.002 11	0.0321	0.0113	−0.0753	−0.0569
0.75	0.001 97	0.0296	0.0130	−0.0701	−0.0565
0.80	0.001 82	0.0271	0.0144	−0.0664	−0.0559
0.85	0.001 68	0.0246	0.0156	−0.0626	−0.0551
0.90	0.001 53	0.0221	0.0165	−0.0588	−0.0541
0.95	0.001 40	0.0198	0.0172	−0.0550	−0.0528
1.00	0.001 27	0.0176	0.0176	−0.0513	−0.0513

附表 5-5　邻边简支、邻边固定

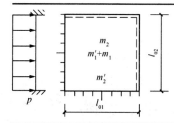

挠度 = 表中系数 $\times \dfrac{pl_{01}^4}{B_C}$;

$v = 0$,弯矩 = 表中系数 $\times pl_{01}^2$

这里 $l_{01} < l_{02}$ 。

$\dfrac{l_{01}}{l_{02}}$	f	f_{max}	m_1	m_{1max}	m_2	m_{2max}	m_1'	m_2'
0.50	0.004 68	0.004 71	0.0559	0.0562	0.0079	0.0135	−0.1179	−0.0786
0.55	0.004 45	0.004 54	0.0529	0.0530	0.0104	0.0153	−0.1140	−0.0785
0.60	0.004 19	0.004 29	0.0496	0.0498	0.0129	0.0169	−0.1095	−0.0782
0.65	0.003 91	0.003 99	0.0461	0.0465	0.0151	0.0183	−0.1045	−0.0777
0.70	0.003 63	0.003 68	0.0426	0.0432	0.0172	0.0195	−0.0992	−0.0770
0.75	0.003 35	0.003 40	0.0390	0.0396	0.0189	0.0206	−0.0938	−0.0760
0.80	0.003 08	0.003 13	0.0356	0.0361	0.0204	0.0218	−0.0883	−0.0748
0.85	0.002 81	0.002 86	0.0322	0.0328	0.0215	0.0229	−0.0829	−0.0733
0.90	0.002 56	0.002 61	0.0291	0.0297	0.0224	0.0238	−0.0776	−0.0716
0.95	0.002 32	0.002 37	0.0261	0.0267	0.0230	0.0244	−0.0726	−0.0698
1.00	0.002 10	0.002 15	0.0234	0.0240	0.0234	0.0249	−0.0677	−0.0677

附表 5-6 三边固定、一边简支

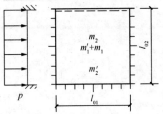

挠度 = 表中系数 $\times pl_{01}^4$（或 $\times p(l_{01})^4$）；

$v = 0$, 弯矩 = 表中系数 $\times pl_{01}^2$（或 $\times p(l_{01})^2$）；

这里 $l_{01} < l_{02}$，$(l_{01}) < (l_{02})$。

$\dfrac{l_{01}}{l_{02}}$	$\dfrac{(l_{01})}{(l_{02})}$	f	f_{max}	m_1	m_{1max}	m_2	m_{2max}	m_1'	m_2'
0.50		0.002 57	0.002 58	0.0408	0.0409	0.0028	0.0089	−0.0836	−0.0569
0.55		0.002 52	0.002 55	0.0398	0.0399	0.0042	0.0093	−0.0827	−0.0570
0.60		0.002 45	0.002 49	0.0384	0.0386	0.0059	0.0105	−0.0814	−0.0571
0.65		0.002 37	0.002 40	0.0368	0.0371	0.0076	0.0116	−0.0796	−0.0572
0.70		0.002 27	0.002 29	0.0350	0.0354	0.0093	0.0127	−0.0774	−0.0572
0.75		0.002 16	0.002 19	0.0331	0.0335	0.0109	0.0137	−0.0750	−0.0572
0.80		0.002 05	0.002 08	0.0310	0.0314	0.0124	0.0147	−0.0722	−0.0570
0.85		0.001 93	0.001 96	0.0289	0.0293	0.0138	0.0155	−0.0693	−0.0567
0.90		0.001 81	0.001 84	0.0268	0.0273	0.0159	0.0163	−0.0663	−0.0563
0.95		0.001 69	0.001 72	0.0247	0.0252	0.0160	0.0172	−0.0631	−0.0558
1.00	1.00	0.001 57	0.001 60	0.0227	0.0231	0.0168	0.0180	−0.0600	−0.0550
	0.95	0.001 78	0.001 82	0.0229	0.0234	0.0194	0.0207	−0.0629	−0.0599
	0.90	0.002 01	0.002 06	0.0228	0.0234	0.0223	0.0238	−0.0656	−0.0653
	0.85	0.002 27	0.002 33	0.0225	0.0231	0.0255	0.0273	−0.0683	−0.0711
	0.80	0.002 56	0.002 62	0.0219	0.0224	0.0290	0.0311	−0.0707	−0.0772
	0.75	0.002 86	0.002 94	0.0208	0.0214	0.0329	0.0354	−0.0729	−0.0837
	0.70	0.003 19	0.003 27	0.0194	0.0200	0.0370	0.0400	−0.0748	−0.0903
	0.65	0.003 52	0.003 65	0.0175	0.0182	0.0412	0.0446	−0.0762	−0.0970
	0.60	0.003 86	0.004 03	0.0153	0.0160	0.0454	0.0493	−0.0773	−0.1033
	0.55	0.004 19	0.004 37	0.0127	0.0133	0.0496	0.0541	−0.0780	−0.1093
	0.50	0.004 49	0.004 63	0.0099	0.0103	0.0534	0.0588	−0.0784	−0.1146

附录6 钢材和连接的设计强度值

附表 6-1　钢材的强度设计值 （单位：MPa）

钢材		抗拉、抗压和抗弯 f	抗剪 f_v	端面承压（刨平顶紧）f_{ce}
牌号	厚度或直径 /mm			
Q235 钢	≤16	215	125	325
	>16 ～ 40	205	120	
	>40 ～ 60	200	115	
	>60 ～ 100	190	110	
Q345 钢	≤16	310	180	400
	>16 ～ 35	295	170	
	>35 ～ 50	265	155	
	>50 ～ 100	250	145	
Q390 钢	≤16	350	205	415
	>16 ～ 35	335	190	
	>35 ～ 50	315	180	
	>50 ～ 100	295	170	
Q420 钢	≤16	380	220	440
	>16 ～ 35	360	210	
	>35 ～ 50	340	195	
	>50 ～ 100	325	185	

注：表中厚度是指计算点的钢材厚度，对轴心受拉和轴心受压构件是指截面中较厚板件的厚度。

附表 6-2　钢铸件的强度设计值 （单位：MPa）

钢号	抗拉、抗压和抗弯 f	抗剪 f_v	端面承压（刨平顶紧）f_{ce}
ZG200-400	155	90	260
ZG230-450	180	105	290
ZG270-500	210	120	325
ZG310-570	240	140	370

附表 6-3　焊缝的强度设计值　（单位：MPa）

焊接方法和焊条型号	构件钢材		对接焊缝				角焊缝
	牌号	厚度或直径 /mm	抗压 f_c^w	焊缝质量为下列等级时，抗拉 f_t^w		抗剪—f_v^w	抗拉、抗压和抗剪 f_f^w
				一级、二级	三级		
自动焊、半自动焊和 E43 型焊条的手工焊	Q235 钢	≤16	215	215	185	125	160
		>16～40	205	205	175	120	
		>40～60	200	200	170	115	
		>60～100	190	190	160	110	
自动焊、半自动焊和 E50 型焊条的手工焊	Q345 钢	≤16	310	310	265	180	200
		>16～35	295	295	250	170	
		>35～50	265	265	225	155	
		>50～100	250	250	210	145	
自动焊、半自动焊和 E55 型焊条的手工焊	Q390 钢	≤16	350	350	300	205	220
		>16～35	335	335	285	190	
		>35～50	315	315	270	180	
		>50～100	295	295	250	170	
	Q420 钢	≤16	380	380	320	220	220
		>16～35	360	360	305	210	
		>35～50	340	340	290	195	
		>50～100	325	325	275	185	

注：①自动焊和半自动焊所采用的焊丝和焊剂，应保证其熔敷金属的力学性能不低于现行国家标准《埋弧焊用碳钢焊丝和焊剂》(GB/T 5293—1999)和《低合金钢埋弧焊用焊剂》(GB/T 12470—2003)中相关的规定。

②焊缝质量等级应符合现行国家标准《钢结构工程施工质量验收规范》(GB/T 50205—2001)的规定。其中厚度小于 8 mm 的钢材的对接焊缝，不应采用超声波探伤确定焊缝质量等级。

③对接焊缝在受压区的抗弯强度设计值取 f_c^w，在受拉区的抗弯强度设计值取 f_t^w。

④表中厚度是指计算点的钢材厚度，对轴心受拉和轴心受压构件是指截面中较厚板件的厚度。

附表 6-4　螺栓连接的强度设计值　（单位：MPa）

螺栓的钢材牌号（或性能等级）和构件钢材牌号		普通螺栓						锚栓	承压型连接高强度螺栓		
		C 级螺栓			A 级、B 级螺栓						
		抗拉 f_t^b	抗剪 f_v^b	承压 f_c^b	抗拉 f_t^b	抗剪 f_v^b	承压 f_c^b	抗拉 f_t^a	抗拉 f_t^b	抗剪 f_v^b	承压 f_c^b
普通螺栓	4.6 级、4.8 级	170	140	—	—	—	—	—	—	—	—
	5.6 级	—	—	—	210	190	—	—	—	—	—
	8.8 级	—	—	—	400	320	—	—	—	—	—
锚栓	Q235 钢	—	—	—	—	—	—	140	—	—	—
	Q345 钢	—	—	—	—	—	—	180	—	—	—
高强度螺栓	8.8 级	—	—	—	—	—	—	—	400	250	—
	10.9 级	—	—	—	—	—	—	—	500	310	—
构件	Q235 钢	—	—	305	—	—	405	—	—	—	470
	Q345 钢	—	—	385	—	—	510	—	—	—	590
	Q390 钢	—	—	400	—	—	530	—	—	—	615
	Q420 钢	—	—	425	—	—	560	—	—	—	655

注：①A 级螺栓用于 $d \leqslant 24$ mm 和 $l \leqslant 10d$ 或 $l \leqslant 150$ mm（按较小值）的螺栓；B 级螺栓用于 $d > 24$ mm 或 $l > 10d$ 或 $l > 150$ mm（按较小值）的螺栓。d 为公称直径，l 为螺杆公称长度。

②A、B 级螺栓孔的精度和孔壁表面粗糙度，C 级螺栓孔的允许偏差和孔壁表面粗糙度，均应符合现行国家《钢结构工程施工质量验收规范》的要求。

附表 6-5　铆钉连接的强度设计值　（单位：MPa）

铆钉钢号和构件钢材牌号		抗拉（钉头拉托）f_t^r	抗剪 f_v^r		承压 f_c^r	
			Ⅰ 类孔	Ⅱ 类孔	Ⅰ 类孔	Ⅱ 类孔
铆钉	BL2 或 BL3	120	185	155	—	—
构件	Q235 钢	—	—	—	450	365
	Q345 钢	—	—	—	565	460
	Q390 钢	—	—	—	590	480

附表 6-6　普通螺栓规格及有效截面面积 A_e　（单位：mm²）

公称直径/mm	12	14	16	18	20	22	24	27	30
有效截面面积	0.84	1.15	1.57	1.92	2.45	3.03	3.53	4.59	5.61
公称直径/mm	33	36	39	42	45	48	52	56	60
有效截面面积	6.94	8.17	9.76	11.2	13.1	14.7	17.6	20.3	23.6
公称直径/mm	64	68	72	76	80	85	90	95	100
有效截面面积	26.8	30.6	34.6	38.9	43.4	49.5	55.9	62.7	70.0

附录 7 轴心受压构件的稳定系数

附表 7-1   a 类截面轴心受压构件的稳定系数 φ

$\lambda\sqrt{\dfrac{f_y}{235}}$	0	1	2	3	4	5	6	7	8	9
0	1.000	1.000	1.000	1.000	0.999	0.999	0.998	0.998	0.997	0.996
10	0.995	0.994	0.993	0.992	0.991	0.989	0.988	0.986	0.985	0.983
20	0.981	0.979	0.977	0.976	0.974	0.972	0.970	0.968	0.966	0.964
30	0.963	0.961	0.959	0.957	0.955	0.952	0.950	0.948	0.946	0.944
40	0.941	0.939	0.937	0.934	0.932	0.929	0.927	0.924	0.921	0.919
50	0.916	0.913	0.910	0.907	0.904	0.900	0.897	0.894	0.890	0.886
60	0.883	0.879	0.875	0.871	0.867	0.863	0.858	0.854	0.849	0.844
70	0.839	0.834	0.829	0.824	0.818	0.813	0.807	0.801	0.795	0.789
80	0.783	0.776	0.770	0.763	0.757	0.750	0.743	0.736	0.728	0.721
90	0.714	0.706	0.699	0.691	0.684	0.676	0.668	0.661	0.653	0.645
100	0.638	0.630	0.622	0.615	0.607	0.600	0.592	0.585	0.577	0.570
110	0.563	0.555	0.548	0.541	0.534	0.527	0.520	0.514	0.507	0.500
120	0.494	0.488	0.481	0.475	0.469	0.463	0.457	0.451	0.445	0.440
130	0.434	0.429	0.423	0.418	0.412	0.407	0.402	0.397	0.392	0.387
140	0.383	0.378	0.373	0.369	0.364	0.360	0.356	0.351	0.347	0.343
150	0.339	0.335	0.331	0.327	0.323	0.320	0.316	0.312	0.309	0.305
160	0.302	0.298	0.295	0.292	0.289	0.285	0.282	0.279	0.276	0.273
170	0.270	0.267	0.264	0.262	0.259	0.256	0.253	0.251	0.248	0.246
180	0.243	0.241	0.238	0.236	0.233	0.231	0.229	0.226	0.224	0.222
190	0.220	0.218	0.215	0.213	0.211	0.209	0.207	0.205	0.203	0.201
200	0.199	0.198	0.196	0.194	0.192	0.190	0.189	0.187	0.185	0.183
210	0.182	0.180	0.179	0.177	0.175	0.174	0.172	0.171	0.169	0.168
220	0.166	0.165	0.164	0.162	0.161	0.159	0.158	0.157	0.155	0.154
230	0.153	0.152	0.150	0.149	0.148	0.147	0.146	0.144	0.143	0.142
240	0.141	0.140	0.139	0.138	0.136	0.135	0.134	0.133	0.132	0.131
250	0.130	—	—	—	—	—	—	—	—	—

附表 7-2　　b 类截面轴心受压构件的稳定系数 φ

$\lambda\sqrt{\dfrac{f_y}{235}}$	0	1	2	3	4	5	6	7	8	9
0	1.000	1.000	1.000	0.999	0.999	0.998	0.997	0.996	0.995	0.994
10	0.992	0.991	0.989	0.987	0.985	0.983	0.981	0.978	0.976	0.973
20	0.970	0.967	0.963	0.960	0.957	0.953	0.950	0.946	0.943	0.939
30	0.936	0.932	0.929	0.925	0.922	0.918	0.914	0.910	0.906	0.903
40	0.899	0.895	0.891	0.887	0.882	0.878	0.874	0.870	0.865	0.861
50	0.856	0.852	0.847	0.842	0.838	0.833	0.828	0.823	0.818	0.813
60	0.807	0.802	0.797	0.791	0.786	0.780	0.774	0.769	0.763	0.757
70	0.751	0.745	0.739	0.732	0.726	0.720	0.714	0.707	0.701	0.694
80	0.688	0.681	0.675	0.668	0.661	0.655	0.648	0.641	0.635	0.628
90	0.621	0.614	0.608	0.601	0.594	0.588	0.581	0.575	0.568	0.561
100	0.555	0.549	0.542	0.536	0.529	0.523	0.517	0.511	0.505	0.499
110	0.493	0.487	0.481	0.475	0.470	0.464	0.458	0.453	0.447	0.442
120	0.437	0.432	0.426	0.421	0.416	0.411	0.406	0.402	0.397	0.392
130	0.387	0.383	0.378	0.374	0.370	0.365	0.361	0.357	0.353	0.349
140	0.345	0.341	0.337	0.333	0.329	0.326	0.322	0.318	0.315	0.311
150	0.308	0.304	0.301	0.298	0.295	0.291	0.288	0.285	0.282	0.279
160	0.276	0.273	0.270	0.267	0.265	0.262	0.259	0.256	0.254	0.251
170	0.249	0.246	0.244	0.241	0.239	0.236	0.234	0.232	0.229	0.227
180	0.225	0.223	0.220	0.218	0.216	0.214	0.212	0.210	0.208	0.206
190	0.204	0.202	0.200	0.198	0.197	0.195	0.193	0.191	0.190	0.188
200	0.186	0.184	0.183	0.181	0.180	0.178	0.176	0.175	0.173	0.172
210	0.170	0.169	0.167	0.166	0.165	0.163	0.162	0.160	0.159	0.158
220	0.156	0.155	0.154	0.153	0.151	0.150	0.149	0.148	0.146	0.145
230	0.144	0.143	0.142	0.141	0.140	0.138	0.137	0.136	0.135	0.134
240	0.133	0.132	0.131	0.130	0.129	0.128	0.127	0.126	0.125	0.124
250	0.123	—	—	—	—	—	—	—	—	—

附表 7-3　　c 类截面轴心受压构件的稳定系数 φ

$\lambda\sqrt{\dfrac{f_y}{235}}$	0	1	2	3	4	5	6	7	8	9
0	1.000	1.000	1.000	0.999	0.999	0.998	0.997	0.996	0.995	0.993
10	0.992	0.990	0.988	0.986	0.983	0.981	0.978	0.975	0.973	0.970
20	0.966	0.959	0.953	0.947	0.940	0.934	0.928	0.921	0.915	0.909
30	0.902	0.896	0.890	0.884	0.877	0.871	0.865	0.858	0.852	0.846
40	0.839	0.833	0.826	0.820	0.814	0.807	0.801	0.794	0.788	0.781
50	0.775	0.768	0.762	0.755	0.748	0.742	0.735	0.729	0.722	0.715
60	0.709	0.702	0.695	0.689	0.682	0.676	0.669	0.662	0.656	0.649
70	0.643	0.636	0.629	0.623	0.616	0.610	0.604	0.597	0.591	0.584
80	0.578	0.572	0.566	0.559	0.553	0.547	0.541	0.535	0.529	0.523
90	0.517	0.511	0.505	0.500	0.494	0.488	0.483	0.477	0.472	0.467
100	0.463	0.458	0.454	0.449	0.445	0.441	0.436	0.432	0.428	0.423
110	0.419	0.415	0.411	0.407	0.403	0.399	0.395	0.391	0.387	0.383
120	0.379	0.375	0.371	0.367	0.364	0.360	0.356	0.353	0.349	0.346
130	0.342	0.339	0.335	0.332	0.328	0.325	0.322	0.319	0.315	0.312
140	0.309	0.306	0.303	0.300	0.297	0.294	0.291	0.288	0.285	0.282
150	0.280	0.277	0.274	0.271	0.269	0.266	0.264	0.261	0.258	0.256
160	0.254	0.251	0.249	0.246	0.244	0.242	0.239	0.237	0.235	0.233
170	0.230	0.228	0.226	0.224	0.222	0.220	0.218	0.216	0.214	0.212
180	0.210	0.208	0.206	0.205	0.203	0.201	0.199	0.197	0.196	0.194
190	0.192	0.190	0.189	0.187	0.186	0.184	0.182	0.181	0.179	0.178
200	0.176	0.175	0.173	0.172	0.170	0.169	0.168	0.166	0.165	0.163
210	0.162	0.161	0.159	0.158	0.157	0.156	0.154	0.153	0.152	0.151
220	0.150	0.148	0.147	0.146	0.145	0.144	0.143	0.142	0.140	0.139
230	0.138	0.137	0.136	0.135	0.134	0.133	0.132	0.131	0.130	0.129
240	0.128	0.127	0.126	0.125	0.124	0.124	0.123	0.122	0.121	0.120
250	0.119	—	—	—	—	—	—	—	—	—

附表 7-4　d 类截面轴心受压构件的稳定系数 φ

$\lambda\sqrt{\dfrac{f_y}{235}}$	0	1	2	3	4	5	6	7	8	9
0	1.000	1.000	0.999	0.999	0.998	0.996	0.994	0.992	0.990	0.987
10	0.984	0.981	0.978	0.974	0.969	0.965	0.960	0.955	0.949	0.944
20	0.937	0.927	0.918	0.909	0.900	0.891	0.883	0.874	0.865	0.857
30	0.848	0.840	0.831	0.823	0.815	0.807	0.799	0.790	0.782	0.774
40	0.766	0.759	0.751	0.743	0.735	0.728	0.720	0.712	0.705	0.697
50	0.690	0.683	0.675	0.668	0.661	0.654	0.646	0.639	0.632	0.625
60	0.618	0.612	0.605	0.598	0.591	0.585	0.578	0.572	0.565	0.559
70	0.552	0.546	0.540	0.534	0.528	0.522	0.516	0.510	0.504	0.498
80	0.493	0.487	0.481	0.476	0.470	0.465	0.460	0.454	0.449	0.444
90	0.439	0.434	0.429	0.424	0.419	0.414	0.410	0.405	0.401	0.397
100	0.394	0.390	0.387	0.383	0.380	0.376	0.373	0.370	0.366	0.363
110	0.359	0.356	0.353	0.350	0.346	0.343	0.340	0.337	0.334	0.331
120	0.328	0.325	0.322	0.319	0.316	0.313	0.310	0.307	0.304	0.301
130	0.299	0.296	0.293	0.290	0.288	0.285	0.282	0.280	0.277	0.275
140	0.272	0.270	0.267	0.265	0.262	0.260	0.258	0.255	0.253	0.251
150	0.248	0.246	0.244	0.242	0.240	0.237	0.235	0.233	0.231	0.229
160	0.227	0.225	0.223	0.221	0.219	0.217	0.215	0.213	0.212	0.210
170	0.208	0.206	0.204	0.203	0.201	0.199	0.191	0.196	0.194	0.192
180	0.191	0.189	0.188	0.186	0.184	0.183	0.181	0.180	0.178	0.177
190	0.176	0.174	0.173	0.171	0.170	0.168	0.167	0.166	0.164	0.163
200	0.162	—	—	—	—	—	—	—	—	—

注:①附表 7-1～表 7-4 中的 φ 值按下列公式算得:

当 $\lambda_n = \dfrac{\lambda}{\pi}\sqrt{f_y/E} \leqslant 0.215$ 时:

$$\varphi = 1 - \alpha_1\lambda_n^2$$

当 $\lambda_n \geqslant 0.215$ 时:

$$\varphi = \frac{1}{2\lambda_n^2}\Big[(\alpha_2 + \alpha_3\lambda_n + \lambda_n^2) - \sqrt{(\alpha_2 + \alpha_3\lambda_n + \lambda_n^2)^2 - 4\lambda_n^2}\Big]$$

式中 α_1、α_2、α_3 为系数。

②当构件的 $\lambda\sqrt{f_y/235}$ 值超出表 7-1～表 7-4 的范围时,则 φ 值按注 1 所列的公式计算。

附录8 常用型钢规格表

符号:h——高度;

　　b——宽度;

　　t_w——腹板厚度;

　　t——翼缘平均厚度;

　　I——惯性矩;

　　W——截面模量

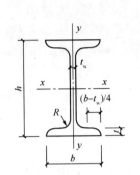

i——回转半径;

S_x——半截面的面积矩;

长度:

型号 10~18,长 5~19 m;

型号 20~63,长 6~19 m

型号	尺寸/mm					截面面积/cm²	理论重量/(kg/m)	x-x 轴				y-y 轴		
	h	b	t_w	t	R			I_x/cm⁴	W_x/cm³	i_x/cm	I_x/S_x/cm	I_y/cm⁴	W_y/cm³	I_y/cm
10	100	68	4.5	7.6	6.5	14.3	11.2	245	49	4.14	8.69	33	9.6	1.51
12.6	126	74	5	8.4	7	18.1	14.2	488	77	5.19	11	47	12.7	1.61
14	140	80	5.5	9.1	7.5	21.5	16.9	712	102	5.75	12.2	64	16.1	1.73
16	160	88	6	9.9	8	26.1	20.5	1127	141	6.57	13.9	93	21.1	1.89
18	180	94	6.5	10.7	8.5	30.7	24.1	1699	185	7.37	15.4	123	26.2	2.00
20 a	200	100	7	11.4	9	35.5	27.9	2369	237	8.16	17.4	158	31.6	2.11
b		102	9			39.5	31.1	2502	250	7.95	17.1	169	33.1	2.07
22 a	220	110	7.5	12.3	9.5	42.1	33	3406	310	8.99	19.2	226	41.1	2.32
b		112	9.5			46.5	36.5	3583	326	8.78	18.9	240	42.9	2.27
25 a	250	116	8	13	10	48.5	38.1	5017	401	10.2	21.7	280	48.4	2.4
b		118	10			53.5	42	5278	422	9.93	21.4	297	50.4	2.36
28 a	280	122	8.5	13.7	10.5	55.4	43.5	7115	508	11.3	24.3	344	56.4	2.49
b		124	10.5			61	47.9	7481	534	11.1	24	364	58.7	2.44
32 a	320	130	9.5	15	11.5	67.1	52.7	11 080	692	12.8	27.7	459	70.6	2.62
b		132	11.5			73.5	57.7	11 626	727	12.6	27.3	484	73.3	2.57
c		134	13.5			79.9	62.7	12 173	761	12.3	26.9	510	76.1	2.53

续表

符号: h——高度;

　　b——宽度;

　　t_w——腹板厚度;

　　t——翼缘平均厚度;

　　I——惯性矩;

　　W——截面模量

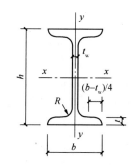

i——回转半径;

S_x——半截面的面积矩;

长度:

型号 10~18, 长 5~19 m;

型号 20~63, 长 6~19 m

型号		尺寸/mm					截面面积 /cm²	理论重量/ (kg/m)	x-x 轴				y-y 轴		
		h	b	t_w	t	R			I_x /cm⁴	W_x /cm³	i_x /cm	I_x/S_x /cm	I_y /cm⁴	W_y /cm³	I_y /cm
36	a	360	136	10	15.8	12	76.4	60	15 796	878	14.4	31	555	81.6	2.69
	b		138	12			83.6	65.6	16 574	921	14.1	30.6	584	84.6	2.64
	c		140	14			90.8	71.3	17 351	964	13.8	30.2	614	87.7	2.6
40	a	400	142	10.5	16.5	12.5	86.1	67.6	21 714	1086	15.9	34.4	660	92.9	2.77
	b		144	12.5			94.1	73.8	22 781	1139	15.6	33.9	693	96.2	2.71
	c		146	14.5			102	80.1	23 847	1192	15.3	33.5	727	99.7	2.67
45	a	450	150	11.5	18	13.5	102	80.4	32 241	1433	17.7	38.5	855	114	2.89
	b		152	13.5			111	87.4	33 759	1500	17.4	38.1	895	118	2.84
	c		154	15.5			120	94.5	35 278	1568	17.1	37.6	938	122	2.79
50	a	500	158	12	20	14	119	93.6	46 472	1859	19.7	42.9	1122	142	3.07
	b		160	14			129	101	48 556	1942	19.4	42.3	1171	146	3.01
	c		162	16			139	109	50 639	2026	19.1	41.9	1224	151	2.96
56	a	560	166	12.5	21	14.5	135	106	65 576	2342	22	47.9	1366	165	3.18
	b		168	14.5			147	115	68 503	2447	21.6	47.3	1424	170	3.12
	c		170	16.5			158	124	71 430	2551	21.3	46.8	1485	175	3.07
63	a	630	176	13	22	15	155	122	94 004	2984	24.7	53.8	1702	194	3.32
	b		178	15			167	131	98 171	3117	24.2	53.2	1771	199	3.25
	c		780	17			180	141	102 339	3249	23.9	52.6	1842	205	3.2

附表 8-2　H 型钢

符号:h——高度;
　　b——宽度;
　　t_1——腹板厚度;
　　t_2——翼缘厚度;
　　I——惯性矩;
　　W——截面模量

i——回转半径;
S_x——半截面的面积矩

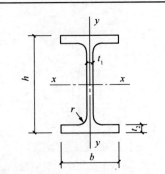

类别	H 型钢规格 $(h \times b \times t_1 \times t_2)$	截面积 A /cm²	质量 q /(kg/m)	$x\text{-}x$ 轴			$y\text{-}y$ 轴		
				I_x /cm⁴	W_x /cm³	i_x /cm	I_y /cm⁴	W_y /cm³	I_y /cm
HW	100×100×6×8	21.9	17.22	383	76.5	4.18	134	26.7	2.47
	125×125×6.5×9	30.31	23.8	847	136	5.29	294	47	3.11
	150×150×7×10	40.55	31.9	1660	221	6.39	564	75.1	3.73
	175×175×7.5×11	51.43	40.3	2900	331	7.5	984	112	4.37
	200×200×8×12	64.28	50.5	4770	477	8.61	1600	160	4.99
	♯200×204×12×12	72.28	56.7	5030	503	8.35	1700	167	4.85
	250×250×9×14	92.18	72.4	10 800	867	10.8	3650	292	6.29
	♯250×255×14×14	104.7	82.2	11 500	919	10.5	3880	304	6.09
	♯294×302×12×12	108.3	85	17 000	1160	12.5	5520	365	7.14
	300×300×10×15	120.4	94.5	20 500	1370	13.1	6760	450	7.49
	300×305×15×15	135.4	106	21 600	1440	12.6	7100	466	7.24
	♯344×348×10×16	146	115	33 300	1940	15.1	11 200	646	8.78
	350×350×12×19	173.9	137	40 300	2300	15.2	13 600	776	8.84
	♯388×402×15×15	179.2	141	49 200	2540	16.6	16 300	809	9.52
	♯394×398×11×18	187.6	147	56 400	2860	17.3	18 900	951	10
	400×400×13×21	219.5	172	66 900	3340	17.5	22 400	1120	10.1
	♯400×408×21×21	251.5	197	71 100	3560	16.8	23 800	1170	9.73
	♯414×405×18×28	296.2	233	93 000	4490	17.7	31 000	1530	10.2
	♯428×407×20×35	361.4	284	119 000	5580	18.2	39 400	1930	10.4

符号:h——高度;

　　b——宽度;

　　t_1——腹板厚度;

　　t_2——翼缘厚度;

　　I——惯性矩;

　　W——截面模量

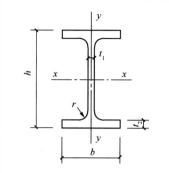

i——回转半径;

S_x——半截面的面积矩

类别	H 型钢规格 ($h×b×t_1×t_2$)	截面积 A /cm²	质量 q /(kg/m)	x-x 轴			y-y 轴		
				I_x /cm⁴	W_x /cm³	i_x /cm	I_y /cm⁴	W_y /cm³	I_y /cm
HM	148×100×6×9	27.25	21.4	1040	140	6.17	151	30.2	2.35
	194×150×6×9	39.76	31.2	2740	283	8.3	508	67.7	3.57
	244×175×7×11	56.24	44.1	6120	502	10.4	985	113	4.18
	294×200×8×12	73.03	57.3	11 400	779	12.5	1600	160	4.69
	340×250×9×14	101.5	79.7	21 700	1280	14.6	3650	292	6
	390×300×10×16	136.7	107	38 900	2000	16.9	7210	481	7.26
	440×300×11×18	157.4	124	56 100	2550	18.9	8110	541	7.18
	482×300×11×15	146.4	115	60 800	2520	20.4	6770	451	6.8
	488×300×11×18	164.4	129	71 400	2930	20.8	8120	541	7.03
	582×300×12×17	174.5	137	103 000	3530	24.3	7670	511	6.63
	588×300×12×20	192.5	151	118 000	4020	24.8	9020	601	6.85
	♯594×302×14×23	222.4	175	137 000	4620	24.9	10 600	701	6.9
HN	100×50×5×7	12.16	9.54	192	38.5	3.98	14.9	5.96	1.11
	125×60×6×8	17.01	13.3	417	66.8	4.95	29.3	9.75	1.31
	150×75×5×7	18.16	14.3	679	90.6	6.12	49.6	13.2	1.65
	175×90×5×8	23.21	18.2	1220	140	7.26	97.6	21.7	2.05
	198×99×4.5×7	23.59	18.5	1610	163	8.27	114	23	2.2
	200×100×5.5×8	27.57	21.7	1880	188	8.25	134	26.8	2.21
	248×124×5×8	32.89	25.8	3560	287	10.4	255	41.1	2.78
	250×125×6×9	37.87	29.7	4080	326	10.4	294	47	2.79
	298×149×5.5×8	41.55	32.6	6460	433	12.4	443	59.4	3.26
	300×150×6.5×9	47.53	37.3	7350	490	12.4	508	67.7	3.27

符号:h——高度;

b——宽度;

t_1——腹板厚度;

t_2——翼缘厚度;

I——惯性矩;

W——截面模量

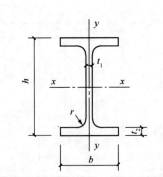

i——回转半径;

S_x——半截面的面积矩

类别	H 型钢规格 ($h \times b \times t_1 \times t_2$)	截面积 A /cm²	质量 q /(kg/m)	x-x 轴			y-y 轴		
				I_x /cm⁴	W_x /cm³	i_x /cm	I_y /cm⁴	W_y /cm³	I_y /cm
HN	346×174×6×9	53.19	41.8	11200	649	14.5	792	91	3.86
	350×175×7×11	63.66	50	13 700	782	14.7	985	113	3.93
	♯400×150×8×13	71.12	55.8	18 800	942	16.3	734	97.9	3.21
	396×199×7×11	72.16	56.7	20 000	1010	16.7	1450	145	4.48
	400×200×8×13	84.12	66	23 700	1190	16.8	1740	174	4.54
	♯450×150×9×14	83.41	65.5	27 100	1200	18	793	106	3.08
	446×199×8×12	84.95	66.7	29 000	1300	18.5	1580	159	4.31
	450×200×9×14	97.41	76.5	33 700	1500	18.6	1870	187	4.38
	♯500×150×10×16	98.23	77.1	38 500	1540	19.8	907	121	3.04
	496×199×9×14	101.3	79.5	41 900	1690	20.3	1840	185	4.27
	500×200×10×16	114.2	89.6	47 800	1910	20.5	2140	214	4.33
	♯506×201×11×19	131.3	103	56 500	2230	20.8	2580	257	4.43
	596×199×10×15	121.2	95.1	69 300	2330	23.9	1980	199	4.04
	600×200×11×17	135.2	106	78 200	2610	24.1	2280	228	4.11
	♯606×201×12×20	153.3	120	91 000	3000	24.4	2720	271	4.21
	♯692×300×13×20	211.5	166	172 000	4980	28.6	9020	602	6.53
	700×300×13×24	235.5	185	201 000	5760	29.3	10 800	722	6.78

注:"♯"表示的规格为非常用规格。

附表 8-3　普通槽钢

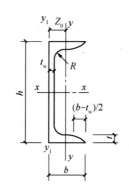

符号：
同普通工字钢；
但 W_y 为对应翼缘肢尖

长度：
型号 5～8，长 5～12 m；
型号 10～18，长 5～19 m；
型号 20～20，长 6～19 m

型号		尺寸/mm					截面面积 /cm²	理论重量/ (kg/m)	x-x 轴			y-y 轴			y-y₁ 轴	Z_0 /cm
		h	b	t_w	t	R			I_x /cm⁴	W_x /cm³	i_x /cm	I_y /cm⁴	W_y /cm³	i_y /cm	I_{y1} /cm⁴	
5		50	37	4.5	7	7	6.92	5.44	26	10.4	1.94	8.3	3.5	1.1	20.9	1.35
6.3		63	40	4.8	7.5	7.5	8.45	6.63	51	16.3	2.46	11.9	4.6	1.19	28.3	1.39
8		80	43	5	8	8	10.24	8.04	101	25.3	3.14	16.6	5.8	1.27	37.4	1.42
10		100	48	5.3	8.5	8.5	12.74	10	198	39.7	3.94	25.6	7.8	1.42	54.9	1.52
12.6		126	53	5.5	9	9	15.69	12.31	389	61.7	4.98	38	10.3	1.56	77.8	1.59
14	a	140	58	6	9.5	9.5	18.51	14.53	564	80.5	5.52	53.2	13	1.7	107.2	1.71
	b		60	8	9.5	9.5	21.31	16.73	609	87.1	5.35	61.2	14.1	1.69	120.6	1.67
16	a	160	63	6.5	10	10	21.95	17.23	866	108.3	6.28	73.4	16.3	1.83	144.1	1.79
	b		65	8.5	10	10	25.15	19.75	935	116.8	6.1	83.4	17.6	1.82	160.8	1.75
18	a	180	68	7	10.5	10.5	25.69	20.17	1273	141.4	7.04	98.6	20	1.96	189.7	1.88
	b		70	9	10.5	10.5	29.29	22.99	1370	152.2	6.84	111	21.5	1.95	210.1	1.84
20	a	200	73	7	11	11	28.83	22.63	1780	178	7.86	128	24.2	2.11	244	2.01
	b		75	9	11	11	32.83	25.77	1914	191.4	7.64	143.6	25.9	2.09	268.4	1.95
22	a	220	77	7	11.5	11.5	31.84	24.99	2394	217.6	8.67	157.8	28.2	2.23	298.2	2.1
	b		79	9	11.5	11.5	36.24	28.45	2571	233.8	8.42	176.5	30.1	2.21	326.3	2.03
25	a	250	78	7	12	12	34.91	27.4	3359	268.7	9.81	175.9	30.7	2.24	324.8	2.07
	b		80	9	12	12	39.91	31.33	3619	289.6	9.52	196.4	32.7	2.22	355.1	1.99
	c		82	11	12	12	44.91	35.25	3880	310.4	9.3	215.9	34.6	2.19	388.6	1.96
28	a	280	82	7.5	12.5	12.5	40.02	31.42	4753	339.5	10.9	217.9	35.7	2.33	393.3	2.09
	b		84	9.5	12.5	12.5	45.62	35.81	5118	365.6	10.59	241.5	37.9	2.3	428.5	2.02
	c		86	11.5	12.5	12.5	51.22	40.21	5484	391.7	10.35	264.1	40	2.27	467.3	1.99
32	a	320	88	8	14	14	48.5	38.07	7511	469.4	12.44	304.7	46.4	2.51	547.5	2.24
	b		90	10	14	14	54.9	43.1	8057	503.5	12.11	335.6	49.1	2.47	592.9	2.16
	c		92	12	14	14	61.3	48.12	8603	537.7	11.85	365	51.6	2.44	642.7	2.13

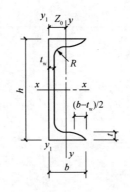

符号：

同普通工字钢；

但 W_y 为对应翼缘肢尖

长度：

型号 5~8，长 5~12 m；

型号 10~18，长 5~19 m；

型号 20~20，长 6~19 m

型号		尺 寸/mm					截面面积 /cm²	理论重量/ (kg/m)	x-x 轴			y-y 轴			y-y_1 轴	Z_0 /cm
		h	b	t_w	t	R			I_x /cm⁴	W_x /cm³	i_x /cm	I_y /cm⁴	W_y /cm³	I_y /cm	I_{y1} /cm⁴	
36	a	360	96	9	16	16	60.89	47.8	11874	659.7	13.96	455	63.6	2.73	818.5	2.44
	b		98	11	16	16	68.09	53.45	12652	702.9	13.63	496.7	66.9	2.7	880.5	2.37
	c		100	13	16	16	75.29	59.1	13429	746.1	13.36	536.6	70	2.67	948	2.34
40	a	400	100	10.5	18	18	75.04	58.91	17578	878.9	15.3	592	78.8	2.81	1057.9	2.49
	b		102	12.5	18	18	83.04	65.19	18644	932.2	14.98	640.6	82.6	2.78	1135.8	2.44
	c		104	14.5	18	18	91.04	71.47	19711	985.6	14.71	687.8	86.2	2.75	1220.3	2.42

附表 8-4　等边角钢

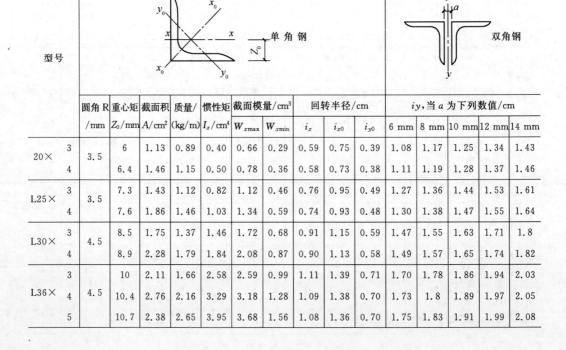

单角钢　　双角钢

型号		圆角 R /mm	重心矩 Z_0/mm	截面积 A/cm²	质量/ (kg/m)	惯性矩 I_x/cm⁴	截面模量/cm³		回转半径/cm			i_y,当 a 为下列数值/cm				
							W_{xmax}	W_{xmin}	i_x	i_{x0}	i_{y0}	6 mm	8 mm	10 mm	12 mm	14 mm
20×	3	3.5	6	1.13	0.89	0.40	0.66	0.29	0.59	0.75	0.39	1.08	1.17	1.25	1.34	1.43
	4		6.4	1.46	1.15	0.50	0.78	0.36	0.58	0.73	0.38	1.11	1.19	1.28	1.37	1.46
L25×	3	3.5	7.3	1.43	1.12	0.82	1.12	0.46	0.76	0.95	0.49	1.27	1.36	1.44	1.53	1.61
	4		7.6	1.86	1.46	1.03	1.34	0.59	0.74	0.93	0.48	1.30	1.38	1.47	1.55	1.64
L30×	3	4.5	8.5	1.75	1.37	1.46	1.72	0.68	0.91	1.15	0.59	1.47	1.55	1.63	1.71	1.8
	4		8.9	2.28	1.79	1.84	2.08	0.87	0.90	1.13	0.58	1.49	1.57	1.65	1.74	1.82
L36×	3	4.5	10	2.11	1.66	2.58	2.59	0.99	1.11	1.39	0.71	1.70	1.78	1.86	1.94	2.03
	4		10.4	2.76	2.16	3.29	3.18	1.28	1.09	1.38	0.70	1.73	1.8	1.89	1.97	2.05
	5		10.7	2.38	2.65	3.95	3.68	1.56	1.08	1.36	0.70	1.75	1.83	1.91	1.99	2.08

续表

单角钢　　　双角钢

型号		圆角R /mm	重心矩 Z_0/mm	截面积 A/cm²	质量/(kg/m)	惯性矩 I_x/cm⁴	截面模量/cm³		回转半径/cm			iy,当 a 为下列数值/cm				
							$W_{x\max}$	$W_{x\min}$	i_x	i_{x0}	i_{y0}	6 mm	8 mm	10 mm	12 mm	14 mm
L40×	3	5	10.9	2.36	1.85	3.59	3.28	1.23	1.23	1.55	0.79	1.86	1.94	2.01	2.09	2.18
	4		11.3	3.09	2.42	4.60	4.05	1.60	1.22	1.54	0.79	1.88	1.96	2.04	2.12	2.2
	5		11.7	3.79	2.98	5.53	4.72	1.96	1.21	1.52	0.78	1.90	1.98	2.06	2.14	2.23
L45×	3	5	12.2	2.66	2.09	5.17	4.25	1.58	1.39	1.76	0.90	2.06	2.14	2.21	2.29	2.37
	4		12.6	3.49	2.74	6.65	5.29	2.05	1.38	1.74	0.89	2.08	2.16	2.24	2.32	2.4
	5		13	4.29	3.37	8.04	6.20	2.51	1.37	1.72	0.88	2.10	2.18	2.26	2.34	2.42
	6		13.3	5.08	3.99	9.33	6.99	2.95	1.36	1.71	0.88	2.12	2.2	2.28	2.36	2.44
L50×	3	5.5	13.4	2.97	2.33	7.18	5.36	1.96	1.55	1.96	1.00	2.26	2.33	2.41	2.48	2.56
	4		13.8	3.90	3.06	9.26	6.70	2.56	1.54	1.94	0.99	2.28	2.36	2.43	2.51	2.59
	5		14.2	4.80	3.77	11.21	7.90	3.13	1.53	1.92	0.98	2.30	2.38	2.45	2.53	2.61
	6		14.6	5.69	4.46	13.05	8.95	3.68	1.51	1.91	0.98	2.32	2.4	2.48	2.56	2.64
L56×	3	6	14.8	3.34	2.62	10.19	6.86	2.48	1.75	2.2	1.13	2.50	2.57	2.64	2.72	2.8
	4		15.3	4.39	3.45	13.18	8.63	3.24	1.73	2.18	1.11	2.52	2.59	2.67	2.74	2.82
	5		15.7	5.42	4.25	16.02	10.22	3.97	1.72	2.17	1.10	2.54	2.61	2.69	2.77	2.85
	8		16.8	8.37	6.57	23.63	14.06	6.03	1.68	2.11	1.09	2.60	2.67	2.75	2.83	2.91
L63×	4	7	17	4.98	3.91	19.03	11.22	4.13	1.96	2.46	1.26	2.79	2.87	2.94	3.02	3.09
	5		17.4	6.14	4.82	23.17	13.33	5.08	1.94	2.45	1.25	2.82	2.89	2.96	3.04	3.12
	6		17.8	7.29	5.72	27.12	15.26	6.00	1.93	2.43	1.24	2.83	2.91	2.98	3.06	3.14
	8		18.5	9.51	7.47	34.45	18.59	7.75	1.90	2.39	1.23	2.87	2.95	3.03	3.1	3.18
	10		19.3	11.66	9.15	41.09	21.34	9.39	1.88	2.36	1.22	2.91	2.99	3.07	3.15	3.23
L70×	4	8	18.6	5.57	4.37	26.39	14.16	5.14	2.18	2.74	1.4	3.07	3.14	3.21	3.29	3.36
	5		19.1	6.88	5.40	32.21	16.89	6.32	2.16	2.73	1.39	3.09	3.16	3.24	3.31	3.39
	6		19.5	8.16	6.41	37.77	19.39	7.48	2.15	2.71	1.38	3.11	3.18	3.26	3.33	3.41
	7		19.9	9.42	7.40	43.09	21.68	8.59	2.14	2.69	1.38	3.13	3.2	3.28	3.36	3.43
	8		20.3	10.67	8.37	48.17	23.79	9.68	2.13	2.68	1.37	3.15	3.22	3.30	3.38	3.46
L75×	5	9	20.3	7.41	5.82	39.96	19.73	7.30	2.32	2.92	1.5	3.29	3.36	3.43	3.5	3.58
	6		20.7	8.80	6.91	46.91	22.69	8.63	2.31	2.91	1.49	3.31	3.38	3.45	3.53	3.6
	7		21.1	10.16	7.98	53.57	25.42	9.93	2.30	2.89	1.48	3.33	3.4	3.47	3.55	3.63
	8		21.5	11.50	9.03	59.96	27.93	11.2	2.28	2.87	1.47	3.35	3.42	3.50	3.57	3.65
	10		22.2	14.13	11.09	71.98	32.40	13.64	2.26	2.84	1.46	3.38	3.46	3.54	3.61	3.69

续表

单角钢　　双角钢

型号		圆角R /mm	重心矩 Z_0/mm	截面积 A/cm²	质量/ (kg/m)	惯性矩 I_x/cm⁴	截面模量/cm³		回转半径/cm			i_y,当a为下列数值/cm				
							$W_{x\max}$	$W_{x\min}$	i_x	i_{x0}	i_{y0}	6 mm	8 mm	10 mm	12 mm	14 mm
L80×	5	9	21.5	7.91	6.21	48.79	22.70	8.34	2.48	3.13	1.6	3.49	3.56	3.63	3.71	3.78
	6		21.9	9.40	7.38	57.35	26.16	9.87	2.47	3.11	1.59	3.51	3.58	3.65	3.73	3.8
	7		22.3	10.86	8.53	65.58	29.38	11.37	2.46	3.1	1.58	3.53	3.60	3.67	3.75	3.83
	8		22.7	12.30	9.66	73.50	32.36	12.83	2.44	3.08	1.57	3.55	3.62	3.70	3.77	3.85
	10		23.5	15.13	11.87	88.43	37.68	15.64	2.42	3.04	1.56	3.58	3.66	3.74	3.81	3.89
L90×	6	10	24.4	10.64	8.35	82.77	33.99	12.61	2.79	3.51	1.8	3.91	3.98	4.05	4.12	4.2
	7		24.8	12.3	9.66	94.83	38.28	14.54	2.78	3.5	1.78	3.93	4	4.07	4.14	4.22
	8		25.2	13.94	10.95	106.5	42.3	16.42	2.76	3.48	1.78	3.95	4.02	4.09	4.17	4.24
	10		25.9	17.17	13.48	128.6	49.57	20.07	2.74	3.45	1.76	3.98	4.06	4.13	4.21	4.28
	12		26.7	20.31	15.94	149.2	55.93	23.57	2.71	3.41	1.75	4.02	4.09	4.17	4.25	4.32
L100×	6	12	26.7	11.93	9.37	115	43.04	15.68	3.1	3.91	2	4.3	4.37	4.44	4.51	4.58
	7		27.1	13.8	10.83	131	48.57	18.1	3.09	3.89	1.99	4.32	4.39	4.46	4.53	4.61
	8		27.6	15.64	12.28	148.2	53.78	20.47	3.08	3.88	1.98	4.34	4.41	4.48	4.55	4.63
	10		28.4	19.26	15.12	179.5	63.29	25.06	3.05	3.84	1.96	4.38	4.45	4.52	4.6	4.67
	12		29.1	22.8	17.9	208.9	71.72	29.47	3.03	3.81	1.95	4.41	4.49	4.56	4.64	4.71
	14		29.9	26.26	20.61	236.5	79.19	33.73	3	3.77	1.94	4.45	4.53	4.6	4.68	4.75
	16		30.6	29.63	23.26	262.5	85.81	37.82	2.98	3.74	1.93	4.49	4.56	4.64	4.72	4.8
L110×	7	12	29.6	15.2	11.93	177.2	59.78	22.05	3.41	4.3	2.2	4.72	4.79	4.86	4.94	5.01
	8		30.1	17.24	13.53	199.5	66.36	24.95	3.4	4.28	2.19	4.74	4.81	4.88	4.96	5.03
	10		30.9	21.26	16.69	242.2	78.48	30.6	3.38	4.25	2.17	4.78	4.85	4.92	5	5.07
	12		31.6	25.2	19.78	282.6	89.34	36.05	3.35	4.22	2.15	4.82	4.89	4.96	5.04	5.11
	14		32.4	29.06	22.81	320.7	99.07	41.31	3.32	4.18	2.14	4.85	4.93	5	5.08	5.15
L125×	8	14	33.7	19.75	15.5	297	88.2	32.52	3.88	4.88	2.5	5.34	5.41	5.48	5.55	5.62
	10		34.5	24.37	19.13	361.7	104.8	39.97	3.85	4.85	2.48	5.38	5.45	5.52	5.59	5.66
	12		35.3	28.91	22.7	423.2	119.9	47.17	3.83	4.82	2.46	5.41	5.48	5.56	5.63	5.7
	14		36.1	33.37	26.19	481.7	133.6	54.16	3.8	4.78	2.45	5.45	5.52	5.59	5.67	5.74
L140×	10	14	38.2	27.37	21.49	514.7	134.6	50.58	4.34	5.46	2.78	5.98	6.05	6.12	6.2	6.27
	12		39	32.51	25.52	603.7	154.6	59.8	4.31	5.43	2.77	6.02	6.09	6.16	6.23	6.31
	14		39.8	37.57	29.49	688.8	173	68.75	4.28	5.4	2.75	6.06	6.13	6.2	6.27	6.34
	16		40.6	42.54	33.39	770.2	189.9	77.46	4.26	5.36	2.74	6.09	6.16	6.23	6.31	6.38

续表

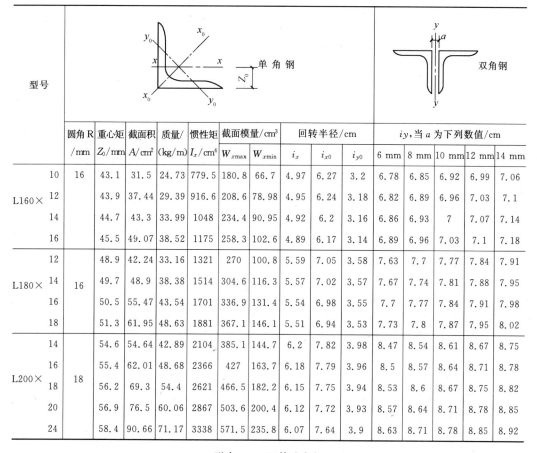

型号	圆角R/mm	重心矩 Z_0/mm	截面积 A/cm²	质量/(kg/m)	惯性矩 I_x/cm⁴	截面模量/cm³		回转半径/cm			i_y,当a为下列数值/cm				
						W_{xmax}	W_{xmin}	i_x	i_{x0}	i_{y0}	6 mm	8 mm	10 mm	12 mm	14 mm
L160× 10	16	43.1	31.5	24.73	779.5	180.8	66.7	4.97	6.27	3.2	6.78	6.85	6.92	6.99	7.06
12		43.9	37.44	29.39	916.6	208.6	78.98	4.95	6.24	3.18	6.82	6.89	6.96	7.03	7.1
14		44.7	43.3	33.99	1048	234.4	90.95	4.92	6.2	3.16	6.86	6.93	7	7.07	7.14
16		45.5	49.07	38.52	1175	258.3	102.6	4.89	6.17	3.14	6.89	6.96	7.03	7.1	7.18
L180× 12	16	48.9	42.24	33.16	1321	270	100.8	5.59	7.05	3.58	7.63	7.7	7.77	7.84	7.91
14		49.7	48.9	38.38	1514	304.6	116.3	5.57	7.02	3.57	7.67	7.74	7.81	7.88	7.95
16		50.5	55.47	43.54	1701	336.9	131.4	5.54	6.98	3.55	7.7	7.77	7.84	7.91	7.98
18		51.3	61.95	48.63	1881	367.1	146.1	5.51	6.94	3.53	7.73	7.8	7.87	7.95	8.02
L200× 14	18	54.6	54.64	42.89	2104	385.1	144.7	6.2	7.82	3.98	8.47	8.54	8.61	8.67	8.75
16		55.4	62.01	48.68	2366	427	163.7	6.18	7.79	3.96	8.5	8.57	8.64	8.71	8.78
18		56.2	69.3	54.4	2621	466.5	182.2	6.15	7.75	3.94	8.53	8.6	8.67	8.75	8.82
20		56.9	76.5	60.06	2867	503.6	200.4	6.12	7.72	3.93	8.57	8.64	8.71	8.78	8.85
24		58.4	90.66	71.17	3338	571.5	235.8	6.07	7.64	3.9	8.63	8.71	8.78	8.85	8.92

附表 8-5　不等边角钢

角钢型号 B×b×t	圆角 R/mm	重心矩 Z_x/mm		截面积 /cm²	质量 /(kg/m)	回转半径/cm			i_y,当a为下列数值/cm				i_y,当a为下列数值/cm			
						i_x	i_y	i_{y0}	6 mm	8 mm	10 mm	12 mm	6 mm	8 mm	10 mm	12 mm
L25×16× 3	3.5	4.2	8.6	1.16	0.91	0.44	0.78	0.34	0.84	0.93	1.02	1.11	1.4	1.48	1.57	1.65
4		4.6	9.0	1.50	1.18	0.43	0.77	0.34	0.87	0.96	1.05	1.14	1.42	1.51	1.6	1.68
L32×20× 3	3.5	4.9	10.8	1.49	1.17	0.55	1.01	0.43	0.97	1.05	1.14	1.23	1.71	1.79	1.88	1.96
4		5.3	11.2	1.94	1.52	0.54	1	0.43	0.99	1.08	1.16	1.25	1.74	1.82	1.9	1.99
L40×25× 3	4	5.9	13.2	1.89	1.48	0.7	1.28	0.54	1.13	1.21	1.3	1.38	2.07	2.14	2.23	2.31
4		6.3	13.7	2.47	1.94	0.69	1.26	0.54	1.16	1.24	1.32	1.41	2.09	2.17	2.25	2.34

角钢型号 B×b×t		圆角 R/mm	重心矩 Z_x/mm	截面积 Z_x /cm²	质量 /(kg/m)	回转半径/cm			i_y，当a为下列数值/cm				i_y，当a为下列数值/cm			
						i_x	i_y	i_{y0}	6 mm	8 mm	10 mm	12 mm	6 mm	8 mm	10 mm	12 mm
L45×28×	3	5	6.4	14.7	2.15	1.69	0.79	1.44	0.61	1.23	1.31	1.39	1.47	2.28	2.36	2.44	2.52
	4		6.8	15.1	2.81	2.2	0.78	1.43	0.6	1.25	1.33	1.41	1.5	2.31	2.39	2.47	2.55
L50×32×	3	5.5	7.3	16	2.43	1.91	0.91	1.6	0.7	1.38	1.45	1.53	1.61	2.49	2.56	2.64	2.72
	4		7.7	16.5	3.18	2.49	0.9	1.59	0.69	1.4	1.47	1.55	1.64	2.51	2.59	2.67	2.75
L56×36×	3	6	8.0	17.8	2.74	2.15	1.03	1.8	0.79	1.51	1.59	1.66	1.74	2.75	2.82	2.9	2.98
	4		8.5	18.2	3.59	2.82	1.02	1.79	0.78	1.53	1.61	1.69	1.77	2.77	2.85	2.93	3.01
	5		8.8	18.7	4.42	3.47	1.01	1.77	0.78	1.56	1.63	1.71	1.79	2.8	2.88	2.96	3.04
L63×40×	4	7	9.2	20.4	4.06	3.19	1.14	2.02	0.88	1.66	1.74	1.81	1.89	3.09	3.16	3.24	3.32
	5		9.5	20.8	4.99	3.92	1.12	2	0.87	1.68	1.76	1.84	1.92	3.11	3.19	3.27	3.35
	6		9.9	21.2	5.91	4.64	1.11	1.99	0.86	1.71	1.78	1.86	1.94	3.13	3.21	3.29	3.37
	7		10.3	21.6	6.8	5.34	1.1	1.96	0.86	1.73	1.8	1.88	1.97	3.15	3.23	3.3	3.39
L70×45×	4	7.5	10.2	22.3	4.55	3.57	1.29	2.25	0.99	1.84	1.91	1.99	2.07	3.39	3.46	3.54	3.62
	5		10.6	22.8	5.61	4.4	1.28	2.23	0.98	1.86	1.94	2.01	2.09	3.41	3.49	3.57	3.64
	6		11.0	23.2	6.64	5.22	1.26	2.22	0.97	1.88	1.96	2.04	2.11	3.44	3.51	3.59	3.67
	7		11.3	23.6	7.66	6.01	1.25	2.2	0.97	1.9	1.98	2.06	2.14	3.46	3.54	3.61	3.69
L75×50×	5	8	11.7	24.0	6.13	4.81	1.43	2.39	1.09	2.06	2.13	2.2	2.28	3.6	3.68	3.76	3.83
	6		12.1	24.4	7.26	5.7	1.42	2.38	1.08	2.08	2.15	2.23	2.3	3.63	3.7	3.78	3.86
	8		12.9	25.2	9.47	7.43	1.4	2.35	1.07	2.12	2.19	2.27	2.35	3.67	3.75	3.83	3.91
	10		13.6	26.0	11.6	9.1	1.38	2.33	1.06	2.16	2.24	2.31	2.4	3.71	3.79	3.87	3.96
L80×50×	5	8	11.4	26.0	6.38	5	1.42	2.57	1.1	2.02	2.09	2.17	2.24	3.88	3.95	4.03	4.1
	6		11.8	26.5	7.56	5.93	1.41	2.55	1.09	2.04	2.11	2.19	2.27	3.9	3.98	4.05	4.13
	7		12.1	26.9	8.72	6.85	1.39	2.54	1.08	2.06	2.13	2.21	2.29	3.92	4	4.08	4.16
	8		12.5	27.3	9.87	7.75	1.38	2.52	1.07	2.08	2.15	2.23	2.31	3.94	4.02	4.1	4.18
L90×56×	5	9	12.5	29.1	7.21	5.66	1.59	2.9	1.23	2.22	2.29	2.36	2.44	4.32	4.39	4.47	4.55
	6		12.9	29.5	8.56	6.72	1.58	2.88	1.22	2.24	2.31	2.39	2.46	4.34	4.42	4.5	4.57
	7		13.3	30.0	9.88	7.76	1.57	2.87	1.22	2.26	2.33	2.41	2.49	4.37	4.44	4.52	4.6
	8		13.6	30.4	11.2	8.78	1.56	2.85	1.21	2.28	2.35	2.43	2.51	4.39	4.47	4.54	4.62

续表

角钢型号 B×b×t	圆角 R/mm	重心矩 Z_x/mm	重心矩 Z_y/mm	截面积/cm²	质量/(kg/m)	回转半径/cm i_x	i_y	i_y0	i_y(单角钢) a=6mm	8mm	10mm	12mm	i_y(双角钢) a=6mm	8mm	10mm	12mm
L100×63×6	10	14.3	32.4	9.62	7.55	1.79	3.21	1.38	2.49	2.56	2.63	2.71	4.77	4.85	4.92	5
L100×63×7		14.7	32.8	11.1	8.72	1.78	3.2	1.37	2.51	2.58	2.65	2.73	4.8	4.87	4.95	5.03
L100×63×8		15	33.2	12.6	9.88	1.77	3.18	1.37	2.53	2.6	2.67	2.75	4.82	4.9	4.97	5.05
L100×63×10		15.8	34	15.5	12.1	1.75	3.15	1.35	2.57	2.64	2.72	2.79	4.86	4.94	5.02	5.1
L100×80×6	10	19.7	29.5	10.6	8.35	2.4	3.17	1.73	3.31	3.38	3.45	3.52	4.54	4.62	4.69	4.76
L100×80×7		20.1	30	12.3	9.66	2.39	3.16	1.71	3.32	3.39	3.47	3.54	4.57	4.64	4.71	4.79
L100×80×8		20.5	30.4	13.9	10.9	2.37	3.15	1.71	3.34	3.41	3.49	3.56	4.59	4.66	4.73	4.81
L100×80×10		21.3	31.2	17.2	13.5	2.35	3.12	1.69	3.38	3.45	3.53	3.6	4.63	4.7	4.78	4.85
L110×70×6	10	15.7	35.3	10.6	8.35	2.01	3.54	1.54	2.74	2.81	2.88	2.96	5.21	5.29	5.36	5.44
L110×70×7		16.1	35.7	12.3	9.66	2	3.53	1.53	2.76	2.83	2.9	2.98	5.24	5.31	5.39	5.46
L110×70×8		16.5	36.2	13.9	10.9	1.98	3.51	1.53	2.78	2.85	2.92	3	5.26	5.34	5.41	5.49
L110×70×10		17.2	37	17.2	13.5	1.96	3.48	1.51	2.82	2.89	2.96	3.04	5.3	5.38	5.46	5.53
L125×80×7	11	18	40.1	14.1	11.1	2.3	4.02	1.76	3.11	3.18	3.25	3.33	5.9	5.97	6.04	6.12
L125×80×8		18.4	40.6	16	12.6	2.29	4.01	1.75	3.13	3.2	3.27	3.35	5.92	5.99	6.07	6.14
L125×80×10		19.2	41.4	19.7	15.5	2.26	3.98	1.74	3.17	3.24	3.31	3.39	5.96	6.04	6.11	6.19
L125×80×12		20	42.2	23.4	18.3	2.24	3.95	1.72	3.21	3.28	3.35	3.43	6	6.08	6.16	6.23
L140×90×8	12	20.4	45	18	14.2	2.59	4.5	1.98	3.49	3.56	3.63	3.7	6.58	6.65	6.73	6.8
L140×90×10		21.2	45.8	22.3	17.5	2.56	4.47	1.96	3.52	3.59	3.66	3.73	6.62	6.7	6.77	6.85
L140×90×12		21.9	46.6	26.4	20.7	2.54	4.44	1.95	3.56	3.63	3.7	3.77	6.66	6.74	6.81	6.89
L140×90×14		22.7	47.4	30.5	23.9	2.51	4.42	1.94	3.59	3.66	3.74	3.81	6.7	6.78	6.86	6.93
L160×100×10	13	22.8	52.4	25.3	19.9	2.85	5.14	2.19	3.84	3.91	3.98	4.05	7.55	7.63	7.7	7.78
L160×100×12		23.6	53.2	30.1	23.6	2.82	5.11	2.18	3.87	3.94	4.01	4.09	7.6	7.67	7.75	7.82
L160×100×14		24.3	54	34.7	27.2	2.8	5.08	2.16	3.91	3.98	4.05	4.12	7.64	7.71	7.79	7.86
L160×100×16		25.1	54.8	39.3	30.8	2.77	5.05	2.15	3.94	4.02	4.09	4.16	7.68	7.75	7.83	7.9
L180×110×10	14	24.4	58.9	28.4	22.3	3.13	5.78	2.42	4.16	4.23	4.3	4.36	8.49	8.56	8.72	8.71
L180×110×12		25.2	59.8	33.7	26.5	3.1	5.75	2.4	4.19	4.26	4.33	4.4	8.53	8.6	8.76	8.75
L180×110×14		25.9	60.6	39	30.6	3.08	5.72	2.39	4.23	4.3	4.37	4.44	8.57	8.64	8.63	8.79
L180×110×16		26.7	61.4	44.1	34.6	3.05	5.81	2.37	4.26	4.3	4.4	4.47	8.61	8.68	8.68	8.84
L200×125×12	14	28.3	65.4	37.9	29.8	3.57	6.44	2.75	4.75	4.82	4.88	4.95	9.39	9.47	9.54	9.62
L200×125×14		29.1	66.2	43.9	34.4	3.54	6.41	2.73	4.78	4.85	4.92	4.99	9.43	9.51	9.58	9.66
L200×125×16		29.9	67.8	49.7	39	3.52	6.38	2.71	4.81	4.88	4.95	5.02	9.47	9.55	9.62	9.7
L200×125×18		30.6	67	55.5	43.6	3.49	6.35	2.7	4.85	4.92	4.99	5.06	9.51	9.59	9.66	9.74

注：一个角钢的惯性矩 $I_x = A i_x^2$，$I_y = A i_y^2$；一个角钢的截面模量 $W_x^{max} = I_x/Z_x$，$W_x^{min} = I_x/(b - Z_x)$；$W_y^{ax} = I_y Z_y$，$W_x^{min} = I_y(b - Z_y)$。

附录 9 《砌体结构设计规范》 (GB 50003－2011)的有关规定

附表 9-1 砌体的弹性模量　　　　　　　　　　　　　　　　（单位:MPa）

砌体种类	砂浆的强度等级			
	≥M10	M7.5	M5	M2.5
烧结普通砖、烧结多孔砖砌体	$1600f$	$1600f$	$1600f$	$1390f$
混凝土普通砖、混凝土多孔砖砌体	$1600f$	$1600f$	$1600f$	—
蒸压灰砂普通砖、蒸压粉煤灰普通砖砌体	$1060f$	$1060f$	$1060f$	—
非灌孔混凝土砌块砖体	$1700f$	$1600f$	$1500f$	—
粗料石、毛料石、毛石砌体	—	5650	4000	2250
细料石砌体	—	17 000	12 000	6750

注:①轻集料混凝土砌块砌体的弹性模量,可按表中混凝土砌块砌体的弹性模量采用。

②表中砌体抗压强度设计值不按《砌体结构设计规范》第 3.2.3 条进行调整。

③表中砂浆为普通砂浆,采用专用砂浆砌筑的砌体的弹性模量也按此表取值。

④对混凝土普通砖、混凝土多孔砖、混凝土和轻集料混凝土砌块砌体,表中的砂浆强度等级分别为≥Mb10、Mb7.5 及 Mb5。

⑤对蒸压灰砂普通砖和蒸压粉煤灰普通砖砌体,当采用专用砂浆砌筑时,其强度设计值按表中数值采用。

附表 9-2 砌体的线膨胀系数和收缩率

砌体类别	线膨胀系数 $(10^{-6}/℃)$	收缩率 /(mm/m)
烧结普通砖、烧结多孔砖砌体	5	−0.1
蒸压灰砂普通砖、蒸压粉煤灰普通砖砌体	8	−0.2
混凝土普通砖、混凝土多孔砖、混凝土砌块砌体	10	−0.2
轻集料混凝土砌块砌体	10	−0.3
料石和毛石砌体	8	—

注:表中的收缩率由达到收缩允许标准的块体砌筑 28 d 后得到的砌体收缩系数。当地方有可靠的砌体收缩试验数据时,亦可采用当地的试验数据。

附表 9-3　摩擦系数

材料类别	摩擦面情况	
	干燥	潮湿
砌体沿砌体或混凝土滑动	0.70	0.60
砌体沿木材滑动	0.60	0.50
砌体沿钢滑动	0.45	0.35
砌体沿砂或卵石滑动	0.60	0.50
砌体沿粉土滑动	0.55	0.40
砌体沿黏性土滑动	0.50	0.30

附表 9-4　烧结普通砖和烧结多孔砖砌体的抗压强度设计值　　（单位：MPa）

砖强度等级	砂浆强度等级					砂浆强度
	M15	M10	M7.5	M5	M2.5	0
MU30	3.94	3.27	2.93	2.59	2.26	1.15
MU25	3.60	2.98	2.68	2.37	2.06	1.05
MU20	3.22	2.67	2.39	2.12	1.84	0.94
MU15	2.79	2.31	2.07	1.83	1.60	0.82
MU10	—	1.89	1.69	1.50	1.30	0.67

注：当烧结多孔砖的孔洞率大于 30% 时，表中数值应乘以 0.9。

附表 9-5　蒸压灰砂砖和蒸压粉煤灰砖砌体的抗压强度设计值　　（单位：MPa）

砖强度等级	砂浆强度等级				砂浆强度
	M15	M10	M7.5	M5	0
MU25	3.60	2.98	2.68	2.37	1.05
MU20	3.22	2.67	2.39	2.12	0.94
MU15	2.79	2.31	2.07	1.83	0.82

附表 9-6　单排孔混凝土和轻骨料混凝土砌块砌体的抗压强度设计值　　（单位：MPa）

砌块强度等级	砂浆强度等级					砂浆强度
	Mb20	Mb15	Mb10	Mb7.5	Mb5	0
MU20	6.30	5.68	4.95	4.44	3.94	2.33
MU15	—	4.61	4.02	3.61	3.20	1.89
MU10	—	—	2.79	2.50	2.22	1.31
MU7.5	—	—	—	1.93	1.71	1.01
MU5	—	—	—	—	1.19	0.70

注：①对独立柱或厚度为双排组砌的砌块砌体，应按表中数值乘以 0.7。

②对 T 形截面墙体、柱，应按表中数值乘以 0.85。

附表 9-7　双排孔或多排孔轻集料混凝土砌块砌体的抗压强度设计值　　（单位：MPa）

砌块强度等级	砂浆强度等级			砂浆强度
	Mb10	Mb7.5	Mb5	0
MU10	3.08	2.76	2.45	1.44
MU7.5	—	2.13	1.88	1.12
MU5	—	—	1.31	0.78
MU3.5	—	—	0.95	0.56

注：①表中的砌块为火山渣、浮石和陶粒轻集料混凝土砌块。
②对厚度方向为双排组砌的轻集料混凝土砌块砌体的抗压强度设计值，应按表中数值乘以 0.8。

附表 9-8　毛料石砌体的抗压强度设计值　　（单位：MPa）

毛料石强度等级	砂浆强度等级			砂浆强度
	M7.5	M5	M2.5	0
MU100	5.42	4.80	4.18	2.13
MU80	4.85	4.29	3.73	1.91
MU60	4.20	3.71	3.23	1.65
MU50	3.83	3.39	2.95	1.51
MU40	3.43	3.04	2.64	1.35
MU30	2.97	2.63	2.29	1.17
MU20	2.42	2.15	1.87	0.95

注：对细料石砌体、粗料石砌体和干砌勾缝石砌体，表中数值分别乘以调整系数 1.4、1.2 和 0.8。

附表 9-9　毛石砌体的抗压强度设计值　　（单位：MPa）

毛石强度等级	砂浆强度等级			砂浆强度
	M7.5	M5	M2.5	0
MU100	1.27	1.12	0.98	0.34
MU80	1.13	1.00	0.87	0.30
MU60	0.98	0.87	0.76	0.26
MU50	0.90	0.80	0.69	0.23
MU40	0.80	0.71	0.62	0.21
MU30	0.69	0.61	0.53	0.18
MU20	0.56	0.51	0.44	0.15

附表 9-10　沿砌体灰缝截面破坏时砌体的轴心抗拉强度设计值、
弯曲抗拉强度设计值和抗剪强度设计值　　（单位：MPa）

强度类别	破坏特征及砌体种类		砂浆强度等级			
			≥M10	M7.5	M5	M2.5
轴心抗拉	沿齿缝	烧结普通砖、烧结多孔砖	0.19	0.16	0.13	0.09
		混凝土普通砖、混凝土多孔砖	0.19	0.16	0.13	—
		蒸压灰砂普通砖、蒸压粉煤灰普通砖	0.12	0.10	0.08	—
		混凝土和轻集料混凝土砌块	0.09	0.08	0.07	—
		毛石	—	0.07	0.06	0.04

续表

强度类别	破坏特征及砌体种类		砂浆强度等级			
			≥M10	M7.5	M5	M2.5
弯曲抗拉	沿齿缝	烧结普通砖、烧结多孔砖	0.33	0.29	0.23	0.17
		混凝土普通砖、混凝土多孔砖	0.33	0.29	0.23	—
		蒸压灰砂普通砖、蒸压粉煤灰普通砖	0.24	0.20	0.16	—
		混凝土和轻集料混凝土砌块	0.11	0.09	0.08	—
		毛石	—	0.11	0.09	0.07
	沿通缝	烧结普通砖、烧结多孔砖	0.17	0.14	0.11	0.08
		混凝土普通砖、混凝土多孔砖	0.17	0.14	0.11	—
		蒸压灰砂普通砖、蒸压粉煤灰普通砖	0.12	0.10	0.08	—
		混凝土和轻集料混凝土砌块	0.08	0.06	0.05	—
抗剪	烧结普通砖、烧结多孔砖		0.17	0.14	0.11	0.08
	混凝土普通砖、混凝土多孔砖		0.17	0.14	0.11	—
	蒸压灰砂普通砖、蒸压粉煤灰普通砖		0.12	0.10	0.08	—
	混凝土和轻集料混凝土砌块		0.09	0.08	0.06	—
	毛石		—	0.19	0.16	0.11

注：①对于用形状规则的块体砌筑的砌体，当搭接长度与块体高度的比值小于 1 时，其轴心抗拉强度设计值 f_t 和弯曲抗拉强度设计值 f_{tm} 按表中数值乘以搭接长度与块体高度比值后采用。

②表中数值是依据普通砂浆砌筑的砌体确定，采用经研究性试验且通过技术鉴定的专用砂浆砌筑的蒸压灰砂普通砖、蒸压粉煤灰普通砖砌体，其抗剪强度设计值按相应普通砂浆强度等级砌筑的烧结普通砖砌体采用。

③对混凝土普通砖、混凝土多孔砖、混凝土和轻集料混凝土砌块砌体，表中的砂浆强度等级分别为：≥Mb10、Mb7.5 及 Mb5。

参 考 文 献

[1]李玉顺,杨海旭,吴珊瑚.混凝土结构设计原理[M].北京:科学出版社,2009.

[2]阎兴华.混凝土结构设计[M].北京:科学出版社,2005.

[3]王铁成,颜德姮.混凝土结构设计原理(上)[M].北京:中国建筑工业出版社,2008.

[4]王铁成,颜德姮,程文瀼.混凝土结构与砌体结构设计(中)[M].北京:中国建筑工业出版社,2009.

[5]王振东.混凝土及砌体结构(上)[M].北京:中国建筑工业出版社,2003.

[6]梁兴文,史庆轩.混凝土结构设计[M].北京:中国建筑工业出版社,2011.

[7]沈蒲生.混凝土结构设计规范(GB 50010-2010)解读[M].北京:机械工业出版社,2011.

[8]杨鼎久.建筑结构[M].北京:机械工业出版社,2008.

[9]杨志勇,吴辉琴.建筑结构[M].武汉:武汉理工大学出版社,2009.

[10]沈祖炎.钢结构基本原理[M].北京:中国建筑工业出版社,2000.

[10]魏明钟.钢结构[M].武汉:武汉工业大学出版社,2000.

[12]陈绍蕃.钢结构设计原理[M].2版.北京:科学出版社,1998.

[13]中华人民共和国国家标准.GB 50018—2002 冷弯薄壁型钢结构技术规范[S].北京:中国计划出版社,2003.

[14]中华人民共和国国家标准.GB 50017—2003 钢结构设计规范[S].北京:2003.

[15]钢结构设计规范编制组.钢结构设计规范专题指南[M].北京:中国计划出版社,2003.

[16]中华人民共和国国家标准.GB 50010—2010 混凝土结构设计规范[S].北京:中国建筑工业出版社,2011.

[17]中华人民共和国国家标准.GB 50153—2008 工程结构可靠性设计统一标准[S].北京:中国建筑工业出版社,2008.

[18]中华人民共和国国家标准.GB 50009—2012 建筑结构荷载规范[S].北京:中国建筑工业出版社,2006.